新烹饪系列规划精品教材

烹饪原料与加工技术

PENGREN YUANLIAO
YU JIAGONG JISHU

主　编　郭志鹏　王莹
副主编　黄忠

中国商业出版社

图书在版编目(CIP)数据

烹饪原料与加工技术／郭志鹏,王莹主编. —北京：中国商业出版社,2013.4.（2022.9 重印）
ISBN 978-7-5044-8208-2

Ⅰ.①烹… Ⅱ.①郭…②王… Ⅲ.①烹饪-原料-加工 Ⅳ.①TS972.111

中国版本图书馆 CIP 数据核字(2013)第 189425 号

责任编辑：蔡　凯

中国商业出版社出版发行
010-63180647　www.c-cbook.com
(100053　北京广安门内报国寺 1 号)
新华书店经销
北京军迪印刷有限责任公司印刷

＊

787 毫米×1092 毫米　16 开　17.75 印张　300 千字
2013 年 4 月第 1 版　2022 年 9 月第 2 次印刷
定价:48.00 元
＊　＊　＊
(如有印装质量问题可更换)

编写说明

"民以食为天",中华美食文化源远流长。近年来,我国各地餐饮服务市场尤为繁荣,据《中国职业技术教育》杂志报道:目前我国有400多万家餐饮企业,2200万从业人员,收入连续多年以两位数增长,烹饪行业教育市场很大。针对目前烹饪餐饮人才需求特点,全国职业培训教学工作指导委员会商贸专业委员会邀请了全国烹饪餐饮专业较突出的职业院校,在江西省井冈山召开了教学研讨会,及时地编写了这套烹饪系列教材。

2010年5月,国务院审议通过了《国家中长期教育改革和发展规划纲要(2010—2020)》,其中指出:把提高质量作为重点,以服务为宗旨,以就业为导向、推进教育教学改革,努力实现我国职业教育发展新跨越。为此我们本着"够教、够学、够用"的原则进行编写。

本系列教材主要具有以下几个特点:(1)严格按照"双纲"制的新模式编写,即教育部职业教育教学大纲及劳动和社会保障部专业职业资格技能考试大纲;(2)学科设置采用专业理论和实训并举,突出烹饪专业人才培训的特点,部分学科理论与实操课程比达到1∶2;(3)整套教材由多年一线教学教师精心编写,并采取"互动式"教学方法的新模式,突出教材活泼性和实用性;(4)引进与创新并重,积极引进新内容和新方法,具有一定的创新和改进,突出教材的前瞻性。

烹饪原料与加工技术是烹饪专业的基础课,烹饪原料是烹饪活动的物质基础;加工又是烹饪活动的实操基础。本书将原料与原料的加工有机地融合在一起,分成上、下两部分,上篇主要介绍粮食类、蔬菜类、动物性原料以及近年来运用较多新开发的原料。一方面拓宽原料相关知识面,另一方面也适应当前的消费需求。下篇主要介绍原料加工的基本理论和方法,原料成形与刀法,分档取料,整料出骨，干货原料的涨发及配菜。本教材适用烹饪专业学生使用，也可作为烹饪行业人员培训和职业资格考试参考用书。

本书由广西商业技师学院郭志鹏（上篇第一、第二、第三章，下篇第一、第二、第三、第四章）、黑龙江林业职业技术学院王莹（上篇第六、第七、第八章，下篇第五、第六章）担任主编，由桂林旅游高等专科学校高级技师黄忠（上篇第四、五章，下篇第七、八章）担任副主编。在编写过程中，得到编者所在院校的领导及同事的热情帮助和大力支持，在此一并致谢。

由于编写时间仓促，疏漏之处在所难免。我们企盼在今后的教学实践中，能有所改进和提高，恳请读者不吝赐教，以便进一步修订，使之日臻完善。

编　者

2020 年 8 月

目 录

上篇　烹饪原料 …………………………………………………………(1)

第一章　绪论 ……………………………………………………………(3)
　　第一节　烹饪原料的成分及分类 …………………………………(3)
　　第二节　烹饪原料品质的基本鉴别方法 …………………………(6)
　　第三节　烹饪原料常用保管的方法 ………………………………(11)
　　第四节　原料加工概述 ……………………………………………(14)

第二章　粮食类 …………………………………………………………(18)
　　第一节　粮食类原料基础知识 ……………………………………(18)
　　第二节　小麦与面粉 ………………………………………………(20)
　　第三节　稻谷与稻米 ………………………………………………(25)
　　第四节　谷类杂粮 …………………………………………………(28)
　　第五节　薯类 ………………………………………………………(29)
　　第六节　豆类 ………………………………………………………(30)
　　第七节　粮食制品 …………………………………………………(31)
　　第八节　粮食类的品质鉴别 ………………………………………(33)
　　第九节　粮食类的保管 ……………………………………………(34)

第三章　畜禽类 …………………………………………………………(36)
　　第一节　常见畜类 …………………………………………………(36)
　　第二节　家畜副产品 ………………………………………………(45)
　　第三节　常见禽类 …………………………………………………(50)
　　第四节　家禽副产品 ………………………………………………(58)
　　第五节　乳品类 ……………………………………………………(59)

第四章　蔬菜类 …………………………………………………………(63)
　　第一节　蔬菜的化学组成和分类 …………………………………(63)
　　第二节　根菜类蔬菜 ………………………………………………(64)
　　第三节　茎菜类蔬菜 ………………………………………………(67)
　　第四节　叶菜类蔬菜 ………………………………………………(74)
　　第五节　花菜类蔬菜 ………………………………………………(80)
　　第六节　果菜类蔬菜 ………………………………………………(81)
　　第七节　孢子植物类蔬菜 …………………………………………(87)
　　第八节　蔬菜制品 …………………………………………………(93)
　　第九节　蔬菜的品质检验和贮存 …………………………………(95)

第五章　水产类 (99)
第一节　水产品概述 (99)
第二节　常见淡水鱼类 (102)
第三节　常见海洋鱼类 (115)
第四节　常见虾类 (122)
第五节　常见蟹类 (126)
第六节　常见软体贝类 (128)
第七节　其他水产类 (134)
第八节　水产制品 (138)
第九节　常见水产品的品质鉴别与保管 (141)

第六章　果品类 (146)
第一节　果品原料概述 (146)
第二节　鲜果类 (149)
第三节　常见干果类 (160)
第四节　常见果品制品 (165)

第七章　调味类 (168)
第一节　调味原料概述 (168)
第二节　咸味类调味品 (170)
第三节　甜味调料 (173)
第四节　酸味调料 (174)
第五节　辣味调料 (176)
第六节　鲜味调料 (178)
第七节　香味调味品 (180)

第八章　辅助原料 (183)
第一节　食用油脂 (183)
第二节　调质原料 (190)
第三节　滋补药材类 (194)

下篇　原料加工 (201)

第一章　刀工技术 (203)
第一节　常用刀具与砧墩种类 (203)
第二节　刀工刀法 (205)

第二章　刀工成形工艺 (220)
第一节　刀工成形 (220)
第二节　剞花工艺 (227)

第三章　烹饪原料初步加工 (232)
第一节　鲜活原料的初步加工 (232)
第二节　特殊原料与特殊加工方法 (237)

目 录

第四章　常用原料的拆骨出肉 ……………………………………（242）
　　第一节　鸡(鸭)的分档取料 ………………………………………（242）
　　第二节　鸡(鸭)的整料去骨 ………………………………………（244）
　　第三节　鱼拆骨去皮 ………………………………………………（246）
　　第四节　猪出肉拆骨 ………………………………………………（247）

第五章　干货原料的涨发 ……………………………………………（251）
　　第一节　干货涨发的意义 …………………………………………（251）
　　第二节　干货原料的涨发方法 ……………………………………（252）
　　第三节　干货原料涨发实例 ………………………………………（257）

第六章　配菜方法 ……………………………………………………（262）
　　第一节　配菜概述 …………………………………………………（262）
　　第二节　热菜配菜的原则和方法 …………………………………（264）
　　第三节　菜肴命名的方法和要求 …………………………………（266）

第七章　凉菜制作 ……………………………………………………（270）
　　第一节　凉菜制作的特点和要求 …………………………………（270）
　　第二节　冷盘的制作步骤和手法 …………………………………（272）
　　第三节　冷盘的种类 ………………………………………………（273）

上篇

烹饪原料

第一章 绪论

> 【学习目标】
> 通过本章学习，应该达到以下目标：
> ◆ 知识目标：了解烹饪原料的概念；烹饪原料的化学成分、分类方法；烹饪原料加工基本流程。
> ◆ 技能目标：可根据烹饪原料的种类特点和营养功效，进行适宜的原料处理和加工。掌握感官鉴定方法。
> ◆ 能力目标：懂得烹饪原料的储藏和保管方法。

第一节 烹饪原料的成分及分类

一、烹饪原料概念

烹饪原料是指可以用各种烹饪加工方法制作各种菜点的原材料。烹饪原料要求是无毒、无害、有营养价值、可以用来制作菜点的材料。

1. 必须符合卫生要求、无毒、无害：即烹饪原料由内到外不能存在有害人体健康的物质。
2. 必须有营养价值：即含有人体所需要的各种营养物质，能满足人体生长的需要。
3. 必须具有食用价值：即具有良好的感官性状，符合人的口味要求和习惯，易被消化吸收。

二、烹饪原料化学组成

烹饪原料种类繁多、形态各异，但化学成分的组成基本相似，只不过不同的原料种类、各种营养成分的比例各有不同。烹饪原料中的营养素分为有机物质和无机物质两大类：有机物质包括碳水化合物、脂肪、蛋白质、维生素等；无机物质包括各种无机盐和水。这些营养素有不同的化学结构和性质，对人体有不同的营养作用，是决定烹饪原料品质的重要因素。学习和了解各种化学成分的特性，是认识各种烹饪原料所含有的化学成分与营养价值的基础，对于识别烹饪原料的质量，正确地保管与合理地选择和运用烹饪原料，从而最大限度地发挥烹饪原料的使用价值和营养价值，具有重要意义。

成分名称	成分情况	
碳水化合物	单糖	单糖是结构最简单的糖类。烹饪原料中存在较广泛的单糖有葡萄糖、果糖、半乳糖等
	双糖	双糖由单糖分子结合而成。烹饪原料中的双糖主要有蔗糖、麦芽糖、乳糖等
	多糖	多糖由许多单糖分子结合而成,是动、植物的储存物质。存在于植物中的成为淀粉,存在于动物肝脏中的成为糖原,也叫动物淀粉。植物中的纤维素也是多糖的一种存在形式
	碳水化合物主要存在于植物性原料中,以谷类最为丰富,蔬菜、水果中含量也较多。动物性原料中含量则较少	
脂肪	脂肪是由一个分子的甘油和三个分子的脂肪酸组成的酯类化合物。脂肪在常温下一般有固态和液态两种形态。动物脂肪为固态,主要存在于动物的皮下组织及内脏之间的组织中,习惯上称为脂;植物脂肪通常为液态,主要存在于植物的果实和油料作物的种子中,习惯上称为油。动物脂肪和植物油统称为油脂	
蛋白质	蛋白质是生物体中最重要的组成成分,也是烹饪原料中重要的营养素之一。烹饪原料中的蛋白质的种类很多,目前,已发现的蛋白质种类达几十种,大多数为无定形的,一般呈液态、半流体和固态三种形态。在烹饪中,蛋白质的含量和质量有很大的差别。一般情况下,动物性原料比植物性原料蛋白质含量丰富,质量好,这是因为它们含的必需氨基酸的种类、比例不同。因此,蛋白质又有完全蛋白质和不完全蛋白质之分	
维生素	维生素按其溶解性不同将它们分为脂溶性维生素和水溶性维生素两大类。常见的脂溶性维生素有维生素 A、维生素 D、维生素 K 等,水溶性维生素有维生素 B 族和维生素 C 各种维生素大多存在于植物性原料中,如粮食的谷皮、新鲜蔬菜和水果,动物性原料中含量较少,一般以动物的内脏及蛋、乳中较多。在烹饪原料中维生素与其他化学成分相比含量很低,人体对维生素的需要量也极少	
无机盐	目前在人体中已查明的无机盐有 50 余种。从食物与营养的角度来看,人体组织中存在的必需无机盐约有 14 种,即铁、锌、铜、碘、钴、锰、钼、镍、硒、锡、硅、铬、氟、钒。人体缺乏这些必需无机盐会引起机体组织和生理上的异常,但如果摄取过量,也会影响健康 无机盐广泛存在于动、植物性原料中。动物性原料中主要有钙、磷、镁、铁、锌等;植物性原料中含有的无机盐种类多且全	

续表

成分名称	成分情况
水	烹饪原料中的水分分为束缚水和自由水两大类。束缚水具有两个特点:其一是不易结冰(冰点为 -40℃);其二是不能作为溶质的溶剂。含束缚水较多的植物种子或孢子等能在低温下越冬,而含有自由水较多的蔬菜、水果等在冰冻后细胞结构易被冰晶所破坏,因此,蔬菜、水果不宜冷冻储藏。自由水又称游离水,是指烹饪原料组织细胞中容易结冰也能溶解溶质的那部分水,自由水会因蒸发而散失烹饪原料的含水量与原料的产地、成熟度、储藏保管温度、湿度和时间长短等因素有关。原料的含水量在一定程度上反映了原料的不同品质,并与其有着密切的关系,是对烹饪原料进行加工烹制、储藏保管等采取不同方法的重要依据之一

三、烹饪原料分类

(一)烹饪原料分类的意义

烹饪原料分类是从一定的角度、按一定的标准和依据将各种各样的烹饪原料品种加工以分门归类。这是一项细致、严密和具有科学性的研究工作。我国在烹饪中运用的原料品种之多,涉及面之广,在世界上没有一个国家能与其相比,而对如此众多的烹饪原料进行科学的、适合本学科特点的分类,具有重要的现实意义。

通过对烹饪原料的分类,可全面地反映我国在烹饪运用的所有原料全貌。使我们系统地认识烹饪原料有关知识以及烹饪原料与烹饪技术内在的联系和烹饪原料的广泛使用对中国烹饪发展的影响,进一步促进对烹饪原料的运用和开发,促进烹饪技术水平的不断提高;通过对烹饪原料的分类,可以更好地结合现代自然科学知识从理论高度对各种烹饪原料的共性和个性加以归纳阐述,促进中国烹饪理论不断完善和发展;通过对烹饪原料的分类,可以使学习烹饪者比较系统而有条理地了解各种烹饪原料的性质和特点,指导烹饪人员对烹饪原料的选择、检验、保管等实践,提高对烹饪原料的合理加工的水平。

(二)烹饪原料的分类方法

烹饪原料的分类具有重要的意义,但至今仍处于众说纷纭、莫衷一是的状态。运用现代科学理论知识对烹饪原料进行分类。不仅可以全面深入地认识和总结烹饪原料运用的规律。还可了解烹饪原料运用的资源利用情况。

1. 国内采取的一些分类方法

分类依据	原料种类
原料的性质	植物性原料、动物性原料、矿物性原料和人工合成原料
加工与否	鲜活原料、干货原料和复制品原料
菜肴中地位	主料、配料和调辅料

续表

分类依据	原料种类
原料的商品种类	谷物及其制品、蔬菜及其制品、果品及其制品、肉类及其制品、蛋奶及其制品、水产品及其制品、干货制品和调味品等
生物学	界、门、纲、目、科、属、种
烹饪原料的来源	植物性烹饪原料、动物性烹饪原料、非生物性烹饪原料、发酵烹饪原料
生理化特点	鲜活烹饪原料、生鲜烹饪原料和干燥烹饪原料
食品资源	农产食品、畜产食品、水产食品、林产食品、其他食品

2. 国外采用的分类方法

国外对于原料分类主要是按营养成分进行分类：

标准	原料种类
1916 年美国	奶制品、肉、鱼、禽、蛋（主要供给蛋白质）；面包和谷物（供给淀粉）；奶油及脂肪（供给脂肪）；简单糖类（供给糖分）；蔬菜和水果（供给无机盐和有机酸）
1942 年美国	奶制品（含有丰富的钙）；肉和鱼、蛋（供给蛋白质）、黄绿色蔬菜（富含胡萝卜素）；柑橘类水果及卷心菜（富含维生素 C）；土豆及其他蔬菜（含有其他维生素）；面包和谷物（供给淀粉）；黄油等脂肪（提供热量、维生素 A 和维生素 D）
1957 年美国	奶制品（供给蛋白质、钙和维生素 B_2）；肉、鱼、禽、蛋（供给蛋白质、铁及多种维生素）；水果和蔬菜（含有维生素 C、胡萝卜素、铁）；面包和谷物（含有淀粉和一些维生素 B 族）
日本	鱼、肉、蛋、豆类（供给蛋白质）；乳制品、海藻、带骨小鱼（供给无机盐、特别是钙）；黄绿色蔬菜（主要供给胡萝卜素）；水果、其他蔬菜（以供给维生素 C 为主）；谷类和薯类（供给淀粉）；油脂（供给脂肪）
三素法	热量素食品（又称黄色食品，主要含碳水化合物）；构成素食品（又称红色食品，主要含蛋白质）；保全素食品（又称绿色食品，主要含维生素和叶绿素）

第二节　烹饪原料品质的基本鉴别方法

一、烹饪原料品质鉴别的指标

烹饪原料品质鉴别的内容主要包括烹饪原料外观质量和内在的质量检验，其依据和标准主要有以下几个方面：

①鉴别原料的真伪、纯度:原料有真伪之分,如鱼翅就有真鱼翅和人造鱼翅之分,一定要分清。原料还有纯度问题,纯度越高,原料的品质越好。如大米里掺白砂子,胡椒面中掺麸子等都是原料纯度不高的表现,品质就差。

②鉴别原料固有的品质:原料固有品质是指某原料特有的质地、色泽、香气、滋味、外观形状等外部品质特征,以及营养物质、化学成分、质构及组织特征等内部品质特征,这些都直接关系到原料的使用价值,进而关系到菜点的食用价值。烹饪原料的固有品质与原料的产地、产季、品种、食用部位及栽培饲养条件等有关,它对菜点制作有着直接的影响,尤其是在烹调传统地方名菜时,显得尤为重要。

③鉴别原料的成熟度:成熟适当的原料能充分体现原料特有的内在品质。原料的成熟是指原料的生长年龄、生长时间和上市季节。不同的生长年龄、生长时间和上市季节,原料的成熟度也有差异。成熟度恰到好处的原料可食性强,其品质就越好,过熟或不熟都会影响使用、食用。烹调中所指的成熟是指适合食用的成熟度,而非动植物的生理成熟度,所以菜肴制作过程中应根据菜肴的要求选择合适的原料成熟度。

④鉴别原料的新鲜程度:原料保管时间过长、保管不当都会使其新鲜度下降,甚至失去使用价值。原料的新鲜程度包括形态是否变形、走样;色泽是否失去原有色彩、光泽,是否变色;水分是否含量正常,水分损失多少;原料的重量如何;原料质地是否发生变化;气味是否正常等。

⑤鉴别原料的清洁卫生:主要是鉴别原料是否腐败变质,是否污染有害物质。原料是否符合食品卫生的要求,是食用的前提。

二、烹饪原料品质鉴别的方法

烹饪原料品质鉴别的方法主要有理化鉴别和感官鉴别两大类。

(一)理化鉴别

理化鉴别是利用各种理化仪器和试剂,通过对烹饪原料的理化指标进行分析测试来鉴别原料质量的方法。理化鉴别包括理化检验和生物检验两种方法。理化检验分析检验原料的物理化学性质,此方法比较科学、准确,能具体而客观地分析原料的成分,作出原料品质和新鲜度的科学结论,还查清其变质的原因。生物检验主要是测定原料或食物有无毒害或有无生物性污染,此外还可用显微镜进行微生物检验。这种方法可鉴别原料中的细菌、寄生虫等。理化鉴别结论较为科学、准确,主观因素影响小,可靠性强,具有一定权威性,但要求相应的理化仪器设备,要求有专门技术人员,有的方法检测周期较长。主要适合大型餐饮企业或食品加工企业大批量采购时使用。理化检验法通过测定分析原料的化学成分、物理指标以及生物学指标,再与国家、行业及企业标准进行对照,从而作出对原料品质优劣的判断。

(二)感官鉴别

感官鉴别是以人的感觉器官(眼、耳、鼻、口、手)作为"测量仪器"对原料品质进行鉴别的方法。感官鉴别简便、灵敏、直观,不需要专门的仪器设备,尤其是烹饪原料品质的可接受性只能用感官鉴别来做判断和认定。感官鉴别受年龄、性别、生理状况、生存环境、心理因素、自身喜好等因素的影响,精确度和重现性较差。感官鉴别是鉴别烹饪原料品质优劣最实用、最简便而又有效的检验方法,适用于几乎所有的烹饪原料,尤其是肉类、禽蛋、水产品、果蔬、调味品等,是目前餐饮业最常用的品质鉴别的方法。感官鉴别的方法主要有以下几种:

1. 视觉检验

视觉检验就是利用人的视觉器官鉴别原料的完整程度、大小、形状、结构、色度、光泽、纯度、成熟度、清洁度等方面。这是判断原料质量时运用范围最广的一个重要手段。检验时应在光线明亮、背景亮度大的环境下进行视觉检验，最好采用自然光和日光灯等冷光源；对于可能出现沉淀及悬浮物的液态食品适当搅拌或摇晃；对于瓶装或包装食品应开瓶、开袋检验；大块食品可以切开观察其截切面状态。

2. 听觉检验

听觉检验就是利用人的听觉器官鉴别原料的震动声音来检验其品质优劣的方法。主要鉴别原料的脆嫩度、酥脆度及新鲜度。如用手摇鸡蛋听蛋中是否有声音，来确定蛋的好坏；挑西瓜时，用手拍击西瓜听其发出的声音，来检验西瓜的成熟度等。检验时应尽量在安静的场所进行，并将原料与耳朵接近，但又不能紧挨耳口。

3. 味觉检验

味觉检验就是利用人的味觉器官来检验原料的滋味，从而判断原料品质优劣的方法。味觉检验包括原料入口后的风味特性（滋味及口腔的冷、热、收敛等知觉和余味）及质地特性（原料的硬度、脆度、凝聚度、黏度和弹性）；原料咀嚼时产生的颗粒、形态及方向物性；以及油、水含量感。味觉检验对于辨别原料品质的优劣是很重要的，尤其是对调味品、水果和烹饪半成品等。味觉检验不但能品尝到原料的滋味如何，而且对于食品原料中极细微的变化也能敏感地察觉到。一般在常温下进行烹饪原料的味觉检验，黏度大的原料应适当延长检验时间。

4. 嗅觉检验

嗅觉检验就是利用人的嗅觉器官来鉴别原料的气味，进而判断其品质优劣的方法。新鲜原料本身都有一种正常的气味，而原料气味的变化恰恰是原料中各种化学物质变化的结果。而最终产生的异味往往与微生物的生长繁殖有关。但检验过程中可采用适当方法增加气味物质的挥发度，以增加嗅觉检验准确度，还应避免嗅觉疲劳、嗅觉交叉对检验结果的影响。如肉类有正常的肉香味，新鲜的有正常的清香味。如出现异味，则说明其品质已发生变化。

5. 触觉检验

触觉检验就是通过手对原料的触摸来检验原料组织的粗细、弹性、硬度及干湿等，以判断原料品质优劣的方法。肉类、鱼类、蔬菜、水果都能用这个方法鉴别其品质的好坏程度。检验时要用相对灵敏性较好的手进行，以增加检验的准确性。

在具体实施感官检验时，必须综合地运用嗅觉、味觉、视觉、听觉和触觉检验，结合多种感觉器官的检验结果对原料的质量做出较准确的判断。感官检验有着重要的使用价值，但感官鉴别主要是对原料的外部特征进行鉴别，而对内部品质变化的程度不如理化鉴别精确。

三、影响烹饪原料品质变化的因素

（一）影响烹饪原料品质的酶促因素

自身因素主要是原料中酶对原料的影响。酶对植物性原料与动物性原料的影响不同。

1. 植物性原料

（1）呼吸作用　呼吸作用是生物体中的大分子能量物质在多酶系统的参与下逐步降解为简单的小分子物质并释放能量的过程。实质是大分子物质的一种氧化还原作用，把呼吸物氧化成CO_2或中间代谢产物。呼吸作用包括有氧呼吸和无氧呼吸两种类型。呼吸产生呼吸热使果蔬升温，会使果蔬迅速腐烂变质；营养成分逐渐消耗，营养价值下降，滋味淡化；缺氧呼吸产生的代谢中间产物积累至一定浓度将导致细胞中毒而出现生理病害。果蔬的种类、成熟度等内在因素和温度、空气成分、机械损伤和微生物侵染等外在因素都会影响植物呼吸作用。

(2) 后熟作用　后熟作用是植物在采摘后继续成熟的过程。表现为植物性原料色泽由绿色向红色、黄色等成熟色转化，香味增加，风味好转，产生甜味，酸味下降，涩味减轻，质地软化。可以使一些果蔬采摘后品质改善，更有利于食用与烹调。适宜而稳定的低温，较高的相对湿度和恰当比例的气体，及时排除刺激性气体(乙烯)可以延缓后熟；增加果蔬中酶的活性和创造缺氧呼吸的条件，如维持 20~25℃ 的高温，在密封条件下保持适量氧气，利用乙烯等催熟剂可以加快果蔬成熟速度。

(3) 失水萎蔫　植物性原料采摘后表现为重量减轻，损耗加大，萎蔫，破坏正常的代谢，降低果蔬的储藏性。包括内在因素和外界条件两个方面的影响：内在因素指果蔬品种、成熟度、结构紧密度和化学成分等；外界条件指环境温度、空气相对湿度和空气流速等。

(4) 采后成长　果蔬储藏时常会因采后成长而发生储藏物质、水分在果蔬中的转化、转移、分解和重组合的现象。植物性原料采后成长的营养物质和水分从食用部位转移至生长点而引起食用部位品质下降，甚至还有部分原料在采后成长过程中还会产生毒素，如马铃薯采摘后发芽会产生毒素。通常借助休眠来抑制采后成长，如黑暗、低温都利于形成休眠。

2. 动物性原料

(1) 尸僵作用　屠宰后的肉发生生物化学变化促使肌肉伸展性消失而呈僵直的状态，称为尸僵作用。由于肉中的糖原在缺氧情况下分解为乳酸，使动物肉的 pH 下降，肉中的蛋白质发生酸性凝固，造成肌肉组织的硬度增加，因而出现僵直状态。尸僵阶段的肌肉组织紧密、挺硬，弹性差，无鲜肉的自然气味，烹调时不易煮烂，肉的食用品质较差。僵直期的动物肉的 pH 较低，组织结构也较紧密，不利于微生物繁殖，因此从保藏角度来看，应尽量延长肉类的僵直期。尸僵期持续时间与动物的种类、肉温有密切关系。躯体较大的动物，如牛、猪、羊的尸僵期较长，而鸡、鱼、虾蟹的尸僵期较短。温度越低，尸僵持续的时间越长。

(2) 成熟作用　僵直的动物肉由于组织酶的自身消化，重新变得柔软并且具有特殊的鲜香风味，食用价值大大提高，这一过程称为肉的成熟。尸僵期的肉长期处于酸性条件下，蛋白质发生酸性溶解，重新变得柔软而有弹性。同时，肌肉蛋白质在肌肉中组织酶的作用下产生部分分解，形成与风味有关的化合物如多肽、二肽、氨基酸、亚黄嘌呤等，使肉具有鲜美滋味。成熟时期肌肉多汁、柔软而富有弹性，表面微干，带有鲜肉自然的气味，味鲜美而易烹调，肉的持水性和黏结性明显提高，达到肉的最佳食用期。肉的成熟与外界温度条件有很大的关系。外界温度低时，成熟作用缓慢；温度升高时，成熟过程加快。

(3) 自溶作用　组织蛋白酶继续分解肌肉蛋白质引起组织的自溶分解，大分子物质进一步分解为简单物质，肌肉的性质发生改变。表现为肌肉松弛，缺乏弹性，无光泽，具有一定不良气味，肌肉表面色泽变暗，呈棕红色。此时的肉处于次新鲜状态，去除变色变味部分，经过高温处理尚可食用，但品质已大为降低。环境温度高时，肉的自溶速度加快；当温度降至 0℃ 时，可使自溶停止。处于自溶阶段的肉已丧失储藏性能，处于腐败前期，应尽快食用或处理。

(4) 腐败作用　自溶过程产生的低分子物质为微生物的生长提供了良好的营养条件，当外界条件适宜时，微生物就大量繁殖。首先在肉的表面大量生长，并沿着毛细血管逐渐深入到肌肉内部，继而引起深层腐败。表现为肉的表面出现液化状态，发黏，弹性丧失，产生异味,肉色变为绿色、棕色等,失去食用价值。此时的原料已经不能食用。

(二)影响烹饪原料品质的理化因素

1. 物理因素

物理因素包括光线、温度和压力等。

(1)光线　光线的照射会促进原料中某些成分的水解、氧化,引起变色、变味和营养成分损失。强光直接照射原料或包装容器可造成温度间接升高,产生与高温相类似的品质变化。

(2)温度　温度过高或过低都会影响原料的品质。高温加速各种化学性的或生化性变化,增加挥发性物质和水分的损失,使原料成分、重量、体积和外观发生改变,产生干枯变质。而温度过低会在组织内产生冰冻,解冻后使质地变软、腐烂、崩解。

(3)压力　重物的压挤可使食品变形或破裂,使汁液流失,外观不良。如为瓶装原料或食品则发生破损而不堪食用。

2. 化学因素

氧化、还原、分解、化合等化学变化都可使原料发生不同程度的变质,导致原料出现变色、变味等现象。

烹饪原料与空气接触可能发生氧化;金属物与酸性原料或食品接触可发生还原作用或使金属溶解;其中与原料保藏关系最密切的如淀粉老化,脂肪氧化、褐变等。

(三)影响烹饪原料品质的环境因素

1. 温度

(1)高温的影响　高温促进酶的活性,进而促进呼吸作用、后熟作用、采后成长、蒸腾以及肉类宰后成熟等生理化作用的进行;促进微生物的活动,微生物在15～35℃的温度范围内,温度越高,繁殖和生长的速度越快。若外界环境温度高于或低于这一温度范围,微生物的活动就受到抑制,甚至失活;促进化学反应速度,化学因素导致的变质速度与温度高低呈正相关,即温度越高,化学反应进行得越快,由此导致的变质就越快,后果越严重。

(2)低温的影响　通过控制环境温度,造成不利于酶、微生物和化学反应进行的条件是低温保藏和高温保藏的关键所在。

2. 湿度

环境湿度过高或原料含水量高,微生物可旺盛生长,导致食品变质加速;环境湿度太低,含水量大的新鲜原料产生剧烈的蒸腾,造成原料重量下降,外观萎蔫。综合考虑,对于大多数原料而言,应尽量降低含水量和环境湿度,尤其是干货制品、调味品等,防止因吸湿受潮而霉变、结块;对于新鲜蔬菜水果则可通过地面洒水等方式,适当增加保藏环境的湿度。

3. 气体条件

有氧条件下,需氧微生物引起的变质速度比缺氧时快得多。一些兼性厌氧菌在有氧环境中引起的变质也比在厌氧环境中快得多。缺氧情况下只有厌氧性细菌及酵母菌能引起变质。高浓度的CO_2(2%～5%),可防止需氧性腐败菌的生长,还可抑制果蔬的呼吸、采后成长和后熟等现象的发生。适当降低环境中氧气含量、增加CO_2含量可有效防止氧化变质和微生物引起的腐败变质。

4. 渗透压

渗透压通过抑制微生物生长繁殖而有利于原料的保藏。原料保藏过程中大多采用食盐、糖等物质来提高原料的渗透压。

5. 酸碱度

大多数微生物要求生长环境的 pH 接近中性，过酸或过碱性条件常造成对微生物的危害，从而使微生物受到抑制或死亡。

（四）影响烹饪原料品质的微生物因素

由微生物因素导致的食品变质对烹饪的影响最大。

1. 腐败

腐败是指在微生物作用下原料中有机物的恶性分解。常发生在富含蛋白质的原料中，如肉类、蛋奶类、鱼类、豆制品等，大多由细菌引起。主要包括变色、变臭、变质、中毒四方面的变化。

①变色是腐败细菌生长产生的色素以及其代谢产物与原料成分发生化学变化而产生的色素，会在原料表面或深层产生片状、斑点状甚至呈全部分布的异常色泽，常见的如绿变、褐变、黑变等。

②变臭是蛋白质、氨基酸等的腐败分解产物可在原料中积累大量的硫醇、硫化氢、吲哚、三甲胺、粪臭素等，使原料或食品产生不愉快的腐臭气味。

③变质是固体原料或食品变质时，组织细胞被破坏，细胞内容物外溢，出现变形软化。如肉类出现肌肉松弛、弹性差、发黏等现象；液态食品变质后则出现浑浊、沉淀、表面出现浮膜、变稠或变稀、分层、产生气泡等。

④中毒是有毒代谢产物，还会引起食物中毒。

2. 霉变

霉变是由霉菌污染原料而产生的发霉现象。多发生在高糖、高盐、含酸或干燥的粮食、果品、蔬菜及其加工制品。霉菌在原料或食品中大量繁殖而产生霉斑、长毛、变色等现象；原料组织变得松软；由于原料中营养成分被分解，导致营养降低并产生异样酸味或霉味，如玉米、花生被黄曲霉污染后产生黄曲霉毒素、大米被青霉污染后形成的黄变米中含有的青霉毒素等都会引起急性或慢性中毒。

3. 发酵

发酵是微生物在缺氧情况下对原料中的糖不完全分解过程，主要产生各种醇、酸、酮、醛等代谢产物。有益发酵产生的乳酸、酒精、醋酸等常常被用来制作泡菜、酸菜、酒饮料等食品。异常发酵则导致原料或食品变酸，产生不正常的酒味、酸味，甚至带有令人不快的气味。

第三节 烹饪原料常用保管的方法

烹饪原料绝大部分来自动、植物等生鲜原料，这些生鲜原料在收获、运输、储存、加工等过程中，仍在进行新陈代谢，从而影响到原料的品质。尤其在原料的储存保管过程中，如果保管不善，将直接影响到原料的质量，进而影响菜点的质量。因此，必须采取一些措施，尽可能地控制原料在储存过程中的质量变化。

减少酶促作用、理化作用和微生物作用对原料的影响；控制原料本身酶促作用；防止食品与外界环境（水分、空气）接触，杜绝微生物的二次污染；消灭微生物（使酶失活或钝化）或造成不适于微生物生长（酶作用）的环境，从而尽量延长食品的保质期限。

一、低温保藏法

降低烹饪原料的温度并维持在低温状态的保藏方法，称为低温保藏法，是最常用最普遍的保藏方法。通过降低并维持原料的低温能有效抑制原料中酶的活性，减弱由于新陈代谢引起的各种变质现象，抑制微生物的生长繁殖，从而防止由于微生物污染而引起的食品腐败。低温还可延缓原料中所含各种化学成分之间发生的变化，降低原料中水分蒸发的速度，减少萎蔫现象。

低温保藏法分为冷藏和冷冻（冻藏）两种。①冷藏是将原料在稍高于冰点的温度中进行贮藏的方法。常用冷藏温度为 0～15℃。主要用于贮藏蔬菜、水果、禽蛋，以及畜禽肉、鱼等水产品的短期贮存，也可用于加工性原料的防虫和延长贮存期限。在冷藏条件下原料不发生冻结，能较好保持其细胞结构、胶体结构及原料的质地和风味特征，但冷藏温度下原料中的酶及由酶催化的各种生化代谢并未停止，一些嗜冷微生物仍能生长繁殖，食品原料所含化学成分仍可缓慢地进行水解、氧化、聚合等变化，一定时间后仍然可使原料腐败变质。所以原料冷藏的贮存期限较短，一般为几天至几周。在冷藏过程中，不同原料要求不同的冷藏温度。动物性原料要求温度越低越好，常用 0～4℃；植物性原料要适当密封，防止串味以及水分过分蒸发导致萎蔫干枯，防止产生生理冷害。②冻藏是将原料冻结并在低于冰点的温度中进行贮藏的方法。常用于对肉、禽、水产品、预调理食品的保藏。原料冻结后，原料所含水分绝大部分形成冰晶体，减少了生命活动与生化变化所必需的液态水分，能高度减缓原料的生化变化，可以更有效地抑制微生物的活动，保证原料在贮藏期间的稳定性。冻藏适合较长期贮藏，长的可以年计。尽量选择较低的冻藏温度贮藏原料；避免长时间、频繁地打开冰箱而造成温度波动，引起原料内冰晶的成长现象；可采用密封的方法缓解原料表面失水、串味和变色的现象。

二、高温保藏法

利用高温（60℃以上）杀灭原料上黏附的微生物及破坏原料的酶活性而延长原料保存期的方法称为高温保藏法。由于微生物和酶对高温的耐受能力较弱，当温度超过 60℃时，微生物的生理机能即减弱并逐渐死亡，可防止微生物对原料的影响。同时高温还可以破坏原料中酶的活性，防止原料因自身的呼吸作用、自溶等引起的变质，达到保藏的目的。

高温保藏法可分为巴氏消毒法、煮沸消毒法和高温高压灭菌法三种。①巴氏消毒法是将原料在 62～63℃的温度下加热 30 米 in 以杀灭原料中致病菌的方法。适合于啤酒、牛奶、酱油、醋等原料的消毒。只能杀死致病微生物的营养细胞，不能杀灭耐热性强的芽孢。常结合冷藏进行 10 天以内的短暂保存。现代的高温短时杀菌法和超高温瞬时杀菌法，一般用于牛奶和果汁杀菌后的长期贮存。②煮沸消毒法是将原料置于沸水中煮沸的消毒方法。杀菌消毒效果较巴氏消毒法要好。餐厅中多用于餐具、易腐的肉类、豆制品等的消毒。③高温高压灭菌法是采用 100～121℃的高温灭菌的方法。可以杀灭各种微生物及芽孢，烹调次新鲜的肉类可用高温高压杀菌法消毒杀菌后供食用。

高温保藏法的保存期限与原料杀菌时密封程度有关。原料经过高温保藏往往有类似煮、蒸的致熟作用。高温处理的原料还要注意防止重新污染，否则仍会变质。

三、脱水保藏法

利用各种方法将原料中的水分减少至足以防止腐败变质的程度,并维持低水分进行长期贮藏的保藏方法称为脱水保藏法。食品通过干燥脱水,降低了水分活度,使微生物可利用的水减少,同时食品原料中的化学物质浓缩,提高了渗透压,最终使微生物失水而导致代谢停止,使其生长受到抑制或死亡。原料中酶的活性也因干燥而减弱,原料变质速度减缓。多用于对山珍海味、蔬菜水果的保藏,餐厅中可用干燥脱水的方法自行晒制干菜、猪肉皮等。

常用的脱水保藏法有自然干燥、人工干燥、烘烤油炸三类。①自然干燥是利用太阳晒干和风吹干食品,在较长的干燥时间里原料可继续完成后熟,形成特殊的风味。②人工干燥是利用人工控制条件除去原料中的水分,干燥效率高。常见的有热风干燥、真空干燥、冷冻干燥等,多见于工业化生产。③烘烤油炸是餐厅可通过烘烤或油炸脱去原料水分,延长半成品保存期限。无论何种脱水保藏法,处理后的干货原料应密封保管,贮藏环境空气湿度不可太高,对于含水量低、易碎的干货原料应当轻拿轻放,以免破碎而影响外观。

四、腌渍保藏法

利用较高浓度的食糖、食盐等物质对原料进行处理而延长保存期的保存方法,称为腌渍保藏法。糖、盐等物质产生的高渗透压,可降低原料的水分活度,造成微生物细胞的质壁分离现象,细胞内蛋白质成分变性,杀死或抑制微生物活动,同时高渗透压可抑制酶的活力,达到保藏原料的目的。①盐腌,多用于肉类、禽类、蛋、水产品及蔬菜的保藏,依原料不同分别使用食盐及硝盐、香料等其他辅助腌剂。一般使用食盐浓度在6%~15%。盐腌有时与脱水干燥相结合。②糖渍,主要用于水果和部分蔬菜的保藏加工,可制成蜜饯、果脯、果酱等制品。一般浓度在50%以上才具有良好的保藏效果。③酸渍,用风味纯正的可食用的有机酸,如乳酸、醋酸、柠檬酸等腌渍原料,除具有明显保藏作用外,还可使原料具有独特的风味,如泡菜、酸菜。用酸渍保藏时酸度一般都不大,往往需与低温或腌渍、糖渍结合使用。④酒渍,是利用酒精的杀菌抑菌作用保藏食品原料的方法。常用白酒、酒酿、香糟、黄酒来浸渍原料。白酒和酒酿等含酒精量高,杀菌力强,多用于水产品的腌渍,如红糟鱼、醉蟹;香糟、黄酒等适用于出水后酒渍的原料,如醉虾、醉鸡。酒渍保藏法可以使制品带上特殊的酒香风味,但酒渍保藏应加入盐、醋及香辛料以增加保藏效果。

五、烟熏保藏法

烟熏保藏法是在腌制或干制的基础上,利用木柴、树叶等不完全燃烧时产生的烟气来熏制原料以达到保藏目的的方法。熏烟中含有醛、酚等具有抑菌作用的化学物质,烟熏过程中产生的热量可使原料部分脱水,同时温度升高也能有效地杀灭表面的微生物,减少表面黏附的微生物数量,具有较好的防腐效果。适用于动物性腌腊制品的保藏,一些果蔬(如乌枣、烟笋)也用烟熏保藏。

六、辐照保藏法

这种方法利用放射性元素离子的穿透力,以极微量的射线照射原料,抑制发芽,杀灭微生物及昆虫,使促进生化变化的酶遭受破坏,失去活力,从而终止原料的被侵蚀或生长老化进程，维持品质稳定。

我国于 1985 年颁布实施了 6 种辐照食品的卫生标准，其种类是大蒜、花生仁、蘑菇、马铃薯、大米、洋葱。

七、活养贮存法

活养贮存法的特殊性：餐厅对小型动物性原料进行饲养而保持并提高其品质的特殊贮存方法。原料随用随杀，可以充分保证原料的新鲜度；短期饲养可消除原料不良风味，风味更加鲜美；经长途运输的原料躯体消瘦，活养后，可使其恢复元气，提高食用质量。活养时应注意动物的生活习性，提高存活率以及食用质量。

八、食品防腐剂保藏法

食品防腐剂是指能抑制原料中微生物的生长、延长保存期的一类食品添加剂。用量小、防腐效果明显，不改变食品原料的色香味，对人体无毒害作用。常用食品防腐剂种类主要有：有机酸及其盐类、苯甲酸及其盐类、山梨酸及其盐类。防腐剂在低浓度时只有抑菌作用，随着浓度增高或作用时间延长则有杀菌作用，但在使用时必须注意不能超过国家规定的最大用量。注意区别食品防腐剂与化学防腐剂，不能将有毒害作用的化学防腐剂如福尔马林等加入食品，造成不必要的伤害。

第四节 原料加工概述

先了解烹饪原料基本知识后，才可对原料进行一定的加工。将烹饪原料经过加工后为烹调准备一定数量且成形的烹饪原料，是烹饪行业中重要的一个工作岗位，是烹制菜肴过程中的一个重要环节。烹饪原料加工可分为初加工和细加工，烹饪原料加工质量的高低对菜肴质量的影响非常重要。作为烹饪工作者，我们只有学好烹饪原料加工技术，今后在烹制菜肴的过程中才会心中有数，才能有的放矢，为我们传承中国烹饪技术和饮食文化打好基础。

一、烹饪原料加工技术概要

在距今 100 多万年以前人类就开始对食物原料进行加工，到了石器时代，开始出现使用原始的石刀、石斧、贝壳等对烹饪原料进行加工。后来过渡到使用铜器、铁器，发展到现在以使用不锈钢为主的器具对烹饪原料进行加工，使得烹饪原料加工的技术水平越来越高。早在春秋战国时期，孔子就提出了"食不厌精，脍不厌细"的主张。说明当时烹饪原料加工技术已受到一定的重视，饮食业已经将原料加工技术当作厨师必备的基本功。到了东汉末年，炉案有了明显分工，使得烹饪原料加工技术有了质的提高。现在虽然有许多高科技的烹饪设备应用于烹饪原料加工过程中，大大提高了烹饪原料加工技术的效率，但还不能完全代替手工操作，烹饪原料加工技术仍是一名厨师必备的。

烹饪原料加工技术就是将烹饪原料经过初加工、刀工处理及合理搭配后为烹制菜肴做准备的整个操作技术。由于烹饪原料众多，其性质各异、烹饪用途不同，其加工方法也不同。如新鲜蔬菜中带有泥沙污物、黄叶、老根、粗皮等,需要洗涤、择除后进行刀工处理;水产、家禽、家畜及内脏等原料中含有不能食用的部分,需要经过洗涤、去骨、去皮、宰杀、去内脏、去鳞、煺毛、除杂等加工后再进行刀工处理;干货原料需要用水发、碱发、油发、盐发等方法处理后再进行刀工处理。

二、烹饪原料加工基本流程

在烹饪行业中,由于制作菜肴的方法不同,对烹饪原料加工的时机也有所区别。如图1-1所示。

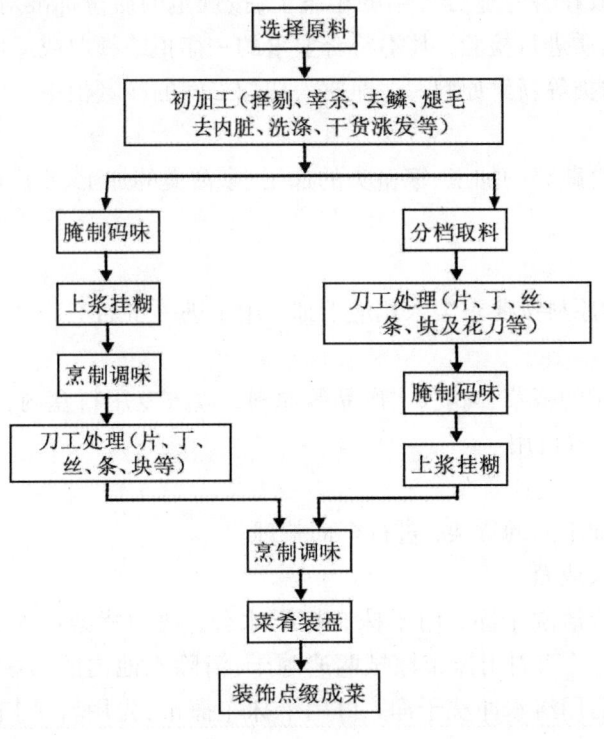

图1-1

整个烹饪原料加工技术工作在厨房中是如何正常运转的,作为一名烹饪工作者必须十分清楚,才能为驾驭好厨房这艘航空母舰做好铺垫,所以我们必须了解在厨房中烹饪原料加工是如何运转的。

(一)烹饪原料加工工艺流程

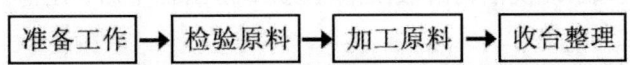

1. 准备工作

烹饪原料加工人员是厨房中的先锋队,每次上班后,作为烹饪原料加工人员,要马上进入工作状态,积极为原料加工做准备,主要包括:将用于择、削、剔等的刀具与盛放原料的器具放在固定的位置上，便于蔬菜择剔加工时使用，以操作使用方便为标准；将用于带骨类原料初加工使用的，已经过消毒处理的刀、砧板、抹布、盛器等用具，放在操作台的固定位置上；将盛放不同种类废弃物的桶准备好，放在适当的位置，以便盛放择、削、剔下来的废弃物等。

所有用具、工具必须符合卫生标准。具体要求：摆放整齐，使用方便；各种料盒、刀、砧板、抹布应干爽、洁净，无油渍、污物，无异味；盛放各类废弃物的垃圾桶要有垃圾桶盖。

2. 检验原料

检验原料是保证食物安全和菜肴质量的重要保证。具体要求：到食品仓库领取当天当次所需的各种烹饪原料，包括主配料和调味料；将领取的蔬菜原料、肉类原料、水产品类原料搬运到初加工间内，分放在各专业分工组的柜案上；按规定的质量标准对领取的蔬菜、肉类、水产品原料的新鲜度、品质进行检验，凡不符合要求的一律拒绝领取或退回仓库；将领用的不能立即加工完的水产、肉类等新鲜原料，立即放入初加工间的冷藏柜中。

3. 加工原料

加工原料包括新鲜蔬菜的加工、家畜类的加工、家禽类的加工、水产品类的加工、干货原料的涨发及切配处理。

4. 分装原料

将初、细加工后的原料按要求装入相应器皿，用于进一步加工。

5. 清理余料

将加工好的未使用的蔬菜、肉类、水产品等原料，放入专用料盒内，包上保鲜膜，放入冷藏柜内存放，便于下一餐再用。

6. 清理货架

将用于陈列蔬菜加工品的货架，进行全面整理。

7. 清理台面、水池、地面

将料盒、刀、砧板等清洗干净，用干抹布擦干水分，放回货架固定的存放位置或储存柜内，然后将操作台台面及四周用抹布擦拭两遍晾干；清除水池内的污物杂质，用浸过洗洁精的抹布内外擦拭一遍后用清水冲洗干净，再用干抹布擦干；先用笤帚扫除地面垃圾，用浸过热碱水或清洁剂溶液的拖把拖一遍，再用干拖把拖净地面。

8. 清理冰箱与除霜

定期将冷藏柜（箱）内所有物品取出，关闭电源，使柜内冰霜自然解冻，用抹布反复擦拭2~3遍，使柜内无污物水渍，再将原料放回原处，并接上电源。

9. 清洗卫生工具及抹布

把打扫卫生使用的工具用清洁剂清洗干净，用清水冲洗干净后控净水分，放回指定位置晾干；所有抹布先用热碱水或洗洁精溶液浸泡、揉搓，捞出拧干后，用清水冲洗两遍，拧干后晾干。

(二)烹饪原料加工技术的学习方法

烹饪原料加工技术的高低是决定一名厨师厨艺水平的一个重要方面。作为烹饪专业的学生必须重视烹饪原料加工技术的学习，要想学好烹调原料加工技术，掌握行业前辈精湛的烹饪原料加工技术和丰富经验，应从以下几个方面加以注意：

第一，掌握烹饪原料的选料知识和合理运用。

第二，注重对烹饪原料加工、涨发、切配技术的学习和练习。

第三，苦练基本功。要吃苦耐劳，长时间反复练习，力求熟练掌握加工的技能与技巧，达到"稳、准、狠、快"。

第四，不断超越前辈的历史局限性，大胆运用新科技、新工艺、新设备，敢于创新，不断提高。

第二章　粮食类

> 【学习目标】
> 　　通过本章学习，应该达到以下目标：
> 　　◆知识目标：了解粮食的概念，常用粮食品种的名称、品质要求、产地和产季及上市季节；理解粮食的组织结构、化学成分、粮食品种与粮食制品的性质。
> 　　◆技能目标：粮食在烹饪中的运用。
> 　　◆能力目标：掌握常见粮食的分类和运用、品质鉴别、保管方法。

第一节　粮食类原料基础知识

　　粮食是人类膳食的重要组成部分，是最基本的食物原料，人体所需能量的主要来源，是最重要的烹饪原料之一，其应用范围非常广泛，主要用于制作主食，稻米是米饭和粥的主料；面粉可加工制作多种主食。粮食也可以作为烹饪中糊、浆、芡的主要用料。粮食还可以制作出许多调味品，如酱油、醋、酱类、味精等。

一、粮食类原料的概念与化学成分

（一）粮食类原料的概念及分类

　　粮食是指烹饪食品中，作为主食的各种植物种子总称，也可概括称为"谷物"。粮食类基本是属于禾本科植物，所含营养物质主要是淀粉，其次是蛋白质。主要包括谷类、豆类、薯类以及它们的制品原料。

　　从结构而言，谷类粮食主要包括禾料的稻、小麦、玉米、高粱、粟、黍、莜麦等。豆类按食用种子的营养成分含量可分为两大类：一类是含蛋白质高的如大豆、四棱豆等。一类是含碳水化合物高的，如蚕豆、红豆、绿豆等。薯类的常见品种主要是甘薯、马铃薯和木薯。

（二）粮食类原料的化学成分

　　粮食类原料的品种多、外观各异，但所含营养成分基本相同，粮食类中含有碳水化合物、蛋白质、脂肪、矿物质、维生素等营养成分，其主要营养成分为碳水化合物。在我国人民的膳食结构中，所需能量的80%来自粮食。

1. 碳水化合物

　　粮食中所含碳水化合物最丰富，是人类膳食中的热量来源。其存在的形式主要是淀粉，一般含量70%以上，最高可达80%，还含有少量的可溶性单糖及多糖形式的半纤维素和纤维素等。淀粉主要分布在粮食颗粒的胚乳中。

2. 蛋白质

粮食中的蛋白质含量不是很高，只占8%～10%左右，而且蛋白质中所含的必需氨基酸不够完全，赖氨酸、苯丙氨酸、甲硫氨酸偏低，特别是高粱、玉米含量很低，小米含的氨基酸比较丰富，荞麦所含的赖氨酸最多。总之粮食中所含的蛋白质除少数品种外质量一般，但粮食是人们的主食，在膳食中比例较大，所以粮食中的蛋白质也是人们膳食中蛋白质的主要来源之一。

3. 无机盐

粮谷类所含矿物质中，磷、钾比较丰富，但钙、铁较少，总含量为1.5%～3%。绝大多数的磷以有机化合物形式存在，不易被人体吸收。钙的含量更少，每百克约为1～5毫克，且被人体吸收很少。玉米、高粱中钙含量略高。

4. 维生素

粮食是人体维生素的主要来源，粮食中的维生素，根据其溶解特性的不同分为脂溶性维生素和水溶性维生素两大类。主要的脂溶性维生素有A、D、E、K四种，均不溶于水，而溶于脂肪及溶脂的有机溶剂中，主要的水溶性维生素有B_1、B_2、B_6及维生素C等数种。粮食中不含维生素A，但含有维生素A原（胡萝卜素）。

5. 脂肪

粮食中的脂肪含量很低，多在2%以下。玉米含油脂量较多，主要集中在胚芽中，为4%左右，其脂肪含有较多的不饱和脂肪酸和少量的植物固醇和卵磷脂。

6. 水分

粮食水分含量的正常范围在11%～14%之间，会因为加工方式的不同而不同。如果水分含量过多或过少都会影响粮食的品质。

二、粮食类原料的组织结构及运用

(一) 粮食类原料的组织结构

粮食大多数来自粮食作物的种子谷粒。绝大多数谷粒的基本构造大致相同，一般都由谷皮、糊粉层、胚乳和胚四部分组成。

1. 谷皮

谷皮包括果皮和种皮两部分，也称为表皮或糠皮，位于谷粒的外部，由坚实的木质化细胞组成，对胚和胚乳起保护作用。谷皮不易被人体消化，须经加工除去。

2. 糊粉层

糊粉层由大型多角形细胞组成，除含有较多的纤维素外，还含有蛋白质、脂肪和维生素等。

3. 胚乳

胚乳由许多淀粉细胞构成。胚乳位于谷粒的中部，一般占谷粒全重的80%左右，是种子储藏营养物质的主要场所。胚乳含大量的淀粉和少量的蛋白质。

4. 胚

胚位于谷粒的下部，主要由胚根、胚轴、胚芽和子叶四部分组成。由于胚在适宜的条件下会萌发生芽，且易感染微生物，不利于保管，故一般在加工时将胚除去。

(二) 粮食类原料在烹饪中的运用

粮食类原料的适用范围非常广泛，这主要是由它的营养成分和食用价值等所决定的。其在烹饪中的主要作用有以下几个方面：

1. 制作主食

因为粮食中含糖量最丰富，是人类膳食中较经济的热量来源，能满足人体最基本的能量需求，所以粮食类原料多为主食原料。由于全国各地所产粮食不同，制作主食的粮食原料也有所不同。长江流域及其以南地区主产稻谷，故主食的制作主要以大米为原料，如米饭、菜饭、粥等。黄河流域及其以北地区，主产小麦，故主食的制作主要以面粉为原料，如面条、馒头、饼等。

2. 制作面点

以粮食制作的糕点、小吃很多，风味各异。米制品有米线、元宵、年糕、粽子等；面制品有油条、馄饨、烧卖、煎饼等。

3. 制作菜肴

制作菜肴时，粮食主要作为辅料，如珍珠丸子、米粉肉、年糕菜、锅巴菜等，也有作为主料的，如八宝饭、蜜汁葫芦等。

4. 制作菜肴的调料和辅助料

由粮食类原料加工的淀粉、面粉、米粉都是菜肴制作中挂糊、上浆、拍粉、勾芡等必不可少的原料。粮食类原料也是加工生产各种调味品的主要原料，如酒、醋等。

第二节　小麦与面粉

一、小麦和面粉概述

小麦为禾本科植物，是全世界主要的粮食作物，也是世界上栽培最早的作物之一，它是对人类文明发展发挥了极其重要作用的作物。目前，小麦已成为全世界分布范围最广、种植面积最大、总产量最高、供给营养最多的粮食作物之一。人类需要蛋白质的20%以上是由小麦提供的，相当于肉、蛋、奶产品为人类提供的蛋白质总和。小麦在我国的种植面积和总产量仅次于水稻，属第二大粮食作物，但仍是我国北方人民的第一大主粮作物。现小麦主产区在河南，其次在河北、山东、陕西、山西等地。

小麦的主要消费途径是先生产小麦面粉，然后再加工成各种面制食品。由于小麦面粉中含有特有的面筋质，从而赋予了小麦广泛的用途。用它生产的食品种类繁多，是其他粮食作物无法相比的。

面粉是生产面点、糕点等的最主要原料，也是烹饪的重要辅助原料，由于我国小麦的品种多，播种面积大，而各产区的土壤、气候和栽培方法不同，使小麦性质有很大差异。小麦性质的差别直接影响面粉的质量。由于面粉厂加工技术条件的不同，因此面粉的质量相差很大。从业人员一定要掌握小麦和面粉的化学性质、物理性质，在生产中随时根据其理化特性调节工

图2-1　小麦

艺操作条件，以保证产品质量稳定。

二、小麦分类

小麦在我国的种植面积大，历史悠久，分布范围广。从长城以北到长江以南，东起黄海、渤海，西至六盘山、秦岭一带，都是小麦的主要播种区。由于不同区域有其不同的自然条件，这就决定了我国小麦有不同的类型，以便适应不同的生态环境。我国小麦分为两大自然麦区，即北方冬麦区（包括河南、山东、河北、陕西、山西等），南方冬麦区（包括江苏、安徽、四川、湖北）和春麦区（包括黑龙江、新疆、甘肃等）。一般地说，不同小麦的加工品质不尽相同，北方冬麦区小麦的蛋白质含量高，质量好；其次是春麦区。南方麦区小麦的蛋白质和面筋质含量较低。小麦有下列不同的分类方法：

（一）按播种季节划分

依据播种季节可将我国小麦分为春小麦和冬小麦。春小麦在春季播种，夏末收获。如长城以北地区冬季寒冷，小麦难以越冬，故常在春季播种。春小麦子粒腹沟深，出粉率不高。冬小麦在秋季播种，初夏成熟。如长城以南的小麦就是在秋季播种，越冬后春季返青，夏季收获。

（二）按子粒皮色划分

按照皮色可将小麦分为白皮小麦和红皮小麦。白皮小麦子粒外皮呈黄白色和乳白色，皮薄，胚乳含量多，出粉率高，多生长在南方麦区。红皮小麦子粒外皮呈深红色或红褐色，皮层较厚，胚乳所占比例较少，出粉率较低，但蛋白质含量较高。

（三）按子粒质地结构划分

小麦麦粒主要是由胚乳、胚芽、麸皮三部分组成。胚乳是麦粒的主体，占小麦质量84%~85%，是面粉的主要来源。麸皮是由表皮、外果皮、种皮、糊粉层等组成，覆盖在胚乳外面，占小麦质量的13%~14.5%，是面粉中粗纤维、灰分的主要来源，也是小麦中少量蛋白质、脂肪、酶类等的来源。胚芽在麦粒的最下端，是新生一代植物幼芽，占小麦质量的1.4%~2.9%，是面粉中脂肪的主要来源。根据子粒质地状况，可将小麦分为硬质小麦和软质小麦。硬质小麦胚乳质地紧密，子粒横截面的一半以上呈半透明状，称为角质。硬质小麦含角质粒50%以上。软质小麦的胚乳质地疏松，子粒横断面的一半以上呈不透明的粉质状。软质小麦含粉质粒50%以上。一般硬质小麦的面筋含量高，筋力强；软质小麦的面筋含量低，筋力弱。

三、面粉的种类和等级标准

（一）等级粉

我国现行的面粉等级标准主要是按加工精度来划分的。评定面粉质量的项目包括：水分、灰分、粉色、麸量、粗细度、含沙量、磁性金属、面筋质、气味口味、脂肪酸值等。小麦粉国家标准中将面粉分为特制一等粉、特制二等粉、标准粉和普通粉四等。

1. 特制粉：又称精制粉，主要成分为小麦胚乳，加工精度和纯度都很高，色白、质地细腻、含麸量小，档次较高。

2. 标准粉：质地较粗，主要成分为胚乳和糊粉层，含少量麸皮，颜色发黄，质量一般。

3. 普通粉：含麸量高，色泽较黄，质量较差。现市场上已所见不多。

除以上四种等级粉之外，还有一种使用量较少的面粉——全麦粉，全麦粉将小麦的胚乳、麸皮、糊粉层全部研磨在一起，因此质感粗糙、出粉率高、色泽暗淡、口感差，但营养比较全面。

（二）专用粉

按面粉用途可分为：面包粉、面条粉、饺子粉、普通家用粉及自发粉等。

1. 面包粉：用蛋白质含量高的硬质小麦加工而成，蛋白含量高，发酵质量好，发酵耐力好。
2. 面条粉：用蛋白质含量高的硬质小麦加工而成，筋力强、弹性好、耐煮、耐嚼。
3. 饺子粉：用含蛋白量高的优质小麦粉加工而成，粉质洁白细腻，面筋含量高，有良好的韧性和延伸性，制作的饺子皮耐煮，不糊汤。
4. 普通家用粉：用含蛋白质较低的普通小麦加工而成，蛋白质含量约10%。
5. 自发粉：在普通家用粉的基础上添加一定比例的小苏打和磷酸氢钙等添加剂制作而成。

四、面粉的化学组成及加工性能

面粉主要是由蛋白质、糖类、脂肪、矿物质和水分组成，此外还有少量的维生素和酶类。由于小麦产地、品种和面粉加工条件的不同，面粉中化学成分含量有较大差别。面粉中的矿物质和维生素含量也因面粉品种不同而有所差别。

（一）水分

国家标准规定面粉的含水量，特制一等粉和特制二等粉为$(13.5 \pm 0.5)\%$，标准粉和普通粉为$(13.0 \pm 0.5)\%$，低筋小麦粉和高筋小麦粉不大于14.0%。

小麦在收获时水分含量约为16.0%，经过晒扬，一般在磨粉时只含13.0%左右。小麦中水分含量对面粉加工和食品加工都有很大的影响。水分含量高，会使麸皮难以剥落，影响出粉率，且面粉在储存时容易结块和发霉变质，严重的会造成成品率下降。但水分含量过低，会导致面粉粉色差，颗粒粗，含麸量高等缺点。

（二）蛋白质

面粉中蛋白质含量与小麦的成熟度、品种，面粉等级和加工技术等因素有关。小麦蛋白质是构成面筋的主要成分，因此它与面粉的烘烤性能有着极为密切的关系。在各种谷物面粉中，只有小麦粉中的蛋白质能吸水形成面筋。面筋具有弹性和延伸性、保持面粉发酵时所产生的CO_2的作用，使制品多孔、松软。小麦蛋白质可分为面筋性蛋白质和非面筋性蛋白质两类。根据其溶解性质还可分为麦胶蛋白、麦谷蛋白、球蛋白、清蛋白和酸溶蛋白。其中麦胶蛋白和麦谷蛋白约占80%以上，它对面团的性能及生产工艺有着重要影响；而非面筋性蛋白质只占10%，且与生产工艺关系不大。

调制面团时，面粉遇水，两种面筋性蛋白质迅速吸水胀润，在条件适宜的情况下，面筋吸水量为干蛋白的$180\% \sim 200\%$，而淀粉吸水量在30℃时仅为30%。面筋性蛋白质胀润结果是在面团中形成坚实的面筋网络，在网络中包括胀润性差的淀粉粒及其他非溶解性物质，这种网状结构即所谓面团中的湿面筋，它和所有胶体物质一样，具有黏性、延伸性等特性。

蛋白质变性对产品制作有重要影响。水是蛋白质胶体的重要组成成分，它可以填充分子链间的空隙使蛋白质稳定。加热会使天然蛋白质分子中的水分失去而变性；另外，由于加热使分子碰撞机会增加，破坏分子的排列方式而导致蛋白质变性。蛋白质变性的程度取决于加热温度、加热时间和蛋白质的含水量，加热温度越高，变性越快、越强烈。

面粉蛋白质变性后，失去吸水能力，膨胀力减退，溶解度变小；面团的弹性和延伸性消失,面团的工艺性能受到严重影响。

(三)糖类

糖类是面粉中含量最高的化学成分,约占面粉量的75%。它主要包括淀粉、糊精、可溶性糖和纤维素。

1. 淀粉

小麦淀粉主要集中在麦粒的胚乳部分,约占面粉量的67%,是构成面粉的主要成分。小麦淀粉颗粒与其他谷类淀粉一样为圆形或椭圆形,平均直径为20~22微米,在面团调制中起调节面筋胀润度的作用。

淀粉不溶于冷水,当淀粉微粒与水一起加热时,淀粉吸水膨胀,其体积可增大近百倍,淀粉微粒由于过于膨胀而破裂,在热水中形成糊状物,这种现象称为糊化作用,这时的温度称为糊化温度。小麦淀粉在50℃以上才开始膨胀,大量吸收水分,在65℃时开始糊化,到67.5℃时糊化终止。因此在调制面包面团和一般酥性面团时,面团温度以30℃为宜,此时淀粉吸水率较低,大约可吸收30%的水分。调制韧性面团时,常采用热汤烫面,以使淀粉糊化,使面团的吸水量较平常高,降低面团弹性,使成品表面光滑。

面粉中破损的淀粉颗粒在酶或酸的作用下,可水解为糊精、多糖、麦芽糖、葡萄糖等,利于酵母发酵时利用而产生充分的 CO_2,使产品形成无数孔隙。但是面粉中破损的淀粉颗粒不宜过多,否则烘烤所得产品的体积小,质量差。淀粉损伤的允许程度与面粉蛋白质含量有关,最佳淀粉损伤程度在4.5%~8%的范围内。

2. 可溶性糖

面粉中的糖包括葡萄糖和麦芽糖,约占碳水化合物的10%,主要分布于麦粒的外部和胚芽内部,胚乳中则较少。面粉中的可溶性糖对生产苏打饼干和面包来说,有利于酵母的生长繁殖,又是形成面包色、香、味的基质。

3. 纤维素

面粉中的纤维素主要来源于种皮、果皮、胚芽,是不溶性碳水化合物。面粉中纤维素含量较少,特制粉约为0.2%,标准粉约为0.6%。若面粉中麸皮含量过多,会影响面点的外观和口感,且不易被人体消化吸收。但面粉中含有一定数量的纤维素有利于人体胃肠的蠕动,可促进对其他营养成分的消化吸收。

(四)脂肪

面粉中脂肪含量甚少,通常为1%~2%,主要存在于小麦粒的胚芽及糊粉层。小麦脂肪是由不饱和程度较高的脂肪酸组成,因此面粉及其产品的储藏期与脂肪含量关系很大。即使是无油饼干,如果保存不当,也很容易酸败。所以制粉时要尽可能除去脂质含量高的胚芽和麸皮,以减少面粉中的脂肪含量,延长面粉的储藏期。这样,在储藏期中不易发生陈宿味及苦味,酸度也不会增加。

面粉所含的微量脂肪在改变面粉筋力方面有着密切的关系。面粉在储藏过程中,脂肪受脂肪酶的作用产生的不饱和脂肪酸可使面筋弹性增大,延伸性及流散性变小,结果可使弱力面粉变成中等面粉,使中等面粉变为强力面粉。

(五)矿物质

面粉中的矿物质是用灰分来表示的。面粉加工精度高,出粉率低,矿物质含量低;加工精度低,出粉率高,矿物质含量高,粉色差。我国国家标准也将灰分作为检验小麦粉质量的重要指标之一，如特一粉灰分含量低于0.7%，特二粉灰分含量低于0.85%，标准粉灰分含量低于1.10%，普通粉灰分含量低于1.40%。由于灰分本身对面粉的焙烤蒸煮特性影响不大，且灰分中都是一些对人体有重要作用的矿质元素，随着人们营养意识的提高和对可食资源的充分利用的需要，将灰分含量作为面粉质量标准之一逐渐失去它的必要性。近年来，特别是在欧洲，普遍采用粉色试验代替灰分试验，倡导者们认为粉色是更有意义的指标。

（六）维生素

面粉中维生素含量较少，不含维生素D，一般缺乏维生素C，维生素A的含量也较少，维生素B_1、维生素B_2、维生素B_5及维生素E含量略多一些。

（七）酶

面粉中重要的酶有淀粉酶、蛋白酶、脂肪酶、脂肪氧化酶、植酸酶、抗坏血酸氧化酶等。面粉中的淀粉酶主要是α—淀粉酶和β—淀粉酶。

面粉中含有少量的蛋白酶和肽酶，在正常情况下活性较低。在面团中加入半胱氨酸，谷胱甘肽等硫氢化合物能激活面粉中的蛋白酶，水解面筋蛋白，使面团软化并最终导致液化。出粉率高、精度低的面粉或用发芽小麦磨制的面粉，因含激活剂或较多的蛋白酶，会使面筋软化而降低面包、馒头的加工性能。蛋白酶对蛋白质的降解对酸发酵产品如苏打饼干和酸面包的制作是有利的。这种酶解作用有时也用于高筋粉生产馒头或挂面时，降低面筋筋力。肽酶的作用是在发酵期间产生可溶性的有机氮，供酵母利用。

面粉中的脂肪酶是一种对脂质起水解作用的水解酶。在面粉储藏期间，将增加游离脂肪酸的数量，使面粉酸败。由于小麦子粒内的脂肪酶活力主要集中在糊粉层，因此精制的上等粉比含糊粉层多的低等粉储藏稳定性好。脂肪氧化酶是催化不饱和脂肪酸过氧化反应的一种氧化酶。催化反应伴随着胡萝卜素的耦合氧化反应，将胡萝卜素由黄色变成无色，这对面包、馒头的制作是有益的。

面粉中的抗坏血酸氧化酶可催化抗坏血酸氧化成脱氧抗坏血酸，脱氧抗坏血酸具有一定的氧化作用，可将面筋蛋白分子中的巯基（—SH）氧化成二硫键（—S—S—），促进面筋网络结构的形成。面粉中较高含量的抗坏血酸氧化酶可缩短面团的调制时间。

五、面粉品质特点

（一）面筋的数量与质量

所谓面筋就是面粉中的麦胶蛋白和麦谷蛋白吸水膨胀后形成的浅灰色柔软的胶状物。它在面团形成过程中起非常重要的作用，决定面团的加工性能。面粉筋力的好坏及强弱，取决于面粉中面筋的数量与质量。面筋分为湿面筋和干面筋。

我国的面粉质量标准规定：特制一等粉湿面筋含量在26%以上，特制二等粉湿面筋含量在25%以上，标准粉湿面筋含量在24%以上，普通粉湿面筋含量在22%以上。

根据面粉中湿面筋含量，可将面粉分为三个等级：高筋小麦粉，面筋含量大于30%，适于制作面包等食品；低筋小麦粉，面筋含量小于24%，适于制作饼干、糕点等食品；面筋含量在24%～30%的面粉，适于制作面条、馒头等食品。

面筋的筋力好、坏，不仅与面筋的数量有关，也与面筋的质量或工艺性能有关。面筋的数量和质量是两个不同的概念。面粉的面筋含量高，并不是说面粉的工艺性能就好，还要看面筋的质量。

面筋的质量和工艺性能指标有延伸性、韧性、弹性和可塑性。延伸性是指面筋被拉长而不断裂的能力。弹性是指湿面筋被压缩或拉伸后恢复原来状态的能力。韧性是指面筋对拉伸时所表现的抵抗力。可塑性是指面团成形或经压缩后,不能恢复其固有状态的性质。以上性质都密切关系到面点的生产。当面粉的面筋工艺性能不符合生产要求时,可以采取一定的工艺条件来改变其性能,使之符合生产要求。

(二)面粉吸水量

面粉吸水量是指调制一定稠度和黏度的面团所需的水量,以百分率(%)表示。通常用粉质测定仪来测定,一般面粉吸水率在45%~55%。面粉吸水量是面粉品质的重要指标,吸水量大可以提高出品率,对用酵母发酵的面团制品和油炸制品的保鲜期也有良好影响。

面粉吸水量的大小在很大程度上取决于面粉中蛋白质含量。面粉的吸水量随蛋白质含量的提高而增加。面粉蛋白质含量每增加1%,用粉质测定仪测得的吸水量约增加1.5%。

(三)气味与滋味

气味与滋味是鉴定面粉品质的重要感官指标。新鲜面粉具有良好、新鲜而清淡的香味,在口中咀嚼时有甜味,凡带有酸味、苦味、霉味、腐败臭味的面粉都属于变质面粉。

(四)颜色与麸量

面粉颜色与麸量的鉴定是根据已制定的标准样品进行对照。

第三节 稻谷与稻米

一、稻谷概述

稻为禾本科稻属草本植物,生长于热带和亚热带地区,是世界重要粮食作物之一,全世界稻谷种植面积占谷物总面积的1/5。我国为稻谷原产地,产量居世界首位,全国约2/3的人口以大米为主食。

稻谷加工是为了提高其食用品质,稻谷加工获得的大米的蛋白质含量虽较低,但其生物效价较高,因此营养价值较高。大米粗纤维含量较低,各种营养成分的消化率和吸收率高。大米蒸煮成米饭,香味宜人,糯黏可口,具有良好的食用品质。同时以大米为原料亦可进一步加工制作米粉、糕点、酿制米酒等。

二、稻谷结构和化学成分

我国稻谷种植区域广,品种超过6万种。稻谷的分类方法很多,按稻谷的生长方式分为水稻、深水稻和旱稻;按生长的季节和生长期长短不同分早稻谷(90~120天)、中稻谷(120~150天)、晚稻谷(150~170天);按粒形粒质分有籼稻谷、粳稻谷、糯稻谷。籼稻谷子粒细长,呈长椭圆形或细长形,米饭胀性较大、黏性较小。早籼稻谷腹白较大,硬质较少,晚籼稻谷腹白较小,硬质较多。粳稻谷子粒短,呈椭圆形或卵圆形,米饭胀性较小,黏性较大。早粳稻谷腹白较大,硬质较少;晚粳稻谷腹白较小,硬质较多。糯稻谷按其粒形、粒质分为籼糯稻谷和粳糯稻谷。籼糯稻谷子粒一般呈长椭圆形或细长形。长粒呈乳白色,不透明,也有呈半透明状,黏性大。粳糯稻谷子粒一般呈椭圆形。米粒呈现白色、不透明,也有呈半透明状,黏性大。

(一)稻谷子粒的形态结构

稻谷子粒由颖(外壳)和颖果(糙米)两部分组成,制米加工中稻壳经砻谷机脱去而成为颖果,又称为糙米。稻壳由两片退化的叶子内颖(内稃)和外颖(外稃)组成,内外颖的两缘相互钩合包裹着糙米,构成完全封密的谷壳。谷壳约占稻谷总质量的20%,它含有较多的纤维素(30%)、木质素(20%)、灰分(20%)和戊聚糖(20%),蛋白质(3%)、脂肪和维生素的含量很少,其灰分主要由二氧化硅(94%~96%)组成。

糙米是由受精后的子房发育而成。按照植物学的概念,整粒糙米是一个完整的果实,由于其果皮和种皮在米粒成熟时愈合在一起,故称为颖果。颖果没有腹沟,长5~8毫米,粒质量25米g,是由颖果皮、胚和胚乳三部分组成。颖果皮由果皮、种皮和珠心层组成,包裹着成熟颖果的胚乳。胚乳在种皮内,是由糊粉层和内胚乳组成。胚位于糙米的下腹部,包含胚芽、胚根、胚轴和盾片4个组成部分。在糙米中,果皮和种皮约占2%,珠心层和糊粉层占5%~6%,胚芽占2.5%~3.5%,内胚乳占88%~93%。在糙米碾白时,果皮、种皮和糊粉层一起被剥除,故这三层常合称为米糠层。米糠和米胚含有丰富的蛋白质、脂肪、膳食纤维、维生素B族和矿物质,营养价值很高。

(二)稻谷的主要化学成分

稻谷子粒中含有的化学成分有水、蛋白质、脂肪、淀粉、纤维素、矿物质等,还有一定量的维生素。

1. 蛋白质

虽然大米胚乳中的蛋白质含量较少(7%~8%),但它是谷物蛋白质中生理价值最高的一种,其氨基酸组成比较平衡,赖氨酸含量约占总蛋白的3.5%。大米蛋白质以米谷蛋白为主要组成成分,约占总蛋白的80%,其他3种为清蛋白、球蛋白和醇溶蛋白,其中以醇溶蛋白含量最低,仅占总蛋白的3%~5%。

2. 淀粉

淀粉是大米最主要的组成成分,占整粒大米的77%~80%,糯米淀粉几乎都是由支链淀粉组成,不含直链淀粉;粳米中直链淀粉要多一些(约占淀粉总量的20%),而籼米胚乳中的直链淀粉则更多,含直链淀粉多,则米质松散,食用品质低,因此人们一般不喜欢吃籼米,但它特别适合用来加工米粉。而粳米和糯米所含的直链淀粉少或没有,米质较黏稠,食用品质好,除供直接食用外,还可用来加工制作年糕。大米中维生素和矿物质含量较低,比稻谷原粒中的含量低,导致了营养价值的下降,蒸谷米和强化米正是为了弥补这方面的不足而出现的。

三、稻米分类

稻谷经碾制脱壳制成大米,按米粒性质大米可分籼米、粳米和糯米。

(一)籼米

我国的大米中以籼米产量为最多,四川、湖南、广东等地为主产区。籼米系用籼型非糯性稻谷制成的米称为籼米。米粒呈细长或长圆形,长度在7毫米以上,蒸煮后出饭率高,黏性较小,米质较脆,加工时易破碎,横断面呈

图2-2 籼米

扁圆形,颜色白色透明的居多。根据稻谷收获季节,分为早籼米和晚籼米。早籼米米粒宽厚而较短,呈粉白色,腹白大,粉质多,质地脆弱易碎,黏性小于晚籼米,质量较差。晚籼米米粒细长而稍扁平,组织细密,一般是透明或半透明状,腹白较小,硬质粒多,油性较大,质量较好。籼米粒形细长,色泽灰白,有透明或不透明两种。籼米含直链淀粉较多,胀性大,出饭率高,但黏性小,口感干而粗糙。磨成粉可制作米糕、米粉等食品。

(二)粳米

粳米主要产于我国华北、东北和江苏等地区。粳米是用粳型非糯性稻谷碾制成的米。米粒呈椭圆形或圆形,丰满肥厚,横断面近于圆形,颜色蜡白,呈透明或半透明,质地硬而有韧性,煮后黏性、油性均大,柔软可口,但出饭率低。粳米根据收获季节,分为早粳米和晚粳米。早粳米呈半透明状,腹白较大,硬质粒少,米质较差。晚粳米呈白色或蜡白色,腹白小,硬质粒多,品质优。米粒形短圆,色泽蜡白,透明和半透明。粳米通常用于制作干饭和稀饭,也可磨成粉用于制作糕点。

图2-3　粳米

(三)糯米

糯米又称江米,有籼糯和粳糯之分,以江苏南部及浙江出产较多。糯米呈乳白色,不透明,煮后透明,黏性大,胀性小,一般不做主食,多用制作糕点、粽子、元宵等,以及作酿酒的原料。籼糯米粒形一般呈长椭圆形或细长形,乳白不透明,也有呈半透明的,黏性大。粳糯米一般为椭圆形,乳白色不透明,也有呈半透明的,黏性大,米质优于籼糯米。糯米淀粉全都是支链淀粉,硬度低,煮熟后透明、黏性强、胀性小,出饭率低。可制作八宝饭、糯米团子等。

图2-4　糯米

四、稻米的品质特点

稻米的品质是由多方面因素决定的,主要包括米的特点、种植时期的水含量、成熟情况、地区差别、加工的方法以及大米存放时间的长短等。

1. 粒形:米的粒形均匀、整齐、重量大、没有碎米和爆腰米的品质为好。

2. 腹白:米粒上呈乳白色而不透明的部分。腹白占米的面积大,质量差。腹白较多的米硬度低,易碎,蛋白质含量低,品质较差。

3. 硬度:米抵抗机械压力的程度。硬度大,品质较好;硬度小,易碎,品质较差。

4. 新鲜度:新鲜的米有清香味和光泽,无米糠和夹杂物,无虫害,无霉味、异味,卫生,用手摸时滑爽干燥无粉末。而陈米则颜色暗淡无光,有虫害痕迹,有异味。

第四节 谷类杂粮

一、玉米

玉米为禾本科植物，又称苞米、苞谷、棒子等，原产于墨西哥和秘鲁，属农业高产作物，既是主要粮食，又是畜牧业的饲料，也是制酒、制糖的重要原料。主要产区河北、山东、黑龙江等地。

玉米的种类很多，按颜色不同可分为黄玉米、白玉米和杂色玉米；按粒质可分为硬粒型、马齿型、半马齿型、粉质型、糯质型、甜质型、爆裂型等。在各类玉米中，以硬粒型玉米的品质最好，可做主要粮食；马齿型适合制取淀粉；甜质型多在未成熟时收获，制作罐头和菜肴。

玉米的胚乳含有大量的淀粉、蛋白质、脂类、矿物质和维生素。玉米胚中除含有大量的无机盐和蛋白质外，还富含脂肪，约占胚重的30%，经提炼可制成食用油。

玉米没有等级之分，只有粗细之别。玉米粉可制作窝头、丝糕等。玉米粉持气性差，不适合单独制作发酵产品，须与其他粉料掺和方可。

二、小米

小米又叫黄米、粟谷，为禾本科植物粟加工去皮后的产物。主产区为华北、西北和东北各省。

小米的品种很多，按米粒的性质可分为糯性小米和粳性小米两类；按谷壳的颜色可分为黄色、白色、褐色等多种，其中红色、灰色者多为糯性；白色、黄色、褐色、青色者多为粳性。谷壳色浅皮薄，出米率高，米质好；谷壳色深皮厚，出米率低，米质差。

图2-5 小米

小米可单独制成小米干饭、小米稀粥。磨成粉可单独或与其他面粉掺和做饼、窝头、丝糕、发糕等。糯性小米也可酿酒、酿醋等。

三、大麦

大麦属禾本科植物，是我国古老粮种之一，世界范围内大麦的种植面积和总产量仅次于小麦、水稻、玉米，我国各地均有种植。大麦植株与小麦相似，籽实扁平、中间宽、两端角尖，与稃结合紧密。大麦按穗形可分为六棱大麦（又叫青稞）、四棱大麦、两棱大麦；按季节分为春大麦和秋大麦两种等。

大麦含糖类和粗纤维较多，但是磨成的粉，味道不如小麦粉。主要用作啤酒原料和制作麦芽糖，也可以做麦片粥、麦片糕。

四、高粱

高粱属禾本科植物，又称蜀粟、芦粟等，全球温带和热带国家均有种植，我国主要产于东北地区，山东、河北、河南等地。高粱属农业高产作物，按性状及用途可分为食用高粱、糖用高粱、帚用高粱。高粱碾去皮后即成高粱米,按颜色不同高粱米可分为白、黄、黑、红等品种,白高粱米的质量为最好。按其性质可分为粳、糯两种。

高粱米可制作干饭、稀粥,还可磨成粉用于制作糕点、饼等。高粱也是酿酒制醋、加工糖稀的原料。

五、裸燕麦

燕麦属禾本科植物,又称莜麦、油麦。我国主要分布于西北、西南、东北等高寒地区,以内蒙古自治区种植面积最大,产量最高。裸燕麦与燕麦相似,区别在于裸燕麦成熟时籽粒与外稃分离。裸燕麦磨成粉可采用蒸、炒、烙等方法加工成独具风味的食品,也可作炒面。但裸燕麦的食用需经过多道成熟工序:磨粉前要炒熟,和面时要烫熟、制坯后要蒸熟。否则不易消化,引起腹胀。

图2-6 裸燕麦

六、荞麦

荞麦属为蓼科一年生宿根性植物,又称乌麦、花麦、三角麦。荞麦原产于西南亚湿润地带,以后传至世界各地。世界荞麦的主要生产国是苏联、中国、波兰、巴西、加拿大、美国等,中国是荞麦生产大国,我国荞麦的分布较广。华北、西北、东北地区以种植甜荞为主,西南地区的四川、云南、贵州等省以种植苦荞为主。荞麦籽实呈三棱卵圆形,生长期短,春秋均可播种,适应性强,根据性状不同可分为苦荞麦、甜荞麦和金荞麦等。

荞麦去皮、磨粉、过箩即成荞麦面粉。荞麦面可制成蒸饺、拔糕、面条等。荞麦制品口感好,很有风味特色,但色暗、黏性差。尤其是苦荞麦,富含类黄酮,对心脑血管类疾病有良好的保健功效。

图2-7 荞麦

第五节 薯类

一、红薯

红薯属旋花科甘薯属,一年生或多年生草质蔓性藤本植物,又称甘薯、番薯、白薯、山芋、地瓜、红苕等。红薯属于农业高产作物,原产于南美洲,我国各地均有栽培,以淮海平原、长江流域及东南沿海各省栽种较多。

红薯主要使用部分为块根,块根的形状、大小、皮肉颜色等因品种和栽培不同而略有差异。按形状可分为纺锤形、圆筒形、球形和块形等;皮色有白、黄、红、淡红、紫红等。按肉色可分为白、黄、淡黄、橘红、紫等。红薯所含淀粉和糖较多,质地柔软,味道香甜,熟制后可直接食用,也可与面粉混合做成各类糕点。

图2-8 红薯

亦是制作淀粉的上好原料。

二、木薯

木薯为大戟科植物木薯的块根，又称树薯。木薯起源于热带美洲，广泛栽培于热带和部分亚热带地区，主要分布在巴西、墨西哥、尼日利亚、玻利维亚、泰国、哥伦比亚、印度尼西亚等国。中国于19世纪20年代引种栽培，现已广泛分布于华南地区，广东和广西的栽培面积最大。木薯主要分为苦木薯和甜木薯两种。

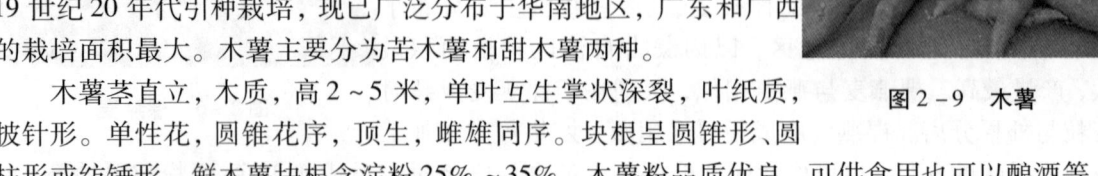

图2-9 木薯

木薯茎直立，木质，高2~5米，单叶互生掌状深裂，叶纸质，披针形。单性花，圆锥花序，顶生，雌雄同序。块根呈圆锥形、圆柱形或纺锤形。鲜木薯块根含淀粉25%~35%，木薯粉品质优良，可供食用也可以酿酒等。

三、马铃薯

马铃薯是茄科茄属一年生草本植物，又称土豆、洋芋、山药蛋等。原产于南美洲安第斯山区的秘鲁和智利一带，因其产量高，营养丰富，对环境的适应性较强，世界各地均有种植。我国马铃薯的主产区在西南山区、西北、内蒙古和东北地区。甘肃省定西市被定为"中国薯都"。

其块茎可供食用，是重要的粮食、蔬菜兼用作物。马铃薯鲜薯可供烧煮作粮食或蔬菜。但鲜薯块茎体积大，含水量高，运输和长期贮藏有困难。为此，世界各国十分注意生产马铃薯的加工食品，如法式冻炸条、炸片、速溶全粉、淀粉以及花样繁多的糕点、蛋卷等。

第六节　豆类

一、大豆

大豆又称黄豆、毛豆、枝豆，为豆科大豆属一年生草本植物。大豆起源于中国，原产云贵高原一带，现东北、华北、陕西、四川及长江中下游地区均有种植，以长江流域及西南地区种植较多，以东北大豆质量最优。

大豆呈椭圆形、球形，颜色有黄色、淡绿色、黑色等，故又有黄豆、青豆、黑豆之称。用大豆制作的产品种类繁多，可用来制作主食、糕点、小吃等，将大豆磨成粉与米粉掺和后可制作团子及糕饼，也可用于其他产品改善口味之用；也可作为加工各种豆制品的原料，如豆浆、豆腐皮、腐竹、豆腐、豆干、百叶、豆芽等。大豆既可供食用，又可以制油。

二、绿豆

绿豆属豆科、蝶形花亚科豇豆属植物，又称青小豆、植豆、吉豆等。原产印度、缅甸地区，现东亚各国普遍种植，非洲、欧洲、美国也有少量种植，中国、缅甸等国是主要的绿豆出口国。

图2-10 绿豆

绿豆蛋白质的含量几乎是粳米的三倍,多种维生素、钙、磷、铁等无机盐都比粳米高。因此,它不但具有良好的食用价值,还具有非常好的药用价值,有"济世之食谷"说。

绿豆可与大米、小米掺和制作干饭、稀饭等主食,也可磨制成粉制糕点和小吃,如绿豆糕等。绿豆中的淀粉还可制作粉丝、粉皮和芡粉。绿豆亦可制成细沙做馅,也可制作豆芽,做蔬菜用。

三、赤豆

赤豆属一年生直立或缠绕草本植物,又称小红豆、小豆等。赤豆起源于中国,在喜马拉雅山山区有野生种和半野生种。栽培面积以中国最大,其次为日本、朝鲜。

赤豆可整粒食用,一般用于煮饭、煮粥、做赤豆汤之类,用于菜肴有"红豆排骨汤"等。由于赤豆淀粉含量较高,蒸后呈粉沙性,而且有独特的香气,故常用来做成豆沙,为各种糕、团、面点的馅料。赤豆还可涨发赤豆芽,食用与绿豆芽相同。

图2-11　赤豆

四、蚕豆【见蔬菜一章介绍】

第七节　粮食制品

粮食制品是在原粮的基础上加工制成的产品,是烹饪原料的重要组成部分。这些制品绝大多数供家常菜食用,有些还可以用于宴席,以素馔宴席应用较多。粮食制品中的豆制品有"植物肉"的美称,受到世界许多国家的重视,我国的粮食制品发展也很快,已基本实现机械化生产。粮食制品可分为谷制品、豆制品和杂粮制品。

一、谷制品

1. 面制品

面制品是指小麦粉经过加工的制品,主要有面筋、挂面、通心粉等。

面筋,面筋又称面根和百搭菜。面粉中的麦胶蛋白和麦谷蛋白吸水黏结形成的灰白色胶状物称为面筋。面筋容易发酵变质,不易储存,按不同的加工方法可分为水面筋、素肠、烤麸、油面筋等。面筋类原料在烹饪中可做多种菜肴的主配料,可单用也可做配菜。

2. 米制品

米制品是以大米为主要原料,经过加工而成的产品。大米食品是我国传统食品的一个重要方面,历史悠久,早在汉代以前就有"糕团""捧粑"的文字记载。米制食品中,占有重要地位的是米粉,它的产量大、品种多。其次是年糕,近几年来有所发展。此外,大米还可用于生产糕点、点心、焙烤制品、膨化食品、婴儿食品、饮料、发酵制品等。

米粉是以大米为原料,经过蒸煮糊化而制成的条状、丝状的干、湿制品。米粉工艺上可分为切粉和榨粉两大类。这两类粉各有干、湿之分,并有不少品种。

米粉的种类很多,主要有以下一些品种。

湿米切粉：包括炒粉、水粉、猪肠粉、碱水肠粉、虾米肠粉、油条肠粉、甜肠粉、油肠粉、猪肝肠粉、牛油肠粉、凤凰肠粉、鸳鸯肠粉。

干米切粉：包括梧州切粉、龙门切粉、辣椒切粉、茄汁切粉、北押切粉等。

湿米榨粉：包括桂林米粉、银丝米粉。

干米榨粉：包括粗条米排粉、细条米排粉、方块米粉、波纹米粉。

制作米粉首先要选好大米原料。米粉产品要求选用含支链淀粉在85%以下的非糯性大米为原料。广东过去制作排米粉喜欢选择"金丰雪""七担种"等品种的大米，一是因为淀粉含量高；二是支链淀粉在80%～85%，黏性不大，但有一定的韧性。因此出品率高，产品质量好。

二、豆制品

豆制品种类很多，主要为大豆制品，可分为豆浆和豆浆制品、豆脑制品和豆芽制品等。

1. 豆腐

豆腐是以大豆为原料，经浸泡磨浆、滤浆、煮浆、点卤等工序，使豆浆中的蛋白质凝固后压制成形的产品。豆腐根据使用凝固剂的不同，可分为北豆腐、南豆腐、内酯豆腐等。豆腐的品质以表面光润，白洁细嫩，成块不碎，气味清香，柔软适口，无苦涩味或酸味，煎炸时易起蜂窝为佳。

豆腐还可进一步加工，制成多种豆腐制品，如冻豆腐、油豆腐、臭豆腐等。

豆腐在烹饪中使用广泛，可以用于多种菜肴制作，因其本身味道清淡，故适用于各种味型。豆腐营养价值很高，它不但包含了大豆的全部营养成分，而且去掉了大豆中的粗纤维、豆腥味等，有助于大大提高人体对豆腐中各类营养物质的吸收。豆腐以高蛋白质、低脂肪、不含胆固醇、物美价廉、制作简便、制作方法多样等特点而受到消费者的欢迎。

2. 豆腐干

豆腐干又称豆干，是将豆腐用布包成小方块，或盛入模具，压去大部分水分制成的半干性豆制品。常见的有白豆腐干、五香豆腐干、茶干等。豆腐干在烹饪上应用较广，可作为多种冷菜或热菜的主、辅料。

3. 百叶

百叶又称千张、豆皮等。制法与豆腐干基本相似，是将点卤后的豆腐脑按一定量压制成片状的制品。百叶以薄而均匀、质地细腻、色淡黄、味纯正、久煮不碎者为佳，如安徽芜湖千张和江苏徐州百叶等。

百叶韧而不硬、嫩而不糯，是常用的烹饪原料，可通过熏、酱、炝、拌制成凉菜，也可通过炒、烧、煮、炖等制成热菜，还可用于制作素鸡、素火腿、素香肠等。

4. 腐乳

腐乳是用大豆或豆饼先制成腐乳白坯，然后接入培养的菌种进行发酵、腌制，加汤料、装坛、封盖而成。腐乳根据外观颜色不同可分为红色、白色、青色三种。米黄色腐乳味偏甜，红色和青色腐乳味偏咸，是烹饪常用的调味品。

三、杂粮制品

我国各地因出产杂粮不同，制品较多，各具特色。主要是从杂粮中制取淀粉的制品，如粉丝、西米等。

1. 粉丝

粉丝又叫粉条、粉干、线粉,是以豆类或薯类等粮食的淀粉,经糊化、老化后加工而成的丝线状制品。粉丝按使用淀粉种类的不同分为豆粉丝、薯粉丝和混合粉丝三大类;按水分含量多少又分为湿粉丝和干粉丝两类。绿豆粉丝细长而均匀、光亮透明、韧性好、不断条,质量最好。红薯粉丝粗细不均,色灰暗不透明,涨性大,烧煮后易黏糊,质量较差。

粉丝可用作多种菜肴、点心、小吃。做菜肴的主料可拌、炒、炸等,还可作汤菜、火锅的原料。

2. 西米

西米又称西谷米,是淀粉经冲浆、轧丸、烘焙干制而成的粒状淀粉制品。原料多用木薯淀粉、小麦淀粉。西米根据粒形大小分为大西米和小西米两种,大西米如黄豆大小,小西米大小和高粱米相似。

西米质量以大小均匀、色泽白净、耐烧煮、熟制后透明度高、不黏糊者为佳。在烹饪上的使用多在制作汤羹。

第八节　粮食类的品质鉴别

一、面粉的品质鉴别

(1) 色泽:优质面粉呈白色或微黄色,不发暗,无杂质颜色;劣质面粉色泽暗淡,呈灰白色或黄色,颜色不均。

(2) 组织状态:优质面粉呈细粉末状,不含杂质,手指捻捏时无粗颗粒感,无虫子和结块,紧捏后不成团。

(3) 气味:将面粉至于手掌心,哈气加热,嗅其气味。优质面粉气味正常,有面香味,无其他气味。劣质面粉有异味、陈味,甚至霉臭味,酸味或煤油味等。

(4) 滋味:取少量面粉入口咀嚼。优质面粉味淡微甜,没有酸味、刺喉、发苦等,咀嚼时没有砂声。劣质面粉味淡有异味,咀嚼有砂声,甚至苦味、酸味、刺喉等。

二、稻米感官检验

(1) 色泽:优质稻米呈青白色或精白色,有光泽,呈半透明状;劣质稻米呈白色或微淡黄色,透明度差,甚至呈绿色、黄色、灰色、黑色。

(2) 外观:优质大米大小均匀,坚实丰满,粒面光滑、完整,很少有碎米、无爆腰(米粒有裂纹)、无虫、无杂质;劣质稻米米粒大小不均,饱满程度差,碎米较多,有爆腰粒和腹白粒,甚至有结块、发霉现象、生虫、带杂质。

(3) 气味:取少量稻米,至于手中,哈气加热,嗅其气味。优质稻米有稻香味,无异味;劣质稻米有异味,严重者有霉变气味、酸臭味、腐败味等。

(4) 滋味:取少量籽粒入口咀嚼。优质稻米味佳,微甜,无异味;劣质稻米有异味、酸味、苦味等。

第九节 粮食类的保管

一、粮食类保管方法

粮食类保管方法很多,一般来说,在保管中应注意调节温度、控制湿度、避免污染等几个问题。

(一)调节温度

粮食在贮存过程中,因呼吸作用或虫害、微生物的活动而产生热量,粮食是热的不良导体,堆积在粮食中的热量不能及时散出,引起粮食温度的升高,加快腐坏速度。因此粮食在保管中不要堆积过大,应通风,温度在20℃以下较为适宜。

(二)控制湿度

粮食吸湿性强,在潮湿环境中易吸收水分膨胀,发生结块或霉变。一般来说,粮食的含水量控制在13%以内,堆放时要架高,并有铺垫物,以防受潮。

(三)避免污染

粮食中的蛋白质、淀粉具有吸收各种气味的特性。保管粮食不能将有异味的物质如咸鱼、熏肉、香料等堆放在一起,否则会感染异味,影响粮食的品质。

因此,根据粮食的特性,保管粮食时要做到:存放地点必须干燥、通风,切忌高温、潮湿;要避免异味、异物的污染,堆放要保持一定空间,与墙壁保持一定的距离;还要注意鼠害、虫害等。

二、面粉的保管

(一)面粉熟化

新磨制的面粉所制面团黏性大,缺乏弹性和韧性,生产出来的产品皮色暗、体积小、扁平易塌陷、组织不均匀。但这种面粉经过一段时间后,其烘烤性能会有所改善,上述缺点得到一定程度的克服,这种现象就称为面粉"熟化"。

面粉熟化的机制是新磨制面粉中的半胱氨酸和胱氨酸含有未被氧化的巯基(—SH),这种巯基是蛋白酶的激活剂。调粉时被激活的蛋白酶强烈分解面粉中的蛋白质,从而使烘烤食品的品质低劣。但经过一段时间储存后,巯基被氧气氧化而失去活性,面粉中蛋白质不被分解,面粉的烘烤性能也因而得到改善。

面粉自然熟化时间,以3~4周为宜。新磨制面粉在4~5天后开始"出汗",进入面粉的呼吸阶段,发生某种生化和氧化作用而使面粉熟化,通常在3周后结束。

除了氧气外,温度对面粉的熟化也有影响。高温会加速熟化,低温会抑制熟化,一般以25℃左右为宜。除了自然熟化外,还可在面粉中添加面团改良剂如溴酸钾、维生素C等的化学方法处理新磨制的面粉,使之快速熟化,由原来的以3~4周自然熟化时间缩短为5天左右。

(二)面粉保管中水分的影响

面粉具有吸湿性,其水分含量随周围空气的相对湿度的变化而增减。相对湿度为70%时,面粉的水分基本保持稳定不变。相对湿度超过75%时,面粉将吸收水分。常温下,真菌孢子萌发所需要的最低相对湿度为75%。相对湿度高,面粉水分含量随之增高,霉菌生长快,面粉容易霉变发热,使其中的水溶性含氮物增加,蛋白质含量降低,面筋质性质变差,酸度增加。面粉储藏在相对湿度为55%~65%,温度为18~24℃的条件下较为适宜,因面粉的吸附能力较强,应避免与异味物品一起存放,并注意防虫、蝇、鼠、蟑螂等生物污染。

复习思考题

1. 简述粮食类原料的主要成分。
2. 如何判断面粉的质量?
3. 新麦食用性较差,为什么?
4. 稻米分为哪几类,各有何特点?
5. 粮食类保管应该注意哪些方面?

第三章 畜禽类

【学习目标】
通过本章学习,应该达到以下目标:
◆知识目标:了解常用畜、禽、乳品原料的种类、产地、品质特点。
◆技能目标:可根据畜、禽、乳品原料的种类特点和营养功效,进行适宜的原料处理和加工;在烹饪中合理应用。
◆能力目标:认识各种畜、禽、乳品原料应用特性,掌握品质鉴别和储藏保管。

第一节 常见畜类

一、畜类原料概述

家畜原料是指人们饲养的已经驯化的哺乳动物。

家畜原料是人类肉食的重要来源。家畜原料指畜肉、乳,主要品种包括猪、牛、羊、兔、狗、驴、马、骆驼等。家畜养殖在中国广大地区以猪为主,在北方和西部的畜牧业地区则以牛、羊为主,有些地区对兔、狗、驴、马、骆驼也有养殖,但所占比例较小。

(一)家畜原料的组织结构

家畜原料的动物体主要可利用部分的组织分为肌肉组织、脂肪组织、结缔组织、骨骼组织四类。四大组织的构造、性质及含量直接影响到肉品质量、加工用途和商品价值。四大组织的变化范围较大,这主要因屠宰动物的种类、品种、性别、年龄、营养状况等因素不同而异。一般而言,肌肉组织越多,营养价值就越高;而脂肪组织越多,肉越肥,含能量也越高;结缔组织含量越多,相对的肌肉组织比例下降,营养价值也随之降低。

1. 肌肉组织

肌肉组织是肉的主要组成部分,是决定肉质量的重要成分,占畜体重的50%~60%。肌肉组织通常在动物体的臀部、背部较多,而腹部和颈部含量较少。肌肉组织的基本组成单位是肌纤维,根据肌纤维的特性,将肌肉组织分为横纹肌、平滑肌、心肌三种。

横纹肌是附着于骨骼的肌肉,又称骨骼肌。横纹肌除由丝状的肌纤维集合而成外,还有少量结缔组织、脂肪组织、腱、血管、神经、淋巴或腺体。平滑肌是肠壁、胃壁等消化道及大血管壁中的肌肉,平滑肌肌纤维中间有结缔组织。心肌是构成心脏的肌肉,分布在心脏的肌层。

2. 脂肪组织

脂肪组织是决定肉质量的第二因素,主要存在于皮下、腹腔内脏器官周围、肌肉间或肌束间。脂肪组织占畜体重的20%~30%。一般脂肪含水8%,含脂肪可达90%以上。

脂肪组织对肉的风味有很重要的影响,脂肪过多则腻,过少则肉柴而粗糙。一般情况下,猪、羊脂肪洁白,马、黄牛脂肪呈黄色,水牛脂肪呈白色。脂肪的颜色与动物体内是否含有分解草料中色素的酶类有关。牛、羊脂含硬脂酸较多,则脂肪较硬,熔点较高。猪、马脂肪含油酸较多,则脂肪较软,熔点较低。脂肪组织还与肉的气味有关,如羊脂肪有膻味。

3. 结缔组织

结缔组织是肉的次要成分,在动物体内分布较广,是构成肌腱、腱膜、韧带、筋膜及肌肉内外膜的主要成分。结缔组织占畜体重的9%~14%。

组成结缔组织的蛋白质是胶原蛋白、弹性蛋白及网状蛋白。这些蛋白质均属非全价蛋白,具有坚硬、难溶、不易消化等特点。结缔组织在肉中的含量根据动物种类、品种、年龄和用途的不同而不同,役用或年龄大的含量较多,肉用或年龄小的含量较少;同一牲畜体,躯体前部多于后部,下部多于上部;牛、羊多于猪。

4. 骨骼组织

骨骼组织是肉的次要成分,分硬骨和软骨,是动物体的支持组织。骨骼组织占畜体重量的15%~20%。畜体骨骼与净肉的比例,决定着肉的食用价值。骨骼的构造一般包括骨膜、骨质和骨髓。一般根据骨髓的多少和颜色,可以判断肉的老嫩和新鲜度。骨骼组织中一般含有5%~27%的脂肪和10%~32%的胶原蛋白,特别是骨髓,富含脂肪和蛋白质,还含有多种矿物质,具有较高的营养价值。

(二)家畜肉的分级

1. 猪的半胴体分级

猪肉的分级标准各国不一样,我国原来按脂肪厚度来定级,通常分为四级,规定鲜猪肉肥膘在3厘米以上为一级,肥膘在2~3厘米为二级,肥膘在1~2厘米为三级,肥膘在1厘米以下为四级。半胴体的分级由经过训练的专门人员负责。

2. 牛肉的分级

牛肉通常按肌肉的发达程度进行分级,可分为四级。

(1)一级肉。肌肉特别发达,骨不突出,皮下脂肪密集地布满肉体,在大腿部允许有不显著的肌膜露出,在肉的横断面上脂肪纹明显。

(2)二级肉。肌肉发育良好,骨不突出,皮下脂肪布满肉体,在大腿和肋骨部分,允许有不显著的肌膜露出,四分体内切面上有脂肪纹。

(3)三级肉。肌肉发育中等,脊椎骨、筋骨及坐骨结节突出不明显,第八肋骨结节至臀部布满皮下脂肪层。肌肉显出,颈、肩、胛、前肋部和后腿部均有面积不大的脂肪层。允许有肌膜外露。

(4)四级肉。肌肉发育较差,脊椎骨突出,坐骨和筋骨结节明显突出,仅第八肋骨至坐骨间有小面积的可见脂肪。

3. 羊肉的分级

羊肉的分级也是按肌肉的发达程度进行的,通常分为四级。

(1)一级肉。肌肉发育良好,骨不突出,皮下脂肪密集地布满肉体,但肩部、颈部脂肪较薄,股盘腔部布满脂肪。

(2)二级肉。肌肉发育良好,骨不突出,肩颈部稍有凸起,皮下脂肪密集地布满肉体,肩部无脂肪。

(3) 三级肉。肌肉发育尚好,只有肩部隆起及背部脊椎骨尖端凸起,皮下脂肪布满脊部,腰部及肋部脂肪不多,脊椎骨部及股盘处没有脂肪。

(4) 四级肉。肌肉发育欠佳,骨骼显著突出,坐骨及筋骨结节明显突出,皮下脂肪只在坐骨结节、腰部和肋骨处有不大面积。

(三) 家畜的感官检验

1. 家畜肉的感官检验指标

家畜肉质量的感官指标包括肉色、持水性、弹性、嫩度、气味等。畜肉质量的感官指标是确定肉品质量优劣的依据。

(1) 肉色

家畜肉的肉色是指人通过视觉判断肉品肌肉组织的颜色。畜肉的肌肉颜色均为红色,仅色调有所差异。影响畜肉颜色的因素有家畜种类、性别、年龄、肥瘦、宰杀状况及肉品加工状况(放血、冷冻、解冻)等。

家畜肉的肉色是由肌肉组织中肌浆含有的肌红蛋白(占肌肉的0.2%~0.4%),毛细血管中红血球内的血红蛋白(占肌肉的0.4%)的多少所决定。肉中的肌红蛋白的分量稳定,血红蛋白的含量变化较大。动物活动量大,肌红蛋白含量随肌肉的活动而增加,故肌肉色泽较深。牛、羊肉一般比猪肉颜色深;公畜比母畜颜色深;年老动物比年幼动物的肉色深。

(2) 持水性

家畜肉的持水性是指在肉品上施加任何外力时肉品对固有水分和添加水分的保持能力。家畜肉的持水性对肉品的嫩度、多汁性有很大影响,持水量的高低会影响肉的品质。

家畜肉持水性的大小,取决于肉品凝胶结构和蛋白质的亲水性。不同动物肉的持水性不一样,如兔肉的持水性最好,羊肉的持水性小于牛肉,牛肉的持水性小于猪肉。年幼动物的持水性要大于年老动物,同一动物不同部位肉的持水量也不一样。冷冻的肉品解冻后持水量降低。肉的 $pH=5.8$ 时持水性较大,$pH<5.5$ 时会发生滴水现象。

(3) 弹性

家畜肉的弹性是指肉在加压力时缩小,去除压力时恢复原有程度的能力。家畜肉的弹性是鉴定肉品新鲜程度的重要指标,也是确定肉品品质老嫩的一个主要指标。

用手指按压肌肉形成的凹窝迅速变平,表示肉有弹性,其新鲜程度或品质良好。冻肉解冻后往往失去弹性。家畜肉在常温下存放时间过长时,肌肉组织发生变化,弹性降低或没有弹性。家畜肉的弹性一般与种类也有关系,牛肉结构结实,羊肉结构紧密,猪肉结构柔软。

(4) 嫩度

家畜肉的嫩度是指肉品在被人咀嚼时对碎裂之抵抗力。常指煮熟肉类的柔软、多汁、易被嚼烂的程度。嫩度在食用时有三种表示方式:一是当咀嚼时牙齿容易咬入肉中;二是肉品容易断裂成片;三是咀嚼后残留量的多少。

影响肉嫩度的因素有肌肉纤维粗细、结缔组织含量、胶原纤维和弹性纤维含量、熟肉制品的加工方法及持水性等。家畜肉的嫩度与畜类品种、年龄、饲料以及烹调方法等有关。幼小的家畜肉比成熟的家畜肉嫩,猪肉比牛肉嫩,黄牛肉比水牛肉嫩,经过阉割育肥的畜肉比没阉割、育肥的畜肉嫩。

(5) 气味

家畜肉的气味是指通过鼻腔味觉判断肉品中可挥发物质的个别属性。各种畜肉都具有各自独特的气味。

影响家畜肉气味的因素较多,如牲畜的种类、性别、健康、加工条件等。一般来说牛肉、猪肉没有气味,羊肉有特殊的膻味(4—甲基心酸、4—甲基壬酸),狗肉、性成熟的公牲畜有特殊的气味(与性腺分泌物有关)。肉腐败后产生臭味、酸败味。

2. 家畜肉的品质感官检验

(1)家畜肉新鲜度的检验

①新鲜肉,指经屠宰加工、卫生检验合格,但尚未进行冷冻的肉。其特征是表面微干,切面呈鲜红色并略带湿润,肌纤维弹性好,肉质透明,肌腱韧而不坚,关节囊液清亮,具有该种肉特有的气味,煮熟后的肉汤透明芳香,油滴较大。

②不新鲜肉,表面附有黏液,切面色暗红,肉汁混浊,质地松软,脂肪缺乏光泽而发黏,关节表面附有黏液,腱略软,呈浅灰色,肉呈酸败味,煮熟后肉汤稍浑浊,往往有发霉的气味。

③变质肉,表面颜色变深或略带淡绿色,有黏腻感,切面呈污灰色或绿色,肌组织失去弹性,脂肪似软泥样,肉的表层及深层均具有腐败气味,煮熟后肉汤极浑浊,有明显的霉臭味。

(2)家畜肉注水的检验

①外观检验。新鲜、正常的猪(牛、羊)肉外观色泽正常,呈嫩红色,有光泽。切割后无渗出物溢出。注水后的猪(牛、羊)肉的瘦肉部分色泽变淡红,脂肪部分苍白无光,切割后切口流出大量淡红色血水。

②触摸检验。正常的肉切口部分有极少的油脂溢出,用手指肚紧贴肉的切口部位,再离开时,有一定的黏贴感,感觉油滑,无异味;注水肉因含有大量的水分,在触摸时有血水流出,无黏贴感。

③燃烧检验。这是最简单,最有效的鉴别方法。当怀疑是注水肉时,可取一小块未用的纸巾贴在切开的猪(牛、羊)肉的切口部位的肉上,放置5~15米in,待纸巾湿透后取下,然后用火点燃。如能完全燃烧的,则是正常的肉品;如不能燃烧或燃烧不全,即可判定为注水肉。

注水肉往往含有大量的有毒、有害物质和各种病原微生物,这种被注入了大量水分的肉类被食用后,可能发生不明原因的食物中毒和各种疾病,严重危害身体健康。

(3)猪肉含有瘦肉精的检验

瘦肉精又称克伦特罗,是一种平喘药。该药物既不是兽药,也不是饲料添加剂,而是肾上腺类神经兴奋剂。瘦肉精是一种 $β_2$—受体激动剂,20世纪80年代初,美国一家公司开始将其添加到饲料中,增加瘦肉率,但如果要作为饲料添加剂,使用剂量需是人用药剂量的10倍以上,才能达到提高瘦肉率的效果。它用量大、使用的时间长、代谢慢,所以在屠宰前到上市,在猪肉体内的残留量都很大。这个残留物通过食物进入人体,就会使人体渐渐地中毒。如果一次摄入量过大,就会产生异常生理反应的中毒现象,因此而被禁用。

(4)猪囊虫病的检验

猪囊虫病是囊虫蚴寄生在猪肉中,肉眼可见,背部肌肉中较多,呈米粒大小,俗称米猪肉。在10平方厘米肉面上囊虫蚴超过3个则不能食用,少于3个须经无害化处理(高温)后方可食用。

二、常见畜类的种类

感官检验方法是:看猪肉是否具有脂肪,如该猪肉在皮下就是瘦肉或仅有少量脂肪,则该猪肉就存在含有瘦肉精的可能。喂过瘦肉精的瘦肉外观特别红,纤维比较疏松,时有少量水渗出肉面,而一般健康的瘦猪肉是淡红色,肉质弹性好,肉上没有水渗出现象。

（一）家畜类

1. 猪

猪为哺乳纲偶蹄目猪科动物,由野猪驯化而成。躯体肥满,四肢短小,饱食少动,生长快,繁殖力强。猪是人类主要肉用家畜之一,占我国肉食总消费量的80%以上(见图3-1)。

全世界的猪有300多种,我国约占1/3,是世界上猪种资源最丰富的国家。按产地通常分为华北型、华南型、华中型、江海型、西南型、高原型六大类;按商品用途可分为瘦肉型、脂肪型、肉脂兼用型三类。

图3-1

猪肉的肌肉组织为淡红色,但因年龄、部位、品种的不同,色泽有深浅之别;肌纤维细嫩而柔软;皮下和肌间脂肪沉积较多,为白色或粉红色;腥臊味淡,滋味鲜美。

在选用猪肉时,需注意区别病猪肉、死猪肉、囊虫猪肉、黄脂肉。病猪肉放血不彻底,肉色暗红,切面有渗血现象,脂肪呈玫瑰红色,皮面有出血点或暗红色血斑,骨髓灰黑色;死猪肉放血极度不良,肌肉黑红色,切面渗黑红色血液,脂肪呈红色,皮面色青紫或蓝紫;囊虫猪肉则在肌肉部分以至心、肝、肺、脑等处有寄生的囊虫尾蚴,呈米粒状,俗称为"米猪肉";黄脂肉的脂肪组织均呈黄褐色,形成黄膘,黄脂肉的形成可能是由于饲料(如胡萝卜、玉米、油菜籽)中含黄色素多;或是抽取了胆红素的猪肉;也可能是感染黄疸病所致,若为后者,则皮色也发黄,不宜食用。

猪肉适宜各种烹饪加工和各种烹调方法。由于不同部位的猪肉,其肉质有一定的差异,在使用时,应按照肉的特点选择相应的烹调方法,已达到理想的成菜效果。如位于猪背部、后臀尖的肌肉成块而结实、结缔组织少、肌间脂肪多、肉质细嫩,可切成丝、丁、片等,通过炒、爆、汆煮等方法成菜;而猪颈部、腹部的肌肉肉质差、不成形,但吸水性高、黏着性好,适合制作糜、糁、丸,或采用烧、蒸、炖等方式长时间烹调,使成菜肥美宜人。

在中餐制作中,猪肉可作主料,也可作配料;适于各种调味;适于多种加工方式;广泛用于菜肴、主食、小吃、面点、加工品的制作。代表菜点如回锅肉、冰糖肉、樱桃肉、荔枝肉、无锡酱排骨、桂花肉、猪肉白菜饺、炸酱面等。著名的制品有火腿、香肠、香肚、腊肉等。

2. 牛

牛为哺乳纲偶蹄目牛科牛属、水牛属、牦牛属等动物的统称。其体形大,体重可达上千千克。我国是世界上最早驯养牛的国家之一。在先秦时期,牛已列为六畜之一、三牲之首,并多用于烹调,方法多样。但在秦汉以后,受重农思想的影响,许多朝代都曾下令禁止宰杀耕牛,所以,在我国食用肉类的历史上,除部分少数民族外,通常都是在冬闲时以淘汰的老牛、病牛供食,故牛肉的消费量在我国很低,肉质也较差。从营养成分看,单位重量内牛肉的蛋白质含量高于猪肉,而脂肪含量较低,是优质蛋白质的良好来源,因此,近年来我国在肉用牛的饲养上取得了很大的进展。

我国饲养的牛按种类分主要有三种,即牦牛、黄牛、水牛。此外,还可按用途不同,分为乳用、肉用、役用和兼用等。

①黄牛主要分布于黄河流域及以北地区，如秦川牛、南阳牛、鲁西黄牛、延边黄牛等。一般体格高大结实，肌纤维较细，组织较紧密，色深红近紫红，肌间脂肪分布均匀，口感细嫩芳香。肉用黄牛的肌肉呈深红色，脂肪为淡黄色，肌间脂肪多且分布均匀，切面呈大理石状，结缔组织少，肉质细嫩而柔软，肉味鲜美。

②牦牛主要分布于青藏高原及西南等地，占世界牦牛总数的90%左右。肌肉组织较紧密，色泽紫红，肉用种肌间脂肪沉积较多，柔嫩醇香，风味佳，肉质好。

③水牛主要分布于长江流域及以南水稻产区。躯体粗壮，肌肉发达，但肌纤维粗，组织不紧密，色暗红或暗紫，脂肪白色且含量少，具一定的膻臊味，肉质最次。

另外，目前受到人们欢迎的"肥牛肉"是指经过排酸技术处理后的牛肉。即在牛屠宰后，将牛胴体吊挂在有排风设备的排酸库中，使无氧呼吸时产生的乳酸分解为CO_2、乙醇和水而挥发，从而提高肉的嫩度。经过排酸处理的肥牛具有肥而不腻、瘦而不柴、颜色柔和、纹理美观的特点，最适于涮烫、烧烤、铁扒等快速烹调方式。

总的来讲，牛肉的肌肉含水量高，呈红色至暗红色，结实油润，肌纤维长而较粗糙；皮下有少量脂肪沉积，肌纤维间夹有肌间脂肪，切面呈大理石纹状；结缔组织较发达；香味浓郁，但有一定的膻味。加热最初，失水量大，收缩性强，使肉质更为老韧。因此，牛肉在烹制时，常切块后采用长时间的烹调方法烹制，如炖、煮、烧、卤、酱等；而来自牛的背腰部及部分臀部的肌肉其肌纤维斜而短、筋膜少，切成丝、片后可用炒、爆等烹调方法速成菜。

此外，为了改善牛肉的质地，可采用悬吊法提高嫩度；或是在经过刀工处理后的牛肉中添加植物油、少量的碱性物质等提高嫩度；也可采用木瓜蛋白嫩肉剂来嫩化肌肉。

牛肉在烹调中多用于主料，适应于各种刀工处理，适合多种烹调方法和多种调味，可作为主食、菜肴、小吃的用料，尤为清真菜系所常用，在烹制时需注意去除膻味。代表菜点如酱牛肉、水煮牛肉、爽口牛肉丸以及牛肉馄饨、灯影牛肉、兰州牛肉拉面等。此外，也可加工成多种牛肉制品，如牛肉干、牛肉松、牛肉脯、牛肉火腿肠等。

3. 羊

羊为哺乳纲偶蹄目羊科部分动物的统称，种类较多，如绵羊、山羊、黄羊、盘羊、岩羊等，主产于我国西北、华北和西南等地。

供食用的常为绵羊和山羊两类。绵羊主要分布于西北、华北、内蒙古等地，体重可达50千克以上，肉质坚实，颜色暗红，肌纤维细而柔软，肌间脂肪较少，腥膻味淡，质量较好，如蒙古肥尾羊、新疆细毛羊、藏羊、滩羊、湖羊等（见图3-2）。山羊主要分布于华北、东北、四川等地，平均体重为25千克，肉呈暗红色，皮厚，皮下脂肪稀少，腹部脂肪较多，腥膻味重，质量较逊，如成都麻羊、新疆哈密山羊、中卫山羊等。阉割过的羊称为"羯羊"，肉质肥美，优于一般的羊肉（见图3-3）。

图3-2　绵羊　　　　　　　　　图3-3　山羊

羊肉肉色红润，肌纤维细嫩柔软；脂肪白色，质地坚脆；风味鲜美，但膻味较浓。

羊肉根据不同的部位进行选料后，适宜多种烹饪加工和各种烹调方法，适宜于多种调味，可制作多种菜品、小吃、加工品等，为清真菜的基本原料。代表菜点如烤全羊、涮羊肉、烤羊肉串、羊肉泡馍等。烹调时需去除膻味。

4. 家兔

家兔又称为兔，哺乳纲兔形目兔科家畜的统称，按用途不同，可分为毛用型、皮用型、肉用型和皮肉兼用型四大类。用于烹饪的主要是肉用兔、皮肉兼用兔。肉用兔的主要品种有中国兔、比利时兔、新西兰兔等（见图3-4）。

兔肉色浅，肌纤维细嫩，脂肪含量低，肉质柔软，风味淡，带草腥味。兔肉多用于制作热菜和冷菜，适宜于炒、熘、爆、拌等多种烹制方法，很易被调味料或其他鲜美原料着味，代表菜式如鲜熘兔丝、茄汁兔丁、花仁拌兔丁等。加工时应注意去除草腥味，并宜用重油烹调；兔肉还可加工成腌、干、卤制品，如缠丝兔、板兔、五香兔等。

5. 驴

驴为哺乳纲奇蹄目马科动物。驴的品种因各地自然条件的不同而有较大的差异，我国有大、中、小三型。大型驴主要分布在渭河流域、黄河中下游平原，体高130～150厘米，如关中驴、德州驴、渤海驴等；中型驴主要分布在华北平原、河南西北部、陕西西部、甘肃东部等地，体高110～130厘米，如陕西佳米驴、河南沁阳驴等；小型驴又称为毛驴，广布于西北、华北、西南、东北、内蒙古等丘陵地区或荒漠地区，体高80～130厘米。若按用途不同，又可分为役用型驴、肉用型驴两类（见图3-5）。

图3-4　　　　　　　　　　图3-5

驴肉肉质坚实，肌纤维细嫩，肉味鲜美，民间有"天上龙肉，地下驴肉"之说。但驴肉略有腥味，烹调时应用香辛料加以去除。由于驴、马、骡肉易传播鼻疽病，市场上禁售鲜驴肉，只允许熟制品供市。制作熟制品时适宜烧、煮、炖、烩等较长时间加热方法，尤以卤制、酱制最为常见，而不适宜炒、爆等短时加热方法。名食有江苏连云港的当路驴肉、山东宁津的保店驴肉、陕西凤翔的腊驴肉等。

6. 肉用狗

狗古称"地羊"，并将大者称为"犬"，小者称为"狗"，烹饪中又称香肉，为哺乳纲食肉目犬科的动物，是人类最早驯化的动物之一。按用途可分为牧羊犬、猎犬、警犬、玩赏犬、挽曳犬、食用犬等。我国食用狗肉历史悠久，民间常将狗肉作冬令补品，以广东的潮州、江苏的徐海地区及吉林的朝鲜族人最为嗜好,现在全国各地均有食用。

狗肉肌纤维细腻柔嫩,由于含多种氨基酸和脂类,肉味鲜美,但具有一定的土腥味。最适宜砂锅炖、焖成菜,其汤醇肉香,质地酥烂;也可煨、煮、卤、烧和炒、拌成菜。为去除异味,一般先将狗肉放入清水中浸泡数小时,接着投入沸水中加姜片、葱段、花椒和料酒等煮透后即可。代表菜式如广东的狗肉煲、海南的火锅狗肉、江苏的龟汁狗肉、广西的黄焖狗肉、贵州的花江狗肉、延吉的清炖狗肉汤等。

7. 骆驼

骆驼为哺乳纲偶蹄目骆驼科的反刍家畜,有单峰驼和双峰驼两种。单峰驼有驼峰一个,主要分布在阿拉伯半岛、印度及非洲北部;双峰驼有驼峰两个,主要分布在我国及中亚、西亚,并有野生种存在(见图3-6)。

骆驼肉的肌纤维粗而长,肉质老韧,腥膻味重,我国西北沙漠地区有食用,常采用炖、烧、烩等方法重味成菜。而属八珍之一的驼峰及驼蹄常加工成干制品,经发制后入菜。

驼峰富含胶质和脂肪,质地柔嫩腴润,似脂肪而不油腻,似胶质而质地致密。干品经长时间煮、蒸制涨发,其间需加入葱、姜、料酒等调料去除腥膻气味后,可切成条、块、片、丝或剞花刀,用于炒、爆、烩、扒、蒸、煮和炸等方法而成菜。由于自身无味,烹制前需与高汤、鸡、瘦猪肉、火腿、干贝等鲜美原料同煨以赋味。成菜均为宴席大菜、头菜,如青海的猴头驼峰、内蒙古与宁夏的清炒驼峰丝、甘肃的油爆驼峰、北京谭家菜的香酥驼峰等。

图3-6

驼蹄又称驼掌,其形状如盘状软垫,富含胶质,性质似熊掌。鲜品见于产地,可直接入烹;干制品入烹前应先煮、焖、泡进行涨发,其间也要去除腥膻。发制后去骨浸入冷水中备用。成菜时常切成条、块,采用烧、炖、扒等烹制方法,但由于本身无味,也需用鲜美原料赋味。代表菜如内蒙古扒驼蹄、吉林红扒驼掌、北京谭家菜的红烧驼掌、陕西的仿唐菜驼蹄羹等。

(二)养殖类"野畜"的种类

我国是野生动物众多的国家,也是食用野味最早的国家之一。在《诗经》《楚辞》《礼记》《左传》等古籍中均有食用熊、獾、狼、狐、鹿、麋、麂、野猪等野生动物的记载。《随园食单》即记有用獐肉、果子狸、野鸡、野鸭等野味制作的菜肴。时至今日,野味由于具有特殊的鲜香味和养生保健作用,而受到人们的喜爱。

在食用野生动物时必须注意遵守《野生动物保护条例》,对于其中所规定的珍稀动物必须加以保护,不得猎取和食用。即使是可以猎杀的野生动物品种,也必须有节制,不能滥捕滥杀。现在,某些保护动物已在我国得以饲养,以满足人们的药用、食用等方面的需要,如鹿、竹鼠等。

与家畜相比,通常野兽的胴体中肌肉组织较多,脂肪含量少,肉色较深。由于活动量较大,体内结缔组织多,故肉质较老。野兽肉常具有一定的腥膻味或腥臊味,在初加工时,常需在出肉后,用冷水浸泡2~3小时,并不断换水,以使肉色变浅并去除异味,从而体现其特殊的风味。此外,活动量小的野兽,肌肉柔嫩、脂肪含量高、异味小,如刺猬、竹鼠等。

需要注意的是:有的野生动物体内携带病原菌,食用时一定要加热熟透。

1. 竹鼠

竹鼠又称中华竹鼠、普通竹鼠、独鼠等，哺乳纲啮齿目竹鼠科动物。我国分布于长江以南广东、广西、云南、贵州、四川、福建、浙江等地。穴居于山间竹林或灌丛、草丛中，以竹根、竹笋、竹竿及芒果等为食。

竹鼠体胖，长25～35厘米；背部棕灰色，腹部灰色；眼、耳均小，四肢和尾均短，还有白花竹鼠、大竹鼠。

竹鼠的肉质洁白、细嫩，味鲜美，胜过鸡、鱼，为著名野味之一，民间有"天上的斑鸠，地上的竹鼠"之说。

竹鼠经宰杀后，可整用，也可斩块；适于红烧、蒸、炖、煨、卤等烹调方法，也可干制。代表菜式如清蒸竹鼠、双冬烧竹鼠、红扣竹鼠肉等。

2. 麅

麅又称为狍、狍子，为哺乳纲偶蹄目鹿科动物。分布在我国东北、华北、西北和四川等地。栖息小山坡、小树林中（见图3-7）。

麅体长达1米余，尾很短，不超过2～3厘米；雄性有三叉状的小型角；冬季被棕褐色长毛，夏季被栗红色短毛；具明显的白色臀盘。

麅肉色深，具土腥味和草腥味，烹制前需用冷水浸泡2～3天，以去异味并使肉色变浅。其内脏含多种维生素，质地脆嫩异常，为上好的烹饪原料，适于炒、爆、炸、熘等烹制方法。如烤狍子肉、酒醉狍肉、卤汁狍肉等。

3. 刺猬

刺猬为哺乳纲食虫目猬科动物。在我国分布于北部及长江流域地区。身体肥矮，长约25厘米；四肢短，爪弯而锐利；眼和耳都小；毛短，体被短而密的、棕白相间的尖刺（见图3-8）。

刺猬肉质细嫩，味鲜美，适于烤、炖、煨、烧等烹调方法。如泥烤刺猬、红烧刺猬等。

图3-7　　　　　　　　　图3-8

4. 野猪

野猪又称为山猪，为哺乳纲偶蹄目猪科动物。分布于我国南北各地。性凶暴，是农业害兽。野猪体长约1.2米，高约60厘米；体面疏生刚毛，黑褐色；犬齿极发达，雄性的呈巨牙状称"獠牙"，在上颌的向外上方生长；鼻部较家猪为长（见图3-9）。

野猪肉的食用方法同家猪肉，但由于具浓重的腥膻气味，在烹调前应置冷水中漂洗去除，代表菜式如红烧野猪肉条、红焖野猪肉等。

图3-9

5. 黄猄

黄猄又称赤麂,为哺乳纲偶蹄目鹿科动物。在我国分布于广东、广西、云南、福建、江西等地。栖息于山地、丘陵灌丛。

黄猄体长1~1.2米,高0.5~0.55米,体重约25千克。眼前有发达的眶下腺;雄性有小角,在角的基部有一小分枝,雌性无角。

黄猄肉质非常细嫩,脂肪少、味鲜美,适宜多种烹调方法。代表菜式如五香生炸麂子、凉拌麂肉、五味角麂、五彩炒黄猄等。

6. 田鼠

田鼠为哺乳纲啮齿目仓鼠科动物的统称。我国有10余种,主要分布于北方,如华北、西北、东北以及河南、内蒙古等地,某些品种在安徽、江苏、浙江也有分布。田鼠为掘土生活,为农业害兽之一。

田鼠体小,四肢和尾部均短,耳小,常被毛所掩盖。体毛通常为暗灰褐色,有的呈沙黄色,其肉质比鸡、猪肉鲜美细嫩。去皮及内脏洗净后,民间常红烧、卤制或加上蒜、豆豉、盐、糖等调味品腌制后烤食。除鲜食外,还可腌制或干制后久贮。如福建西部的名产八大干中以田鼠为原料腌制的"老鼠干"。

第二节 家畜副产品

一、家畜副产品的种类

家畜副产品,又称下水、杂碎。主要包括内脏副产品、头、尾、蹄及血液等。家畜副产品都具有较高或特殊的营养价值,或具有特殊的风味,因而被人们所喜爱。

(一)心

1. 原料特征

心,别名灵台、心嘴、心头等,是指家畜的心脏,烹调中通常用猪心和牛心。色紫红,质细嫩、带有腥味。心脏壁肌肉组成结实、富有弹性。肌纤维呈螺旋状排列,大致可分三层,形成网状。在咀嚼时有一定的韧性。

2. 应用特性

心脏内多含污血,加工时须竖着破开,洗去污血。家畜的心脏,在烹调中可用于炒、卤、爆、熘等烹调方法。烹调过程中应注意保持其水分,宜用蛋清上浆、划油和旺火急炒。

性味功效:畜心性平、味甘咸,具有定凉、补心等功效。

(二)肝

1. 原料特征

肝,指家畜的肝脏,烹调中常用的有猪肝、牛肝、羊肝等。肝呈扁平状,一般为褐色或紫红色,有光泽,柔软有弹性。无腥味者为佳。猪肝比牛、羊的肝发达,其重量约为体重的2.5%,中央厚而边缘薄,分叶明显,猪肝分四叶。肝实质细胞浆丰富,使得整个肝组织质地脆嫩。

2. 应用特性

肝在烹饪中一般作为主料使用,刀工成形一般为片状。烹制适合旺火速成的烹调方法,如爆、炒、熘等。为保持其软嫩性往往采取上浆的方法，使肝脏外面加上保护层，如炒猪肝、熘肝尖等。采用酱、卤等方法制作的菜肴质地较硬。制作菜肴过程中加入少量的醋可以去除腥味。牛肝的质地和色泽与猪肝相似，但加热成熟后比猪肝硬。

性味功效：畜肝性温、味甘苦，具有补肝、养血、明目等功效。

（三）肺

1. 原料特征

肺，别名肺叶、玛瑙、银肺等。烹饪中常用的是猪肺，肺主要由肺泡构成，猪、牛、羊肺分七叶，马肺分叶不明显。家畜正常的肺为粉红色，呈海绵状，质柔韧，表面湿润，富有弹性。弹性大者为佳。

2. 应用特性

肺的毛细血管较丰富，内多含污血，所以在加工时一定要清洗干净。肺在烹调中多作为主料，刀工成形一般为块状。肺适用于炖、煮、炒等烹制方法。

性味功效：畜肺性寒、味甘，具有治肺虚、咳嗽、咯血等功效。

（四）肾

1. 原料特征

肾，别名腰子、肾只等，是指家畜的肾脏。肾呈长扁圆形，色褐红，质脆嫩。体表有一层薄膜，表面柔润有光泽。泡过水的肾呈白色，体积涨大，质地松软。肾分皮质部和髓质部，皮质部为主要食用部位，髓质部有尿臊味。马肾、羊肾的皮质部和髓质部合并，初加工难度大，一般不用。牛肾分叶，应用也少。

2. 应用特性

烹饪加工是要去掉腰臊，一般去除不用。在肾的皮质部割麦穗花刀、十字花刀等，以便短时加热至熟，均匀入味。肾的烹调方法较多，常用的有炒、爆、炸、熘、炝等。制作的菜肴有爆腰花、炒腰片等。

性味功效：畜肾性冷、味咸，具有治肾虚腰痛、身面水肿、遗精盗汗等功效。

（五）胃

1. 原料特征

胃，别名肚子。烹调中常用猪肚、牛肚。胃主要由平滑肌构成，猪胃属单室胃，牛、羊多为多室胃。牛胃包括瘤胃、网胃、瓣胃和皱胃四部分，瘤胃和网胃俗称牛肚，瓣胃俗称牛百叶；羊的瓣胃比网胃大，俗称羊百叶或散丹。新鲜的家畜胃有光泽，颜色白中略带一点浅黄。肚壁厚的肚子质量高于肚壁薄的肚子。

2. 应用特性

在烹饪加工时要将内外黏液去除，带有腥味。肚子在烹调中多作主料，猪肚除生肚头可以直接制作菜肴外，其他部位一般须先煮熟，然后再用熟肚制作菜肴。一般刀工成片、条、丝等。其烹调方法较多，可爆、炒、煮等。如油爆肚头、爆双脆、凉拌肚丝等。

性味功效：畜肚性温、味甘，具有补虚损、健脾胃等功效。

（六）肠

1. 原料特征

肠，可分为大肠和小肠。小肠短而细，肠壁薄，质地脆硬，一般用来作肠衣；大肠别名肥肠、里边皮，长而粗，肠壁比小肠厚，质地柔嫩、多汁。新鲜的畜肠为浅米黄色，质柔韧滑嫩。

2. 应用特性

肠的腥臭味较重,所以一定要洗干净。常用的大肠,主要有猪肠、牛肠、羊肠、驴肠等,驴板肠是应用驴的直肠。肠在烹饪中主要做主料使用,一般刀工成形为段。常用的烹调方法是烧、炒、炸、卤、熘等。如九转大肠、炒肥肠、卤五香大肠等。

性味功效:畜大肠性微寒、味甘,具有治便血、血痢等功效。

(七)蹄筋

1. 原料特征

蹄筋,是指有蹄动物蹄部连接关节的韧带等,蹄筋分前蹄筋和后蹄筋,一般后蹄内的白筋质量好,粗壮。蹄筋鲜品色白,呈束状,包有腱鞘;干品分叉,圆条状,透明,色白或淡黄。蹄筋的胶原纤维多、细胞少,纤维排列规则而致密。

2. 应用特性

烹调中使用的蹄筋有猪蹄筋、羊蹄筋和鹿蹄筋,以鹿蹄筋质量为上乘。蹄筋分为鲜品和干制品。烹调中应用较多的是干制品,烹制前必须经过涨发,常用的方法有油发和水发等。蹄筋的烹制适用于炖、烧、烩等。如红油蹄筋、红烧蹄筋、白烧蹄筋、烩蹄筋等。

性味功效:畜蹄筋性平、味甘,具有补血、通乳、脱疮等功效。

(八)畜皮

1. 原料特征

畜皮,别名外边皮。在烹饪中应用的主要是猪皮。猪皮质韧,富含胶质。表面常有毛茬和黏污液,刮净后经水烫再洗。猪奶脯部位的肉皮,别名哈了皮,宜做皮冻。

2. 应用特性

猪皮可制成各种皮冻,清冻和各种花冻。也可经煮透晒干后,再经油发或盐发制作炸肉皮,泡软后,用烩、炖、扒等烹调方法成菜。在烹饪中很多菜肴要求使用带皮肉。

性味功效:畜皮性凉、味甘,具有治下利、咽痛、胸满心烦等功效。

(九)畜舌

1. 原料特征

畜舌,别名口条。在烹饪中应用得较多的是猪舌、牛舌、羊舌。表面覆有皮膜。经沸水浸烫后割去,露出褐红色的肌肉组织即可。畜舌肌肉组织发达,结缔组织少,肉质细腻。

2. 应用特性

在烹调中畜舌上下半截多分开使用。常用于扒、酱、烧、烩、卤等烹调方法。如烧口条、扒口条、酱口条等。

性味功效:畜舌性平、味甘咸,具有补血、益虚劳等功效。

(十)畜蹄

1. 原料特征

畜蹄,是指猪、牛、羊等有蹄类动物脚趾端着地的部分。畜蹄由蹄匣和肉匣两部分组成。肉匣包括肉壁、肉底和肉球三部分,是主要的食用部位。畜蹄只有皮、筋、骨,瘦肉少,皮厚,胶质丰富。

2. 应用特性

畜蹄常用于红烧、焖、酱等烹调方法。由于其含有丰富的胶质,也常用于提取明胶、制作水晶菜肴。如酱猪蹄、白卤羊蹄等。

性味功效：畜蹄性平、味甘咸，具有补血、通乳等功效。

（十一）畜脑

1. 原料特征

畜脑，位于颅腔内，可分为大脑、小脑和脑干三部分。在烹饪中常用的有牛脑、猪脑。猪脑，别名脑花，质如豆腐，色白，营养丰富，但含有较高的胆固醇。猪脑外有一层结缔组织的外膜，加工时应除去。

2. 应用特性

畜脑适于烩、拌、卤、烧、涮等烹调方法。如烩奶汤猪脑、拌猪脑、白烧猪脑等。

性味功效：畜脑性寒、味甘，具有补骨髓、益虚劳等功效。

（十二）畜尾

1. 原料特征

畜尾，是由畜类尾椎等形成的一种结构。不同动物尾椎的数目不一。尾的特点是多骨节，胶原蛋白丰富，瘦肉少。在烹饪中应用的有猪尾、牛尾、羊尾等。

2. 应用特性

猪尾皮薄，胶质多，质地脆嫩。牛尾皮薄，肉质肥美。羊中的绵羊尾要优于山羊尾，特别是肥羊尾，其肥大脂厚，可以炼油或煮熟后去骨烹制菜肴。羊尾去掉尾油、捎带尾肉的部位称羊杆。畜尾的加工多采用烧、卤、煮、炖、拔丝等方法。如拔丝羊尾、红烧猪尾。

性味功效：畜尾性平、味甘，具有滋阴、润燥等功效。

（十三）畜血

1. 原料特征

畜血，为体内循环系统中的液体组织，暗赤或鲜红色，有腥味。在烹饪中常用猪血，牛血，又称猪红、牛红。

2. 应用特性

液体畜血经加工凝固成块状，色紫红，质细嫩，仍有腥气味。畜血宜作热菜原料。加工多采用烧或制汤。如烧红白豆腐、辣子血豆腐、酸辣猪血汤。

性味功效：畜血性平、味咸，具有治吐血、下血、血虚等功效。

（十四）畜鞭

1. 原料特征

畜鞭，是指公畜的阴茎。烹饪中应用较多的是牛鞭、羊鞭、猪鞭等，俗称牛冲、羊冲。富胶质，韧性大，有异味。分鲜、干两种。

2. 应用特征

干品经晾晒而成，质地坚硬，须经浸泡、焖煮、去尿道膜等加工处理后才可制菜；鲜品可直接焖煮，去掉尿道膜制菜。畜鞭如果与鸡、鸭、猪肘等同制，其味更佳。如烧红牛鞭、砂锅煨牛鞭、椒盐猪鞭、双鞭炖鸡等。

性味功效：畜鞭性大热、味臊，具有暖肾、壮阳、益精等功效。

二、常用畜肉制品

1. 金华火腿

金华火腿是中国著名的传统特产。腌制而成的猪腿色红似火，故称为火腿。火腿是选用金华两头乌猪的后腿,经过上盐、整形、翻腿、洗晒、风干等程序加工而成。金华火腿的特点是,皮色黄亮,形似竹叶,肉色红润,香气浓郁,以色、香、味、形"四绝"而闻名中外。

由于所用原料和加工季节以及腌制方法的不同,金华火腿又有许多不同的品种。如在隆冬季节腌制的,叫正冬腿;将腿修成月牙形的,叫月腿;用前腿加工,呈长方形的,称风腿;挂在锅灶间,经常受到竹叶烟熏烤的,称熏腿;用白糖腌制的,叫糖腿。

金华火腿外表皮面上有发酵层,在储藏期间,它有保护作用。烹制前,要用刀去掉,或用温的碱水洗涮,再用清水冲洗干净。火腿适于烧、煮、炖等多种烹调方法,还可以配拼冷盘,做糕点、点心的馅心。火腿本身已有咸味、鲜味,故烹制时不易再加调料。

2. 咸肉

咸肉是将猪肉用盐和其他调料腌制,不加烘烤脱水工序,而得的生肉制品。食用时需加热。著名的咸肉如浙江咸肉、四川咸肉、上海咸肉等。咸肉分三种:

(1)连片:整个半片猪胴体,无头尾,带脚爪,腌成后每片重量在13千克以上。

(2)段头:不带后腿及猪头的猪肉体,腌成重量在9千克以上。

(3)咸腿:也叫香腿,是猪的后腿,腌成重量不低于2.5千克。

咸肉适于蒸、煮、炒、炖、烧、爆等多种烹调方法,也可以与众多荤素菜配伍烧制。如咸肉豆腐、蒸咸肉等。咸肉本身已咸,不能再用红烧、酱卤等烹调方法。如果咸味过重,加工前先放在清水中浸泡,除掉一部分盐分,然后再进行各种加工。

3. 腊肉

腊肉是四川、陕西、湖南、湖北等中西部地区的特产。腊肉是指肉经腌制后再经过烘烤(或日光下暴晒)的过程所制成的加工品。过去腊肉都是在农历腊月(十二月)加工,故称腊肉。腊肉的特点是:表里一致,煮熟切成片,透明发亮,色泽鲜艳,黄里透红,吃起来味道醇香,肥不腻口,瘦不塞牙。腊肉因系柏枝熏制,故夏季蚊蝇不爬,经三伏天而不变质。

腊肉适用炒、烧、煮、蒸、炖、爆等烹调方法。可制成冷拼、热炒、大菜等菜式,如菜薹炒腊肉、蒸腊肉等,也可作馅心料。

4. 西式火腿

西式火腿通常分为方腿和圆腿两种。方腿和圆腿都属于整只火腿,它是用整只猪后腿或猪前腿加工而成的,用猪后腿,经过去骨、整形、腌制充填入模型中(多为长方形)蒸煮而成,外形呈长方形,故称方腿。而用前腿加工的火腿,外形呈圆筒形,故称圆腿。

中式火腿与西式火腿的区别:中式火腿是生制的,而且原只带骨。西式火腿是剔除了骨头,经过加工、模压。这两个品种,无论在形状、风味、制作方法及食用方法上都有很大的不同。

西式火腿因是熟制品,可用来作三明治馅,制作沙拉,吃起来很方便,故广受欢迎。西式火腿在西餐中主要用来制作冷盘,也可切成小块、片、丝等制作菜肴。

5. 肉松

肉松是将鲜肉的瘦肉煮熟,配入辅料,炒干脱水制成絮状或颗粒状的肉制品。肉松可分为猪肉松、牛肉松、鸡肉松、鱼肉松等。著名的肉松属太仓肉松和福建肉松。

肉松成品:疏松绵软、有弹性,略带绒毛样短丝,色黄,干燥适度,香气纯正,咸甜适中,味鲜,无残筋膜,肉渣、碎骨,无异味。

肉松除直接作小菜食用外,可用作筵席冷盘,或作为花色冷盘的垫衬料、围边料,也可作馅料等。

6. 肉脯

肉脯是将新鲜瘦肉切成薄片，经调味料腌制，烘干、焙烤而成的一种干肉制品。肉脯可分为猪肉脯、牛肉脯、鸡肉脯等。

肉脯成品：色泽棕红，片形平坦整齐，鲜甜适中，味美可口。

因肉脯配料不同，成品颜色深浅不一。常用来作筵席上冷菜或花式冷盘的点缀。配色料，也可作为佐酒佳品。

7. 肉干

肉干是用新鲜瘦肉加入配料，经切碎、煮制、烘烤等操作过程，而得到的干肉制品。肉干有很多种，如按所用原料分：猪肉干、牛肉干等；如按所加入配料分：咖喱肉干、五香肉干、辣味肉干等。

肉干成品：形状完整、无碎屑，色泽棕黄。咖喱肉干外表金黄色，干燥鲜香。

肉干可作筵席上的冷菜，也可作佐酒小菜，或作零食。

8. 灌肠

灌肠是指将原料肉经腌制或不经腌制，经切碎成丁或绞碎成颗粒，或斩拌乳化成肉糜，再混合添加各种调味料、香辛料、黏着剂等，充填入天然肠衣或人造肠衣中，经烘烤、烟熏、蒸煮、冷却或发酵等工艺制成的产品。由于灌肠种类繁多，其分类标准也各不相同，按烟熏程度分：烟熏灌肠制品和非烟熏灌肠制品；按所用原料分：猪肉灌制品、牛肉灌制品、马肉灌制品和混合灌制品；按生产国籍分：中国灌肠制品、美国灌肠制品等。

烹调中灌肠制品多用于制作冷盘，也适用于炒、炖、烩等多种烹调方法，有时还适用于菜肴的配色，围边等点缀装饰，也可作为糕点的馅心。

第三节　常见禽类

一、家禽原料概述

家禽原料是指人们饲养的已经驯化的鸟类。

家禽原料主要指禽肉、禽蛋等，主要品种包括鸡、鸭、鹅、鸽、鹌鹑、珍珠鸡、火鸡等。近年来，有些地方开始规模化养殖鸽、鹌鹑、珍珠鸡、火鸡、孔雀、鸵鸟等，但应用范围较小。家禽具有营养丰富、肉质细嫩、味道鲜美、容易消化等特点。

（一）家禽原料肉质特点

家禽的肌肉组织发达，特别是胸肌和腿肌，胸肌和腿肌占禽体的50%。雌禽的肌肉纤维较细，结缔组织较少，雄禽的肌肉组织比雌禽粗糙些。鸭、鹅等禽的肌肉组织较鸡的粗糙。

家禽肉的组织结构与家禽肉的组织结构基本相同。与家禽相比，家禽肉的结缔组织较少，肌肉组织纤维极其柔细，硬度较低，脂肪比畜类脂肪熔点低。育肥比较好的家禽，脂肪均分布在肌肉组织中，肉中含水量较高，所以禽肉比畜肉更鲜嫩。

家禽肉质的老嫩、味道的鲜美，与家禽品种、养殖期和生理状态有很大的关系。一般而言老母鸡、粮食喂养鸡、散养鸡品质较好。

(二)家禽原料营养特点

家禽肉中的蛋白质含量一般在20%左右,且大多为优质蛋白,营养价值较高。幼禽的含氮浸出物比较少,老禽则较多,所以老母鸡适合煲汤。

家禽肉脂肪中的脂肪酸主要由软脂酸、硬脂酸、油酸、亚油酸组成,不饱和脂肪酸的含量高于饱和脂肪酸的含量。所以禽体脂肪的熔点较低,易于人体消化吸收,其消化率为97%~98%。禽肉脂肪中的胆固醇含量较高。

家禽肉及内脏都含有较丰富的维生素A、维生素B、维生素C、维生素E,特别是肝脏中维生素A的含量十分丰富。禽肉及禽内脏中磷、铁的含量较丰富。

家禽肉中水分的含量一般在70%以上,幼禽肌肉水分含量高达75%以上。

(三)家禽肉的感官检验

1. 家禽肉的感官检验

家禽肉的品质检验,主要是对屠宰后的家禽酮体在保管中发生质量变化的检验,即新鲜度的检验。在饮食行业中,以感官检验为主。主要检验嘴部、眼部、皮肤组织、脂肪状况、肌肉及制成的汤等。

(1)嘴部

新鲜的家禽,嘴部有光泽,干燥有弹性,无异味。不新鲜的家禽嘴部无光泽,部分失去弹性,稍有异味,略有腐败性。变质的家禽嘴部暗淡,角质部软化,口角有黏液,有明显腐败气味。

(2)眼部

新鲜家禽的眼球饱满,眼球充满整个眼窝,角膜有光泽。不新鲜的家禽眼球皱缩凹陷,角膜无光,晶状体稍浑浊。腐败变质的家禽,眼球干缩下陷,有黏液,角膜暗淡,晶状体浑浊。

(3)皮肤

新鲜的家禽,皮肤有光泽,因品种不同,可呈淡红、淡黄和灰白等色,具有该家禽特有的气味。不新鲜的家禽皮肤色泽转暗,表面发潮,有轻度腐败味。腐败变质的家禽,皮肤无光泽,呈灰黄色,有的地方带淡绿色,表面湿润,有霉味或腐败味。

(4)脂肪

新鲜的家禽脂肪白色,稍带淡黄色,有光泽,无异味。不新鲜的家禽脂肪色泽变化不太明显,但稍带有异味。腐败变质的家禽脂肪呈淡灰色或淡绿色,有酸臭味。

(5)肌肉

新鲜家禽的肌肉结实而有弹性,具有正常的色泽。如鸡的鸡肉为玫瑰色,有光泽,胸肌为白色或带淡玫瑰色;鸭、鹅的肌肉为红色,幼禽肉有光亮的玫瑰色,稍湿不黏,有特殊的香味。不新鲜的家禽肌肉弹性变小,用手指压后凹陷恢复较慢,且恢复不完全,有轻度酸味和腐败味。腐败变质的家禽,指压后凹陷不能恢复,留有明显痕迹,肌肉为暗红色、暗绿色或灰色,有种腐败味。

(6)制成的汤

新鲜家禽的肉汤透明、芳香,表面有大的脂肪油滴。不大新鲜的家禽肉汤不太透明,脂肪滴小,香味差或无鲜味。腐败变质的家禽肉汤浑浊,有白色或黄色絮状物,有腥味气味,几乎无脂肪滴。

2. 活禽的感官检验

活禽一般采用感官检验法,先观察禽类精神状态,后系统检查。精神状态不好的禽类,背毛松乱，动作迟缓，离群独居。系统检查时，抓住禽两翅根部，注意其叫声有无异常，挣扎时是否有力。首先检查头部，头部无毛部分有无苍白、眼睛、口腔、鼻孔有无异常分泌物及口腔内黏膜状况。其次检查胸部和腿部肌肉是否丰满，羽毛是否清洁有光泽。最后注意肛门周围有无粪便污染。

二、常见家禽原料

1. 鸡

鸡（见图3-10）属雉科原鸡属，是我国最主要的家禽。中国是世界上最早驯养鸡的国家，目前全世界鸡的品种约有300多个，按品系可分为170种，其中饲养较多的有70多种。鸡按主要用途可分为肉用、蛋用、肉蛋兼用等类型，代表品种有：

（1）九斤黄 又称山东鸡、交趾鸡，原产山东，是著名的肉用鸡。此鸡体躯大，羽毛有黄色、黑色、灰色和麻酱色等几种，以黄色为最多。该鸡生长快，易育肥，肉质肥美、柔软，充满脂肪。现在长江中下游一带饲养较为普遍。

图3-10

（2）来航鸡 原产意大利，因从来航港输往国外而得名，是世界上著名的蛋用鸡品种。羽毛有白、黄、黑等色，以白色为最多。该鸡年产蛋量在200枚以上，最好的能产365枚，蛋重50克左右，蛋壳为白色。

（3）寿光鸡 原产山东寿光，是肉蛋兼用鸡。羽毛有黑、褐等色，以黑色居多。该鸡体形较大，肉质肥美，蛋比较大，年产蛋量140~160枚，蛋重60~75克，现分布较广。

（4）浦东鸡 原产于上海川沙、奉贤一带，是肉蛋兼用鸡。公鸡背上的羽毛为红黄色，腹下黑红色，尾羽黑色；母鸡的羽毛尖部呈浅棕色，其他部分均为淡黄色。该鸡体躯高大，肌肉丰满，肉质肥美，但成熟较迟，年产蛋量约150枚，蛋重约60克。

（5）泰和鸡 又称乌骨鸡、武山鸡，原产于江西泰和县武山地区，是一种药食兼用鸡，自古以来就驰名中外，羽毛洁白。该鸡身躯短小，乌皮、乌骨、乌肉，且内脏、脂肪均为黑色，是药膳的原料，年产蛋量约80枚，蛋重30~50克，蛋壳淡褐色（见图3-11）。

鸡肉富含蛋白质、脂肪、钙、磷、铁、硫胺素、核黄素、烟酸等营养成分，常作滋补品。鸡内脏和鸡血还含有多种矿物质、维生素，具有较高的营养价值。

鸡在烹饪中应用广泛，鸡可整料烹制，也可割成不同的部分使用；可做热菜、冷菜、羹汤，也可做火锅、小吃、点心、粥饭等；可适用于多种烹调方法。此外，鸡的肫、肝、心、肾、血、油等经加工后也都是较好的烹饪原料，但要注意鸡的肺、嗉囊、淋巴、气管不能食用。

2. 鸭

鸭（见图3-12）又称家凫，属鸭科河鸭属，家鸭系由野生绿头鸭和斑嘴鸭驯化而来的，在世界各地分布很广，我国是世界上最早把野鸭驯化成家鸭的国家之一。良种家鸭20多种，可分为肉用鸭、蛋用鸭和肉蛋兼用鸭三类，代表品种有：

（1）北京鸭 又称填鸭、白鸭。原产于北京北部水源丰富的玉泉山一带，为世界著名的肉用鸭品种之一。北京鸭全身羽毛洁白，带乳白色光彩，肌肉纤维细致，富含脂肪并且在皮下和肌肉间分布均匀，提高了肉质的风味。是中国名菜"北京烤鸭"的专用原料。北京鸭从孵出到应用只需三个月，体重可达3~4千克。

第三章 畜禽类

图 3-11

图 3-12

（2）绍鸭　原产于浙江绍兴、萧山一带，故名。绍鸭为优良蛋用鸭，是麻鸭中首屈一指的代表。其颈细长，中部有一白环，体小身狭，臀部较大，每只鸭年产蛋 225～300 枚，蛋重 50～60 克。

（3）建昌鸭　原产于四川凉山彝族自治州的西昌、德昌、宁南等地，为肉蛋兼用鸭，以生产大肥肝而闻名，故有"大肝鸭"的美称。建昌鸭生长快，体形大，成熟早，产肉多，肝肥大，肉肥而不腻，香味浓郁，是筵席上的佳品。

（4）娄门鸭　又称苏州大鸭，原产于江苏苏州娄门地区，为优良肉蛋兼用鸭。公鸭头顶和翅呈绿色而带乌金色光泽，体躯长方形，头大喙阔，肉质细嫩而白。年产蛋量 100～150 枚，蛋重 70 克以上，壳白色。

（5）高邮鸭　原产于江苏高邮、宝应、兴化一带，现主要产于安徽中部巢湖周围各县，为肉蛋兼用鸭。高邮鸭，体形较大，瘦肉率高，为南京板鸭的主要原料。此外，高邮鸭还以产双黄蛋著称，年产蛋量 160～200 枚，蛋形大，重为 80～85 克，壳多呈白色，少有青色。

（6）白洋淀鸭　原产于河北的白洋淀地区，为肉蛋兼用鸭。其体大肉嫩，是驰名华北的特产。鸭肝肥大，每只鸭肝重达 400 克左右，最大的可达 500 克以上，是珍贵的烹饪原料。

（7）番鸭　又称瘤头鸭、洋鸭、麝鸭。原产于中美和南美洲热带地区，是世界著名的优质肉用型鸭种。现在福建、广东等地已大量繁殖，是世界著名的肉用鸭品种。番鸭头部两侧和脸上长有赤色肉瘤，体质强健，肉厚且细嫩，味美油多。

（8）白沙鸭　是广东省地方优良品种，主要产于广东省汕头地区，肉蛋兼用型新品种，具有体形大、产肉能力强、肉质好、产蛋多等优良性能。适合在高温潮湿气候和水田放牧饲养，白沙鸭为褐色麻羽，眼上方有由白色羽组成的斑纹，似眉毛，故又称此鸭为白眉鸭。母鸭年产蛋 170～210 枚，平均蛋重 80 克。成年公鸭体重 2.5 千克，母鸭 2.6 千克。

鸭肉含有蛋白质、脂肪、碳水化合物、各种维生素以及矿物质钙、磷、铁等多种营养素。中医认为鸭肉可除咳嗽、水肿等症，鸭血可解血淤、血热作用，鸭头可治惊悸和血虚引起的头疼，鸭脑捣碎外涂可治冻疮。另外，鸭性凉寒，故虚寒性的脘腹疼痛、腹泻等症，均不宜食用。

鸭肉肉质丰满细嫩，肥而不腻，皮薄香鲜。鸭在烹饪中应用广泛，多以整只烹制，在宴席中多作大件使用，最宜烧、烤、蒸、卤、酱等烹调方法，也宜扒、煮、焖、煨、炸、熏等烹调方法。将鸭切成小件，可采用熘、爆、烹、炒等方法制作。鸭既可作主料，也可作配料，还可做面点的馅料。此外，鸭的头、颈、掌、翅、皮、肫、肝、心、血、胰、肾、肠等，皆是烹调的上好原料。

3. 鹅

鹅又称家雁，舒雁，属鸭科雁属。一般认为欧洲鹅起源于灰雁，外形硕大，颈粗短，躯平，头部无肉瘤。中国鹅起源于鸿雁，体躯呈斜方形，颈长，喙颈部上端有明显的肉瘤。现在中国水乡和丘陵等地区放牧饲养。鹅生长快，肉质美，寿命较其他家禽长。鹅的品类很多，按用途可分肉用、蛋用、肉蛋兼用三类；按体形大小分为大、中、小三种，以中、小型居多。中国的优良鹅种产量居世界首位。大型鹅有狮头鹅；中型鹅有溆浦奉化鹅、象山白鹅；小型鹅有中国鹅、太湖鹅、清远鹅、兴国灰鹅等（见图3-13）。

(1) 狮头鹅　原产于广东潮汕饶平县，为肉用型鹅。羽毛灰褐色或灰白色，头大眼小，公鹅脸部有很多黑色肉瘤，并随年龄增长而增大，略似狮头，故名。狮头鹅生长快，成熟早，肉质优良。其体重为全国鹅种之最，70日龄的公鹅体重达5~6千克，成年公鹅体重10~15千克，母鹅9~12千克，年产蛋25~30枚，蛋重约200克。

(2) 溆浦鹅　主产于湖南溆浦县，为肉用鹅，体形高大，体质结实，羽毛着生紧密，体躯稍长，有白、灰两种颜色。以白鹅居多，灰鹅背、尾、颈部为灰褐色，腹部白色。头上有肉瘤，胫、蹼呈橘红色。白鹅喙、肉瘤、胫、蹼橘黄色，灰鹅喙、肉瘤黑色，胫、蹼橘红色。中国最大的白鹅种，体重可达10千克，有"全国白鹅之冠"的美称。溆浦鹅具有体形大、生长快、耗料少、觅食力强、适应性好等特点，其肥肝性能体别优良。

图3-13

(3) 奉化鹅　主产于浙江奉化地区，以形体大、羽毛洁白、胸肋发达、臀部丰满、肉质嫩、滋味美著称，特别是清明时节的清明鹅，肉质更是鲜美。它可以烹调成扣鹅、烤鹅、香酥鹅、花椒鹅、块鹅、笋炒鹅块等菜，成为宴席上的佳肴。奉化鹅生长迅速，环境适应性强，两个月可由出壳雏鹅长成成年鹅，成年公鹅体重达7~8千克，母鹅6~7千克，为加工冻光鹅远销海外的优良品种。

(4) 象山白鹅　主产于浙江象山县。象山白鹅属我国优良地方品种，体形中等，结构紧凑而清秀，体躯呈长方形，额部半球形肉瘤高突，喙偏平无肉髯，颈细长，腿粗壮。象山白鹅以其早期生长速度快、肉质好、经济性状优而闻名。象山白鹅肉质细嫩、营养价值高，鹅肉脂肪含量低，且分布均匀，氨基酸种类齐全，体形大，毛纯白，肉质鲜嫩，脂肪分布均匀，为我国主要出口产品之一。

(5) 太湖鹅　主产于江苏苏州、无锡等地，为肉蛋兼用鹅。太湖鹅羽毛纯白，喙、喉、蹼均呈橘红色。体态高昂，体质强健，肉质优良，产蛋率高，是苏州名产糟鹅的主要原料。现根据育鹅期的早晚，分为"早春鹅""清明鹅""端午鹅""夏鹅"等。全身羽毛洁白，偶尔眼梢、头颈部、腰背部出现少量灰褐色羽毛。喙、胫、蹼橘红色，爪白色。160日龄即开产，年产蛋约60枚，高产鹅可达80~90枚。

(6) 扬州鹅　我国首次利用国内鹅种资源育成的新品种，是理想的中型鹅种。主要产于江苏苏中及苏北地区，尤其以扬州地区较多。肉用仔鹅早期生长快、耐粗饲、适应性强、肉质鲜美、肌肉蛋白质含量高，肌纤维细密，肌间脂肪丰富，含水量低，加工成品率高，适口性好；它生长速度快，肉质好，繁殖率高，一般来说70日龄的崽鹅，可以达到3.3~3.5千克，是制作扬州盐水鹅、风鹅的主要原料。

(7) 清远鹅　羽毛大部分呈乌棕色，又称乌棕鹅，黑鬃鹅，主产于广东清远县。体形较小，早熟，骨细肉嫩，育肥性较好，肉味鲜美，适应性强，食量少，觅食力强。羽黑灰，头顶、颈背鬃状羽毛深黑，腹毛有白色于灰黑色之分，喙、肉瘤和蹼均为黑色，体躯宽短而矮垂。体重成年公鹅3~3.5千克,是制作扬州盐水鹅、风鹅的主要原料。

(8)伊犁鹅 主产于新疆伊犁哈萨克自治州,伊犁鹅体形中等,与灰雁非常相似。颈较短,胸宽广而突出,腿粗短。体躯呈扁平椭圆形。头部平顶,无肉瘤突起,颌下无咽袋。雏鹅喙黄褐色,喙豆乳白色,眼灰黑色,上体黄褐色,两侧黄色,腹下淡黄色,胫、趾、蹼橘红色。成年鹅喙象牙色,虹彩蓝灰色。羽毛可分为灰、花、白三种颜色。

鹅肉含蛋白质,脂肪,维生素A、维生素B族,烟酸,糖。其中蛋白质的含量很高,同时富含人体必需的多种氨基酸以及多种维生素、微量元素矿物质,并且脂肪含量很低。鹅肉不仅脂肪含量低,而且品质好,不饱和脂肪酸的含量高,特别是亚麻酸含量均超过其他肉类,对人体健康有利。鹅肉脂肪的熔点也很低,质地柔软,容易被人体消化吸收。鹅油、鹅胆、鹅血是食品工业、医药工业的主要原料。鹅胆汁更有清热、止咳、消痔疮之功效。鹅肝营养丰富,鲜嫩味美。

鹅与鸡、鸭相比,其肉质稍粗,且有腥味;与家畜相比,鹅肉结缔组织少,肉纤维较细,具有较多的鲜味。

鹅在烹饪中常以整只烹制,既可制作筵席常用菜,又可整料出骨,制作高难度工艺脱骨菜。嫩鹅还可以加工成各种小件形态,适宜于烤、炸、烧、扒、熏、炖、焖、煨、煮、蒸、卤、酱等多种烹调方法。适应于咸鲜、咸甜、酱香、烟香、五香、腊香、葱油、姜汁、红油、咖喱、麻辣、椒麻等多种调味味型。除鹅肉外,鹅翅、鹅蹼、鹅舌、鹅肠、鹅肫是餐桌上的美味佳肴的烹饪原料。

4.鹌鹑

鹌鹑又称赤鹑、红面鹌鹑、秃尾巴鸡,属雉科鹌鹑属。鹌鹑体形近似雏鸡,头小尾秃,有野生和家养两种。目前,我国各地均有人工饲养。我国食用鹌鹑历史悠久,春秋战国时期,鹌鹑肉、蛋已是宫廷筵席上的珍馐。鹌鹑生长快,产蛋多,繁殖率高,具有较高经济效益。成年鹌鹑体长15厘米左右,体重200~250克,肉质肥嫩而香,比其他家禽更为鲜美可口,富于营养,是家禽中具有特殊风味的品种(见图3-14)。

图3-14

鹌鹑肉所含的营养成分及其组合比较完善。其肉富含蛋白质和维生素A、维生素B族、维生素C、维生素D、维生素E、维生素K,易于人体消化吸收,是婴儿、孕妇、产妇和年老体弱者的理想食品。鹌鹑肉和鹌鹑蛋含有丰富的蛋白质,被人们加工成各种各样的食品在市场中出售,是最受人们喜爱的食品之一,鹌鹑蛋、肉营养丰富,蛋白质含量高,胆固醇含量低,鹌鹑肉细嫩,氨基酸丰富,并且还具有很多的药用价值。是国内一致公认的珍贵食品和滋补品,具有"动物人参"之称。

鹌鹑入馔,多以整只烹制为佳;鹌鹑脯细嫩香鲜,可批片、切丝或剞上花纹烹调;鹑腿筋多,常切成条、块、丁制馔;还可以取肉剁末斩糜。鹌鹑内脏也是上好的烹饪原料。鹌鹑鲜品适宜于多种烹调方法和多种味型。

图3-15

5.家鸽

家鸽属鸠鸽科鸽属。家鸽起源于原鸽,是人类最早驯化的鸟类之一,相传中国自秦汉起就已开始养鸽。家鸽体呈纺锤形,羽毛紧凑,羽毛有灰、白、红、黄、黑及雨点等，颈部常有金属光泽。家鸽经长期人工选育，品种极多，按用途以肉鸽为主，其他鸽也可入馔（见图3-15）。

家鸽营养丰富，所含蛋白质、脂肪、微量元素和维生素比较均衡，易于消化吸收。俗话说："一鸽胜三鸡""一鸽胜九鸡"。鸽子不仅味道鲜美，而且营养丰富，有较高的药用价值，是著名的滋补食品。在各种肉类中，以鸽肉含蛋白质最丰富，而脂肪含量极低，消化吸收率高达95%以上。中医认为，家鸽对体虚者有补益作用，另外对头晕神疲、记忆衰退有显著疗效。

家鸽体态丰满，肉质细嫩，纤维短，滋味浓鲜，芳香可口。肉用鸽的最佳食用期是在出壳后25天左右，此时又称乳鸽。乳鸽肥嫩骨软，肉滑味鲜美，属于高档原料。

家鸽在烹调中应用广泛，可做冷菜、热菜、羹汤或面点馅心。家鸽常以整只烹制，适宜于炸、炖、烤、烧、蒸、煨、扒等多种烹调方法。鸽脯细嫩，可切丝、片、丁或剞上花纹，适宜于炒、烹、熘等烹调方法，鸽腿筋多而小，常切成条、块制馔。此外，鸽舌、鸽胸、鸽脑、鸽肫等也是上好的烹饪原料。

三、养殖类"野禽"的种类

野禽是指野生的鸟类。野禽种类繁多，风味独特。但由于生态的改变以及乱捕乱猎，使野生鸟类资源逐渐减少，许多过去烹饪中常用的野生鸟类已被列入国家保护动物目录。因此，可作为烹饪原料的野禽并不多。野禽于野外生活，取食广，善飞翔，因此其肌肉比较发达，肉质细嫩，味道鲜美。常用的养殖"野禽"有野鸡、野鸭、石鸡、竹鸡、火鸡等。

1. 野鸡

野鸡又称雉、雉鸡、山鸡，属雉科动物。中国分布最广的为环颈雉，主要产于黄河以南的华东及中南地区，喜栖于蔓生草莽的丘陵中，冬天迁至山脚草原及田野间，以谷类、浆果、种子和昆虫为食。野鸡冬季肉质较肥，为时令的山珍。性情活跃，善于奔走，不善飞行，雉鸡喜欢游走觅食，奔跑速度快，高飞能力差，只能短距离低飞，而且不能持久，所以野鸡的腿部肌肉较发达（见图3-16）。

野鸡富含蛋白质、磷以及维生素和矿物质，且脂肪少，滋补力强，药膳效果好，基本不含胆固醇，高蛋白质、低脂肪，是上乘的烹饪原料。

野鸡的品质以肉质细嫩，肥而不腻，胸部肌肉发达，味道鲜美者为佳。野鸡入馔，由来已久。早在《周礼·天官》中就将雉列为可食的六禽之一。现烹调中，除整鸡烹制外，还可批片、切丝、切丁、剞花、剁块及斩糜为馅，适用于炸、爆、烹、煎、贴、炖、煨、煮、扒、烧、烤、卤等多种烹调方法，各地均有名菜。

图3-16

图3-17

第三章 畜禽类

2. 野鸭

野鸭(图3-17)又称山鸭、水鸭，属鸭科动物。其体形通常小于家鸭。野鸭是一种迁徙性候鸟，主要生活于北半球欧亚大陆的湖泊和池塘，有时停留在温带地区，四季都可见到，一般是春夏在北方繁殖，秋冬在南方越冬。东北的北大荒、华北的白洋淀和长江中下游环境僻静的湖区较为常见。野鸭品种很多，如绿翅鸭、花脸鸭、罗纹鸭、潜鸭等。每年冬末初春大量捕获，是我国重要的经济水禽。

野鸭肉质鲜嫩，富含营养，胸、腿肌肉丰富，肌纤维细，清香滑嫩，野香味浓，特别是没有家鸭那样令人不愉快的腥臊味。普遍认为野鸭加工成食品后味道鲜美，而且具有良好的滋补药用价值，一年四季均可食用。野鸭体内含有丰富的蛋白质、碳水化合物、无机盐和多种维生素，中医认为，野鸭具有补中益气、消食和胃、利水解毒之功效。野鸭的品质以体形肥大，肌肉结实，肉味香鲜者为佳。

野鸭是上等野味，在烹饪加工时应注意三点：一是烫皮拔毛时要保持鸭身的完整，并认真清除含有异味的尾脂腺；二是要多用葱、姜、蒜、绍酒、白糖和花椒等调料，以去除水腥味，并挥发野鸭特有的芳香；三是要注意火候，务求鸭肉酥烂爽口，易于脱骨剔刺。野鸭整只烹制，适用于酱、焖、煮、炖、烧等烹调方法；分件后，也可用炒、爆、炸、熘、蒸、煮等法烹制成菜，用途较广。

3. 石鸡

石鸡(图3-18)又称嘎嘎鸡、红腿鸡，属雉科动物。在我国主要分布在华北、西北地区，一般栖息于低山丘陵地带的岩石坡和沙石坡上，很少见于空旷的原野，更不见于森林地带。体长34~38厘米，公石鸡比母石鸡体形略大。喙和脚呈橘红色，两翼上有多条黑纹。石鸡以秋冬季肉质较肥，为捕获季节。

石鸡的品质以肉质细嫩色白，味道鲜美者为佳。

石鸡在烹调中，适宜于烧、爆、卤、炒、烤、煨、熘、炖等多种烹调方法，可与飞龙鸟媲美。

图3-18

4. 竹鸡

竹鸡也称"泥滑滑"、"竹鹧鸪"或"扁罐罐"，为鸟纲雉科，竹鸡属各种动物的统称。栖息于山丘草地及丛林间，分布于我国长江流域以南各地(见图3-19)。

我国分布较广的为灰胸竹鸡，体长约30厘米，上体大多黄橄榄褐色，每片羽毛均有赤褐色羽干斑；颈侧褐灰色，背部具栗色和白色斑，肩部羽毛白斑尤多；胸部蓝灰色，延伸至两肩成领圈状；腹部棕色。

图3-19

竹鸡肉味极鲜美，为野味珍品。适宜于多种烹调方法。代表菜式如生炒竹鸡、麻辣竹鸡、红酒焗竹鸡、竹鸡火锅、竹鸡明炉等。

5. 火鸡

火鸡又名七面鸟或吐绶鸡，是一种原产于北美洲的家禽，现代的家火鸡是由墨西哥的原住民驯化当地的野生火鸡而得来。火鸡体形比一般鸡大，可达10千克以上。和其他鸡形目鸟类相似，雌鸟较雄鸟小，颜色较不鲜艳。火鸡翼展可达1.5~1.8厘米，是当地开放林地最大的鸟类，很难与其他种类搞混。主要品种有分布于北美的野生火鸡和分布于中美洲的眼斑火鸡。

火鸡是一种高蛋白、低脂肪、维生素丰富、胆固醇少的肉食佳品。火鸡体大肉厚，出肉率高达80%，其瘦肉多，胸肌呈白色，肉质肥嫩味美。火鸡具有高蛋白，低脂肪，胆固醇含量低，肉质鲜嫩可口等特点，是妇女、儿童、老年人的保健食品，更是肥胖人士理想的减肥食品。常食火鸡肉对高血压、糖尿病、心脑血管病有防治作用。不仅火鸡肉味美质佳，火鸡蛋也是优良的食品，火鸡蛋蛋黄营养丰富，属于品质上好的禽蛋。

火鸡多用于西餐，火鸡菜是美国感恩节必备的传统佳肴。火鸡肉宜于多种刀工成形，适宜于炸、熘、爆、炒、烹、炖、烧等烹调方法，可制作多种口味的菜肴。

第四节　家禽副产品

一、家禽副产品概念

家禽副产品是指鲜活家禽经宰杀加工处理后产生的附属产品。包括头、爪、颈、肠、肫、血、舌、翅、肝、肾、腹卵等。在烹饪中应用十分广泛，也是一些名菜的主要原料。

二、家禽副产品种类

1. 禽翅

禽翅为家禽的翅膀。加工时，可整形带骨或斩块、拆骨使用；适用于烧、煮、卤、炖、炸、蒸等烹调方法。用禽翅制作的菜肴有玉骨穿凤翼、贵妃鸡翅、盐水拆翅等。

2. 禽爪

禽爪为家禽的脚爪，是膝关节以下的部分。汉《淮南子·说山训》谓"齐王之食鸡，必食其蹠数十而后足"。禽爪可整形带骨或斩块、拆骨使用；适用于烧、煮、烩、拌、卤、酱等烹调方法。用禽爪制作的菜肴有掌上明珠、芥末鸭掌、糟鹅掌、拆骨凤爪等。

3. 禽舌

禽舌因禽类品种不同而有所区别，但均由舌尖、舌体和舌根三部分构成。加工时应去掉角质化黏膜上皮和舌内骨，适用于烩、氽、蒸等烹调方法。用禽舌制作的菜肴有盐水鸭舌，火腿鸭信、口蘑鸭舌汤等。

4. 禽头

禽头为家禽颈端的头部，由嘴、舌、眼、耳、脑、冠等部位组成。加工时去除冠膜及细毛、嘴壳、舌黏膜、绒毛等，适用于红烧和卤制的烹调方法。用禽头制作的菜肴有：椒盐鹅头、香酥鸭头等。

5. 禽内脏

禽内脏指家禽宰杀后腹内的肫、肝、心、肠、肾、胰、血、油等部位，又称禽杂。加工时，禽肫去除外围油脂和肫皮，禽肝去除苦胆，禽心去除余血，禽肠剪开清除内容物，等等；适用于炸、爆、炒、卤、烧、烤、蒸等烹调方法。肥鹅肝是制作法式鹅肝酱的主要原料。用禽内脏制作的菜肴有干炸菊花肫、爆肫肝、串烧鸡心、血肠汤、清汤肾宝、美人肝等。

6. 禽油

禽油为雉科等动物家禽腹内脂肪经加工而成的半固体状油脂。通常色泽浅黄明亮，常温下呈凝固状态。禽油品种有鸡油、鸭油、鹅油等,其中以鸡油较为常用。

鸡油的加工方法一般有两种。一是熬制,将鸡脂肪改刀成小块,同姜片一起入锅上火,熬至鸡油溢出,去除姜片、油渣即成;二是蒸制,将鸡脂肪改刀后放入盛器内,加葱结、姜片上笼蒸至鸡油溢出,去除葱姜、油渣即成。蒸制较熬制过程易于控制,且制品色泽黄亮,油质清纯。烹饪中,鸡油常用于白汁菜肴,除增加菜肴的油润和香味外,可使菜肴色泽更加悦目;在汤羹类菜肴中使用,其味鲜美醇香;一些面点、小吃也可用鸡油调味,主要起增加滋味,调和色泽的作用。用鸡油参与制作的菜肴有鸡油菜心、鸡油扒鱼翅、鸡油春笋等。

7. 禽蛋

禽蛋常见的有鸡蛋、鸭蛋、鹅蛋、鹌鹑蛋、鸽蛋等。在烹饪中运用广泛,可作为主料、配料和调料使用,适用于以炒、煮、煎、炖、卤、熘、烤等烹调方法制作的菜肴。用禽蛋制作的菜肴有炒蟹黄蛋、三不沾、虎皮蛋、叉烧鸽蛋、卤蛋、盐水蛋白等。

三、禽蛋品质鉴定

(一)鲜蛋的品质鉴定

禽蛋品质的鉴定方法主要有感官鉴定法、光照鉴定法、理化鉴定法和微生物学检验法。烹饪生产加工过程中,通常采用感官鉴定方法即看、听、嗅进行质量鉴定。

看:主要是观察蛋壳的色泽、清洁程度、完整状况。质量正常的鲜蛋,蛋壳表面呈粉白色,清洁、无禽粪污物;蛋壳完整无损,表面粗糙,打开蛋壳,蛋白黏稠,蛋黄圆润呈半球状。

听:从敲击蛋壳发出的声音来判别有无裂损和变质,新鲜禽蛋响声清脆坚实。

嗅:通过嗅觉器官,闻蛋品的气味是否正常,有无特殊异味。新鲜禽蛋打开后有轻微腥味,如有霉味、臭味等则已变质。

(二)鲜蛋的贮存保管

鲜蛋贮存的基本原则:维持蛋黄蛋白的理化性质,尽量保持原有的新鲜度,控制干耗,阻止微生物侵入蛋壳和蛋内,抑制微生物的生长繁殖。措施包括调节贮存温度和湿度,阻塞蛋壳气室,保持蛋内 CO_2 浓度等。

鲜蛋贮存方法主要有冷藏法、石灰水贮存法、草木灰贮存法、泡花碱贮存法、粮食贮存法、涂膜贮存法等。饮食行业购进鲜禽蛋通常采用冷藏法,这也是目前鲜蛋贮存的主要方法,其特点是贮存时间长、数量多、质量好。贮存时先将鲜蛋预冷,当蛋温度降至 $1 \sim 2℃$ 时,将鲜蛋放入冰箱或冷库贮存,相对湿度为 82% ~ 87%,温度控制在 0℃,不可低于 -2℃;否则,会造成冰蛋现象。

第五节 乳品类

一、乳类

乳又称奶,是哺乳动物产崽后由乳腺中分泌出的一种白色或淡黄色的不透明液体。

(一)乳的种类

人类食用的乳按照动物种类划分,主要有牛乳、水牛乳、牦牛乳、山羊乳、绵羊乳、马乳、鹿乳等,其中以牛乳产量最高、商品价值最高、利用得最为普遍。按照不同泌乳期乳的化学成分的变化又可分为初乳、常乳、末乳和异常乳。

羊奶是目前除牛奶外的第二大奶源,包括山羊奶和绵羊奶。羊奶性状与牛奶相似,但营养价值高于牛奶,其脂肪球细小,凝乳块细软,易于消化吸收。其主要缺点是膻味较重。羊奶大部分供直接饮用,极少用于菜肴、面点的制作。中医认为羊奶味甘、性温,具有温润补虚功效,可用于虚劳羸瘦、消渴、反胃等症。

马奶在新疆、内蒙古等牧区饮用较多,其性状与一般家禽乳相似,但比较清稀。在产区,马奶多用于制作马奶酒,也可如牛奶一样饮用,或制作马奶酪、酸马奶、马酥油等。中医认为马奶性凉、味甘,有补血、润燥、清热、止渴的功效,可用于血虚烦热、虚劳骨蒸、消渴、牙疳等症。马奶宜煮沸后饮用,忌饮生冷马奶,马奶忌与鱼类同食,另凡脾胃虚寒、腹泻便溏之人忌食。

鹿奶性状与牛奶相同,但比牛奶黏稠,可供直接饮用,饮用时须经稀释加热,也可如牛奶一样用于食品制作。常饮鹿奶可增强人的体力。

羊奶、马奶、鹿奶的营养成分见表3-1。

表3-1　　　　　　羊奶、马奶、鹿奶的营养成分(每100克奶)

种类	水分(克)	蛋白质(克)	脂肪(克)	糖类(克)	灰分(克)
羊奶	88.9	1.5	3.5	5.4	0.7
马奶	90.4	2.1	1.1	6.0	0.4
鹿奶	67.2	9.9	17.9	3.5	1.5

(二)牛乳

牛乳是奶牛的乳腺分泌出的乳白色或奶微黄色液体。鲜牛奶在常温时呈半透明状,不黏,不沉淀,具有一定的流动性,味稍甜,具有特殊的奶香味。

1. 品质特点

牛奶根据产乳期的不同可分为初乳、常乳和末乳。初乳是指奶牛产犊后七天以内分泌的乳,该乳汁浓厚而略带褐色,黏稠,具有令人不愉快的气味,有时甚至因混入少量的血液而呈红色,加热时凝固,口味咸涩,风味不好,一般不宜饮用;末乳又称老乳,是奶牛在停乳前半个月所产的奶,末乳往往味苦,易发酵,存放一段时间便易产生不佳的气味,也不宜饮用;常乳是指初乳后、末乳前乳牛所产的乳,该阶段所产牛奶各成分的含量基本稳定,风味好,是饮用的对象。

2. 质量标准

新鲜质好的鲜牛奶应具有鲜奶固有的气味和滋味,呈均匀无沉淀的液体状,颜色为白色或微黄色,黄色的产生是乳中含核黄素、胡萝卜素的缘故。鲜奶具有乳香味,加热后尤为明显,这主要是由乳中含有挥发性脂肪酸及其他挥发性物质所致。

3. 营养及保健

牛奶营养价值高,是含有100多种化学成分的混合物,主要由水、脂肪、磷酯、蛋白质、乳糖、矿物质、维生素和酶类等组成。正常奶中,各主要成分的含量为:水分87%~89%,脂肪3.4%~3.8%,蛋白质3%~4%,乳糖4.5%,矿物质0.7%。牛奶中的蛋白质主要包括酪蛋白和乳清蛋白,以酪蛋白为主,均是完全蛋白质,含有人体所需的全部必需氨基酸。中医认为牛奶性平、味甘,有补虚损、益肺胃、生津润肠的功效,可用于虚弱劳损、反胃噎膈、消渴、便秘等症,适宜发育期儿童、糖尿病、高血压、冠心病、动脉硬化、高血脂等人群食用。

4. 饮食禁忌

脾胃虚寒、腹胀便溏者和痰湿积者忌食牛奶。牛奶忌与酸性果汁(如山楂汁、橘子汁等)同食,因牛奶中酪蛋白较多,遇到酸性果汁后常凝结成较大的凝块而影响消化吸收,还会引起腹胀、恶心、呕吐。此外,牛奶还不可与红糖、豆浆、米汤、香蕉、黄豆、花菜、菠菜、萝卜等原料配菜同食。

5. 烹饪运用

牛奶除供饮用外,也可作为烹饪原料利用。烹饪中常用牛乳代替汤汁成菜,如牛奶白菜、奶油菜心等,其特点是奶香味浓、清淡爽口,但在选料时应注意选择清淡、无异味的原料。若将牛奶加鸡蛋清搅匀加热后成形,可用于制作炒鲜奶等;在虾蓉、鱼蓉中加牛乳搅拌容易上劲,如西施虾条;也可用牛奶制成甜菜,如甜羹。用牛乳和面,可制作多种面点。因牛奶具有乳化性和发泡性,可促进面团中水与油的乳化,改善面团的质构和胶体性能,提高面团的筋力,使面团发泡柔软;因牛奶含有呈香味的成分(如低分子量的脂肪酸),可增加奶香味。牛奶中的酪蛋白遇酸可凝固,因此可制作多种小吃,如广东小吃"双皮奶"、北京的"扣碗酪"、云南少数民族的"乳扇"、牧区牧民们常食用的"奶豆腐"以及各地食用的"酸奶"等。

二、乳制品

(一)乳制品概述

乳制品是将鲜乳经过一定的加工工艺(如分离、浓缩、干燥、调香、强化等)进行改制所得到的产品。

乳制品品种较多,有消毒奶、炼乳、酸凝奶、奶粉、稀奶油、奶油、干酪、冰淇淋等。

(二)乳制品的种类

1. 炼乳

炼乳又称浓缩牛奶,是将鲜牛奶浓缩至原体积的 40% 左右而成的制品。

(1)种类和特点:炼乳根据是否脱脂可分为全脂炼乳、脱脂炼乳、半脱脂炼乳三种。根据是否加糖可以分为淡炼乳和甜炼乳两种。淡炼乳是将消毒乳浓缩到原体积的 40%~50% 后装罐密封,再加热灭菌一次制得的具有保存性的制品。淡炼乳呈均匀有光泽的淡奶油色或乳白色,黏度适中,在 20℃ 时呈均匀的稀奶油状,无脂肪上浮,无凝块,无异味;甜炼乳是将消毒乳加入 15%~16% 的蔗糖并浓缩到原体积的 40% 左右制得的具有保存性的制品,也可由消毒乳先浓缩然后补充蔗糖制成。甜炼乳呈匀质的淡黄色,黏度适中,在 24℃ 左右倾倒时可成线状或带状流下,无凝块,无糖乳结晶沉淀,无毒斑,无脂肪上浮,无异味等。

(2)质量标准:优质炼乳具有高温灭菌的纯正的牛乳香味,味甜而纯,无外来的气味和滋味;组织细腻。黏稠度适中,质地均匀,口尝时感觉不到炼乳的结晶存在,整个炼乳中不会有气泡存在;无脂肪上浮、无凝块、无外来的杂物质;呈乳白色略带乳脂的色泽,色泽均匀一致,有光泽。

(3)营养及保健:甜炼乳每 100 克含水分 26.2 克,蛋白质 8.0 克,脂肪 8.7 克,碳水化合物 55.4 克,维生素 A 41 微克,硫胺素 0.03 毫克,核黄素 0.16 毫克,尼克酸 0.3 微克,抗坏血酸 2 毫克,维生素 E 0.28 毫克,钾 309 毫克,钠 211.9 毫克,钙 242 毫克,镁 24 毫克,铁 0.4 毫克,锰 0.04 毫克,锌 1.53 毫克,铜 0.04 毫克,磷 200 毫克,硒 3.26 毫克。

（4）烹饪运用：淡炼乳营养价值几乎与新鲜乳相同，在烹饪中可用于制作布丁和牛奶蛋糕；甜炼乳在烹饪中可用于制作甜食、布丁、奶油馅饼等。

2. 奶粉

奶粉是将鲜乳经喷雾干燥、真空干燥或冷冻干燥等方法脱水处理后制成的呈极淡黄色的粉末。

（1）种类和特点：奶粉根据加工方法和原料处理等不同有全脂奶粉、脱脂奶粉、加糖奶粉、调制奶粉、酪奶粉、乳清粉、速溶奶粉等。全脂奶粉以全脂鲜乳为原料直接脱水加工制成；脱脂奶粉以脱脂乳为原料脱水加工制成；加糖奶粉以在鲜乳中添加一部分蔗糖或乳糖经脱水加工制成；速溶奶粉以特殊工艺制成，有良好的速溶性、可湿性、分散性，保藏中不易吸湿结块。奶粉具有体积小、重量轻、易于携带运输、便于储存、食用方便等优点。

（2）质量标准：奶粉的品质以具有鲜奶的固有香气、无异味、呈淡黄色的干燥粉末状、无结块现象，水冲调时完全溶解、无团块和沉淀者为佳。全脂奶粉应为浅黄色，有光泽，呈粉状，颗粒均匀一致，无结块，无异味，有消毒奶的纯香味，甜度明显。

（3）营养及保健：奶粉的成分随原料种类和添加剂等不同而有所差别。以全脂牛奶粉为例，每 100 克中含水分 2.3 克，蛋白质 20.1 克，脂肪 21.2 克，碳水化合物 51.7 克，胆固醇 110 毫克，硫胺素 0.11 毫克，核黄素 0.73 毫克，尼克酸 0.9 毫克，钙 676 毫克，磷 469 毫克，铁 1.2 毫克。

（4）烹饪运用：奶粉除冲饮外，还可用于制造糖果、冷饮、糕点等，在烹饪中可代替鲜乳制作汤羹、调味汁、牛奶蛋糊、巧克力布丁、牛奶沙司等，也可用于烘、烤食品中。

3. 奶油

奶油是把牛奶经分离后所得的稀奶油再经成熟、搅拌、压练而成的乳制品，又称为黄油、白脱油、牛油等。

（1）种类和特点：奶油按其原料或制造方法的不同而分成许多种类，按原料不同可分为甜性奶油、酸性奶油、乳清奶油三类。甜性奶油（又称鲜制奶油），未经发酵制成；酸性奶油（又称发酵奶油），经发酵制成，含乳酸；乳清奶油，以乳清为原料制成。按制造方法不同奶油可分为鲜制奶油、酸制奶油、重制奶油及连续式机制奶油四类。

（2）质量标准：优质奶油呈半固态，为均匀淡黄色，表面紧密，无霉斑；边缘与中部一致，稠度及展性适中；具奶油特有的纯香味，无异味，无杂质；熔融状态下完全透明，无沉淀，但重制奶油呈软粒状，熔融后透明无沉淀；含有丁二酮等芳香物质。

（3）营养及保健：奶油中脂肪的含量为 80% 左右，含水量为 16% 或更低，此外还含少量的蛋白质、乳糖、磷脂、灰分、维生素等。

（4）烹饪运用：奶油具有良好的可塑性，是大型食品雕刻的良好原料，也可制作花、鸟、禽、兽及建筑造型。奶油是中西式糕点的重要原料，特别是西点，在面点中也常作为起酥油使用，如奶油面包、辽宁点心奶油马蹄酥、北京小吃奶油炸糕等。

第四章 蔬菜类

> 【学习目标】
> 通过本章学习,应该达到以下目标:
> ◆知识目标:了解蔬菜类的概念、名称、产地、产季和品质。理解蔬菜类品种、性质特点、组织结构,化学成分。
> ◆技能目标:可根据蔬菜类原料的种类特点和营养功效,进行适宜的原料处理和加工。在烹饪中合理应用。
> ◆能力目标:认识各种蔬菜类原料应用特性,并可鉴别其品质和储藏保管。

蔬菜类是可供烹饪加工的草本植物的总称。中国的蔬菜种植有着悠久的历史,资源极为丰富,品种数量稳居世界前列,是烹饪原料中消费量较大的一类。

第一节 蔬菜的化学组成和分类

一、蔬菜的化学组成

蔬菜中含有多种化学成分,主要包括无机盐、维生素、糖类、有机酸、挥发油、色素、酶、水等。但化学成分会因为蔬菜的品种,产地、产季、栽培、管理等方面的不同而稍有差异。

(一)无机盐

蔬菜中的无机盐包括钙、磷、铁、钾、钠、镁、锌、铜等,其中部分以硫酸盐、磷酸盐、硼酸盐和有机酸盐形式存在,部分则为一些有机物质的成分。蔬菜中的无机盐除具有调节人体生理机能的作用外,还是组成人体各种组织的重要成分。

(二)维生素

蔬菜中含有脂溶性维生素和水溶性维生素。水溶性维生素主要有胡萝卜素、维生素 C、维生素 B 族。脂溶性维生素主要有维生素 E 和维生素 K 等。以维生素 C 和胡萝卜素含量最高。

(三)水

蔬菜中含量最高的就是水,大多数蔬菜含水量可达 65%~90%,蔬菜越鲜嫩,含水量就越高,因此,含水量是评价蔬菜新鲜度的主要指标。蔬菜中的营养成分大多数溶于细胞液中,在烹调过程中注意防止水分流失。但含水量越多的蔬菜越不易贮存,容易腐烂变质。

(四)碳水化合物

蔬菜中的糖类主要有淀粉、纤维素、半纤维素、果胶及可溶性糖等。

(五)有机酸

蔬菜中含有多种有机酸,主要包括柠檬酸、苹果酸、琥珀酸、酒石酸和草酸等,其中草酸能和食物中的钙离子形成草酸钙，影响人体对钙的吸收，在烹调中要将其去除。

（六）精油

精油又称挥发油，属于芳香类物质，主要成分一般为醛类、脂类、醇类、酮类、烃类等，另外还有醚、酚和含硫及含氮的化合物。精油是蔬菜具香味和其他特殊气味的主要来源，含量很少。精油可增强菜肴风味，杀菌，有利于蔬菜的保藏。

（七）色素

蔬菜中含有多种天然色素，主要有花青素、花黄素和叶绿素三种，因为这些色素的存在，使蔬菜具有丰富的色彩。

二、蔬菜的分类

根据蔬菜的主要食用部位可将蔬菜分为以下六大类：

1. 根菜类

主要利用植物的根。分为直根和块根两类。植根如萝卜、芥菜、牛蒡、辣根等；块根包括豆薯、葛、山芋等。

2. 茎菜类

主要利用植物的嫩茎或粗茎。可分为地下茎类和地上茎类两类。地下茎类又可分为块茎、根茎、球茎三种；地上茎类包括嫩茎和肉质茎两种。

3. 叶菜类

主要利用植物的叶子。可分为普通叶菜、结球叶菜、香辛叶菜、鳞茎状叶菜。

4. 花菜类

主要利用植物花朵作为主要的食用部位。包括花椰菜、青花菜、黄花菜、朝鲜蓟等。

5. 果菜类

主要利用植物的果实或幼种。包括瓠果、浆果、荚果等。

6. 孢子植物类

主要利用孢子植物全株或嫩叶以及子实体等。包括蕨类、地衣、菌类、藻类等。

在实际烹调过程中，部分蔬菜的可利用部分可能会因为菜肴种类的不同而发生改变，对原料使用方式的不断创新也会使之与传统的使用方式有所不同。

第二节　根菜类蔬菜

一、根菜类蔬菜概念和结构

（一）根菜

以肥大的肉质直根为食用部分的蔬菜都属于根菜类。根菜耐贮运，含有大量的淀粉或糖类，是热能很高的副食品，除做蔬菜外还可以作为食品工业原料来进一步加工。

（二）根菜结构

根菜类蔬菜按其肉质根的生长形态不同，可分为肉质直根和肉质块根两种类型。

1. 肉质直根

肉质直根是由主根发育而成，因而一棵植株上，仅有一个肉质直根，在肉质直根的近地面一端的顶部，有一段节间极短的茎，其下由肥大的主根构成肉质直根的主体，一般不分枝，仅在肥大的肉质直根上先有细小须状的侧根。肉质直根按解剖结构可分为萝卜型、胡萝卜型和根用甜菜型。

2. 肉质块根

肉质块根是由侧根或不定根的局部膨大而形成。它与肉质直根的来源不同，因而在一棵植株上，可以在多条侧根中或多条不定根上形成多个块根。块根与肉质直根在构造上也不同，在它的近地表一端的顶部，没有茎的部分，整个块根全部由根的膨大而形成。

二、常见根菜类蔬菜

（一）肉质直根类

1. 萝卜

萝卜又称莱菔、芦菔，为十字花科萝卜属、能形成肥大肉质根的二年生草本植物。萝卜是世界上古老的栽培蔬菜之一。现在世界各地都有种植，欧美国家以小型萝卜为主，亚洲国家以大型萝卜为主，尤以中国、日本栽培普遍。萝卜主要分为中国萝卜和四季萝卜两大类。

中国萝卜根据季节分为秋冬类型、冬春类型、春夏类型、夏秋类型等。秋冬类型主要有薛城长红、济南青圆脆、石家庄白萝卜、北京心里美等；冬春类型主要有成都春不老萝卜、杭州笕桥大红缨萝卜等；春夏类型主要有北京炮竹筒、蓬莱春萝卜、南京五月红等；夏秋类型主要品种有杭州小钩白等。

四季萝卜因其肉质根较小，适于生食和腌渍，主要有南京洋花萝卜、上海小红萝卜、烟台红丁等。

萝卜的烹制方法较多，适于烧、拌、做汤、焐、炖、煮等，与牛、羊肉一起烹制还具有去膻味作用。萝卜也可用于糕点、小吃的制作，如萝卜丝饼等。此外，萝卜还是食品雕刻的重要原料，可用于菜点的装饰和点缀。经腌制后，可制酱菜、萝卜干等。

2. 胡萝卜

胡萝卜又称甘荀，为伞形科胡萝卜属二年生草本植物。原产亚洲西南部，我国以山东、河南、浙江、云南等地种植最多，品质较好。胡萝卜按形状可分为圆锥形和圆柱形；按色泽可分为红、黄、白、紫等数种，我国栽培最多的是红、黄两种。

胡萝卜色彩鲜艳，可与绝大部分肉品搭配烹制，也可以作为食品雕刻原料。

3. 根用芥菜

根用芥菜又称大头菜、疙瘩菜。十字花科芸薹属芥菜种，为一二年生草本植物。根用芥菜在我国南北皆有分布，以云南、四川、广东、浙江、辽宁、山东为多。

根用芥菜的直根膨大为肉质根，由根头、根颈、真根三部分组成，分别由上、下胚轴和胚根发育而成。真根部有侧根两列，肉质根有圆锥、圆柱、扁圆等类型。

根用芥菜的鲜茎有特殊的辣味，故很少鲜食，一般用来加工腌菜，腌制品可作小菜，也可以切片或切丝配荤素料，或蒸或炒。

4. 芜菁

芜菁又叫蔓菁、圆根、盘菜等。十字花科芸薹属芸薹种芜菁亚种，能形成肉质根的二年生草本植物。原产欧洲,现欧洲、亚洲和美洲均有栽培,先主要分布在华北、西北及华东江浙一带。芜菁以肥大的肉质根供食用,其肉质根属萝卜型,外形呈球形、扁圆形、矩圆形或圆锥形,皮多为白色,也有少量品种上部绿色或紫色、下部白色。我国栽培的芜菁有两种类型。圆锥形类型:生长期长,肉质根较大,主要品种有猪尾巴芜菁、菏泽芜菁等。圆形类型:生长期短,肉质根较小,呈扁圆或圆球形,主要品种有河南焦作芜菁、浙江温州盘菜等。

芜菁肉质根柔嫩致密,味似萝卜,无辣味而稍带甜味。芜菁可生食,也可炒、烧及用作荤菜的配料,也可盐腌、酱渍或干制,还可用来泡制酸菜。

图4-1 芜菁

5. 辣根

辣根又称西洋葵菜、山葵萝卜等,为十字花科辣根属多年生直立草本植物。辣根原产欧洲东、南部和土耳其。我国青岛、上海郊区栽培较早,其他地有少量栽培。

辣根的根呈长圆柱形,须根4列,外皮厚而粗糙,呈黄白色;根肉外部白色,中间淡黄,具辣味。

辣根以肥大的肉质根供食用。因含有烯丙基硫氰酸酯,具有特殊辛辣味。在欧美国家多磨碎后干藏、备用,作煮牛肉及奶油食品的调料;或将鲜晶切成片状,用于某些罐头制品调味。此外,还可作制酱油的原料。

图4-2 辣根

(二)肉质块根类

1. 豆薯

豆薯又称沙葛、凉薯、地瓜等。属豆薯属,蝶形花科一年生或多年生草质藤本植物。豆薯原产热带美洲,目前我国西南部各省栽培较多。

豆薯按块根形状分为扁圆形、扁球形、纺锤形等;按成熟期分为早熟种、晚熟种。早熟种:生长期较短,块根扁圆或纺锤形,皮薄,纤维少,单根重0.4~1千克,鲜食或炒食。如贵州黄平地瓜、四川遂宁地瓜、台湾马来种、广东顺德沙葛等。晚熟种:生长期长,块根成熟较迟。块根扁纺锤形或圆锥形,皮较厚,纤维多,淀粉含量高,水分较少,单根重1~1.5千克,大者可达5千克以上。适于加工制粉。常用的品种有:广东湛江大葛薯、广州郊区迟沙葛、台湾圆锥形种等。豆薯的品质以肉质脆嫩、味甜汁多、大小均匀、不破伤、不霉烂者为佳。

图4-3 豆薯

豆薯块根肥大,肉洁白脆嫩多汁,富含糖类和蛋白质,还含丰富的维生素C,可生食,也可熟食。可单独作蔬菜,也可作动物性原料的配料,适于炒、烧、煮等方法。此外,老的豆薯还可制取淀粉。

2. 葛

葛又称甘葛、野葛、粉葛、葛根等,为豆科葛属多年生缠绕藤本

图4-4 葛

植物。葛起源于东南亚、日本和中国。

中国栽培的葛主要有大叶粉葛、细叶粉葛、苍梧粉葛、柴葛4个品种。大叶粉葛:淀粉含量高,但纤维较多,适于加工制作淀粉。细叶粉葛:味甘甜、纤维少、品质好,适于作蔬菜用;苍梧粉葛:含淀粉多,纤维少,味甜。主要产于广西。柴葛:纤维多,品质差,多作药用。

鲜嫩的粉葛在烹饪中常用于炒、烧,如制作素炒粉葛,子排烧粉葛等,质地粗老的则多用于煲、炖,可烹制粉葛猪脚汤等。

第三节 茎菜类蔬菜

一、茎菜类蔬菜概述

(一)茎菜类蔬菜概念

茎菜类蔬菜是以植物肥嫩而富有养分的变态茎作为主要食用部位的蔬菜。该类蔬菜品种较多,地上地下均有生长,形态多种多样。

(二)茎菜的结构

茎由表皮、皮层和维管柱三部分组成。表皮在茎的最外层;皮层是由许多层薄壁细胞组成的;维管柱由中柱鞘、木质部和韧皮部三部分组成。作为蔬菜,通常利用的都是幼嫩时期的茎或变态的茎,一旦植物茎长老后,其茎中维管柱木质化,也就失去了食用价值。

茎菜类蔬菜按其生长的环境和结构特征可分为地上茎蔬菜和地下茎蔬菜两大类。

1. 地上茎蔬菜

地上茎蔬菜主要包括嫩茎类蔬菜和肉质茎类蔬菜。

2. 地下茎蔬菜

地下茎蔬菜包括球茎类蔬菜、块茎类蔬菜、根状茎类蔬菜和鳞茎类蔬菜,它们均为茎的变态类型。

二、常见茎菜类蔬菜

(一)地上茎蔬菜

1. 嫩茎蔬菜

(1)芦笋

芦笋又称石刁柏、龙须菜,为百合科天门冬属中能形成嫩茎的多年生宿根草本植物。芦笋原产于地中海东岸及小亚细亚,现在世界各国均有栽培,以美国栽培最多。中国台湾栽培较多,近年来浙江、山东、河南等地区开始大量栽培。

芦笋的茎分为地下根状茎、鳞芽和地上茎三部分。地下根状茎是短缩的变态茎,多水平生长。当分枝密集后,新生分枝向上生长,使根盘上升。肉质贮藏根着生在根状茎上。根状茎有许多节,节上的芽被鳞片包着,故称鳞芽。根状茎的先端鳞芽多聚生,形成鳞芽群,鳞芽萌发形成鳞茎产品器官或地上

图4-5 芦笋

植株。地上茎是肉质茎，其嫩茎就是产品。芦笋的粗细，因植株的年龄、品种、性别、气候、土壤和栽培管理条件等而异。芦笋的品种按嫩茎抽生早晚分早熟、中熟、晚熟三类。早熟类型嫩茎多而细，晚熟类型嫩茎少而粗。按栽培的方式有普通栽培和培土软化栽培，前者绿色，后者白色，又称白芦笋。

芦笋的品质以鲜嫩条整齐，长 12～16 厘米，粗 1.2～3.8 厘米，白色，尖端紧密，无空心、无开裂、无泥沙者为佳。芦笋以嫩茎供食用，质地鲜嫩，风味鲜美，柔嫩可口，烹调时切成薄片，炒、煮、炖、凉拌均可。著名的芦笋菜肴有"鲜菇龙须""素炒芦笋""虾仁芦笋""芦笋溜肉片""芦笋煎鸡蛋""糖醋芦笋片""芦笋烧干贝""芦笋鲍鱼汤"。食时应先焯水处理，以除去其中大量的草酸。

(2) 竹笋

竹笋又称为笋、闽笋等，为多年生常绿草本植物，食用部分为初生、嫩肥、短壮的芽或鞭，为禾本科中竹亚科多年生常绿木本植物的可以食用的肥嫩短状的芽。竹子原产中国，盛产于热带、亚热带和温带地区。我国以珠江和长江流域最多。我国优良的笋用主要竹种有长江中下游的毛竹、早竹和珠江流域、福建、台湾等地的麻竹和绿竹等。

图 4-6　竹笋

竹笋的质量以新鲜质嫩、肉厚、节间短、肉质呈乳白色或淡黄色、无霉烂、无病虫害者为佳。竹笋在烹饪中应用较广，适于炒、煮、焖、烩、烧等多种烹调方法，既可作主料，亦可作配料，还能作点心的馅心。竹笋可鲜食，也可加工成干制品和罐头。

(3) 水芹

水芹又称水英、细本山芹菜、牛草、楚葵、刀芹、蜀芹、野芹菜等，为伞形科水芹菜属多年生水生宿根草本植物。以嫩茎或叶柄供食用。水芹原产亚洲东部。分布于中国长江流域、日本北海道、印度南部、缅甸、越南、马来亚、爪哇及菲律宾等地。

图 4-7　水芹

水芹分尖叶芹和圆叶芹两类。尖叶芹小叶近卵形，叶缘呈钝锯齿状，叶柄绿色，在水中为淡绿，土内为白色，纤维较多，香味淡，品质较差；圆叶芹小叶呈卵圆形，叶柄组织较致密，一般经培土软化，纤维少，香味浓，如无锡的圆叶芹、常熟白芹等。

水芹一般在冬春蔬菜淡季采收上市，适于拌、炒等烹调方法，可作肉类、豆制品的配菜，制作的菜肴清香鲜嫩。

(4) 菜薹

菜薹又称菜心，为十字花科芸薹属芸薹种中以花薹作为食用对象的变种，一二年生草本植物。菜薹起源于中国南部，由白菜易抽薹品种经长期选择和栽培驯化而来，目前主要分布于广东、广西、台湾、香港、澳门等地，上海、北京、南京、成都及厦门等地也有栽培。

菜薹按生长期的长短分为早熟、中熟和晚熟品种。早熟类型

图 4-8　菜薹

植株小，生长期短，抽薹早，菜薹细小，产量较低。主要品种有四九心、黄叶早菜心等。中熟类型：植株中等，生长期略长，主薹、侧薹兼收，以主薹为主，质好。主要品种有黄叶中心、青梗中心、桂林柳叶中菜花等。晚熟类型：植株较大，生长期长，抽薹迟，主薹、侧薹兼收，产量高。主要品种有青梗大花球、青柳叶迟心、三日青菜心和桂林晚菜花等。

菜薹多在冬末春初上市。适用于炒、烧、拌、扒、烩等烹调方法。可作主料，又可作配料，具有素烹不淡薄、荤烹不肥腻的特点。还可作荤菜的围边、垫底，并可干制或腌制。

（5）茭白

茭白为禾本科菰属多年生宿根性水生草本植物，又称出隧、绿节、菰菜、茭首、菰首等，以其肉质嫩茎供食用。茭白原产中国，世界上把茭白作为蔬菜栽培的只有中国和越南。由同种植物菰演变而来。目前主要分布在长江流域以南各地，长江以北地区有零星栽培。

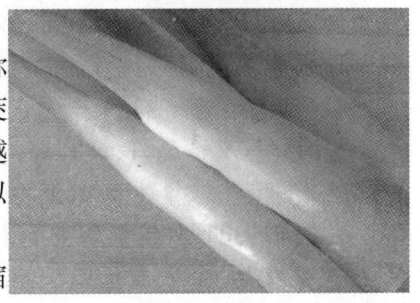

图4-9 茭白

茭白的茎可分地上茎和地下茎两种，地上茎是短缩状，部分埋入土中，其上发生多数分蘖，地下茎为匍匐茎，横生于土中越冬，其先端数芽次年春萌生新株，新株又能产生新的分蘖。由于茭白植株体内寄生着黑穗菌，其菌丝体随植株的生长，到初夏或秋季抽苔薹时，主茎和早期分蘖的短缩茎上的花茎组织受菌丝体代谢产物——吲哚乙酸的刺激，基部2~7节处分生组织细胞增生，膨大成肥嫩的肉质茎，即食用的茭白。

茭白的品质以嫩茎肥大、多肉、新鲜柔嫩、肉色洁白、带甜味者为佳。茭白做菜，适于炒、烧、焖、拌等烹调方法。常用作荤菜的配料，也可制作馅心等。嫩时亦可生食。

茭白中含有草酸，会影响人体对钙离子的吸收，所以烹调前要水煮或开水烫一下，以除去草酸。

（6）薹菜

薹菜又叫油菜，为十字花科芸薹属芸薹种，白菜亚种的一个变种，一二年生草本植物，原产于中国，是中国黄河和淮河流域的地方特产蔬菜之一，以山东和江苏等地种植较多。食用部分为植株的全株，即幼苗或成长株的嫩叶、叶柄、未开花的嫩菜薹和肉质根。

图4-10 薹菜

薹菜直根发达，圆锥形，多须根。叶丛较直立，叶呈长卵形，深裂，具叶柄；叶缘呈波形或不规则锯齿状，被刺毛。基部茎生叶抱茎，浅裂；中部以上茎生叶无柄，卵圆形或宽披针形。薹菜有圆叶和花叶两个类型。圆叶薹菜叶呈倒卵形，先端圆钝，羽裂，又称勺子头薹菜；花叶薹菜叶长卵形，不规则羽裂，裂片间有小裂片，叶黄绿至深绿，密被刺毛，又分黄花叶薹菜和油花叶薹菜。

薹菜的嫩叶、叶柄、开花前的嫩薹（花茎）和肉质根均可供食。适用于炒、烧、拌、扒、烩等烹调方法。可作主料，又可作配料。

（7）芥蓝

芥蓝又名白花芥蓝，为十字花科芸苔属甘蓝类两年生草本植物，原产我国南方，为中国特产蔬菜。主要分布在广东、广西、福建和台湾等地，北京、上海、南京等城市郊区也有少量栽培。

芥蓝的初生花茎肉质,节间较疏,称为菜薹,绿色,供食用。芥蓝主要分为早熟、中熟、晚熟3个类型。早熟有幼叶早芥蓝、柳叶早芥蓝、抗热芥蓝等;中熟有登峰芥蓝、佛山中迟芥蓝、台湾中花芥蓝等;晚熟有"客村铜壳叶"芥蓝、"三员里迟花"芥蓝等。

芥蓝的花苔和嫩叶品质脆嫩,清淡爽脆,爽而不硬,脆而不韧,以炒食最佳,如芥蓝炒牛肉、炒腰花。另外可用沸水焯熟作凉拌菜。

2. 肉质茎蔬菜

(1) 茎用莴苣

茎用莴苣又称莴笋、青笋等,为菊科莴苣属莴苣种能形成肉质嫩茎的变种,一二年生草本植物。莴苣原产亚洲西部及地中海沿岸,在中国的地理和气候条件下,莴苣演变成特有的茎用莴苣。目前我国各地普遍栽培。

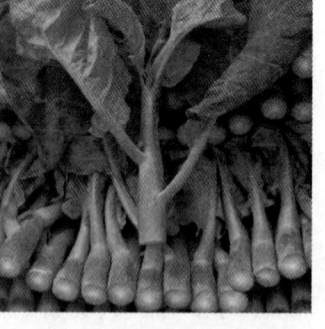

图4-11 芥蓝

茎用莴苣叶互生,披针形或长卵圆形,淡绿、绿、深绿或紫红色,叶面平展或有皱褶,全缘或有缺口。茎生长初期短缩,随植株生长逐渐伸长加粗,茎端分化成花芽后,在花茎伸长的同时茎加粗生长,形成棒状肉质嫩茎。

茎用莴笋的品质以粗短条顺、不弯曲、皮薄质脆、水分充足、不空心、不抽薹、表面无锈斑、不带老叶、黄叶者为佳。莴苣的营养成分包括蛋白质、脂肪、糖类、无机盐、维生素A原、维生素B_1、维生素B_2、维生素C、微量元素钙、磷、铁、钾、镁、硅等和食物纤维。

莴苣的茎和叶均可食用,常适用于烧、拌、炝、炒等烹调方法,也可用作汤菜和配料等,还能作为食品雕刻的原料。此外,莴笋还可制作腌菜、酱菜等加工品。

图4-12 茎用莴苣

(2) 球茎甘蓝

球茎甘蓝又称苤蓝、玉蔓菁、擘蓝等,为十字花科芸薹属甘蓝种中能形成肉质茎的变种,二年生草本植物。球茎甘蓝原产地中海沿岸,由叶用甘蓝变异而来。16世纪传入中国,现全国各地均有栽培。

球茎甘蓝按球茎皮色分绿、绿白、紫色三个类型。按生长期长短可分为早熟、中熟和晚熟三个类型。早熟品种植株矮小,叶片少而小,定植后50~60天收获,代表品种有北京早白、天津小缨子等。中、晚熟品种植株生长势强,叶片多而大,定植到收获需80~100天。代表品种有笨苤蓝、大同松根、云南长擘蓝等。

球茎甘蓝的肉质茎是主要的食用部分,其肉质密实、脆嫩。可拌、炒、炝、酱等,既能单独成菜,也可作为荤菜的配料。除鲜食外,还可进行腌渍加工。

图4-13 球茎甘蓝

(3) 茎用芥菜

茎用芥菜又称青菜头、菜头、羊角菜,为十字花科芸薹属芥菜种中以肉质茎为食用对象的一个变种,一二年生草本植物。茎用芥菜是我国特产蔬菜,由叶用芥菜演化而来。目前在涪陵、万县、重庆等地栽培普遍,浙江省栽培也较多。

第四章 蔬菜类

茎用芥菜主要分为制四川榨菜用的和制浙江榨菜用的两大类。制四川榨菜的主要品种有草腰子、蔺市草腰子、鹅公包、三转子等；制浙江榨菜的主要品种有全碎叶、半碎叶、琵琶叶、红樱菜等。

茎用芥菜主要用来加工榨菜。其肉质茎也可鲜食，可凉拌、炒、煮等。其腌制品榨菜为我国著名特产，是世界三大腌菜之一。

(二) 地下茎蔬菜

1. 球茎蔬菜

(1) 荸荠

荸荠又称马蹄、水栗、芍、凫茈、乌芋、菩荠等，为莎草科荸荠属浅水性宿根草本。荸荠原产中国南部和印度，中国栽培历史悠久，目前长江流域以南各地均有栽培，以广西桂林、浙江余杭，江苏苏州、高邮，福建福州为著名产区，长江以北地区有少量栽培。冬、春季收获上市。

荸荠按球茎的淀粉含量可分为水马蹄类型和红马蹄类型。水马蹄类型球茎富含淀粉，肉质粗，适于熟食或加工淀粉。品种有苏荠、高邮荸荠、广州水马蹄等；红马蹄类型球茎水分含量多，淀粉含量少，肉质甜嫩，渣少。品种有杭荠、桂林马蹄等。

图4-14 荸荠

荸荠口感甜脆，营养丰富，含有蛋白质、脂肪、粗纤维、胡萝卜素、维生素B、维生素C、铁、钙和糖类。荸荠的质量以个大、干净、新鲜、皮薄、肉细、味甜、爽脆、无渣者为佳。荸荠可作水果生食，也可作蔬菜利用，还可用于做淀粉、制罐头。作蔬菜多作配料，适于炒、烧、炸等。

(2) 慈姑

慈姑又称茨菰、燕尾草，白地栗，酥卵等，为泽泻科慈姑属多年生挺水草本植物。慈姑原产中国，现亚洲、欧洲、非洲的温带和热带均有分布。目前我国主要产于长江流域及其以南各省，太湖沿岸及珠江三角洲为主产区，北方有少量栽培。每年11月至次年2月收获上市。

慈姑为多年生草本植物，作一年生栽培，须根系，匍匐茎末端积累养分，肥大形成球茎。球茎扁园形，肉质较坚实，皮和肉均呈黄白色，含丰富淀粉质，稍有苦味，风味独特，是春节期间应节的上佳品种。茨菰的主要品种有侉老乌、沙姑、白慈姑、苏州黄、沈荡慈姑、梧州慈姑、南昌慈姑等。其中以沙姑、白慈姑、苏州黄等品质较优。

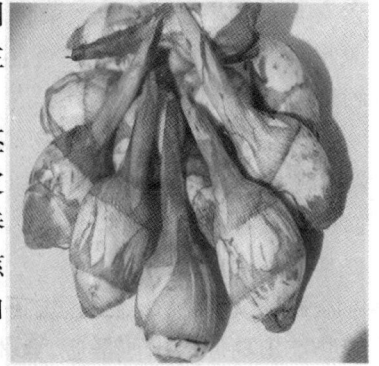

图4-15 慈姑

慈姑的品质以肉质松爽，无苦味，淀粉含量多，肉质细致、色白，耐贮存者为佳。慈姑做菜，适于炒、烧、煨、炖、煮等烹调方法，既可单独烹食，也可配荤料。由于其淀粉含量丰富，故可作粮食的代用品。此外，慈姑也是提取淀粉的原材料。

(3) 芋

芋又称芋头、芋艿、毛芋，为天南星科芋属多年生草本植物。芋原产于亚洲南部的热带沼泽地区，现世界各地均有分布。我国各地均有栽培，以南方栽培较多。

芋依生态条件不同，分为水芋和旱芋。依食用部位不同，分为叶用变种及球茎变种。江淮流域水芋、旱芋都有。叶用变种只有云南、四川、浙江等少数地方栽培。江淮流域多数属于球茎变种，球茎变种又可分为魁芋类型，母芋大，子芋小，母芋品质优于子芋，淀粉含量丰富，香味浓。主要品种有宜宾串根芋、福建筒芋、福建白面芋、糯米芋、广西荔浦芋、台湾槟榔芋等。多子芋类型：子芋多，无柄，易分离，产量和品质超过母芋，一般为黏质。主要品种有宜昌白荷芋、上海白梗芋、广州白芽芋、台湾乌播芋、长沙乌荷芋等。多头芋类型：球茎丛生，母芋、子芋、孙芋无明显差别。主要品种有广东九面芋、新余狗头芋等。

芋以淀粉含量高、肉质松软、香味浓郁、耐贮存者为佳。芋可以蒸食，也可以煮食，还有将芋切成小丁加米熬粥充当主食的。用芋做菜肴，适于烧、蒸、炒等烹饪，咸、甜皆宜。芋还可以制作小吃、点心。

图4-16　芋

芋有黏液，黏液中含草酸钙，能刺激皮肤发痒，因此在加工时应注意不要将黏液弄到手臂上。如果加工时手发痒，可以在火上烤烤，或用生姜捣汁轻擦即可解痒。

(4)魔芋

魔芋又称磨芋、鬼芋、鬼头、花莲杆、蛇六谷等，为天南星科魔芋属多年生宿根性块茎草本植物。魔芋主要产于东半球热带、亚热带地区，中国为原产地之一，四川、湖北、云南、贵州、陕西、广东、广西、台湾等省山区均有分布。目前，中国和日本是世界上两大魔芋主产国，此外东南亚几个国家有少量种植。

魔芋品种较多，我国栽培的有花魔芋、白魔芋、滇魔芋、东川魔芋、疏毛魔芋和疣柄魔芋，其中以白魔芋品质最好。魔芋含有丰富的果胶，既是蔬菜，又是一种药材。食用魔芋，首先应将其加工成魔芋粉再进行制作。民间常将魔芋加工成魔芋粉、魔芋干和魔芋豆腐食用。

魔芋中含有少量的生物碱，有一定的毒性，因此需用碱水加热去毒后方可食用。

图4-17　魔芋

2.块茎蔬菜

(1)山药

山药又称薯蓣、薯药、长薯、大薯、佛掌薯等，为薯蓣科薯蓣属一年生或多年生缠绕性藤本植物。山药原产山西平遥、介休，现分布于我国华北、西北及长江流域的江西、湖南等地区。有些热带国家以山药为主食，西非和尼日利亚产量最多。目前中国除西藏、东北北部及西北黄土高原外，其他地区都有栽培，以江苏、山东、河南、陕西一带栽培最多。全年均有供应。

山药的种类很多，中国栽培的山药主要有普通的山药和田薯两大类。普通山药又称家山药。叶对生，茎圆，无棱翼，叶脉7~9条突出。品种较多，按块茎形状分为三个类型。扁块种：块茎扁形似

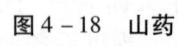

图4-18　山药

脚掌,主要分布于南方,主要品种有脚板薯、浙江瑞安红薯等。圆筒种:块茎短圆形或不规则团块状,长约15厘米,横断面直径10厘米,分布于南方,主要品种有黄岩薯药、台湾圆薯等。长柱种:块茎为长圆柱状,长30~100厘米,直径3~10厘米,主要分布于陕西、河南、山东、河北等地,主要品种有陕西华县的淮山药、河北武骘山药、山东济宁米山药等。

山药质地细腻、肉色洁白,是一种药食兼用的植物。烹调方法可用炒、蒸、烩、烧、扒、拔丝等,咸甜皆宜,还可与大米等一起煮粥制作主食。

(2) 草石蚕

草石蚕又称甘露儿、宝塔菜、地蚕、螺狮菜、地古瘤等,为唇形科水苏属多年生草本植物。草石蚕原产中国北部,目前中国分布于河北、山西、江苏、安徽、浙江、四川、云南等地。

草石蚕的茎呈四棱方形,外被刺毛。叶长椭圆形,先端尖,基部心脏形,边缘锯齿状,两面具长茸毛。茎的基部产生匍匐茎,匍匐茎顶端膨大成块茎,为主要食用部位,秋末茎叶枯萎后即可采收。

草石蚕有地蚕和银条两个类型。草石蚕主要以块茎供食用。块茎肉质脆嫩,每100克鲜品中含碳水化合物15~18克。可制成酱渍、腌渍制品,也可制作蜜饯。扬州的螺丝酱菜全国著名。

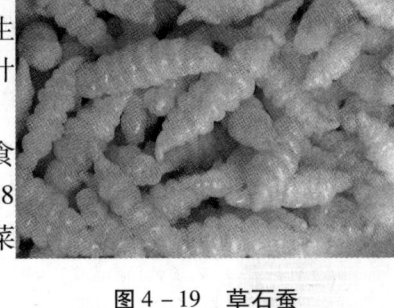

图4-19 草石蚕

3. 根状茎蔬菜

根状茎是地下横向生长膨大的变态茎。横向生长于土中,其外形与根相似,但它具有明显的节与节间,节上的腋芽可长出地上枝,节上并可生长出不定根,在节上可以看到小型的退化鳞片叶。根状茎类蔬菜主要有莲藕、姜等。

(1) 姜

姜又称生姜、黄姜,为姜科姜属多年生草本植物。姜原产中国及东南亚等热带地区,现在我国中部、东南部至西南部,来凤、通山、阳新、鄂城、咸宁、大冶各地广为栽培。山东莱芜、平度大泽山出产的大姜尤为知名。亚洲热带地区亦常见栽培。秋季收获上市,四季均有供应。

姜的品种根据植株形态和生长习性可分为疏苗型和密苗型两类。根据姜的外皮色分为白姜、紫姜、绿姜(又名水姜)、黄姜等。按用途可分为嫩姜和老姜。嫩姜一般水分含量多,纤维少,辛辣味淡薄,除作调味品外,可炒食、制作姜糖等;老姜水分少,辛辣味浓,多作调味料。

姜的质量以不带泥土、毛根、不烂,无虫伤,无干瘪现象,无受热、受冻现象者为佳。姜含有姜油酮、姜油醇等物质,故常作调味品。嫩姜做菜,适于炒、酱制、泡、拌等方法,此外,姜还是加工酱菜、姜油等的原料。

(2) 藕

藕又称莲藕,为睡莲科莲属多年生水生宿根草本植物。藕起源于中国和印度。目前中国各省普遍栽培,以长江三角洲、珠江三角洲、洞庭湖、太湖为主产区。每年秋、冬及春初均可采挖上市。

藕分为红花藕、白花藕和麻花藕三种。红花藕,藕形瘦长,外皮褐黄色、粗糙,含粉多,水分少,不脆嫩;白花藕肥大,外表细嫩光滑,呈银白色,肉质脆嫩多汁,甜味浓郁;麻花藕呈粉红色,外表粗糙,含淀粉多。

藕是重要水生蔬菜之一。烹调中适于炒、炸、糖醋、蜜渍等烹法,可制作藕荚、藕盒等特殊菜式。藕也可作水果生食。此外,藕还可加工成藕粉、蜜饯等加工品。

4. 鳞茎蔬菜

(1) 洋葱

洋葱又称球葱、圆葱、玉葱、葱头,荷兰葱等,为百合科葱属二年生草本植物。洋葱起源于亚洲西南部中亚西亚、小亚西亚的伊朗、阿富汗的高原地区。世界各国普遍栽培,我国已成为洋葱生产量较大的4个国家(中国、印度、美国、日本)之一。我国的种植区域主要是山东、甘肃、内蒙古、新疆等地。

洋葱按鳞茎皮色分为红皮、黄皮、白皮三类。红皮洋葱:鳞茎圆球或扁圆形,紫红至粉红色,辛辣味较强。品种有北京紫皮葱头、上海红皮洋葱、西安红皮洋葱等。黄皮洋葱:鳞茎扁圆、圆球或椭圆形,铜黄或淡黄色,味甜而辛辣,品质好,耐贮藏。品种有天津荸荠扁、东北黄玉葱、南京黄皮等。白皮洋葱:鳞茎较小,多扁圆形,白绿至微绿色,肉质柔嫩,品质好。品种有新疆哈密白等。

以葱头肥大,外皮光泽,不烂,无机械伤和泥土,鲜葱头不带叶;经贮藏后,不松软,不抽薹,鳞片紧密,含水量少,辛辣和甜味浓的为佳。洋葱做菜,适于煎、炒、爆等烹法,多作配料运用,洗净后亦可生吃。洋葱是西餐的主要蔬菜之一,可以做汤、做配料、调料和冷菜。

(2) 大蒜

大蒜又称蒜、蒜头、独蒜、胡蒜等,为百合科葱属二年生草本植物。大蒜原产于欧洲南部和中亚,现已遍及世界各地。我国是大蒜种植面积和产量最多的国家之一,目前全国各地均有栽种。

大蒜品种按蒜头皮色不同可分为白皮蒜和紫皮蒜,依蒜瓣的多少又可分为大瓣种和小瓣种。大蒜的地下肉质鳞茎(蒜头)以及嫩的幼苗(青蒜)和花茎(蒜苗)均可食用。

大蒜头是很重要的调味品,也可做菜,适于炒、爆、烧、炸等烹调方法。蒜苗和青蒜更是蔬中佳品,可炒、拌、爆、熘、烧等。此外,蒜头也可腌渍成醋蒜、糖蒜、泡蒜等,蒜头也可生食。

(3) 百合【见滋补药材一节介绍】

第四节 叶菜类蔬菜

一、叶菜类蔬菜概述

(一) 叶菜类蔬菜概念

以植物肥嫩的叶片和叶柄作为食用部位的蔬菜称为叶菜类蔬菜。这类蔬菜品种多、用途广,其中既有生长期短的快熟菜,又有高产耐贮存的品种,还有起调味作用的品种,因而在蔬菜的全年供应中占有很重要的地位。

(二) 叶菜类蔬菜的结构

叶菜类蔬菜的形态多种多样,但其供食用的产品均是植物的叶或叶的某一部分,所以在外观上都具有叶的基本特征,由叶片、叶柄和托叶组成。

叶菜类蔬菜按照其栽培特点分为普通叶菜、结球叶菜和香辛叶菜三种类型。普通叶菜以

第四章 蔬菜类

植物幼嫩的绿叶、叶柄或嫩茎供食用,生长期较短,成熟快,品种较多,形态、结构和风味各有特点,我国南方和北方都有种植;结球叶菜的叶片大而圆,叶柄肥宽,在营养生长的末期包心而形成紧实的叶球,由于收获后处在休眠状态而耐贮藏,因而是冬、春缺菜季节的重要应市品种;香辛叶菜多为绿叶蔬菜,在其叶片和叶柄中含有挥发油成分,因而该类品种还具有调味作用。

二、常见叶菜类蔬菜

(一)普通叶菜

1. 乌塌菜

乌塌菜又称塌菜、塌棵菜、塌地松、黑菜等,为十字花科芸薹属二年生草本植物。乌塌菜原产中国,由芸薹演化而来。南宋时即开始栽培,现主要分布于长江流域,在春节前后收获。经霜雪后味甜鲜美,品质更佳。

图4-21 乌塌菜

乌塌菜按叶形及颜色可分为乌塌菜和油塌菜两类。乌塌菜叶片小,色深绿,叶色多皱缩。代表品种有小八叶、大八叶。油塌菜系乌塌菜与油菜的天然杂种,叶片较大,浅绿色,叶面平滑。代表品种有黑叶油塌菜。按乌塌菜植株的塌地程度可分为塌地类型和半塌地类型。塌地型植株塌地与地面紧贴,代表品种有常州乌塌菜,叶椭圆形或倒卵形,墨绿色,叶面微皱,有光泽,全缘,四周向外翻卷,叶柄浅绿色,扁平,生长期较长,品质优良;半塌地型植株不完全塌地,代表品种有南京瓢菜,叶片半直立,叶圆形、墨绿色,叶有皱褶,叶脉细稀,叶全缘,叶柄扁平微凹,白色,叶尖外翻,有菊花心之称。

乌塌菜经霜雪后细胞内的淀粉转化为可溶性糖,因此质地鲜嫩,具有甜味。用于烹饪可采用烧、煮、焖、炖、熬等烹法成菜,也可炒食、制汤;可单独成菜,也可作多种荤、素原料的配料,如肉类、海米、豆制品、面筋等。烹制时如加猪油味道更好,忌用酱油调味,以保持其清淡特色。因其叶质纤细柔嫩,一般不用于腌渍。

2. 叶用芥菜

叶用芥菜又称青菜、辣菜、春菜等,为十字花科芸薹属一二年生草本植物。叶用芥菜原产中国,自古即有栽培,目前全国各地均有栽种,是芥菜中适应性较强的一个变种。

叶用芥菜有很多种类型,目前种植较多的有7种。大叶芥植株和叶片较大,组织柔嫩,适于炒食和加工,各地广为栽培,主要品种有浙江早芥、贵州独山大叶芥、广东梅县皱叶芥等;花叶芥叶片具不同形状的缺裂,代表品种有浙江粗花芥、四川鸡啄叶等;瘤芥叶柄或中肋发达,具突起或瘤状物,代表品种有江苏、浙江的弥陀芥等;长柄芥叶柄为叶长的3/5,一般鲜食;卷心芥心叶外露,呈卷心状,供鲜食或加工;包心芥中心叶片折叠包合成为叶球,代表品种有鸡心芥、大芥菜等,供菜用或加工;分蘖芥又称雪里蕻,有花叶和板叶之分,供加工用。

叶用芥菜常用于家常菜的制作。由于叶用芥菜中含有较多的芥子油,经腌渍后风味更佳,所以一般是经盐腌渍后食用,适于炒、烧、蒸、拌等。鲜菜也可以炒食,但有辛辣味。

3. 小白菜

小白菜又称不结球白菜、青菜、油菜、鸡毛菜等,为十字花科芸薹属一二年生草本植物。

小白菜原产我国,全国各地普遍栽培,长江以南为主要产区,在江淮流域以南地区,四季均能露地栽培。20世纪70年代后,我国北方栽培小白菜面积迅速扩大。

小白菜的种类根据其形态特征及栽培特点,可分为秋冬白菜、春白菜和夏白菜3类。秋冬白菜:我国南方广泛栽培,依叶柄色不同分为白梗类型和青梗类型,代表品种有南京矮脚黄、杭州早油冬等。春白菜:植株多开展,耐寒性强,依抽薹早晚和供应期又分为早春菜和晚春菜,代表品种有上海五月慢等。夏白菜:夏秋高温季节栽培,又称"火白菜",代表品种有上海火白菜、广州马耳白菜、南京矮杂一号等。

小白菜的品质以无黄叶、无烂叶、不带根、外形整齐者为佳。小白菜适于炒、拌、烧等,也可作配料或围边、垫底,还可作点心的馅心。此外,还是加工腌菜的重要原料。

4. 苋菜

苋菜又称青香苋、红苋菜、红菜、野刺苋、米苋、人旱菜、杏菜、荇菜、莹莹菜、玉米菜、云仙菜等,为苋科苋属一年生草本植物。苋菜世界各地均有分布,栽培作菜用的主要是中国和印度。我国自古即有栽种,现全国各地均有种植。从春季到秋季均有应市。

苋菜按叶片颜色的不同,可分为绿苋、红苋和彩苋三个类型。绿苋叶片绿色,耐热性强,质地较硬。品种有上海的白米苋、广州的柳叶苋及南京的木耳苋等;红苋叶片紫红色,耐热性中等,质地较软。品种有重庆的大红袍、广州的红苋及昆明的红苋菜等;彩苋叶片边缘绿色,叶脉附近紫红色,耐热性较差,质地软。有上海的尖叶红米苋及广州的尖叶花红等。

图4-21 苋菜

苋菜质地柔嫩、多汁,烹调中适于炒或做汤菜,也可稍烫后改刀凉拌。

5. 荠菜

荠菜又称蘼草、花花菜、护生草、羊菜、鸡心菜、净肠草等,为十字花科荠菜属一二年生草本植物。荠菜原产中国,自古以来人们就采集野生荠菜食用,目前已人工栽培,全国各地均有生长,春季大量上市。

荠菜主要品种有板叶荠菜和散叶荠菜两种。板叶荠菜又叫大叶荠菜,上海市地方品种。植株塌地生长,叶片浅绿色,叶缘羽状浅裂,近于全缘,叶面平滑,稍具茸毛,风味鲜美。其缺点是香气不够浓郁;散叶荠菜又叫百脚荠菜、慢荠菜、花叶荠菜、小叶荠菜、碎叶荠菜、碎叶头等。植株塌地生长,叶片绿色,羽状全裂,叶缘羽状深裂,叶面平滑茸毛多,带紫色香气浓郁,味极鲜美。

荠菜可炒食、凉拌、作菜馅、菜羹,食用方法多样,风味特殊。

图4-22 荠菜

6. 菠菜

菠菜又称波棱、鹦鹉菜、红根菜、飞龙菜等,为黎科菠菜属一二年生草本植物。菠菜原产伊朗,目前我国各地均有栽种,春、秋、冬季均可上市供应。

菠菜的品种可分为尖叶菠菜和圆叶菠菜两大类。尖叶菠菜叶片薄而狭小,先端锐尖或钝尖,叶面光滑,叶柄细长,品种有黑龙江双城尖叶、北京尖叶、广州铁线梗等。圆叶菠菜叶片肥大,先端钝圆或稍尖,品种有广东圆叶、春不老菠菜、美国大圆叶等。

菠菜的品质以色泽浓绿、叶茎不老、根红色、无抽薹开花、不带黄、烂叶、无虫眼者为佳。

菠菜适于炒、氽、拌、烫等加工方法，也可作为配料，作垫底、围边，还能作点心的馅心。菠菜含较多的草酸，烹调前宜用开水略烫，以除去草酸。

7. 生菜

生菜又称叶用莴苣、莴苣菜，为菊科莴苣属中以叶或叶球作为食用对象的一二年生草本植物。生菜原产地中海沿岸，主要分布于欧洲、美洲，我国目前多分布在华南地区，其中以台湾种植较多。

叶用莴苣分为两种：球形的团叶包心生菜和叶片皱褶的奶油生菜（花叶生菜）。团叶生菜叶内卷成球状，按其颜色又分为青叶、白叶、紫叶和红叶生菜。青叶菜纤维素多，白叶生菜叶片薄，品质细，紫叶、红叶生菜色泽鲜艳，质地鲜嫩。

生菜的品质以不带老帮，无黄叶、烂叶，包心，不抽薹，无病虫害，不带根和泥土者为佳。生菜是西餐常用蔬菜之一，以生食为主。中餐中常炒制或作汤菜，其叶色彩艳丽，可用作菜肴的点缀。

8. 香椿

香椿又称山椿、虎目树、虎眼、大眼桐、椿花、香椿头、香椿芽等，为楝科楝属多年生落叶乔木。香椿原产中国，我国是唯一用香椿作蔬菜的国家。以山东、安徽、河南和陕西等地栽培广泛，广西北部、河南西部和四川等地也栽培较多。春季大量上市。

图 4-23　香椿

根据香椿初出芽苞和子叶的颜色不同，基本上可分为紫香椿和绿香椿两大类。紫香椿包括黑油椿、红油椿、焦作红香椿、西牟紫椿等品种；绿香椿包括青油椿、黄罗伞等品种。香椿品种不同，其特征与特性也不同。紫香椿一般树冠都比较开阔，树皮灰褐色，芽苞紫褐色，初出幼芽紫红色，有光泽，香味浓，纤维少，含油脂较多；绿香椿，树冠直立，树皮青色或绿褐色，香味稍淡，含油脂较少。

香椿以鲜食为主，适于蒸、炒、拌、炝等烹调方法，可作主料，亦可作配料，荤吃、素食均可。香椿芽也可腌制后做腌菜食用。

9. 茼蒿

茼蒿又称蓬蒿、春菊、蒿子秆、打某菜、茼蒿菜等，为菊科茼蒿属一二年生草本植物。茼蒿原产地中海沿岸，现我国各地广为栽种。茼蒿依叶的大小分大叶茼蒿和小叶茼蒿两类。大叶茼蒿叶宽大、厚，嫩茎短而粗，纤维少，品质佳；小叶茼蒿叶狭小、薄，嫩枝细，但香味浓。

茼蒿品质柔嫩，含有丰富的维生素，具有特异的香味，烹调中常炒食，也可制作汤等，还可作一些荤菜的围边或垫底。

10. 叶用甜菜

叶用甜菜又称莙荙菜、牛皮菜、厚皮菜等，为黎科甜菜属二年生草本植物。叶用甜菜原产欧洲地中海沿岸，现在我国普遍栽培。叶用甜菜的品种依叶柄颜色不同可分为白梗、青梗和红梗3类。

叶用甜菜质地软嫩，味似菠菜，适于炒、煮、凉拌或做汤。因其叶中含一定量草酸，稍涩口，故烹调前需先焯水处理。

（二）结球叶菜

1. 大白菜

大白菜又称结球白菜、黄芽菜、菘菜胶菜、绍菜、镶菜等，为十字花科芸薹属一二年生草本植物。大白菜为我国特产蔬菜之一，现在全国各地均有栽培，主产区为长江以北，山东、河北等地种植最多。一般9~11月上市。

大白菜的品种很多，常见的有半结球型、花心型、结球型三种。半结球型叶球松散，球顶开放，呈半结球状态，品种有辽宁兴城大矬菜、山西阳城大毛边等；花心型球叶抱合成坚实的叶球，但球顶不闭合，叶片先端向外翻卷，不耐贮藏，代表品种有北京翻心白、山东济南小白心等；结球型球叶抱合形成坚实的叶球，球顶钝尖或圆，产量高，品质好，耐贮藏，品种有胶州大白菜、洛阳包头、天津青麻叶等。

大白菜的品质以包心紧实，外形整齐，无老帮、黄叶和烂叶，无病虫害和机械损伤者为佳。大白菜在烹饪中应用广泛，可炒、烧、涮、拌、扒、酱等，也可做汤和馅心，还是加工泡菜和干菜的原料。

2. 结球甘蓝

结球甘蓝又称卷心菜、洋白菜、疙瘩白、包菜、圆白菜、包心菜、莲花白等，为十字花科芸薹属甘蓝种二年生草本植物。结球甘蓝起源于地中海至北海沿岸，在世界各地普遍栽培，欧、美国家为主要蔬菜。我国各地均有栽培，是东北、西北、华北等较冷凉地区春季、夏季、秋季的主要蔬菜。

结球甘蓝依叶球形状和成熟期的迟早，可分为三种。尖头类型叶球顶部尖，近似心脏形，多为早熟和早中熟品种。代表品种有鸡心甘蓝、牛心甘蓝等。圆头类型叶球圆球形，多为早熟和早中熟品种，外叶较少，叶球紧实。代表品种有金早生、北京早熟、山西1号、金亩84等。平头类型叶球扁圆形，多为晚熟品种。代表品种有黑叶小平头、黄苗、张家口茴子白等。我国优良的品种有京丰1号、夏光、报春、庆丰、晚丰、中甘11号等。结球甘蓝以新鲜清洁、叶球坚实、形状端正、不带烂叶、无病虫害和损伤者为佳。

图4-24 结球甘蓝

结球甘蓝在烹调中适于炒、炝、熘等加工方法，也可作馅心和各类原料的配料，亦可凉拌。此外，还可制作泡菜。

3. 抱子甘蓝

抱子甘蓝又称芽甘蓝、子持甘蓝，为十字花科芸薹属甘蓝种二年生草本植物。抱子甘蓝原产地中海沿岸，由甘蓝进化而来，在英国、德国、法国等国家种植较多，我国有小面积栽种。目前所用品种均从国外引进，主要有早子持、长冈交配早生子持、王子、科仑内、多拉米克、京引1号、卡普斯他、科伦内、斯马谢等。

抱子甘蓝的品质以外形整齐、大小均匀、新鲜洁净、无病虫害者为佳。抱子甘蓝小叶球的食用方法很多，可清炒、清烧、凉拌、做汤料、火锅配菜、泡菜、腌渍等。也可以用高汤煮熟直接食用，外观碧绿诱人，风味独特，是菜中的名品。

图4-25 抱子甘蓝

第四章 蔬菜类

（三）香辛叶菜

1. 韭菜

韭菜又称韭、山韭、长生韭、丰本、扁菜、懒人菜、草钟乳、起阳草等，为百合科葱属多年生宿根草本植物。韭菜原产中国，目前全国各地均有栽培，四季均有上市，尤以春、秋季的为佳，冬季的韭黄品质也较好。

韭菜品种较多，按食用部位可分为根韭、叶韭、花韭、叶花兼用韭等。根韭分布在云南省的部分地区，以根为主要食用对象，花薹也可食用；叶韭叶片宽厚、柔嫩，抽薹率低，以食叶为主；花韭叶片短小，质地粗硬，抽薹率高，以采食花薹为主；叶花兼用韭叶片、花薹发育均良好，都可食用，栽培普遍。韭菜的代表品种有北京大白根、江苏马鞭韭、北京铁丝韭等。

韭菜的质量以植株粗壮鲜嫩，叶肉肥厚，不带烂叶、黄叶，中心不抽花薹者为佳。韭菜以嫩叶和柔嫩的花茎和韭菜花为食用部分。炒食为多，也可焯水后凉拌，作配料可用于炒、熘、爆等菜式，也可作馅心料，作调料运用也较广。

2. 葱

葱为百合科葱属二三年生草本植物。葱起源于中国西部和俄罗斯西伯利亚地区。我国是栽培大葱的主要国家，全国各地均有栽培，以山东、河北、河南等地种植较多，四季均可上市。

葱的栽培种很多，可分为普通大葱、分葱、楼葱和胡葱 4 种。普通大葱品种多，品质佳，按其葱白的长短，又有长葱白和短葱白之分。长葱白，辣味浓厚，著名品种有辽宁盖平大葱、北京高脚白、陕西华县谷葱等；短葱白，葱白短粗而肥厚，著名品种有山东章邱鸡腿葱、河北的对叶葱等。分葱主要分布于我国南方各地，假茎和绿叶细小柔嫩，葱白为纯白色，辣味淡，代表品种有合肥小官印葱、重庆四季葱、杭州冬葱等。楼葱又称龙爪葱，假茎较短，叶深绿色，中空，假茎和嫩叶作调料。胡葱又称火葱、蒜头葱、瓣子葱，能形成鳞茎，嫩叶作调料用，鳞茎为腌渍原料。

大葱按照生长时间的长短又有羊角葱、地羊角葱、小葱、改良葱、水沟葱、青葱、老葱等品种。葱是重要的调味品，有去腥增香的作用。葱作蔬菜，可炒、烧等。

3. 芹菜

芹菜又称芹、旱芹、药芹、香芹等，为伞形科芹属二年生草本植物。芹菜原产地中海和中东地区，目前世界各地普遍栽培。我国南北各地均有种植，四季均有上市。

根据叶柄的形态可将芹菜分为中国芹菜和西洋芹菜两种类型。中国芹菜，又称本芹。叶柄较细长，依叶柄颜色又可分为青芹和白芹，如津南实芹 1 号、津南冬芹、铁杆芹菜等；西洋芹菜，又称西芹，叶柄肥厚而宽扁，多为实心，味淡，脆嫩。单株重可达 1~2 千克，有青柄和黄柄两个类型，如加州王、美国白芹等。

芹菜的质量以大小整齐，不带老梗和黄叶，叶柄无锈斑，色泽鲜绿或洁白，叶柄充实肥嫩者为佳。芹菜可炒、拌、炝或作配料，也可制作馅心或腌、渍、泡制小菜，有时还可作调味品。

4. 茴香菜

茴香菜又称香丝菜，为伞形花科中以嫩茎叶供食的栽培种，多年生宿根草本植物。茴香菜原产中亚及地中海沿岸，我国目前北方地区栽培较为普遍，可常年应市。

中国栽培的茴香菜有大茴香菜和小茴香菜两种。茴香菜中含有挥发油，主要成分为茴香醚及茴香酮，具特殊香味，可作调味料，能祛除肉类的腥膻味。茴香菜可炒食，也可作馅心，还可作冷盘的装饰料。

5. 鸭儿芹

鸭儿芹又称三叶、野蜀葵，为伞形科芹属的多年生草本植物。鸭儿芹在朝鲜、中国、日本以及北美洲东部地区都有广泛的分布，是日本重要的栽培蔬菜之一。我国主产于华东、中南及西南地区。

鸭儿芹按主要栽培方式分为青鸭儿芹和软化鸭儿芹两种。鸭儿芹以嫩苗及嫩茎叶作蔬菜，主要用作汤料或做成"沙拉"生食，具有特殊的风味。

6. 芫荽

芫荽又称香荽、胡菜、原荽、园荽、香菜等，为伞形花科芫荽属一年生草本植物。芫荽原产中亚及地中海沿岸，现全世界均有栽培，在我国各地均有栽种，以华北地区种植最多，四季均有上市。

芫荽的质量以色泽青绿、香气浓郁、质地脆嫩、无黄叶、烂叶者为佳。芫荽以生食为多，可凉拌或作冷盘的配色料，也可炒食。芫荽含有挥发性的芫荽油，有香气，故常作调味品，有去腥味、增食欲功效。

第五节　花菜类蔬菜

一、花菜类蔬菜概述

（一）花菜类蔬菜概念

以植物的肉质花朵或花瓣作为食用部位的蔬菜称为花菜类蔬菜。该类蔬菜品种不多，但经济价值和食用价值较高。

（二）花菜类蔬菜的结构

花是蔬菜植物的繁殖器官，通过开花、传粉、受精后形成果实。花通常由花柄、花托、花萼、花冠、雄蕊群、雌蕊群几部分组成。目前常用的花菜类蔬菜主要有青花菜、花椰菜、朝鲜蓟、黄花菜、霸王花、食用菊等。

二、常见花菜类蔬菜

1. 青花菜

青花菜又称西蓝花、美国花菜、青花苔、青花椰菜等，十字花科，芸薹属，一二年生草本植物。甘蓝种中以绿花球为产品的一个变种。青花菜原产于意大利，目前西欧地区种植较广，我国台湾省栽种较为普遍，云南、广东、福建、北京、上海等地也有种植，全年均有上市。

青花菜的主要品种有绿彗星、大叶青花、意大利青等。青花菜以花球深绿、紧实、花蕾细小、花茎粗短的为佳，如小花茎和花蕾已显松散表明采收过迟，品质较差；如小花蕾开始变黄，其食用品质下降。

图4-26　青花菜

青花菜以花球供食用，在西餐中主要作菜肴的配料或制作沙拉等。在中餐中已广泛运用,可烫熟后凉拌,也可与荤素料配用,适于炒、熘、烹、烩、烧、扒等烹法,味似花椰菜。常利用其鲜艳的色彩和独特的形态作中式菜肴的配色原料,或作围边等点缀。

2. 花椰菜

花椰菜又称花菜、菜花、椰菜花等,为十字花科芸薹属一、二年生草本植物。花椰菜、西兰花(青花菜)和结球甘蓝同为甘蓝的变种。花椰菜原产地中海东部沿岸,由甘蓝演化而来。目前世界广泛栽种,我国各地均有栽培,以华南生产较多。每年冬春季上市。

花椰菜按生长期长短可分为早熟品种、中熟品种和晚熟品种类,主要品种有澄海早花、荷兰雪球、旺心种等。

花椰菜以花球色泽洁白、肉厚而细嫩、坚实、花柱细、无虫伤、不腐烂者为佳。花椰菜适于炒、烩、扒、烧、拌等烹调方法,也可制作汤菜,有时也作菜肴的配色料、配形料,还可酱渍、酸渍或做泡菜。

图4-27 花椰菜

3. 黄花菜

黄花菜又称黄花、金针菜、忘忧草、萱草花、健脑菜等,为百合科萱草属宿根性多年生草本植物。黄花菜原产亚洲和欧洲,我国主要产于甘肃庆阳、湖南邵阳、河南淮阳、陕西大荔、江苏宿迁、云南下关和山西大同等地。每年6~9月采收上市,干品常年有供应。

黄花菜按早熟、中熟、迟熟三种类型。早熟型有四月花、五月花、清早花等;中熟型有猛子花、白花、茄子花、权子花等;迟熟型有倒箭花、细叶子花、中秋花等。

鲜黄花菜的质量以洁净、鲜嫩、不蔫、不干、花未开放、无杂物者为佳。由于鲜黄花菜中含有"秋水仙碱",经过肠胃道的吸收,在体内氧化为"二秋水仙碱",则具有较大的毒性。因此食用时,应先将鲜黄花菜用开水焯过,再用清水浸泡2个小时以上,捞出用水洗净后再进行炒食。

图4-28 黄花菜

第六节　果菜类蔬菜

一、果菜类蔬菜概述

(一)果菜类蔬菜概念

以植物的果实或幼嫩的种子作为主要供食部位的蔬菜称为果菜类蔬菜。果菜是蔬菜中的重要类群,多数原产于热带,生长时需要较高的温度,是春、夏季节应市的重要蔬菜。

(二)果实的结构

植物的果实构造比较简单,由果皮和种子两部分构成。果皮又有外果皮、中果皮和内果皮之分。果菜类蔬菜依照供食的果实的构造特点不同,可分为瓜类(瓠果类)、茄果类(浆果类)和豆类(荚果类)三大类。

葫芦科植物中以瓠果供食的栽培种群称为瓜类蔬菜,如黄瓜、西瓜、甜瓜等。茄科植物中以浆果供食的栽培种群称为茄果类蔬菜,如番茄、茄子、辣椒等。豆科植物中以嫩豆荚或嫩豆粒供食的栽培种群称为豆类蔬菜。如菜豆、豇豆、扁豆等。

二、常用果菜类蔬菜

(一)豆类蔬菜

1. 菜豆

菜豆又称四季豆、芸豆、玉豆等,为豆科菜豆属一年生缠绕性草本植物。菜豆起源于美洲中部和南部,我国南北各地均有种植,四季上市。

菜豆按茎的生长习性可分为蔓生型、矮生型和半蔓生型3种类型:蔓生型菜豆的茎呈左旋性缠绕生长,顶芽为叶芽,茎节较长,蔓生,成熟迟,收获期长,产量高,品质好,品种有棍儿豆、白子四季豆、中花玉豆、青岛架豆等;矮生型的植株矮而直立,生长期短,产量低,品质不如蔓生型,品种有嫩荚菜豆、矮生棍豆、圆荚三月豆等;半蔓生型为蔓生种与矮生种之间的中间类型。此外,还可按荚果结构分为硬荚菜豆(荚果内果皮革质发达)和软荚菜豆(嫩荚果肥厚少纤维);按用途分为荚用种和粒用种。

菜豆的品质以豆荚鲜嫩肥厚、折之易断、色泽鲜绿、无虫咬、无斑点者为佳。菜豆以烧、炒、煮、焖等吃法较多。烹调时要煮熟煮透,否则易中毒。成熟种子可制作豆沙、豆泥等。

2. 蚕豆

蚕豆又称胡豆、佛豆、胡豆、川豆、倭豆、罗汉豆等,为豆科野豌豆属一二年生草本植物。蚕豆为粮食、蔬菜和饲料、绿肥兼用作物。原产亚洲西南部和非洲北部,我国以四川最多,次为云南、湖南、湖北、江苏、浙江、青海等地。嫩荚3~4月即可上市,成熟籽粒全年均有供应。

蚕豆按其子粒的大小可分为大粒蚕豆、中粒蚕豆、小粒蚕豆三种类型。大粒蚕豆宽而扁平,如四川、青海产的大白蚕豆,品质较好,常作粮食或蔬菜食用;中粒蚕豆呈扁椭圆

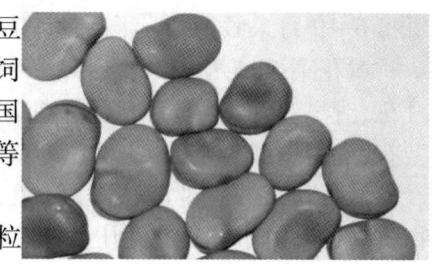

图4-29　蚕豆

形,小粒蚕豆近圆形或椭圆形,其产量高,但品质较差,多作为畜禽饮料或绿肥作物。蚕豆按种皮颜色不同可分为青皮蚕豆、白皮蚕豆和红皮蚕豆等。

新鲜蚕豆粒浅绿色,肉质软糯鲜美,嫩粒可直接作蔬菜用,稍老者可去掉种皮取其豆瓣,用于炒、氽汤等,也可烧、煮、蒸后食用,如盐煎蚕豆、椒麻蚕豆、春笋蚕豆等。蚕豆富含淀粉、蛋白质,可炒食、油炸、煮粥,也可磨成蚕豆粉制作糕点,或浸泡粉碎后利用淀粉制作粉丝、粉皮、凉粉,还是制作多种炒货的原料。蚕豆还可发酵后制豆酱。

3. 豌豆

豌豆又称麦豌豆、寒豆、麦豆、雪豆、毕豆、麻累、国豆等,为豆科豌豆属一年生或二年生攀缘草本植物。豌豆起源于亚洲西部、地中海地区和埃塞俄比亚、小亚细亚西部,现在主要分布在亚洲和欧洲。我国主要产区有四川、河南、湖北、江苏、青海等十多个地区。荚果5月成熟。

栽培的豌豆有粮用豌豆、菜用豌豆和软荚豌豆;按茎的生长习性分为蔓生、半蔓生和矮生;按豆荚的结构分为硬荚和软荚两种类型。

豌豆的嫩荚、嫩豆和嫩梢均可作蔬菜。嫩荚可单独煮食作小菜,也可单独或配荤素料炒、烧、焖等。青豆(鲜嫩豆粒)适于炒、烧、烩、做汤等,也可作多种菜肴的配料。嫩梢是优质的鲜

菜,可炒、涮、氽等,也可作荤菜的围边或垫底。豌豆粉是制作糕点、豆馅、粉丝、凉粉、面条、风味小吃的原料,豌豆的嫩荚和嫩豆粒可菜用也可制作罐头。

4. 长豇豆

长豇豆又称豆角、长豆角、带豆、裙带豆等,为豆科豇豆属豇豆种中能形成长形豆荚的栽培种,一年生缠绕草本植物。长豇豆原产非洲和亚洲中南部,我国自古就有栽培。现在全国各地有种植,在豆类蔬菜中产量仅次于菜豆。每年夏、秋两季大量上市。长豇豆的品种依据其荚果的颜色可分为青荚、白荚和红荚3种类型。

长豇豆做菜,可烧、炒、煮、蒸、焖等,还可烫熟后凉拌。老熟的种子可作粮食,制作豆汤、豆饭等多种粥饭类食品。长豇豆也可加工成腌菜、酱菜或泡菜等。

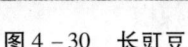
图4-30 长豇豆

5. 刀豆

刀豆又称挟剑豆、野刀板藤、葛豆、刀豆角等,为豆科刀豆属一年生缠绕性草本植物。刀豆原产美洲热带地区,西印度群岛,我国广东、海南、广西、四川、云南等地普遍栽培,秋季大量上市。

刀豆有蔓生刀豆和矮生刀豆两个栽培种。蔓生刀豆别名大刀豆、刀鞘豆等,原产于亚洲和非洲;矮生刀豆别名洋刀豆,原产西印度、中美洲和加勒比海地区。

刀豆嫩荚食用,质地脆嫩,肉厚鲜美可口,清香淡雅,是菜中佳品,可单作鲜菜炒食,也可和猪肉、鸡肉煮食尤其美味;还可腌制酱菜或泡菜食之。

6. 扁豆

扁豆又称眉豆、蛾眉豆、鹊豆,为豆科扁豆属多年生或一年生缠绕藤本植物。扁豆原产亚洲南部,主要分布于印度和其他热带国家,我国南方栽培较多,华北次之。夏秋季节大量上市。主要品种有上海的猪血豆、北京的猪耳朵扁豆以及白扁豆等。

7. 四棱豆

四棱豆又称翼豆、四角豆、翅豆、杨桃豆、热带大豆、果阿豆、尼拉豆、皇帝豆、香龙豆等,为豆秆四棱豆属一年生或多年生缠绕草本植物。四棱豆原产于非洲热带地区和东南亚地区。中国广东沿海地区、云南和台湾等地为主要种植区。

四棱豆中有两个品系:一是印尼品系,二是巴布亚新几内亚品系。印尼品系,属多年生,茎叶绿色,花紫色、白色或紫蓝色,较晚熟。中国南方栽培的多属此类;巴布亚新几内亚品系,一年生,早熟,茎蔓生,紫花。茎、叶和荚均具有花青素,表面粗糙,种子和块根的产量较低。

四棱豆嫩荚可炒食、凉拌,或盐渍,或制酱菜,各具特殊风味。嫩叶可炒食、做汤,脆嫩爽口。块根可炒食,可制干片,或做淀粉。干豆粒可炼油或烘烤食用,也可培育嫩豆芽炒食,别具风味。

(二)茄果类蔬菜

1. 番茄

番茄又称西红柿、洋柿子,为茄科番茄属一年生草本植物。番茄起源于南美洲的安第斯山地带,现在世界各地普遍栽培,是全世界栽培最多的果菜之一。我国自20世纪初开始种植,现在全国各地均有种植。四季均有上市,以夏、秋季较多。

番茄的食用部位为多汁的浆果。它的品种极多,按果的形状可分为圆形的、扁圆形的、长圆形的、尖圆形的;按果皮的颜色分,有红色的、粉红色的、橙红色的和黄色的。红色番茄,果色火红,一般呈微扁圆球形,脐小,肉厚,味道沙甜,汁多爽口,风味佳,生食、熟食均可,还可加工成番茄酱、番茄汁;粉红色番茄,果粉红色,近圆球形,脐小,果面光滑,味酸甜适度,品质较佳;黄色番茄,果橘黄色,果大,圆球形,果肉厚,肉质又面又沙,生食味淡,宜熟食。

番茄一般以果形周正、无裂口、无虫咬、成熟适度、酸甜适口、肉肥厚、心室小者。宜选择成熟适度的番茄,不仅口味好,而且营养价值高。

番茄以浆果供食用,其柔软多汁,口味酸中带甜。可当水果生食,或做凉菜、沙拉,也可加鸡蛋、肉片、鸡丝等炒食,或与其他荤素料一起做汤等。番茄宜快速加热成菜,否则易烂糊。番茄还用于加工番茄酱、番茄汁,是常用的调料。

2. 辣椒

辣椒又称番椒、海椒、辣子、辣角、秦椒等,为茄科辣椒属一年生或多年生草本植物,辣椒原产中南美洲热带地区,目前世界各地普遍栽培,我国主要分布在西北、西南、中南和华南各省。6～7月果红时采收,晒干。

辣椒的果实为浆果。果实的形状和大小因品种而异,有锥形、短锥形、牛角形、圆柱形、棱柱形等;果皮未成熟时为青绿色,成熟后为深红色或黄色。果皮肉质,为食用的主要部分。辣椒按果实的形状可分为5种。樱桃类辣椒:叶中等大小,圆形、卵圆或椭圆形,果小如樱桃,圆形或扁圆形,红、黄或微紫色,辣味甚强,制干辣椒或供观赏,如成都的扣子椒、五色椒等。圆锥椒类:植株矮,果实为圆锥形或圆筒形,多向上生长,味辣,如仓平的鸡心椒等。簇生椒类:叶狭长,果实簇生,向上生长,果色深红,果肉薄,辣味甚强,油分高,多作干辣椒栽培,晚熟,耐热,抗病毒能力强,如贵州七星椒等。长椒类:株型矮小至高大,分枝性强,叶片较小或中等,果实一般下垂,为长角形,先端尖,微弯曲,似牛角、羊角、线形。果肉薄或厚,肉薄、辛辣味浓,供干制、腌渍或制辣椒酱,如陕西的大角椒;肉厚、辛辣味适中的供鲜食,如长沙牛角椒等。甜柿椒类:分枝性较弱,叶片和果实均较大。根据辣椒的生长分枝和结果习性,也可分为无限生长类型、有限生长类型和部分有限生长类型。

辣椒做菜,适于炒、爆、熘等,也可制作腌菜和泡菜。辣椒是重要的辣味调味料,可加工成干辣椒、辣椒粉、辣椒油等制品。辣椒中含有辣椒素,是辣椒辛辣味的来源,可治疗寒滞腹痛、呕吐泻痢、消化不良等症。

3. 茄子

茄子又称落苏、酪酥、昆仑瓜、矮瓜等,为茄科茄属一年生草本植物。茄子起源于印度,目前全世界均有栽培,以亚洲栽培最多。我国目前各地均有种植,夏季大量上市。

茄子的果实为浆果。果形为球形、卵形、倒卵形、长棒形等;果皮黑紫色、紫红色、绿色或绿白色;果肉白色,主要是海绵状的胎座,由薄壁细胞构成,是食用的主要部分。

茄子的品种很多,植物学上将茄子分为圆茄、长茄和矮茄。圆茄植株高大、果实大,圆球形、扁球形或椭圆球形,皮色紫色、黑紫色、红紫色或绿白色,品种有北京大红袍、天津二敏茄等,北方栽培较多;长茄果实细长棒状,皮色紫、绿或淡绿,品种有南京紫线茄、广东紫茄、成都墨茄等,南方栽培较多;矮茄果实小,卵或长卵形,品种有北京小圆茄等,品质较差。

茄子的品质以果形周正、老嫩适度、无裂口、无锈皮、皮薄籽少、肉厚细嫩者为佳。茄子的吃法,荤素皆宜。既可炒、烧、蒸、煮,也可油炸、凉拌、做汤,都能烹调出美味可口的菜肴。

吃茄子建议不要去皮。

(三)瓜类蔬菜

1. 黄瓜

黄瓜又称胡瓜、青瓜、王瓜等,为葫芦科甜瓜属一年生攀缘性草本植物。黄瓜原产印度北部地区,目前在我国各地均有栽培,四季均有上市,以夏、秋季产量最多。

黄瓜品种很多,根据分布区域和生态学性状分为5种。华北型黄瓜:主要分布于黄河流域和北方各地。果实较大,长筒形至棍棒形。嫩果多为绿色有刺品种,果皮薄而脆;熟果黄白色,无网纹。主要品种有北京大刺瓜、唐山秋瓜、山东新泰密刺等。华南型黄瓜:主要分布于长江流域以南。果实较小,筒形。嫩果多为绿色,果皮厚而味淡;熟果有网纹。主要品种有杭州青皮、武汉青鱼胆、重庆大白、广州二青、昆明早黄瓜等。南亚型黄瓜:分布于南亚各地。果实大,长圆筒形,皮厚而味淡。主要品种有锡金黄瓜、中国版纳黄瓜、昭通大黄瓜等。欧美型露地黄瓜:分布于欧洲和北美洲各地。果实中等,圆筒形。北欧型黄瓜:分布于英国、荷兰等地。果实长筒形,果面光滑。短小型黄瓜:分布于亚洲和欧美各地。植株矮小,多花多果,果实短小。如扬州乳黄瓜、锦州小黄瓜等。

黄瓜以长短适中、粗细适度、皮薄肉厚、瓤小、质地脆嫩、味道清香者为佳。黄瓜做菜,可凉拌生吃,也可炒、烧、烩、焖等熟吃,还可做汤菜和配料及作热菜的围边装饰。此外,还可做酱菜和腌菜。

2. 南瓜

南瓜又称麦瓜、番瓜、倭瓜、金冬瓜等,为葫芦科南瓜属一年生蔓性草本植物。南瓜起源于中、南美洲,现在世界各地均有栽培,以中国、印度和日本栽培面积最大,其次为欧洲和南美洲。中国普遍种植,夏、秋季大量上市。

南瓜按果实的形状可分为圆南瓜和长南瓜两类。圆南瓜:果实扁圆或圆形,果面多有纵沟或瘤状突起,果实深绿色,有黄色斑纹。主要品种有武汉的柿饼南瓜、江西的缩面南瓜、广东的盒瓜等。长南瓜:果实长,头部膨大,果皮绿色有黄色斑纹。主要品种有山东的长南瓜、杭州十姐妹南瓜、桂林牛腿南瓜等。

南瓜嫩果和成熟果(老南瓜)均可食用,适于炒、烧、煮、蒸等吃法,也可作糕点的馅心。南瓜可代替粮食作主食,也是重要的食品雕刻原料。

3. 苦瓜

苦瓜又称凉瓜、锦荔枝、癞葡萄,为葫芦科苦瓜属一年生攀缘性草本植物。原产亚洲热带地区,广泛分布于热带、亚热带和温带地区,以南方栽培较多。夏季大量上市。

苦瓜的果实有纺锤形、短圆锥形、长圆锥形以及长圆筒形等。果实表面有许多不规则凸起的瘤状物。嫩果浓绿色至绿白色;成熟时橙黄色,易开裂,种子外有鲜红色肉质组织包裹。

苦瓜按果实的形状可分为短圆锥形苦瓜、长圆锥形苦瓜、长棒形苦瓜等。苦瓜以嫩果作蔬菜,可生吃也可熟吃,生吃时需加糖拌。熟食时,适于炒、烧、煎、煸等烹法,多作其他原料的配料。如不习惯苦瓜的苦味,食用前可切开稍加盐腌,也可切开后用水浸泡,能减轻苦味。

苦瓜以表面果瘤大、果行直立洁白、色泽翠绿者为佳。若苦瓜出现黄化,表示已经过熟,果肉柔软不够脆,失去苦瓜应有的口感。

4. 佛手瓜

佛手瓜又称隼人瓜、安南瓜、寿瓜、合手瓜、合掌瓜等,为葫芦科佛手瓜属多年生攀缘性草本植物。佛手瓜起源于墨西哥和中美洲。现我国华南、西南和华东地区均有栽培,以云南、福建、浙江等省栽培最多。栽培一次可连续采收 10~20 年,夏季大量上市。

佛手瓜根据果实的颜色分为绿色和白色两种。绿皮种生长势强,茎粗蔓长,结瓜多。瓜皮深绿色,瓜形较长,果面有或无刚刺,单瓜重 0.5 千克左右。丰产性好,但果实风味清淡,是目前的主要栽培品种。白皮种生长势弱,茎细蔓短,结瓜少。瓜皮白绿色,瓜形较圆小,表面光滑无刺,肉质致密,腥味淡,味较佳,产量较低,可生吃。

佛手瓜应选幼果,以果肩部位光泽及果皮表面纵沟较浅者,果皮鲜绿色、细嫩、未硬化为佳。佛手瓜的上市期为秋末,很耐贮藏,常温下可存放半年左右,风味基本不变。

图 4-31　佛手瓜

佛手瓜果实、嫩茎叶、卷须、地下块根均可做菜肴,鲜瓜可切片、切丝,作荤炒、素炒、凉拌,做汤、涮火锅、优质饺子馅等。还可加工成腌制品或做罐头。

5. 冬瓜

冬瓜又称白瓜、白冬瓜、濮瓜、东瓜、枕冬、枕瓜等,为葫芦科冬瓜属一年生攀缘性草本植物。冬瓜起源于中国和印度,广泛分布于亚洲的热带、亚热带及温带地区。我国各地均有栽培,以广东、台湾产量最多。夏、秋季供应上市。

冬瓜的品种按果实的大小可分为小果型和大果型两类。按果皮有无白蜡粉分为粉皮种和青皮种。冬瓜以发育充分,老熟,肉质结实,肉厚,心室小;皮色青绿,带白霜,形状端正,表皮无斑点和外伤,皮不软、不腐烂者为佳。冬瓜做菜,适于烧、扒、烩、瓤、煮、蒸或做汤。冬瓜可用于蜜饯和果脯的加工,也可用作食品雕刻的原料。

6. 丝瓜

丝瓜又称天丝瓜、天罗、蛮瓜、绵瓜、布瓜、天罗瓜等,为葫芦科丝瓜属一年生攀缘性草本植物。丝瓜起源于亚洲热带地区,分布于亚洲、大洋洲、非洲和美洲的热带和亚热带地区。目前全国大部地区都有栽培。夏秋采摘。

丝瓜有两个品种,即普通丝瓜和有棱丝瓜。普通丝瓜的果实短圆柱形或长棒形,长可达 20~100 厘米或以上,横径 3~10 厘米,无棱,表面粗糙并有数条墨绿色纵沟。有棱丝瓜的果实棒形,长 25~60 厘米,横径 5~7 厘米,表皮绿色有皱纹,具 7 棱,绿色或墨绿色。种子椭圆形,普通丝瓜种皮较薄而平滑,有翅状边缘、黑色、白色或灰白色;有棱丝瓜种皮厚而有皱纹,黑色。

图 4-32　丝瓜

丝瓜以嫩果供食。丝瓜做菜,适于炒、烧、烩、煮等,亦可用于汤菜的制作,丝瓜焯水后还可凉拌。此外,丝瓜还是多种菜肴的配料,有配色等作用。

第四章 蔬菜类

7. 笋瓜

笋瓜又称北瓜、玉瓜、大洋瓜、东南瓜等,为葫芦科南瓜属一年生蔓性草本植物。笋瓜起源于南美洲的玻利维亚、智利及阿根廷等国,现在主要产于中国和东南亚地区。中国各地普遍栽种,6月成熟上市。

笋瓜的品种依皮色分为白皮、黄皮及花皮,按大小分为大笋瓜及小笋瓜。长江流域常用的品种有南京的大白皮笋瓜、小白皮笋瓜、大黄皮笋瓜,安徽的白笋瓜、黄皮笋瓜、花皮笋瓜,淮安的北瓜。除此以外还有一种红南瓜,脐边有突起,果皮硬,耐贮藏,放在桌上作观赏用的金瓜,也属于笋瓜。

笋瓜做菜,通常以炒食为主,也可烧、蒸、煮等,还可作馅料和食品雕刻的原料。

8. 西葫芦

西葫芦又称茭瓜、白瓜、番瓜、美洲南瓜、云南小瓜、菜瓜、荨瓜等,为葫芦科南瓜属一年生蔓性草本植物。西葫芦原产于北美洲南部。现世界各地均有分布,欧美国家栽培最为普遍。目前中国各地均有栽种,春、夏季大量上市。

图4-33 西葫芦

西葫芦的果实为瓠果,形状有圆筒形、椭圆形和长圆柱形等多种。著名品种有一窝猴、花叶西葫芦、早青、黑美丽等。西葫芦嫩瓜与老熟瓜的皮色各不相同。嫩瓜皮色有白色、白绿色、金黄色、深绿色、墨绿色或白绿色相间;老熟瓜的皮色有白色、乳白色、黄色、橘红色或黄绿色相间。西葫芦一般以炒、烧、蒸、煮的烹调方式为主,也可拌制凉菜和制作花边。

第七节 孢子植物类蔬菜

一、孢子植物类蔬菜概述

孢子植物是指能产生孢子的植物总称,主要包括藻类植物、菌类植物、地衣植物、苔藓植物和蕨类植物五类。孢子植物一般喜欢在阴暗潮湿的地方生长。该类植物用孢子进行繁殖。由于不开花、不结果,所以又叫隐花植物。其中藻类、菌类、地衣类植物在形态上无根、茎、叶的分化,称为低等植物。苔藓、蕨类和前面介绍过的种子植物在形态上有根、茎、叶的分化,称为高等植物。

孢子植物类蔬菜包括食用蕨类、食用菌类、食用藻类和食用地衣类。

二、食用蕨类蔬菜

(一)食用蕨类蔬菜的一般特征

蕨类植物又称羊齿植物,没有花,也没有果实和种子。我国多数分布在西南地区和长江流域以南,其他地区有少量分布。

蕨类植物的地下茎年年能随处长出叶子来,嫩叶上部卷曲着,外面被有白色的茸毛,叶柄上生有深绿而美丽的羽状复叶。野生在山地的蕨朴素而苗壮,主要依靠它那叶子背面的褐色或黄色的孢子散落在潮湿的地方，经过繁杂的过程，发育成为新的蕨。

蕨类植物用途很广。很多种类可供食用，嫩芽作蔬菜，如蕨菜，清香可口，有"山珍之王"的美誉。许多蕨类的根状茎含有大量淀粉，可酿酒或制糖。如观音座莲的地下根茎重量可达20~30千克。许多种类是有名的药用植物，如石松、卷柏和贯众等。

（二）食用蕨类蔬菜

1. 蕨菜

蕨菜又称龙头菜、蕨儿菜、拳头菜、猫爪等，为凤尾蕨科蕨属多年生草本植物。蕨菜广泛分布在热带、亚热带及温带地区的山坡林旁。中国各地均有，多分布于稀疏针阔混交林，是无任何污染的绿色野菜，不但富含人体需要的多种维生素，还有清肠健胃，舒筋活络等功效。

蕨菜种类很多，不同的地区品种各有特色，一般按产地可分为以下几种：河北承德蕨菜。

河北省著名的野生蔬菜，主要分面于隆化、丰宁、平泉、宽城等地，是国内蕨菜主要出品基地。辽宁蕨菜以辽宁东部山区分布广，数量多。内蒙蕨菜：内蒙蕨菜主要产区在赤峰市、兴安盟等地，当地采摘期在6月。黑龙江蕨菜生长在海拔200~800米的高山地带，多与杂草混生，5月下旬到初月上旬即可采收。贵州蕨菜：蕨类植物在贵州分布广，种类多，采摘期为3月中旬至8月。湖南蕨菜：湖南岳阳山区生长，如汨罗、张谷英等。采摘期一般为春季。山东牟平昆嵛山区也有分布，多在雨后生长较快。

图4-34 蕨菜

蕨的地下根状茎长而横走，密被黑色茸毛，富含淀粉，可制取淀粉。蕨菜主要食用以幼嫩叶柄，可直接烹调，也可开水先焯后用。适于拌、炒、炖、烧、熘、烩等烹调方法。烹调时宜用重油，且以配荤料更佳。成菜清香爽口，风味特异，为山珍之一。鲜蕨菜还可加工成干品贮存，也可腌制或制作罐头。其根状茎可制取淀粉，称为"蕨粉"或"山粉"，可供食用或酿酒。

2. 分株紫萁

分株紫萁又称桂皮紫萁、薇菜，为紫萁科紫萁属中以幼嫩叶供食用的野生种，多年生草本植物。分株紫萁为我国暖温带及亚热带最常见的蕨类，于林下或灌丛湿地处生长。分布于我国东北及西南地区，俄罗斯（远东地区）、朝鲜、日本等国。

鲜分株紫萁将去茸毛和幼叶片，叶柄经焯水后供食。适于凉拌、炒、烧、爆或做汤菜，烹调时宜重油，宜配荤料，成菜质软嫩，具特有的苦香。鲜菜也可焯水后干制，也可制腌菜。

3. 日本紫萁

紫萁又称高脚贯众、薇菜、牛毛广等，为紫萁科紫萁属多年生草本植物。日本紫萁在中国多有分布，为我国暖温带及亚热带最常见的蕨类，从秦岭南坡至长江以南各省均有分布，多生长在林缘或灌木丛中沼泽地及潮湿山谷。多在5~6月采收。

鲜日本紫萁将去茸毛和幼叶片，叶柄经焯水后供食。适于凉拌、炒、烧、爆或做汤菜，烹调时宜重油，宜配荤料，成菜质软嫩，具特有的苦香。鲜菜也可焯水后干制，或制腌菜。

三、食用菌类蔬菜

（一）食用菌类蔬菜的一般特征

食用菌是指可供人类食用的能形成大型的肉质（或胶质）子实体或菌核组织的高等真菌

类的总称。食用菌的结构可分为菌丝体和子实体两部分。食用菌食用部分为具有产孢结构的子实体,是一类营养丰富兼具食疗保健价值的食物原料。食用菌种类繁多,约95%以上的食用菌在植物分类上属担子菌纲,少数属于子囊菌纲。

山区森林中生长的大部分为木生菌种类,其种类繁多,如香菇、木耳、银耳、猴头、松口蘑、红菇和牛肝菌等。在田头、路边、草原和草堆上粪、草生菌,有草菇、口蘑等。南方生长较多的是高温结实性真菌;高山地区、北方寒冷地带生长较多的则是低温结实性真菌。

(二)食用菌主要种类

1. 羊肚菌

羊肚菌又称羊肚菜、美味羊肚菌、羊蘑等,为子囊菌纲盘菌目羊肚菌科(马鞍菌科)羊肚菌属的一种食用菌。羊肚菌单生或群生,大多生长在林下有蔷薇科小灌木处,主要分布于欧洲、美洲、大洋洲、亚洲等地。中国主要产于河南、陕西、甘肃、青海、西藏、新疆、四川、山西、吉林等地。羊肚菌自古就是名扬天下的山珍供品,位居世界四大野生名菌之首,是贵重的野山菌之一。羊肚菌目前均为野生,由于子实体分化发育的生态因子还未完全探明,尚不能人工栽培。

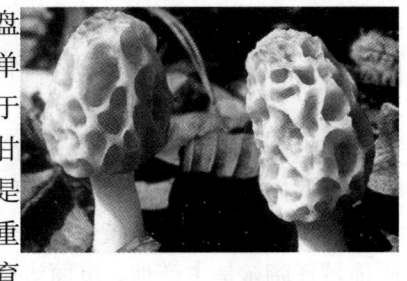

图4-35 羊肚菌

羊肚菌的子囊果有明显的菌柄和菌盖。菌盖膨大呈圆球形,长4~7厘米,阔4~6厘米;下端与柄相连。顶端钝圆,表面有明显的网状棱纹,凹陷部分近圆形或多角形,呈不规则蜂窝状。菌盖白色、褐色或古铜色。菌柄白色,中空,基部膨大并有不规则的凹槽。

羊肚菌可分为如下几种。

羊肚菌:菌盖椭圆形或卵圆形,顶端钝圆,长4~8厘米,直径3~6厘米,表面有多数小凹坑,外观似羊肚。小凹坑呈不规则形或类圆形,棕褐色,直径4~12毫米,棱纹黄棕色。菌柄近圆柱形,长5.5~8厘米,直径2~4厘米,类白色,基部略膨大,有的具不规则沟槽,中空。体轻,质酥脆。气弱,味淡、微酸涩。

小顶羊肚菌:菌盖狭圆锥形,顶端稍尖,长1~4厘米,直径约2.5厘米;小凹坑多呈类长方形,长5~10毫米,直径2~5毫米,淡棕色,棱纹色较深。菌柄近圆柱形,中空。体轻,质酥脆。气微,味淡。

尖顶羊肚菌:菌盖类圆锥形,顶端尖或较尖,长约4厘米,直径约2厘米;小凹坑多为类长方形,淡褐色,棱纹色较浅。菌柄黄白色,下部有的具不规则沟槽,中空。体轻,易碎。气微,味淡。

粗柄羊肚菌:菌盖类圆锥形,长约6厘米,直径约4厘米;小凹坑类圆形,大而较浅,淡黄色,棱纹较薄。菌柄粗壮,长约10厘米,上部渐狭细,基部膨大,直径约5厘米。近白色,表面纵向皱缩,呈扭曲纵条纹,中空。体轻,质脆。气微,味淡。

小羊肚菌:菌盖类圆锥形,长1.7~3.3厘米,直径1~1.5厘米;小凹坑多为类长方形,淡褐色,棱纹色较浅。菌柄长1.5~2.5厘米,直径5~8毫米,基部膨大,微有沟槽,中空。类白色或淡黄色。体轻,质酥脆。气微,味淡。

羊肚菌为优良食用菌。用于做菜适于炒、烧、烩、扒、炖等烹调方法,成品味道鲜美;因其中空,可作瓤式菜;既可单独成菜,也可与其他荤素料配用。

2. 冬虫夏草

冬虫夏草又称虫草、夏草冬虫、冬虫草、中华虫草等，是麦角菌科真菌寄生在蝙蝠蛾科昆虫幼虫上的子座及幼虫尸体的复合体。冬虫夏草是一种传统的名贵滋补中药材，与天然人参、鹿茸并列为三大滋补品。

冬虫夏草的野生种常见于海拔三四千米高山草甸区的土层中，主要分布于四川、云南、西藏、贵州、青海等省份，偶见于湖北、浙江等地，每年夏季采收。现已人工培育。冬虫夏草的真菌的子囊孢子，在夏、秋季萌发成菌丝体，侵入鳞翅目蝙蝠蛾等昆虫幼虫体内，在虫体内寄生，以虫体组织为营养进行生长、蔓延，最后使虫体变成充满菌丝的僵壳。被害的虫体冬天尚埋于土中，第二年夏天从虫体中长出棒状菌座，故称为"冬虫夏草"。

图4-36 冬虫夏草

冬虫夏草从其生长环境来分有两种。高原草甸的草原虫草和高海拔阴山峡谷的高山虫草，由于生长环境和土质的差异，它们在色泽和形态方面有些许区别，草原虫草为土黄色，虫体肥大，肉质松软；高山虫草为黑褐色，虫体饱满结实。因草原地域辽阔，是主产地，市面流行多为此品种。而高山虫草源稀少，医术记载多是这种。

冬虫夏草以虫体色泽黄亮、丰满肥大、断面黄白色、菌座短小者为佳。主产于青海、西藏、四川、甘肃、云南、贵州等地，以西藏那曲和青海玉树所产冬虫夏草质量最佳。

冬虫夏草主要取其药用和滋补作用，因此多作菜肴的配料，用量较少。烹饪方法宜选用炖、煨、焖、蒸等长时间加热的方法，以便使其具有滋补作用的有效成分溶于汤中，不宜爆炒。最适于与鸡、鸭同炖，也可与狗肉、牛肉、猴头、蹄筋等同炖、煨。菜肴如虫草炖鸭子、虫草炖黄雀、虫草炖三鞭等。虫草经长时间烹调后不烂不绵，口感似豆芽，有特殊香味。

3. 木耳

木耳又称黑木耳、光木耳、黑菜、云耳、川耳等，为担子菌纲木耳目木耳科木耳属的一种食用菌，因生长于腐木之上，其形似人的耳朵，故名木耳。木耳在世界上主要分布于温带或亚热带的山地。中国利用和栽培木耳历史悠久，现主要产于东北、华中和西南各地，总产量居世界首位。通常加工成干制品，常年均有供应。

木耳依性状可分为三种。木耳：木耳子实体呈不规则块片，多皱缩，大小不等，不孕面黑褐色或紫褐色，疏生极短茸毛，子实层面色较淡。用水浸泡后则膨胀，形似耳状，厚约2毫米，棕褐色，柔润，微透明，有滑润的黏液。气微香，味淡。毛木耳：子实体较木耳厚，不孕面茸毛浓密、较长。余与木耳类同。气微，味淡。皱木耳：不孕面乳黄色至红褐色，疏生茸毛；子实层面有明显网络状皱缩。气微，味淡。

黑木耳的质量以颜色乌黑光润、片大均匀、体轻干燥、半透明、无杂质、胀性好、有清香味者为佳。黑木耳广泛应用于菜肴的制作，适于炒、烧、烩、炖、炝等烹法，可作多种原料的配料，也可做汤或作菜肴的配色、装饰料。

新鲜木耳中含有"卟啉"，易引起植物日光性皮炎而不宜食用。相比之下，干木耳安全性较高，因新鲜木耳在经过暴晒处理后，大部分有毒物质会被分解掉。在食用前干木耳用水浸泡，可最大限度去除有毒物质，提高食用安全性。

4. 银耳

银耳又称白木耳、雪耳、银耳子等，为担子菌纲银耳目银耳科银耳属的一种食用菌。银耳

第四章 蔬菜类

多生于温带和亚热带地区。银耳是中国的特产，野生银耳主要分布在贵州、四川、福建、湖北、陕西、安徽、浙江等省份的山区。其中以福建、四川、贵州等省份最多，尤以四川的通江银耳、福建的樟州雪耳最为著名。银耳通常加工成干制品。

银耳的质量以色泽黄白，鲜洁发亮，瓣大形似梅花，气味清香，带韧性，胀性好，无斑点杂色，无碎渣者为佳品。银耳多用于汤、羹菜的制作，也可用于炒、烩等，制甜菜较多，还可与大米同煮成粥。

银耳宜用开水泡发，泡发后去掉未发开的部分，特别是淡黄色部分尽可能去除。

5. 香菇

香菇又称香菌、香蕈、香信、椎茸、冬菇等，为担子菌纲伞菌目侧耳科香菇属中典型木腐性伞菌。香菇是世界第二大食用菌，也是我国特产之一。目前世界许多地区均有栽培。

图4-37 银耳

香菇的栽培品种很多，按外形和质量分为花菇、厚菇、薄菇和菇丁四种；按生长季节可分为春生型（春菇）、夏生型（夏菇）、秋生型（秋菇）、冬生型（冬菇）四类；按菌盖大小可分为大型种、中型种、小型种3类；按菌肉厚度分为厚肉种、中肉种、薄肉种等。

香菇的质量以菇香浓，菇肉厚实，菇面平滑，大小均匀，色泽黄褐或黑褐，菇面稍带白霜，菇褶紧实细白，菇柄短而粗壮，干燥，不霉，不碎的为优良品质。香菇在烹饪中运用较广，可作主料，也可作多种原料的配料，还可用于馅心的制作，有时还有配色的作用。适于卤、拌、炝、炒、炖、烧、炸、煎等多种烹法，成菜口感柔滑、具特有醇香。香菇除用于制作菜肴外，还可用于制作菌油、香菇酱油。与香菇同一属的虎皮香菇、豹皮香菇等均可供食用。

6. 猴头菌

猴头菌又称猴头、猴头菇、猴头蘑，为担子菌纲多孔菌目齿菌科（猴头菌科）猴头菌属的一种食用菌。猴头菌子实体肉质，呈扁球形或头状，直径5～10厘米；基部狭窄或略有短柄。除基部外其余部分均密肉质、针状的茸刺，全体形似猴头，故名；茸刺较长、密集、下垂菌体新鲜时白色，干燥后淡黄色。

猴头菌肉质脆嫩，味淡清香，是珍贵的烹饪原料。用于烹制菜肴，可作主料，也可作配料，可素吃，也可荤吃。适于炒、炖、扒、烩等烹调方法。

图4-38 猴头菌

7. 金针菇

金针菇又称毛柄小火菇、构菌、朴菇、冬菇、朴菰、冻菌、金菇、智力菇等，为担子菌纲伞菌目白蘑科（口蘑科）小火焰菌属中的一种伞菌。

金针菇分布于亚洲、欧洲和北美诸国。目前世界上金针菇占菇类总产量的第三位，以日本产量最多，中国次之。人工栽培的金针菇按出菇的快慢、迟早分为早生型和晚生型；按生长的温度可分为低温型和偏高温型；按子实体发生的多少，可

图4-39 金针菇

以分为细密型(多柄)和粗稀型(少柄)。

金针菇的菌柄为主要的食用部位，多加工成罐头，也可鲜食。通常凉拌，也可炒、烩、涮等，还可作多种原料的配料。

8. 草菇

草菇又称美味草菇、美味苞脚菇、兰花菇、秆菇、麻菇及中国菇等，为担子菌纲伞菌目光柄菇科小苞脚菇属中的一种伞菌。草菇的人工栽培始于中国广东、湖南等省，现在主要分布于东南亚地区。

草菇的品质以菇身粗壮均匀、质嫩、菇伞未开或开展小的质量为好。干制品还应菇身干燥，色泽淡黄艳明，无霉变和杂质。鲜草菇食用前应去掉菌柄下部的泥根，在菌盖上划十字形刀口，便于入味。适于炒、烧、烩、卤、焖、煮、蒸等烹调方法。干草菇用前须用水泡发、洗净后再使用。与草菇同一属的银丝草菇也可供食用。

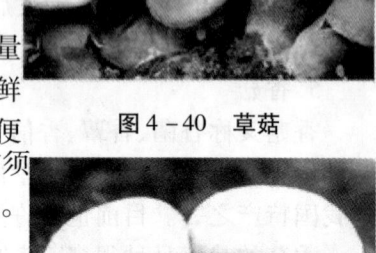

图4-40 草菇

图4-41 双孢蘑菇

9. 双孢蘑菇

双孢蘑菇又称蘑菇、洋蘑菇、白蘑菇等。担子菌纲伞菌目蘑菇科(黑伞科)蘑菇属中的一种伞菌。双孢蘑菇的栽培始于法国，中国栽培最多的有福建、山东、河南、浙江等省份。

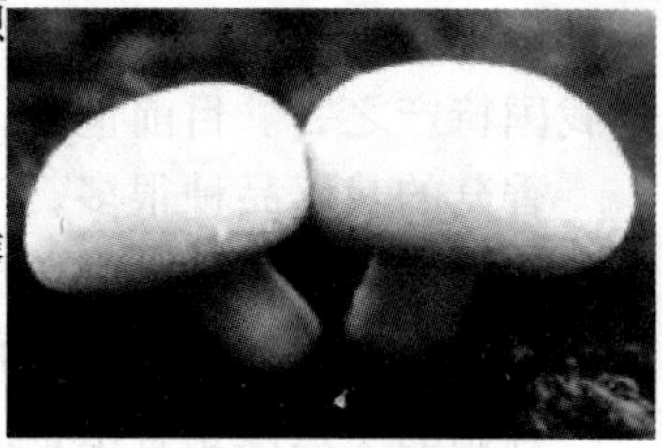

双孢蘑菇依菌盖颜色可分为白色种(又称夏威夷种)、奶油色种(又称哥伦比亚种)和棕色种(又称波希米亚种)。三者在栽培习性、生产性能、产品品质上均有不同，其中以白色种栽培最为广泛。

双胞蘑菇可炒、烧、烩、煮等鲜食，也可以制作蘑菇罐头和盐腌渍制品。

四、食用藻类蔬菜

(一)食用藻类特征

藻类是单细胞植物或缺乏维管组织的多细胞低等植物。藻类主要水生，无维管束，能进行光合作用。体形大小各异，小至长1微米的单细胞的鞭毛藻，大至长达60公尺的大型褐藻。藻类没有真正的根、茎、叶，也没有维管束。

(二)食用藻类主要品种

1. 紫菜

紫菜又称子菜、膜菜，为红藻门红毛菜科紫菜属中叶状藻体可食的种群。紫菜在中国的食用历史悠久，主要产于山东半岛、辽东半岛和浙江、福建沿海，生于浅海潮间带岩石上。中国沿海地区已进行人工养殖。每年12月至翌年5月上市。

紫菜的种类较多，中国栽培利用的主要有圆紫菜、皱紫菜、长紫菜、坛紫菜、铁钉紫菜、条斑紫菜、甘紫菜等。北方以条斑紫菜为主，南方则以坛紫菜为主。

紫菜通常加工成干品应市。其质量以表面光滑滋润、紫色有光泽、片薄、大小均匀、质干味香、无杂质者为佳。紫菜做菜，适于拌、炝、蒸、煮、烧、炸、氽等烹调方法，也可以用于馅心的制作或作卷菜的包裹料。

2. 石花菜

石花菜又称鸡毛菜、牛毛菜、冻菜、红丝、海草、凤尾、大本、毛石花菜、琼胶、洋菜等，为红藻门石花菜科海产藻类。石花菜分布于辽宁、山东、江苏、浙江、福建、台湾等省沿海,生长于海底岩石上。

石花菜通体透明,犹如胶冻,口感爽利脆嫩,既可拌凉菜,又能制成凉粉。石花菜还是提炼琼脂的主要原料。琼脂又叫洋菜、洋粉、石花胶,是一种重要的植物胶,属于纤维类的食物,可溶于热水中。琼脂可用来制作冷食、果冻或微生物的培养基。

石花菜秋季采收,晒干备用。可泡发后凉拌,口感爽脆,也可炒、烧等。因含丰富的海藻多糖,可用于制作琼脂。

3. 海带

海带又称昆布、江白菜等,为褐藻门海带科海带属一二年生海藻。中国食用海带历史悠久,除中国和日本外,其他国家极少人工栽培。夏季收割上市。产地多供应鲜品,市售多为干制品,使用之前需涨发。

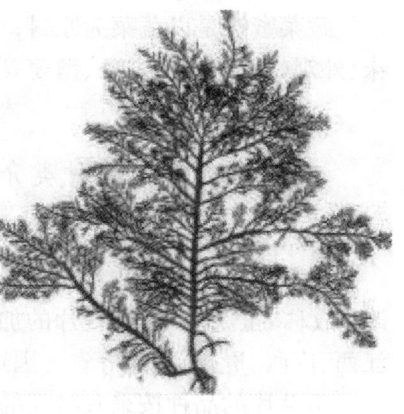

图4-42 石花菜

海带依性状不同可分为昆布、黑昆布、裙带菜等。海带的质量以体质厚实、形状宽长、干燥、色深褐、无杂质者为佳。海带适于拌、炝、爆、炒、烩、烧、煮、焖、氽等多种烹调方法,有些地区还用作馅心料。既为家常佳蔬,也可用于筵席。

第八节 蔬菜制品

一、蔬菜制品概述

(一) 蔬菜制品概念

以新鲜蔬菜为原料经脱水干制、糖盐腌制、浸泡、发酵等方法加工而成的蔬菜成品或半成品。

(二) 蔬菜制品分类

蔬菜制品的种类很多,按其加工方法可分为脱水菜、腌渍菜、蔬菜蜜饯、蔬菜罐头、速冻菜等几大类。

1. 腌渍菜

腌渍菜是将新鲜蔬菜用食盐腌制或盐液浸渍后的加工品。其特点是保藏性强,组织变脆,风味好。包括泡菜、榨菜、咸菜、酱菜、霉干菜、冬菜等。

2. 脱水菜

新鲜蔬菜经自然干燥或人工脱水干燥制成的加工品称为脱水菜。其特点是便于包装、携带、运输、食用和保存。包括金针菜、玉兰片、香菇、黑木耳等。

3. 速冻菜

速冻菜是将整体或切分后的新鲜蔬菜经快速冻结后的一种加工菜。其特点是耐贮存,解冻后品质和风味接近于新鲜蔬菜。包括速冻菜豆、甜玉米、土豆、豌豆、洋葱、蒜薹等。

4. 蔬菜罐头

蔬菜罐头是将完整或切块的新鲜蔬菜经预处理、装罐、排气、密封、杀菌等处理后制成的成品。其特点是耐贮藏,便于运输。包括清水笋、清水马蹄、菜豆、金针菇、蘑菇、石刁柏罐头等。

5. 蔬菜蜜饯

蔬菜蜜饯是以蔬菜为原料,利用食糖腌制或煮制的加工品。其特点是保藏性强,色、香、味、外观好。包括冬瓜条、糖姜等。

二、蔬菜制品主要种类介绍

(一) 玉兰片

玉兰片是用鲜嫩的冬笋或春笋,经加工而成的干制品,由于形状和色泽很像玉兰花的花瓣,故称"玉兰片"。玉兰片的加工和食用在中国已有悠久的历史,现在中国主要产于湖南、江西、广西、贵州、福建等省。因选择原料优良,被视为高档干制蔬菜原料。

玉兰片的品种按采收时间的不同,分为尖片、冬片、桃片和春片等。尖片:又称玉兰宝、笋尖,是在立春前用冬笋尖制成的,质嫩味鲜,是玉兰片中的上品。冬片:惊蛰前用冬笋加工而成,品质次于尖片。桃片:又称桃花片,是在春分前后用已出土或未出土的春笋加工制成的,因其形状似桃,又值桃花盛开时采收,故名,品质仅次于冬片。春片:又称大片,是在清明前后用已出土的春笋加工而成的,春片笋节较明显、质较老、纤维较粗,品质次于桃片。

玉兰片质量主要从色泽、长度和宽度、含水量、气味四方面判断。色泽方面:凡表面光洁,呈玉白色或奶白色者品质好;而表面萎暗,呈灰白色者质量差。尺寸方面:尖片不超过8厘米,宽3~4厘米;冬片不超过12厘米,宽4厘米左右;桃片不超过16厘米,宽5~7厘米;春片不超过20厘米,宽9厘米。笋节紧密,笋肉厚的为品质好。

玉兰片经水发后,能恢复脆嫩的特色,其食法与鲜笋相似。

(二) 榨菜

榨菜是一种半干态非发酵性咸菜,以茎用芥菜为原料腌制而成,是中国名特产品之一。与欧洲酸菜、日本酱菜并称世界三大名腌菜。榨菜在1898年始见于中国四川涪陵,时称"涪陵榨菜"。因加工时需用压榨法榨出菜中过多的水分,故称"榨菜"。现四川、浙江、福建、江苏、上海、湖南、广西等地均有生产,以四川涪陵地区产的最有名。

四川榨菜的加工经过原料修整、晾晒、盐腌、修整、淘洗、拌料装坛、贮存后熟等工序,其中脱水方式有风脱水和盐脱水两种。浙江榨菜的加工与四川榨菜基本相同,但不经晾晒,直接腌制。榨菜的质量以干湿适度,咸淡适口,色泽鲜明,无泥沙、污物者为佳。

榨菜可直接食用,也可作配料使用,适于炒、烧、拌、煮等烹法,还是制作汤菜的原料,有些地区还用来作馅心。此外,榨菜还可作调味品。

(三) 冬菜

冬菜是将新鲜幼嫩的叶用芥菜或大白菜等蔬菜,经过一系列腌制加工工序制成的一种半干态非发酵性咸菜。冬菜是中国特有的一种大众化的简易蔬菜加工品,主要产于四川和天津一带,因此可分为京冬菜、津冬菜和川冬菜三种。

京冬菜,又称素冬菜,是山东日照著名特产。京冬菜主要原料是大白菜心,切晒晾干;佐料主要是优质酱油和绍光酒等,适时操作闷制而成。京冬菜条索细匀,色泽如棕,清香宜人,味美可口,形、色、味均别具一格,并能常年贮存。它不仅是进餐之佳肴,而且是烹饪菜肴的上等调料。

第四章　蔬菜类

津冬菜，又名荤冬菜，产于河北省的沧州和天津市一带。制作时先将大白菜切成小块，晒至半干，加盐，充分揉搓，入缸压实，撒盖食盐，封缸2~3天，然后将菜取出，加蒜泥，装缸发酵至第二年春即成。因加有蒜泥，故又称"荤冬菜"。津冬菜有特殊香味，即可直接作菜食用，又可作调味用。

川冬菜，主产于四川的南充、资中。制作时将芥菜类的箭秆、青菜的菜薹切成数片，晾软，割下嫩尖，加盐。次日起每天揉一次，共揉5~6次，待发油光后，放围屯内，并加香料翻几次。半月左右装入坛压紧，用老叶和泥土封口，倒置让其暴晒6~7个月或一年，待泥头湿润即成。每年农历八月清理转一次坛。经两三年充分成熟后出售。

冬菜风味鲜美，可提鲜、解腻、增香。用于菜肴的制作多用作汤料，也可作主、配料应用，还可炒、煮、烧、制馅等。

（四）霉干菜

霉干菜又叫咸干菜，是用茎用、叶用芥菜或雪里蕻腌制发酵后，再经晒干的成品。主产于浙江绍兴、萧山、桐乡等地和广东惠阳一带。浙江产者以细叶或阔叶雪里蕻腌制。广东产者以一种变种芥菜腌制，也有用萝卜茎叶或榨菜叶腌制的，但质量差，且有苦味。此外，江苏、安徽、福建等地亦产。

绍兴霉干菜油光乌黑，香味醇厚，耐贮藏。可分为白菜干、油菜干和芥菜干三种，以芥菜干味道最为鲜美。芥菜干又以"百脑芥菜"的品种腌晒为上乘。

霉干菜的质量以色泽黄亮、咸淡适度、质嫩味鲜、香气正常、身干、无杂质、无硬梗者为佳。霉干菜在烹调前，用冷水洗净，随后便可进行加工。除了用来作佐餐外，还作为各式菜肴的辅料，常用来清蒸、油焖、烧汤、烤笋、烧鱼、炖鸡、蒸豆腐等，其味隽美，开胃增食。

（五）泡菜

泡菜，古称菹，是指为了利于长时间存放而经过乳酸菌发酵的蔬菜。泡菜是中国特有的一种低盐液乳酸发酵腌渍菜，各地均有加工，是大众化的简易蔬菜加工品。

多数脆嫩的蔬菜，如白菜、甘蓝、萝卜、辣椒、芹菜、黄瓜、菜豆、莴笋等质地坚硬的根、茎、叶、果均可作为制作泡菜的原料。泡菜具有鲜美的酸味，菜质细嫩，一般适于鲜食、作佐餐的小菜，也可用于菜肴的制作，可炒、煮、烧等。

第九节　蔬菜的品质检验和贮存

一、蔬菜的品质检验

蔬菜的品质主要从其感官指标上来判别。根据国家标准，蔬菜的质量取决于色泽、质地、含水量及病虫害等情况。

1. 色泽

优质的蔬菜色泽鲜艳、有光泽，如叶茎类蔬菜通常都是翠绿色的，萝卜有红、黄、青、白等色，番茄为红色，茄子为紫黑色或青白色等；次质的蔬菜虽有一定的光泽，但较优质的暗淡；劣质的蔬菜则色泽较暗，无光泽。

2. 质地

优质的蔬菜质地鲜嫩、挺拔,发育充分,无黄叶,无刀伤;次质的蔬菜则梗硬,叶子较老且枯萎;劣质的蔬菜黄叶多,梗粗老,有刀伤,萎缩严重。

3. 含水量

优质的蔬菜保持有正常的水分,表面有润泽的光亮,刀口断面会有汁液流出;劣质的蔬菜则外形干瘪,失去光泽。

4. 病虫害

优质的蔬菜无霉烂及虫害的情况,植株饱满完整;质次的蔬菜有少量霉斑或病虫害,经挑拣后仍可食用;劣质的蔬菜严重霉烂,有很重的霉味或虫蛀、空心现象,基本失去食用价值。

此外,蔬菜的品质还与存放的时间有很大的关系。存放时间越长,蔬菜的质量就下降得越多。

二、蔬菜的贮存保管

蔬菜贮存保管最重要就是保鲜,保鲜具有两个方面的作用:一是降低蔬菜自身的生理活动能力,二是减少微生物的侵袭。通常使用控制温度、湿度和气流量的方法,来达到贮藏蔬菜的目的。目前常用的贮藏方法有以下几种。

1. 冻藏

冻藏是利用自然低温,使蔬菜处于微冻结状态下而进行贮藏的一种方式。多用于耐寒蔬菜的贮藏,如菠菜、芹菜、芫荽等。

冻藏是利用自然低温使蔬菜冻结,整个贮藏期都处于冻结状态。使用前将其缓慢解冻,解冻时湿度不可升高过快,否则会加速蔬菜变质;解冻后应立即食用或处理,不宜长期存放。

2. 堆藏

堆藏是将蔬菜堆在室内或室外平地或浅坑中的贮藏方式。堆藏产品的温度主要是受气温影响,同时也受到土温的影响,一般只适用于北方秋季蔬菜的短时间保藏。适于堆藏的蔬菜主要有洋葱、马铃薯、大白菜、大蒜等。

3. 埋藏

埋藏也叫沟藏,是一种地下封闭式贮藏方式。产品堆放在地面以下,秋季降温效果较差而冬季的保温效果较好。埋藏主要是利用土壤的保温性能维持贮藏环境中相对稳定的温度、湿度和气体组分。适于埋藏的主要是根菜类,如萝卜、胡萝卜等。在有些地区,大白菜、卷心菜也可采用埋藏法贮藏。

4. 窖藏

窖藏在地面以下,受土温的影响很大;同时设有通风口,受气温的影响也很大。一般适于根菜类和大白菜等。

5. 假植贮藏

假植贮藏是将连根收获的蔬菜集中密植于一定沟或窖内,保持蔬菜较弱的生长活动的贮藏方式。多用于各种绿叶菜和细嫩蔬菜,如芹菜、油菜、花椰菜、甘蓝等。

假植贮藏的蔬菜要连根收获,单株或成捆假植,不能堆积,株(捆)间要留有适当空隙,上盖稀疏覆盖物。保证有微弱散光透过,维持微弱的光合作用,防止黄化。贮藏期间,土壤干燥时应及时灌水,不使果蔬过度失水,保持植株的新鲜状态。

第四章 蔬菜类

蔬菜制品的耐贮性要比鲜菜好一些。干菜制品一般要注意防潮，防止吸水变潮后被微生物污染，故干菜制品应在干燥的环境中保管。淹、酱、泡菜通常应当密封包装，在低温下进行保存。

复习思考题

1. 蔬菜按照食用部位可分为哪几类？
2. 肉质直根类蔬菜有哪几种类型？各有何形态特征？
3. 地下茎类蔬菜包括哪几类？各类的特点如何？
4. 叶菜类蔬菜分为哪几类？举例说明。
5. 蔬菜制品按加工方法可分为哪几类？各有何特点？
6. 如何检验蔬菜的品质？
7. 目前常用的贮藏蔬菜的方法有哪些？

课外阅读

推荐蔬菜的14种健康营养新吃法

1. 买小的

很多蔬菜的味道会因为蔬菜小而味道更加香甜，而且健康好处也尤其多。如小番茄、小胡萝卜等，在很多大超市和专门食品店都会找到这些小类的食物。

2. 加点油

对脂肪的恐惧让我们总是觉得离油越远越好，但是，一些健康的油，如有益于心脏的橄榄油可以让蔬菜变得更美味，每天三份到五份蔬菜的健康目的也更容易达到。炒西兰花的时候滴上几滴橄榄油，再加上盐和胡椒粉。

3. 蘸东西

生蔬菜可能难以下咽，但是如果蘸点无脂豆沙或你最喜欢的沙拉酱，会不会好点呢？工作的间隙或看电视时吃点。

4. 加点奶酪

适度的奶酪沙司会使西兰花或菜花变得更有味，或在绿豆、菠菜和甘蓝中加入一点你最喜欢的奶酪。

5. 烫菜

欧洲人总会纳闷为什么亚洲人可以吃那么多的蔬菜，包括味道浓重的西兰花，这是因为亚洲人对苦味的敏感度没有白种人那么强，真正的秘密是因为亚洲人喜欢烫菜。把蔬菜蒸或煮30~60秒，然后捞出来泡进冷水中，苦味就会减少。

6. 把芽甘蓝放到微波炉中

如果你觉得芽甘蓝味道不好，可以斜切成片，加点水和黄油，放到微波炉中，拿出来后再放入一些蒿子。

7. 巧妙处理洋葱

洋葱家族，如大葱、大蒜富含抗癌的混合物，但是由于其浓烈的味道，很多人都非常讨厌吃。在切好的大葱或洋葱中滴入一些橄榄油，用箔包起来，气味就没有那么浓烈了。

8. 买熟番茄

　　冬天的温室的番茄颜色看起来不如夏天的那么鲜艳，一定要买成熟后摘下的番茄，在专门的食品店买，或在番茄旺季购买，因为生的番茄是苦涩的。

9. 和水果分开放

　　胡萝卜、南瓜和一些药草如果和水果放在一起，味道会受到影响。而十字花科植物，如菜花、大白菜和水果放在一起，会迅速变黄变软。

10. 不吃苦茄子

　　很多人都知道太熟的茄子会苦，但是于茄子的大小并没有关系。买茄子的时候，如果你的拇指在茄子上留下的凹痕不能反弹，那么这个茄子应该是苦的，即使是很小的一颗。要进一步确定，检查茄子的"肚脐"：花落的时候会在"肚脐"上留下椭圆或圆形的痕迹，选择椭圆形的，因为圆形的籽多肉少。要减少茄子的苦味，可以把切好的茄子在盐水中泡半个小时。

11. 在农贸市场购物

　　十字花科蔬菜，如花椰菜、甘蓝、菜花、大白菜，在架子上的时间越长，味道也会越浓。在农贸市场上的蔬菜是最新鲜的，吃起来味道也会更好。

12. 偷偷放进去

　　如果你不喜欢一种蔬菜的味道，可以把其加入汤中。你可以把胡萝卜碎末或南瓜淋入到松饼或面包中。下次做肉馅包的时候，和往常一样放入面包屑和鸡蛋后，再放入一些碎的蔬菜进去，如洋葱、南瓜、蘑菇甚至绿豆。

13. 重温健康价值

　　如果你知道甘蓝可以防癌，即使甘蓝很难吃，你都会心甘情愿地多吃，尤其是你的家中有人患癌。平时可以多留意这些蔬菜的健康价值。

14. 纵容你的甜食喜好

　　所有的婴儿天生喜欢吃甜食，讨厌苦的食物，这是因为很多有毒的植物都是苦涩的，因为我们知道甜的蔬菜是有利于我们的，如红薯、豌豆和胡萝卜都有很大的营养价值。

第五章　水产类

> 【学习目标】
> 　　通过本章学习，应该达到以下目标：
> 　　◆知识目标：了解水产品原料的分类；各类水产品品种名称、外形特征、产地、产季、品质特点。
> 　　◆技能目标：可根据水产品原料的种类特点和营养功效，进行适宜的原料处理和加工。在烹饪中合理应用。
> 　　◆能力目标：认识各种水产品原料应用特性，通过感官鉴别其品质；对水产品储藏保管。

第一节　水产品概述

一、水产品的概念

水产品，狭义是指鱼类和在水中生活的低等动物，广义上指鱼类和水生的哺乳类、爬行类、两栖类、蔬菜类。我们习惯上把生长在水中，能作为烹饪原料的鱼类、爬行动物及某些低等动物统称为水产品。我国的水资源非常丰富，既有广阔的海洋，又有无数的江河湖泊，因此水产品的产量丰富。水产品富含各种营养成分，肉质鲜嫩，味道鲜美，使用方便，在烹饪中使用广泛。随着水资源的不断开发利用，水产品的产量越来越大，它不但逐渐成为人们日常生活中的主要食物原料，而且在宴席场合的上席率也越来越高。有许多酒楼食肆为了迎合人们饮食需求，以水产品为经营特色，生意火爆。

二、水产原料的分类

水产原料的分类方法不一，主要有以下几种：
(一)按饮食行业方法分类
(1)鱼类原料：包括大黄鱼、小黄鱼、黄姑鱼、青鱼、草鱼、鲢鱼、鳙鱼等。
(2)虾蟹类原料：包括对虾、河虾、蟹。
(3)贝类原料：包括鲍鱼、贻贝、红螺、香螺、牡蛎等。
(4)其他水产原料：包括海参、海蜇、鱿鱼等。
(二)按生物学方法分类
(1)鱼类：包括大黄鱼、小黄鱼、黄姑鱼、青鱼、草鱼、鲢鱼、鳙鱼等。
(2)甲壳动物类：包括虾类、蟹类。

(3)软体动物类:包括贝类、墨鱼、鱿鱼、章鱼等。

(4)棘皮动物类:包括梅花参、刺参、乌参、茄参等。

(5)腔肠动物类:包括海蜇等。

(三)按原料基本属性分类

国家标准中,按原料基本属性分类,共分为十二类(GB 7635—1987)。

1. 鲜、活品

(1)海水鱼类:包括大黄鱼、小黄鱼、黄姑鱼、白姑鱼、带鱼、鲳鱼、鲅鱼(马鲛鱼)、鲐鱼、鳓鱼、鲈鱼、鲱鱼、蓝圆(鱼参)、马面(鱼屯)、石斑鱼、鲆鱼、鲽鱼、沙丁鱼、鳕鱼、海鳗、鳐鱼、鲨鱼、鲷鱼、金线鱼、其他海水鱼类。

(2)海水虾类:包括东方对虾、日本对虾、长毛对虾、斑节对虾、墨吉对虾、宽沟对虾、鹰爪虾、白虾、毛虾、龙虾、其他海水虾类。

(3)海水蟹类:包括梭子蟹、青蟹、其他海水蟹类。

(4)海水贝类:包括鲍鱼、泥蚶、毛蚶(赤贝)、魁蚶、贻贝、红螺、香螺、玉螺、泥螺、栉孔扇贝、海湾扇贝、牡蛎、文蛤、杂色蛤、青柳蛤、大竹蛏、缢蛏、其他海水贝类。

(5)其他海水动物:包括墨鱼、鱿鱼、章鱼。

(6)淡水鱼类:包括青鱼、草鱼、鲢鱼、鳙鱼、鲫鱼、鲤鱼、鲮鱼、鲑(大麻哈鱼)、鳜鱼、团头鲂、长春鳊、鲂(三角鳊)、银鱼、乌鳢(黑鱼)、泥鳅、鲶鱼、鲥鱼、鲈鱼、黄鳝、罗非鱼、虹鳟、鳗鲡、鲟鱼、鲢鱼、其他淡水鱼类。

(7)淡水虾类:包括日本沼虾、罗氏沼虾、中华新米虾、秀丽白虾、中华小长臂虾、其他淡水虾类。

(8)淡水蟹类:包括中华绒螯蟹、其他淡水蟹类。

(9)淡水贝类:包括中华圆田螺、铜锈环棱螺、大瓶螺、三角帆蚌、褶纹冠蚌、背角无齿蚌、河蚬、其他淡水贝类。

(10)其他淡水动物:包括鳖(甲鱼)、牛蛙、棘胸蛙、蜗牛。

2. 冷品

(1)冻海水鱼类:包括冻大黄鱼、冻小黄鱼、冻黄姑鱼、冻白姑鱼、冻带鱼、冻鲳鱼、冻鲅鱼、冻鲐鱼、冻鲈鱼、冻蓝圆(鱼参)、冻石斑鱼、冻鳓鱼、冻海鳗、冻比目鱼、冻鲆鱼、冻沙丁鱼、冻马面、冻鱼块、冻鱼片、其他冻海水鱼类。

(2)冻海水虾类:包括冻对虾、冻去头对虾、冻鹰爪虾、冻虾仁、冻龙虾、其他冻海水虾类。

(3)冻海水贝类:包括冻扇贝柱、冻赤贝肉、冻贻贝肉、冻杂色蛤肉、冻蛏肉、冻文蛤肉、冻海螺肉、冻牡蛎肉、其他冻海水贝类。

(4)其他冷冻海产品:包括冻梭子蟹、冻鱿鱼、冻墨鱼、冻墨鱼片。

(5)冻淡水鱼类:包括冻银鱼、冻青鱼、冻草鱼、冻鲢鱼、冻鳙鱼、冻鲤鱼、冻鲮鱼、冻鲑鱼、冻鲫鱼、冻鳜鱼、冻泥鳅、冻鳝鱼片、冻黑鱼片、其他冻淡水鱼类。

(6)冻淡水虾类:包括冻淡水虾、冻淡水虾仁。

3. 干制品

(1)鱼类干制品:包括大黄鱼干(黄鱼鲞)、鳗鱼干、银鱼干、海蜒、青鱼干、调味马面鱼干、烤鱼片、烤鳗、调味烤鳗、鱼松、其他鱼类干制品。

(2)虾类干制品:包括虾米(海产)、虾米(淡水)、虾皮、对虾干。

(3)贝类干制品:包括干贝、鲍鱼干、贻贝干(淡菜)、蛤干、海螺干、牡蛎干、蛏干、其他贝类干制品。

(4)藻类干制品:包括淡干海带、盐干海带、熟干海带、调味熟干海带、紫菜、裙带菜、石花菜、麒麟菜、马尾藻、其他藻类干制品。

(5)其他水产干制品:包括梅花参、刺参、乌参、茄参、鱼翅、鱼皮、鱼唇、明骨、鱼肚、鱿鱼干、墨鱼干、章鱼干。

4. 腌制品

(1)腌制鱼:包括碱鲅鱼、咸鳓鱼、咸黄鱼、咸鲳鱼、咸鲐鱼、咸鲑鱼、咸带鱼、咸鲢鱼、咸鳙鱼、咸鲤鱼、咸金线鱼、糟鱼、醉鱼、其他鱼类腌制品。

(2)其他腌制品:包括咸泥螺、醉泥螺、醉蟹、盐渍海蜇皮、盐渍海蜇头、盐渍熟裙带菜。

5. 罐制品

(1)鱼罐头:包括清蒸鱼罐头、油浸鱼罐头、鲜炸鱼罐头、茄汁鱼罐头、五香鱼罐头、熏鱼罐头。

(2)其他水产原料罐头:包括杂色蛤罐头、贻贝罐头、扇贝罐头、海螺罐头、蟹肉罐头。

6. 鱼糜及鱼糜制品

鱼糜及鱼糜制品包括鱼糜、鱼香肠、鱼丸、鱼糕、鱼卷、鱼饼、鱼面、虾片、仿蟹肉、仿虾仁、仿扇贝柱。

7. 动物蛋白饲料

动物蛋白饲料包括鱼粉、鱼浆(液体鱼蛋白饲料)。

8. 水产动物内脏制品

水产动物内脏制品包括鲜海胆黄、海胆酱、盐渍海胆黄、鲟鳇鱼子、鲑鱼子、盐渍鲱鱼子、虾子、乌鱼蛋。

9. 助剂和添加剂类

助剂和添加剂类包括印染用褐藻酸钠、纺织浆纱用褐藻酸钠、食用褐藻酸钠、藻酸丙二酯、褐藻酸、铸造用藻胶、琼胶、卡拉胶、甲壳素、鱼胶、鱼油。

10. 水产调味品

水产调味包括鱼露、蚝油、虾油、虾酱、虾味汤料、海藻汤料、其他水产调味品。

11. 医药品类

医药品类包括甘露醇、碘、角鲨烯、鱼脂酸丸、鱼肝油酸钠、蛋白胨、清鱼肝油、乳白鱼肝油、果汁鱼肝油、维生素 AD 胶丸、维生素 E 胶丸、维生素 AD 滴剂、维生素 E 滴剂、九合维生素糖丸、六和维生素糖丸、畜禽用鱼肝油、海马、海螵蛸。

12. 其他水产原料

(1)海藻凝胶食品:包括海藻蜇皮、海藻果珠、海藻胶果冻粉、海藻果冻、海藻凉粉、海藻鱼子。

(2)珍珠类:包括淡水珍珠、海水珍珠、珍珠层粉。

三、水产品的营养价值

水产品含有人体所需的各种营养素,如蛋白质、脂肪、维生素 A、维生素 D、维生素 E、维生素 B_1、维生素 B_2、维生素 B_6、维生素 B_{12} 及钙、磷、铁、碘、硒、锌等微量元素。水产品中所含的蛋白质能够供给人体必需的氨基酸,易消化吸收,不会增加人体的消化压力。同时,水产品的脂肪中所含的脂肪酸是一种高度不饱和脂肪酸,对降低胆固醇和降低血液中的中性脂肪有显著效果,还能抑制血液的凝聚,疏通血液管道,刺激脑细胞发育。因此,水产品是人类重要的营养保健食品。以水产品为主食的因纽特人,自古以来很少患有动脉硬化、心肌梗死等疾病。据日本报道,每天食用鲜鱼汤,可使晚期癌症患者延寿一年以上。《本草纲目》也记载了水产品的药用价值。近年科学家还发现,鱼油中含有DHA,这是一种对大脑和婴儿发育不可缺少而又不可替代的必需脂肪酸,而且可以增强记忆力。综上所述,水产品具有非常高的营养及药用价值。

尽管水产品含有丰富的营养成分,但我们应学会科学食用。首先,被化学农药、工业"三废"等污染过的水产品不能食用,如果不慎食用,不但会影响人们身体健康,甚至会危及生命。其次,水产品必须完全煮熟才能食用。近年,许多人为了追求口感上的鲜嫩非常喜欢生吃水产品,如风靡广东的刺生龙虾、刺生三文鱼、刺生北极贝及江浙一带的醉虾等,尽管生食能满足口感上的需要,但无论从营养上,还是从卫生上都是不可取的。最后,应多吃天然水产品,少吃人工养殖的水产品,由于人工养殖的水产品生长期短,无论是口感还是营养价值均与天然水产品相差很远。

第二节 常见淡水鱼类

一、淡水鱼类概述

广义地说,淡水鱼系指能生活在盐度为千分之三的淡水中之鱼类。狭义地说,淡水鱼系指在其生活史中部分阶段如只有幼鱼期或成鱼期,或是终其一生都必须在淡水域中度过的鱼类。

我国的淡水鱼种类过多,分布很广,几乎到处可见。如以水草为主要食料的草鱼、鳊鱼、三角鲂、赤眼鳟等;以浮游生物为食的鲢、鳙等;杂食性的鲤、鲫等;其他如花麦穗鱼、银鮈、条鱼、棒花鱼、黄鳝、白鳝、泥鳅、花鳅、鲶鱼以及常见凶猛鱼类乌鳢、鳜鱼、鳡等。此外还有性情温和的肉食性鱼类翘嘴红鲌、蒙古红鲌等。除上述全国广为分布的种类外,各地水域中也有不少各地区的常见种类。

1. 淡水鱼类型构成

我国的淡水鱼不仅兼有寒、温、热三带的类型,还兼有平原水系、内陆高山和高原水系的类型,也包含一些在完成其生命活动过程中,有周期性、定向性和集群性的迁徙运动的洄游性鱼类。因此我国淡水鱼的类型复杂多样。

(1)冷水性淡水鱼。冷水性淡水鱼主要分布在我国东北寒温带或中温带水域。冷水性鱼类中,经济意义较大的常见种类有哲罗鱼、细鳞鱼、乌苏里白鲑、北极茴鱼、鲟鱼、达氏鳇、狗鱼及洄游性的大麻哈鱼等。

(2)暖水性淡水鱼。暖水性淡水鱼主要分布在我国黄河以南及长江、珠江和西北高原的一些河流等暖温带、亚热带、热带的水域中,是种类多、分布广、产量高的一类。特色品种有胭脂鱼、南方白甲鱼、卷口鱼、短鳍瓣结鱼、倒刺鲃、鲮鱼、唇鱼、胡子鲶、鳗鲡等。

(3)山区和高原水系淡水鱼。山区和高原水系淡水鱼主要分布在我国华西和西南的内陆山区以及青藏高原地区。如雅鲁藏布江、怒江、澜沧江、金沙江等,许多地段水流湍急,鱼类资源一般。以鲤形目鱼类为主,其中高原水系淡水鱼由于适应海拔高、气候冷的严酷环境,生长缓慢,

第五章 水产类

肉厚脂多,具有无鳞、重唇、具臀鳞等特征。例如鲈鲤、岩原鲤、乌原鲤、似鳡、华鲮等高山淡水系鱼类;品种有青海湖裸鲤、高原裸鲤、裸重唇鱼、齐口裂腹鱼、重口裂腹鱼、大理裂尻鱼等。

2. 中国淡水鱼类的划分

淡水鱼类通常分原生和次生两大类,前者如鲤形目等鱼类,后者如丽鱼科以及其他由海洋进入淡水生活的鱼类,比较能耐半咸水环境。我国的内陆水域水产资源丰富,通常人们习惯上将我国的淡水鱼类区系列为5个分区:

(1)北方山麓分区,分布有冷水性鱼类,如茴鱼、狗鱼、江鳕与杜父鱼等。

(2)华西高原分区,以冷水性、地向性鱼类为主,如鲤科的条鳅、河鲈等。

(3)宁蒙分区,以冷温性、古老性鱼类为主,如刺鱼与雅罗鱼。

(4)江河平原分区,以暖水性、静水性鱼类为主,如胭脂鱼科鱼鲤科的大部分种类。

(5)华南分区,以南方暖水性、急流性鱼类为主,如鲤科的鲃亚科与平鳍鳅科等。

二、淡水鱼的种类

1. 青鱼

青鱼为脊椎动物门鱼纲鲤形目鲤科的青鱼,又称黑鲩、乌青、螺蛳青等,与草鱼、鲢鱼、鳙鱼并称为我国淡水养殖的"四大家鱼"。青鱼自古入馔,汉代之"五侯鲭",宋时的鱼鲊皆以青鱼为之;明代《宋氏养生部》指出:"青鱼宜生宜鲊";清时谓其可脍、可脯、可醉,并有"醋搂鱼"等代表菜肴。

①形态特征及品种产地。青鱼(如图5-1所示)体延长,略呈圆筒形,尾部侧扁;口端呈弧形,无须;鳞大而圆;各鳍均为灰黑色,无硬刺;背部及体侧上半部青黑色,腹部灰白色。青鱼栖息于淡水的中下层,喜食螺、蚌、蚬、蛤等小型水生动物,分布于我国各大水系,主产于长江流域及其以南的平原地区。

图5-1 青鱼

②营养。青鱼鲜品可食部分每100克含蛋白质15.8~20.1克,脂肪2.6~5.2克,钙31毫克,磷171~246毫克,锌0.94毫克,硒37.69微克,碘6.5微克;此外,还含有维生素E、维生素B_1、维生素B_2等营养成分。

③烹饪应用。青鱼肉厚多脂,肉质细嫩,味道腴美。经常规加工后,既可整用,又可加工成块、段、条、片、丝、丁、粒等形态,更可斩成茸泥,加工成"片""丝""线""丸""饼"等再制成形。青鱼烹制时,适用于各种烹调法,适宜任何调味技法和味型。广泛应用在冷盘、热炒、大菜、汤羹和火锅中,湖北沔阳还以青鱼为主料制作"青鱼全席"。以青鱼制作的菜肴有:三丝鱼卷、菊花青鱼、老烧鱼、青鱼塌、青鱼煎糟、豆瓣青鱼、下巴甩水等。

2. 草鱼

草鱼为脊椎动物门鱼纲鲤形目鲤科的草鱼。又称鲩、草青、棍鱼等。草鱼为我国重要淡水经济鱼,已有3 000多年养殖历史。

①形态特征及品种产地。草鱼(如图5-2所示)体形似鲤而延长,略呈圆筒形,腹部无棱头部稍平扁,尾部侧扁;口呈弧形,无须;上颌略长

图5-2 草鱼

于下颌;鳞大而圆;背鳍和臀鳍均无硬刺,背鳍和腹鳍相对;体呈浅茶黄色,背部青灰略带草绿,腹部灰白,胸、腹鳍略带灰黄,其他各鳍浅灰色。草鱼栖息于我国江河湖泊水体的中下层和近岸多水草区域,以水生植物为食,分布于我国除新疆和青藏高原以外广东至东北的平原地区各水系。

②营养及性味功效。草鱼鲜品可食部分每100克含蛋白质15.5~26.6克,脂肪1.4~8.9克,钙18~160毫克,磷30~312毫克,铁0.7~9.3毫克;此外,还含有维生素及微量元素等。

③烹饪应用。草鱼肉质肥厚细嫩,口感甚好,较青鱼价廉,为民间广泛食用。整用、分解用、出肉用均可,其烹调加工方法参见"青鱼"。以草鱼制作的菜肴有:西湖醋鱼、清蒸鲩鱼、五柳居鱼、煎糟鱼、豉油活鱼、豆豉辣椒蒸腌鱼等。

3. 鲢鱼

鲢鱼为脊椎动物门鱼纲鲤形目鲤科的鲢鱼。又名白鲢、白鱼等。鲢鱼为我国主要养殖鱼类之一。

①形态特征及品种产地。鲢鱼(如图5-3所示)体形侧扁、稍高,呈纺锤形,背部青灰色,两侧及腹部银白色;头较一般鱼大,但小于鳙;口阔,眼睛位置很低;鳞片细小;各鳍色灰白,胸鳍不超过腹鳍基部。鲢鱼春、夏、秋三季栖息于我国江河湖泊水体的中上层,冬季则潜至深水过冬;以食浮游植物为主,广泛分布于我国东北部、中部、东南、南部地区江河各大水系中,但长江三峡以上无鲢鱼的自然分布。

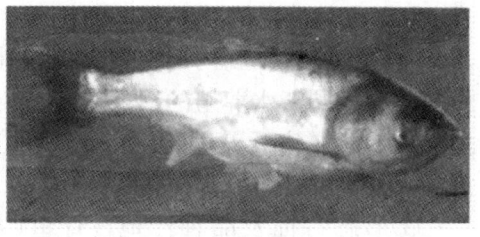

图5-3 鲢鱼

②营养。鲢鱼鲜品可食部分每100克含蛋白质17.8克,脂肪3.6克,钙53毫克,钠57.5毫克,磷190毫克,钾277毫克,铁1.4毫克,锌1.17毫克,硒15.68毫克,以及维生素A等。

③烹饪应用。鲢鱼刺少肉厚,肌纤维细而短,常规加工后即可供烹调使用,以红烧、干烧最具特点;烹调后,肉质肥腴,滋味醇浓,胶糯香甜,酥松盈口。鲢鱼大者可切割成段、块、条、片、丝、丁等形态,可用炸、熘、煎、烹、炒、烩等烹调方法制馔;取肉斩茸,可做"鱼片""鱼饼""鱼丸""鱼糕"等多种再制形菜肴。此外,鲢鱼的吻部、眼下核子肉、鱼云(鱼头鳃根部之嫩肉)、鱼舌、鱼下巴肉等均为良好的烹饪原料。以鲢鱼制作的菜肴有:鲢鱼豆腐、红烧鲢鱼、糟熘鱼片、鱼吻虫草、枸杞五核、蟹粉鱼云等。

4. 鳙鱼

鳙鱼为脊椎动物门鱼纲鲤形目鲤科的鳙鱼。又名花鲢、胖头鱼、黑鲢等。鳙鱼产量大,经济价值高。

①形态特征及品种产地。鳙鱼(如图5-4所示)体侧扁,体形似鲢鱼,但头肥大,最大约占鱼体30%;眼小,位置偏低,无须;下咽齿勺形,齿面平滑;口大,下颌稍向上倾斜;鳞小,腹面仅腹鳍至肛门具皮质腹棱;胸鳍长,末端远超过腹鳍基部;体侧上半部灰黑色,或灰黄色上布满黑色云斑,腹部灰白,两侧杂有许多

图5-4 鳙鱼

浅黄色及黑色的不规则小斑点。鳙鱼栖息于江河湖泊的中上层,以各类浮游生物为主食,亦

食一些藻类;分布于我国中、东部和南部地区,以长江流域中、下游地区为主要产地。

②营养。鳙鱼鲜品可食部分每100克含蛋白质15.3克,脂肪9克,钾275毫克,钠60.6克,钙82毫克,磷180毫克,铁0.8毫克,锌0.76毫克,硒19.47毫克,以及维生素A、维生素E等。有丰富的卵磷脂和脑垂体素,常食能祛头眩、益智商、助记忆、延缓衰老,对心血管系统有保护作用,还可润泽皮肤。

③烹饪应用。鳙鱼肉质与鲢鱼相似,唯稍粗疏,腥味也稍重,烹调参见"鲢鱼"条。"鳙之美在头",尤其是秋冬季节的鳙鱼头,脑肥满,皮丰腴,多胶汁,质滋润,制作菜肴无不体现出其胶浓脂厚、肥润腴滑、鱼脑鲜糯的风味特点。以鳙鱼制作的菜肴有:拆烩鲢鱼头、什锦鱼头煲、砂锅鱼头、清蒸鲢鱼头等。

5. 鳊鱼

鳊鱼为脊椎动物门鱼纲鲤形目鲤科的长春鳊。又名长身鳊、北京鳊等。鳊鱼产量大,为重要食用鱼之一,与白鱼、鲤鱼、鳜鱼并列为我国淡水四大名鱼。

①形态特征及品种产地。鳊鱼(如图5-5所示)体高,略侧扁,呈长菱形,头后背部隆起;头小,近似三角形;吻钝,向前突出;腹部圆,从胸部至肛门有明显腹棱,背鳍有光滑坚硬的刺;背部呈深青灰色,其他部分银白色;鳊鱼主要栖息于淡水的中下层,以小鱼、小虾和一些植被为食物,分布于我国长江以南江河湖泊各水系。

图5-5 鳊鱼

②营养。鳊鱼鲜品可食部分每100克含蛋白质18.5~21克,脂肪6.6~8克,钙76~120毫克,磷165~211毫克,铁1.1~2.2毫克等。

③烹饪应用。鳊鱼骨少肉多,肉质细嫩,以鲜肥多脂而著称;尤以腹下部肥美腴滑,人谓"鳊鱼吃边"。鳊鱼经常规加工后,多以整形剞上刀纹后用于清蒸、干烧、白煮、干炸、烟熏、火烤、油浸、红烧等多种烹法制馔,做汤亦佳。鳊鱼亦可解体割切,段、块、条、丝、丁乃至斩茸为馅,无一不可;解体后的鳊鱼适用于炒、熘、汆等多种烹调方法做成菜。鳊鱼的调味幅度也大,除了采用咸鲜、咸甜等突出鳊鱼自身风味的调味方法外,又可采用椒麻、豉汁、五香、烟香、家常、麻辣等多种味型。鳊鱼还可制作"鳊鱼席"。以鳊鱼制作的菜肴有红烧鳊鱼、清蒸鳊鱼、葱油鳊鱼、油焖鳊鱼、剁椒蒸鳊鱼、香辣豆豉鳊鱼、干烧鳊鱼等。

6. 白鱼

白鱼为脊椎动物门鱼纲鲤形目鲤科的翘嘴红鲌。又名大白鱼、翘嘴白鱼、翘嘴鲌、淮白鱼等。

①形态特征及品种产地。白鱼(如图5-6所示)体延长,可达60厘米,甚侧扁,头背平直,头后背部隆起;口上位,下颌很厚且上翘,口裂与体长轴几乎成垂直;眼大,位于头的侧下方。腹鳍基部至肛门有腹棱;背鳍具光滑而强大的硬刺;尾鳍分叉,下叶稍长于上叶;体背略呈青灰色,两侧银白,各鳍灰黑色。白鱼栖息于江河湖泊的流水及大水体的中上层,游泳迅速,善跳跃,以小鱼为食,性凶猛;主要分布于我国黑龙江、长江、黄河、辽河等干、支流及其附属湖泊中。

图5-6 白鱼

②营养。白鱼鲜品可食部分每100克含蛋白质14.2～22.7克，脂肪0.3～5克，钾375毫克，钠48.3克，钙27毫克，铁0.6毫克，磷192毫克，锌1.32毫克，以及维生素E、碳水化合物等。

③烹饪应用。白鱼以其鲜美肥腴，味美不腥被称为淡水鱼中的上品。经常规加工后，整尾烹制以重1000克左右最佳，略施刀纹美化，最宜清蒸、红烧、白煮等；个体较大的白鱼，亦可切割解体为段、块、条、片、粒等形态；既宜于蒸、烧、煎、煮制馔，又宜于炸、熘、炒、烹成菜。由于白鱼肉斩茸后，吸水性强，最能体现其细嫩爽滑的滋感，为其他鱼种所不及，所以是加工各种再制形菜肴如"鱼圆""鱼线""鱼片""鱼饼""鱼糕"等的首选原料。以白鱼制作的菜肴有：清蒸白鱼、糟蒸白鱼、稀卤白鱼、烟熏白鱼、油浸白鱼等。

7. 鲤鱼

鲤鱼为脊椎动物门鱼纲鲤形目鲤科的鲤鱼。又名鲤拐子、鲤子、赤鲤、河鲤、鲤花鱼等。鲤鱼是亚洲原产的温带淡水经济鱼种之一。

①形态特征及品种产地。鲤鱼体侧扁而腹圆，头后背部稍隆起。口端位，呈马蹄形，须两对，颌须长于吻须。背鳍、臀鳍均具硬刺，最后一鳍的后缘具锯齿；鳞片大且紧。按生长的水域不同，鲤鱼可分为河鲤鱼、江鲤鱼、池鲤鱼等。河鲤鱼体色金黄，有金属光泽，胸、尾鳍带红色，肉脆嫩，味鲜美，质量最好；江鲤鱼鳞内皆为白色，体肥，尾秃，肉质发面，肉略有酸味；池鲤鱼青黑鳞，刺硬，泥土味较浓，但肉质较为细嫩。鲤鱼常栖息于平静而水草丛生的池塘、湖泊、河流等水系的（如图5-7所示）底层，为杂食性鱼类；我国黑龙江、黄河、长江、珠江、闽江诸流域及云南、新疆等湖泊、江河中均有分布。

图5-7 鲤鱼

②营养。鲤鱼鲜品可食部分每100克含蛋白质17.6克，脂肪4.1克，钾334毫克，锌2.08毫克，硒15.38毫克，维生素A 25微克，维生素E 1.27毫克；此外，还含有丰富的氨基酸、肌酸、磷酸肌酸以及组织蛋白酶等。中医认为，鲤鱼性平、味甘，具有补脾健胃、利水消肿、通乳、清热解毒、止咳下气等功效；可用于治疗水肿胀满、脚气、黄疸、咳嗽气逆、乳汁不通等症。

③烹饪应用。鲤鱼肉体肥厚，肥而带脆；经常规加工后，还需抽去脊侧的两根白筋，去净黑膜。鲤鱼剞上刀纹后，可以整条制馔；又可切割解体，加工成段、块、条、片、丝、丁、粒等形状；还可加工成茸泥，再制成形。鲤鱼可做主料单独成菜，几乎适应于各种烹调鱼品的方法，适应于咸鲜、咸甜、酸甜、酸辣、茄汁、麻辣、椒麻、红油、咖喱、烟香等多种味型。鲤鱼的唇、舌、脑、皮、肠、鳔、子、鳞等也是良好的烹饪原料，均可单独成菜。以鲤鱼制作的菜肴有：奶汤锅子鱼、糖醋活鲤鱼、盐酸干烧鱼、金毛狮子鱼、荷包鱼、锅贴鱼等。

8. 鳜鱼。鳜鱼为脊椎动物门鱼纲鲈形目鮨科的鳜鱼。又名鳜花鱼、鳌花鱼、鯚鱼、季花鱼、花鲫鱼、桂花鱼、桂鱼等。因其生产于中国，产量具世界之首，故又称中华鱼。

①形态特征及品种产地。鳜鱼（如图5-8所示）体较高而侧扁，背部隆起。口大，下颌明显长于上颌。头部具鳞，鳞细小。背鳍分两部分，前后连接，前部

图5-8 鳜鱼

第五章 水产类

为硬刺,后部为软鳍条;体浅黄绿色或橄榄绿色,腹部灰白色,体侧具有不规则的暗棕色斑纹及斑点,由吻端穿过眼径有一条黑纹。鳜鱼栖息于江河湖泊的流水及大水体的中下层,性凶猛,以小鱼为食,广泛分布于我国除青藏高原以外各地的江河湖泊中。

②营养。鳜鱼鲜品每100克可食部分含蛋白质19.9克,脂肪4.2克,钾295毫克,磷217毫克,锌1.07毫克,硒26.5毫克,以及维生素等。

③烹饪应用。鳜鱼皮厚肉紧,肉色洁白,经过初步加工后,既可用凉拌、熟炝、油焖、酒糟等方法制作冷菜,又可用炸、熘、炒、爆、煎、烹、塌、贴等旺火速成法以及煮、扒、蒸、烩、煨、炖、烧、焖等较长时间的加热烹调制作热菜。鳜鱼的调味幅度亦大,除了采用突出其自身特点的咸鲜味型外,还适应其他诸多味型。一般中小型鳜鱼以整形烹调见多,体形大的鳜鱼宜于切割解体应用,使之呈现段、块、条、片、丁、粒、米等形态。鳜鱼肉又可斩茸为馅,加工成"片""丝""线""饼""丸""橘瓣"等再制形。湖北武汉还以鳜鱼为主要原料制作"鳜鱼全席"。以鳜鱼制作的菜肴有:松子鱼米、瓜姜鱼丝、彩色鱼夹、八宝鳜鱼、松鼠鳜鱼、金狮鳜鱼、牡丹鳜鱼、菊花鱼、叉烤鳜鱼、鲜奶鱼馄饨等。

9.鲫鱼

鲫鱼为脊椎动物门鱼纲鲤形目鲤科的鲫鱼。又名河鲫鱼、鲋鱼、朝鱼、鲫爪子、鲫壳子、鲫皮子等。

①形态特征及品种产地。鲫鱼(如图5-9所示)体侧扁而高,腹部圆,脊背处肉质较厚;

图5-9 鲫鱼

头短小,口端位,无须,背鳍较长,背鳍、臀鳍均具一根粗壮且后缘有锯齿的硬刺;鳞片较大;通体呈银灰色,背部较深,腹部灰白,常因生长环境的不同,体色深浅略有差异。鲫鱼栖息于水草丛生的浅水湖汊和池塘里,多以植物性食料为主,水草、硅藻、小虾、蚯蚓、幼螺、昆虫也是鲫鱼良好的食料,广泛分布于我国除青藏高原和新疆北部以外的各淡水水域。鲫鱼一年四季均有生产,其中以每年2~4月和8~12月的鲫鱼最肥美。云南滇池的高背鲫、黑龙江方正银鲫、江西的彭泽鲫、河南的淇河鲫、江苏六合县的龙池鲫鱼等均为典型著名品种。

②营养。鲫鱼鲜品每100克可食部分含蛋白质17.1~19.6克,脂肪2.7~4.2克,钙79~103毫克,磷1932~247毫克,铁1.3~2毫克,锌1.83~1.94毫克,硒14.31微克。此外,还含有碳水化合物、维生素等。

③烹饪应用。鲫鱼肉质细嫩、味道鲜美,经常规加工后并在鱼身两侧剞上刀纹后,多以整条制馔。可采用清蒸、红烧、干烧、白煮、炒等多种烹法成菜;适应于咸鲜、咸甜、香甜、茄汁、麻辣、红油、酸辣、家常、烟香等多种味型;鲫鱼还可解体为菜,广泛应用于冷菜、热炒、汤菜、火锅中。以鲫鱼制作的菜肴有红烧鲫鱼、干烧鲫鱼、荷包鲫鱼、芙蓉鲫鱼、双皮鲫鱼、酥小鲫鱼、奶汤鲫鱼、蛤蜊鲫鱼汤等。

图5-10 罗非鱼

10. 罗非鱼

罗非鱼为脊椎动物门鱼纲鲈形目丽鱼科的莫桑比克罗非鱼。又名非洲黑鲫鱼、南洋鱼、花鲫鱼、莫桑比克罗非鱼等。因其原产于非洲,形似本地鲫鱼,故又有人叫它"非洲鲫鱼"。现罗非鱼已成为世界性的主要养殖鱼类。

①形态特征及品种产地。罗非鱼(如图5-10所示)体形似鲫,一般长20厘米左右;体高而侧扁,椭圆形,头部被鳞,体侧鳞较大,腹鳞较小;背鳍两部分合而为一,胸鳍、腹鳍均较长,尾鳍节形;体色多为暗棕褐色,背部较暗,腹部灰白。一年能繁殖几代,雌鱼将卵含入口中孵化。罗非鱼通常生活于淡水湖、河、池塘的浅水中,也能生活于不同盐分含量的咸水中。绝大部分罗非鱼是杂食性,常吃水中植物和少量底栖动物。此鱼在面积狭小之水域中亦能繁殖,甚至在水稻田里都能够生长。

②营养及性味功效。罗非鱼鲜品每100克可食部分含蛋白质18.4克,脂肪1.5克,钙12毫克,磷161毫克,钾289毫克,钠19.8毫克,铁0.9毫克,锌0.87毫克,硒22.6毫克;此外,还含有丰富的维生素E、碳水化合物等。民间认为,罗非鱼有开胃健脾之功效。

③烹饪应用。罗非鱼背厚肉多,细嫩爽滑,滋味清甜,骨刺少但较硬,鲜美而无泥土味。按常规初步加工,烹调方法同"鲫鱼",红烧、白煮、清蒸、氽汤均饶具风味。以罗非鱼制作的菜肴有红烧罗非鱼、干烧罗非鱼、清蒸罗非鱼、鲜菇鱼片、番茄橙汁鱼柳、酥罗非鱼等。

11. 黑鱼

黑鱼为脊椎动物门鱼纲鲈形目鳢科的乌鳢。又称乌鱼、斑鱼、财鱼、孝鱼、黑鱼棒子等。

图5-11 黑鱼

①形态特征及品种产地。黑鱼(如图5-11所示)体延长,前部圆筒状,后部侧扁;头尖而扁平,头部覆盖有鳞片;口大、端位,口裂倾斜,下颌向前突出,颌具尖齿,向后达到眼的后缘;眼较小,位于头侧前上方。头、体被细小圆鳞,背鳍、臀鳍均长,达到尾鳍基部,尾鳍圆形;体侧具有许多不规则的黑色斑条,头侧有两条纵行黑色条纹;背鳍、臀鳍和尾鳍均具黑白相间的花纹。黑鱼栖息于江河、湖泊及水草较多及有乌泥的沟塘、池沼中,性情凶猛,常以小鱼、小虾等为食物。我国除西北高原地区外,几乎遍布于全国各淡水水域。

②营养。黑鱼鲜品可食部分每100克含蛋白质18.8~19.8克,脂肪0.8~1.4克,钙57~120毫克,磷163~400毫克,铁0.5~0.8毫克,硒24.57毫克等;此外,还含有维生素B_1、维生素B_2、维生素A以及多种氨基酸。

③烹饪应用。黑鱼皮厚肉紧,无肌间刺,味道鲜美。经过初步加工后,凡烹调鱼品的方法几乎均适用于黑鱼。体形较小的黑鱼一般以整形烹调见多;大黑鱼通常割切解体,段、块、条、片、丝、丁、粒、米均可;但必须斜纹切割,破坏其肌肉纤维组织及硬度,使其截面呈现纹理,从而令其肉质有所改观;黑鱼的调味幅度亦大,几乎适应于任何调味味型。此外,黑鱼的皮、肠、头、尾、骨架也是制作奶汤的良好原料。湖北武汉还以黑鱼为主要原料制作"鳢鱼全席"。以黑鱼制作的菜肴有葱椒炝鱼片、肝肠生鱼卷、玉带黑鱼卷、龙井鱼丝、兰花鱼片、烧荔枝鱼、清炖黑鱼、蒜煨黑鱼、酸菜黑鱼、醋椒黑鱼汤等。

第五章 水产类

12.刀鱼

刀鱼为脊椎动物门鱼纲鲱形目鳀科的刀鲚。又名刀鲚、毛鲚、鲚鱼、长颌鲚、海刀鱼等。刀鱼为长江下游主要经济鱼类,曾与鲥鱼、河豚、鮰鱼一起被誉为"长江四鲜"。

①形态特征及品种产地。刀鱼(如图5-12所示)体长,甚侧扁,背部较平直,胸、腹部具棱鳞;头侧扁,口大而斜,半下位;眼小,腮孔大;全体被有薄而透明的圆鳞,无侧线;胸鳍的前6根鳍条延长,游离成丝状,末端可达臀鳍起点;腹鳍小;臀鳍很长,后部与尾鳍相连;尾鳍极短小;体背与头部稍带灰黑色,侧面和腹部银白色。刀鱼属洄游鱼类,平时生活在海内,每年2~3月在长江、钱塘江、珠江等水系作生殖洄游。此时肉

图5-12 刀鱼

质最嫩,味道最鲜,清明后鱼刺逐渐变硬,故江苏民间有"刀不过清明"之说。"清明"后刀鱼肉质变老,俗称"老刀"。

②营养。刀鱼鲜品每100克可食部分含蛋白质13.2~18.2克,脂肪2.5~5.5克,钙26~114毫克,磷498~529毫克,铁1.7毫克,锌1.51毫克,硒37.8微克,维生素E 0.84毫克;尤以含磷、锰、铜、锌及硒等微量元素较多,值得注意。

③烹饪应用。刀鱼入馔,可整形烹制,最宜清蒸成菜,丰腴肥厚,清香纯正,滋感适口;也可红烧、干烧、干炸等制馔;还可将刀鱼切割解体,加工成块、条、丁等形状。但刀鱼骨刺较多,可将刀鱼去骨、铲皮、剔刺,所谓"皮里锋芒肉里匀,精工搜剔在全身",然后斩成茸泥,可制作出"鱼圆""鱼线""鱼糕""鱼饼"等再制形菜肴;烹调刀鱼,口味力求清淡,保持其风味特点。江苏南通还以刀鱼为主料制作"刀鱼席"等。以刀鱼制作的菜肴有清蒸刀鱼、双皮刀鱼、红烧刀鱼、煎烹刀鱼、锅贴刀鱼、锦绣刀鱼丝、灌汤刀鱼圆、刀鱼茸烩面、刀鱼灌汤包等。

13.鲥鱼

鲥鱼为脊椎动物门鱼纲鲱形目鲱科的鲥鱼。又名时鱼、迟鱼、三来、三黎鱼、鲥刺等。鲥鱼为中国珍稀名贵经济鱼类,曾与黄河鲤鱼、太湖银鱼、松江鲈鱼并称中国历史上的"四大名鱼"。

①形态特征及品种产地。鲥鱼(如图5-13所示)体身侧扁,呈长椭圆形,头中等大,吻尖;口大端位,口裂倾斜,下颌稍长于上颌;眼有发达脂眼睑,几乎遮盖眼的一半;鳞片大而薄,上有细纹;尾鳍基部有小鳞片覆盖;腹面有大型、锐利的棱鳞;体背和头部呈灰黑色,上侧略带蓝绿色光泽的,下侧和腹部银白色;腹鳍、臀鳍灰白色,其他各鳍暗蓝绿色。鲥鱼平时生活于海中,每年4~6月在长江、赣江、珠江、湘江等作生殖

图5-13 鲥鱼

洄游,产卵后仍回归海中。鲥鱼为滤食性鱼类,以浮游生物为食,有时亦食其他有机物。鲥鱼分布于我国南海及东海,亦见于长江、珠江、钱塘江、闽江等流域的中、下游水系。此鱼溯河时肥美,为名贵鱼类;产卵后降河回海时瘦瘠,有"来时去鲞"之说。

②营养。鲥鱼鲜品每100克可食部分含蛋白质16.9克,脂肪16.9克,碳水化合物0.2克,钙33毫克,磷216毫克,铁2.1毫克。中医认为,鲥鱼性平、味甘,具有补益虚劳、强壮

滋补、温中益气、暖中补虚、开胃醒脾、清热解毒、疗疮的功效。

③烹饪应用。鲥鱼肉质细嫩，鳞下富含脂肪，其味清腴，异常鲜美。鲥鱼宜整条烹制，亦可剖片、截大段应用；可清蒸、红烧，亦可烟熏、火烤成菜等，但辅以竹笋、芦芽连鳞清蒸最佳；油煎、煮汤也不失其味；鲥鱼调味也力求清淡，不宜浓烈，以突出其清香之本味。以鲥鱼制作的菜肴有清蒸鲥鱼、酒酿蒸鲥鱼、网油鲥鱼、红烧鲥鱼、毛峰熏鲥鱼、铁板鲥鱼、砂锅鲥鱼等。

14. 河豚

河豚为脊椎动物门鱼纲鲀形目鲀科东方鲀属的概称。又名鲀鱼、河鲀、鯸鲐、吹肚鱼、汽泡鱼、汽鼓子、腊头、东方鲀等。

图 5-14　河豚

①形态特征及品种产地。河豚（图 5-14 所示）体粗大，多呈圆筒形。头比较方、扁，两颌各具两个喙状牙板，适于咬嚼坚硬食物；有的有美丽的斑纹，有的则没有斑纹，而是一片黑色的鱼；背鳍 1 个，与臀鳍相对，无腹鳍；体无鳞或背刺鳞；腮小不明显，肚腹为黄白色，背腹有小白刺，鱼体光滑无鳞，呈黑黄色；食道扩大成气囊，遇敌害能吸水或空气，使腹部膨大为球，浮于水面以自卫；离水吸气膨胀，发出咕咕之声。河豚种类较多，我国约有 15 种，有些有洄游习性，3～5 月上溯江河产卵；分布于我国沿海及长江、钱塘江、珠江、鸭绿江等水域。

②营养。河豚鱼鲜品每 100 克可食部分含蛋白质 17.7 克，脂肪 6 克，钙 190 毫克，磷 200 毫克，17.8 毫克，硒 41.25 微克，锌 3.65 微克。据报道，河豚鱼皮的营养成分含量更丰，每 100 克含蛋白质 23.7 克，硒 63.78 微克，锌 12.15 微克，均超过其肉。

③烹饪应用。河豚鱼丰腴肥美，远在诸鱼之上，自古就有"拼死吃河豚""不食河豚，焉知鱼味，食了河豚百无味"之说。但其含有剧毒，非训练有素、持证上岗的专业人员，绝不可轻率烹制河豚鱼供人食用。经严格初步加工的河豚鱼在烹制时，加热时间宜长，最适宜红烧、白煮、黄焖、炖制等方法成菜；尤其是河豚鱼的皮更是美味，烹制后将之卷起吞食，称为豪"啖"；品味烹调后带有肉刺、呈半透明状的鱼皮，胶质浓厚，鱼皮软腻，食之黏口，味觉美感远胜于鱼翅、海参。今江苏省南通市海安、镇江市扬中、无锡市江阴等地还可以河豚鱼制作"河豚宴"。河豚鱼鲜品干制后，称为"蜓鲅干"或"乌狼鲞"；以河豚鱼制作的菜肴有：秧菜烧河豚、干烧河豚鱼、葱油河豚鱼、白煮河豚、奶汤河豚、清炖河豚鱼、时蔬河豚鱼锅、河豚鱼片煲饭、河豚鱼粥、河豚鱼水饺等。

图 5-15　银鱼

15. 银鱼

银鱼为脊椎动物门鱼纲鲑形目银鱼科银鱼的统称。又名面丈鱼、面条鱼、面鱼、银条鱼、黄瓜鱼、玻璃鱼等。我国的太湖盛产小银鱼，与白鱼、白虾并称为"太湖三白"。

①形态特征及品种产地。我国银鱼（如图 5-15 所示）种类颇多，常见的有：大银鱼、间银鱼、太湖新银鱼等。其共同特征为：体细长无色透明，光滑无鳞；头部平扁，吻尖，呈三角形，下颌长于上颌；前部略呈圆筒形，后部侧扁，背鳍后具一脂鳍；从背部看

眼圈呈金黄色,从侧面看呈银白色;活体腹面及两侧各有数行色素组成的小黑点。银鱼死后体呈乳白色。银鱼栖息于近海、河口或江湖淡水中上层,具有海洋至江河洄游的习性;主要分布于我国山东至浙江沿海及长江口。

②营养。银鱼鲜品每 100 克可食部分含蛋白质 17.2 克,脂肪 5.6 克,维生素 E 1.86 毫克,钾 246 毫克。此外,还含有钙、磷、铁及氨基酸等。

③烹饪应用。银鱼体形纤细,肉质细嫩,头骨软滑,可根据菜肴烹调的需要,采取相应的初步加工方法,或摘除内脏,或剁去鱼头挤出肠脏,成菜不仅毫无鱼腥,而且清香扑鼻。烹调银鱼最具特色者莫过于炸、炒、煎、蒸和做汤羹,调味以咸鲜、椒盐、糖醋、茄汁、酸辣味为多,尤以咸鲜味更能突出银鱼清鲜之本味。银鱼还可剁末作馅,制成银鱼春卷、银鱼馄饨等。以银鱼制作的菜肴有:银鱼涨蛋、干炸银鱼、香松银鱼、三丝扣银鱼、银鱼蛋汤等。

16. 大麻哈鱼

大麻哈鱼为脊椎动物门鱼纲鲑形目鲑科的普通大麻哈鱼。又名麻哈鱼、大发鱼、鲑鱼、花斑鳟、狗头鱼、三文鱼等。

①形态特征及品种产地。大麻哈鱼(见图 5-16)体长而侧扁,略似纺锤形;吻突出微弯,眼小;口裂大,形似鸟喙,上下颌不相吻合;各有利齿一列,齿形尖锐向内弯斜;鳞细小,作覆瓦排列;头后至背鳍基部前渐次隆起,背鳍起点为身体的最高点,从此向尾部渐低弯;生活在海洋时体色银白,洄游入河不久色彩则变得非常鲜艳,背部和体侧先为黄绿色,后渐暗至呈青黑色,腹部银白色;体侧有 10~12 条橘红色婚姻斑纹,雌鱼较浓,雄鱼较大,至产卵时,体色较为黑暗。大麻哈鱼为凶猛性的食肉鱼类,我国黑龙江畔盛产。

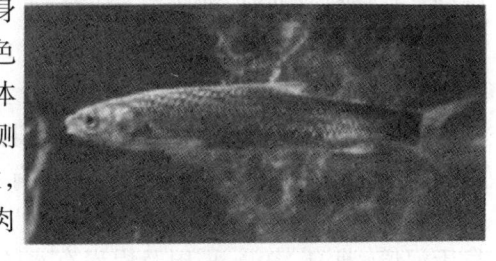

图 5-16 大麻哈鱼

②营养。大麻哈鱼鲜品每 100 克可食部分含蛋白质 17.2 克,脂肪 7.8 克,钙 13 毫克,磷 154 毫克,钾 361 毫克,钠 63.3 毫克,铁 0.3 毫克,锌 1.11 毫克,硒 29.47 微克,以及维生素 A 等。

③烹饪应用。大麻哈鱼肉质疏松细腻,鲜品可供制作晶莹剔透的生鱼片,也可用烧、煮、炖、焖、蒸等法成菜,又可用于制馅。其头甚肥,可制作特色菜肴。咸品大麻哈鱼肉质紧密、红润、细腻,可切成段、块,供烹饪使用。大麻哈鱼卵经盐渍后,大小如珍珠,晶莹透亮,是国际市场上有名的"红鱼子"。以大麻哈鱼制作的菜肴有:清蒸大麻哈鱼、豆瓣原汁大麻哈鱼、焦熘大麻哈鱼、糖醋蜈蚣大麻哈鱼、清炖大麻哈鱼、沙锅鱼头、清煮咸哈鱼等。

17. 鲇鱼

鲇鱼为脊椎动物门鱼纲鲇形目鲇科的鲇鱼,又名鳠、土鲇、鲇拐子、鲇鱼哇子、鲇巴郎等。

①形态特征及品种产地。鲇鱼(如图 5-17 所示)体长约 40 厘米,大者可达 90 厘米以上;头部平扁,尾部侧扁;头宽、口阔、口裂向上倾斜,下颌突出,

图 5-17 鲇鱼

上下颌及锄骨上有许多绒状细齿;须2对,上颌须较长,可达胸鳍之后,下颌须短小;眼小,侧上位,位于头部的前半部;上有透明薄膜,眼间距极宽;体光滑无鳞,皮肤多黏液腺;体灰色或褐色,具有黑色斑块,有时全身为黑色;腹部白色;各鳍呈灰黑色。鲶鱼通常栖息于江河、湖泊和水库中,性凶猛,以小型鱼类为食。分布于我国黑龙江、黄河、长江及珠江流域。

②营养。鲶鱼鲜品每100克可食部分含蛋白质14.4克,脂肪20.6克,以及糖和矿物质等。

③烹饪应用。鲶鱼鲜、肥俱兼,肉质腴美。崽鲇可整尾为肴,施以刀纹美化后,红烧、白煮、黄焖成菜效果均佳;大者可切割解体,加工成段、块、条、片等形态,制馔后,最能体现其细嫩爽滑的滋感;鱼肉还可斩茸,由于鱼肉富含鱼胶,亲水性、持水性较强,色泽洁白,光亮细腻,可加工成"鱼丸"、"鱼饼"、"鱼糕"以及"鱼饺"等再制成菜肴。鲇鱼烹调时的调味幅度亦大,既可采用咸鲜、咸甜等体现其自身本味特点的味型,又适应家常、麻辣、鱼香、豉汁、酸辣、荔枝等诸多味型。以鲇鱼制作的菜肴有粉蒸鲇鱼、白汁鲇鱼、竹筒鲇鱼、软烧崽鲇、大蒜烧鲇鱼、黄焖鲇鱼鱼头、鲇鱼郎炖豆腐、水晶鲇鱼饼等。

18. 黄鳝

黄鳝为脊椎动物门鱼纲合鳃鱼科的黄鳝,又称鳝鱼、罗鳝、蛇鱼、淮鱼、长鱼等。

①形态特征及品种产地。黄鳝(如图5-18所示)体细长呈蛇形,前圆后部侧扁,尾尖细,最大个体可长70厘米,重1 500克;头大而圆,眼小,口大,端位,上颌稍突出,唇颇发达,上下颌及口盖骨上均有细齿;体润滑无鳞,无胸鳍和腹鳍;背鳍和臀鳍退化成皮褶,与尾鳍相连;活体黄褐色、微黄或橙黄,有不规则黑色或深灰色斑点,体色并随栖居环境而有所不同。黄鳝栖息于河道、湖泊、沟渠、稻田及堤岸有水的石隙中,我国除西部高原外,全国各水域均有分布,长江流域和珠江流域为盛产区。黄鳝以小暑前后最为鲜美,民间有"小暑黄鳝赛人参"的说法。

图5-18 黄鳝

②营养。黄鳝鲜品每100克可食部分含蛋白质18克,脂肪1.4克,碳水化合物1.4克,钾278毫克,钠131毫克,铁2.8毫克,锌1.97毫克,硒36.38微克,以及维生素A、维生素E等。

③烹饪应用。烹饪黄鳝,对其分档应用很精细,从鱼肉到鱼皮,从鱼肠到鱼血,从鱼头到鱼尾,皆可制馔;鱼骨亦是良好的制汤原料。黄鳝一般多切割解体,加工成段、条、片、丝、丁、米等形状;亦可斩茸、做馅;黄鳝在宰杀时,由于多采取生杀、活烫,其生料、熟料质地不尽相同,从而扩大了黄鳝的应用面,使之适用于各种烹调鱼品的方法,并广泛应用到冷菜、热炒、大菜、汤羹、火锅、面点、小吃中。以黄鳝制作的菜肴有:炝虎尾、炒软兜、生炒蝴蝶片、干炸鳝鱼干、蒲棒鳝鱼、锅贴鳝鱼、乌龙凤翅、大烧马鞍桥、红酥鳝鱼、煨脐门等。

19. 鳗鱼

鳗鱼为脊椎动物门鱼纲鳗鲡目鳗鲡科的鳗鲡,又名鳗鱼、鳗鲡、江鲡、湖鳗、溪鳗、淡水鳗、青膳、白鳗等。

图5-19 鳗鲡

①形态特征及品种产地。鳗鱼(如图 5-19 所示)体细长如蛇,最大个可长达 60 余厘米,重达 1000 克以上。头尖,眼较小,前端圆筒形,自肛门后渐侧扁,尾部细小;吻钝而圆,稍扁平,口大,端位,具尖细齿,为肉质唇;鳞极其细小,隐埋于表皮内;背鳍和臀鳍低而长,臀鳍后端与尾鳍相连;无腹鳍,尾鳍短而呈圆形;体背部为灰黑色,腹部为灰白或浅黄色,无斑点。鳗鱼为降河性洄游鱼类,常以小鱼、小蟹、小虾、甲壳动物和水生昆虫为食,也食动物腐尸;主要分布在我国长江、黄河、闽江、珠江流域。

②营养。鳗鱼鲜品每 100 克可食部分含蛋白质 18.6 克,脂肪 10.8 克,碳水化合物 2.3 克,钾 207 毫克,鳞 248 毫克,铁 1.5 毫克,锌 1.15 毫克,硒 33.66 毫克,以及维生素 E 等。

③烹饪应用。鳗鱼烹制多取截段,经刀工切割美化后,可采用清蒸、清炖、红烧、红扒、黄焖、煨煮等长时间加热的烹调方法成菜;亦可剔骨后批片、切丝,用于炒、熘、炸、烹、煎等方法制馔;由于鳗鱼肉斩茸后具有黏性强、吸水性大等特点,可用于制作鱼圆、鱼糕、鱼香肠或充当馅料等。鳗鱼的调味幅度亦大,咸鲜、酱汁、葱油、红油、麻辣、甜香等无不适宜,且色味俱佳。以鳗鱼制作的菜肴有:葱烧通心鳗、注油鳗鱼、红焖芦笋鳗鱼、粉蒸鳗鱼、葱烤河鳗、鳗鱼芋头等。

20. 泥鳅

泥鳅为脊椎动物门鱼纲鲤形目鳅科的泥鳅,又名鳍、鳅鱼、泥鳍、和鳅、气候鱼等。

①形态特征及品种产地。泥鳅(如图 5-20 所示)体细长,约 15 厘米;前段略呈圆筒形,后部侧扁,腹部圆;头尖,吻部向前突出;口小、下位,马蹄形;唇软,具有细皱纹和小突起,眼小;须 5 对,上下颌须各 2 对,吻须和上颌须之长约与吻长相等;头部无鳞,体表鳞极细小,圆形,埋于皮下;背鳍无硬刺,胸鳍距腹鳍较远,腹鳍短小,尾鳍呈圆形;体背部两侧灰黑色,全体有许多小的黑斑点,头部和各鳍上亦有许多黑色斑点。全体黏液丰富,不易抓住,故有"滑不溜鳅"之说。泥鳅栖息于河川、沟渠、水田、池塘、湖泊及水库等天然淡水水域,以浮游动物、摇蚊幼虫、丝蚯蚓等为食,也摄食丝状

图 5-20 泥鳅

藻类、植物根、茎、叶及腐殖质等;我国除青藏高原外,长江和珠江流域中下游广为分布,是一种小型淡水经济鱼类。

②营养。泥鳅鲜品每 100 克可食部分蛋白质 17.9 克,脂肪 2 克,碳水化合物 1.7 克,钙 299 毫克,磷 302 毫克,钾 282 毫克,钠 74.8 毫克,铁 2.9 毫克,锌 2.76 毫克,硒 35.3 微克,以及维生素 A、维生素 E 等。

③烹饪应用。泥鳅肉质以爽利滑润的口感取胜,烹饪时视菜品需要加工;或用全体,或切割取肉,加工成段、条、块等较大形态,亦可刀工处理成片、丁、丝、粒等小型精料。烹调方面,炸、熘、爆、炒、烧、煮、蒸、焖,乃至羹汤,无不适用。近年来,泥鳅在火锅菜中广为使用。泥鳅还适应于咸鲜、椒盐、红油、茄汁、酸辣、麻辣等多种调味味型。以泥鳅制作的菜肴有泡椒泥鳅、炝锅鳅鱼、干煸泥鳅、红烧泥鳅、黄焖泥鳅、石锅粑泥鳅、泥鳅豆腐羹等。

21. 黄颡鱼

黄颡鱼为脊椎动物门鱼纲鲶形目鳌科的黄颡鱼,又名鳌、黄颊鱼、黄刺鱼、昂刺鱼、金丝鱼、黄昂子等。

①形态特征及品种产地。黄颡鱼(如图 5-21 所示)体长约 10 余厘米,大者可达 30 余厘

米;头大且平扁,吻圆钝,口大,下位,眼小,须4对,大多数品种上颌须特别长;腹扁平,体后部稍侧扁;色黄偏青绿,偶有灰黄色者,带黑褐色云斑;腹面白或带黄,通体黏滑无鳞;各鳍灰黑带黄色,背鳍与前端各具一硬棘刺,刺后缘有锯齿,戟张时能发出哧咕哧咕之声。棘刺有毒,须注意。黄颡鱼为底栖杂食性鱼类,栖息于江河、湖泊中,常食昆虫、小虾、螺蛳和小鱼等;除西部高原外,我国长江、黄河、珠江和黑龙江等流域各水系均有分布。

黄颡鱼的种类颇多,常见品种有长须黄颡鱼、瓦氏黄颡鱼、光泽黄颡鱼等。

②营养。黄颡鱼鲜品每100克可食部分含蛋白质17.8克,脂肪2.7克,碳水化合物7.1克,钙59毫克,磷166毫克,钾202毫克,钠250.4毫克,铁6.4毫克,锌1.48毫克,硒16.09微克,以及维生素E等。

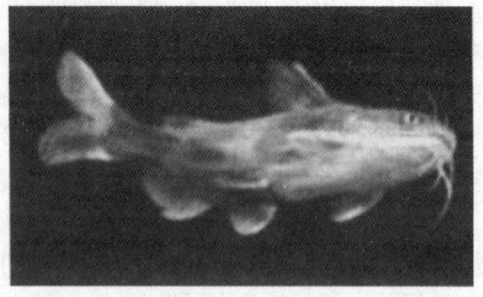

图5-21　黄颡鱼

③烹饪应用。黄颡鱼肉细嫩、味清鲜、无肌肉刺,宜整体入烹,甚少加配料。多取红烧法,慢火久煮,其较厚皮层的溶胶汁析出,为自来芡的效果,吃口醇厚腴滑;亦可用于白煮,汤汁奶白,绝不逊于鲫鱼汤类;此外,尚可用炒、熘、烩、炖、焖、煮、煨等烹调方法成菜。以黄颡鱼制作的菜肴有金丝鱼片、红烧黄颡鱼、油焖黄颡鱼、茭笋黄颡鱼、干锅黄颡鱼、雪菜炖黄颡鱼、木瓜炖黄颡鱼等。

22. 鲟鱼

鲟鱼为脊椎动物门鱼纲鲟形目鲟科的中华鲟,又名鲔、文鲔、腊子、蜡鱼、鲟龙鱼、鲟鲨鱼、黄鲟等。

①形态特征及品种产地。鲟鱼(如图5-22所示)体梭形,头较大,略呈三角形;吻扁平,似犁状,并微向上翘;胸腹部平直,尾细长,眼小,鼻孔大,口大,腮孔大;体背5行纵列形骨板,并带有尖棘犹如铠甲,游如梭静如艇,背部一行较大,各行骨板之间皮肤裸露,光滑;背鳍靠尾部,歪形,上页发达;头、背青灰色或灰褐色,腹部色白,各鳍灰色。鲟鱼为大型溯河洄游性鱼类,平时栖息于沿海大陆架海域,以水蚯蚓、甲壳类、软体动物以及小型鱼类为食。

②营养。鲟鱼鲜品每100克可食部分蛋白质含量为:肌肉食部16.20%～20.41%;肝10.31%～16.26%;卵24.90%～29.70%。脂肪含量为:肌肉食部3.05%～4.32%;肝16.63%～27.58%;卵18.06%～24.00%。其肌肉与卵中含17种氨基酸。

③烹饪应用。鲟鱼肉质肥腴细嫩,小者宜整条烹制,以清蒸、红烧、清炖、黄焖、白扒制馔菜见长。大者宜切割解体,可块可段,可丁可丝,还可加工成泥茸制馔。鲟鱼的唇富含胶质,柔嫩腴滑,入口轻盈,鲜而清淳。烹制鲟鱼时,口味宜清淡,以突出其自身本味。因鲟鱼多为鲜用,自身无显味,烹制必用上汤或配用具鲜香味的配料赋味,否则味同嚼蜡。以鲟鱼制作的菜肴有生炒鲟龙片、五彩鲟鱼丝、清蒸鲟鱼卷、串烧鲟鱼、竹筒鲟鱼、铁板鲟龙串、豉椒扣鲟块等。

图5-22　鲟鱼

第三节 常见海洋鱼类

一、海洋鱼类概述

我国海域辽阔,从北到南分布有渤海海区渔场、黄海海区渔场、东海海区渔场、南海海区渔场等四大海区渔场,海洋鱼类的种数呈南多北少的趋势,南海种类最多,黄海、渤海种类最少。黄海、渤海区的鱼类约有291种,其中常见的鱼类159种,主要经济鱼类约50种,如大黄鱼、小黄鱼、带鱼等。东海大陆架海区的鱼类有727种,主要经济鱼类有近百种,如大黄鱼、小黄鱼、带鱼、海鳗、灯笼鱼、石斑鱼、金色小沙丁鱼等。南海北部大陆架海域的鱼类有1064种,其中经济鱼类有125种,如大黄鱼、带鱼、竹荚鱼、金线鱼、鳗鱼、石斑鱼、金枪鱼等。南海大陆坡海域的鱼类有205种,南海诸岛海域的鱼类有523种,主要种类有短鳍拟飞鱼、鲣鱼、旗鱼、金枪鱼、箭鱼、鲨鱼以及众多的珊瑚礁鱼类。

中国近海鱼类的划分。

海洋鱼类的分布与等温线关系极大。在寒带与亚寒带海区分布的主要经济鱼类有鲱、鳕、鲑、鲽和鲭等;在亚热带海区分布的主要是沙丁鱼、鲹和鲐;在热带、亚热带海区则分布金枪鱼等。

综合我国各大海洋渔场鱼类的资源状况,人们习惯上将中国近海区的海洋鱼类区系划分为以下5个分区。

(1)渤海、北黄海分区,以暖温性鱼类为主。

(2)南黄海、东海近海分区,以暖水性鱼类为主。

(3)东海外海分区,处于黑潮主干流经海区,主要为暖水性鱼类。

(4)南海大陆沿岸分区,以暖水性鱼类为主。

(5)南海外海分区,多为热带性珊瑚礁鱼类,总数近千种。

海洋鱼类还包含一些在完成其生命活动过程中,有周期性、定向性和集群性的迁徙运动的洄游性鱼类。

二、咸水鱼类主要品种介绍

1. 大黄鱼

大黄鱼(见图5-23)又称大黄花、大鲜、黄瓜鱼,为石首科黄鱼属鱼类。体延长,侧扁,体长30~50厘米,尾柄细长,尾柄长约为尾柄高的3倍多。头大略尖,吻钝圆,眼侧上位,

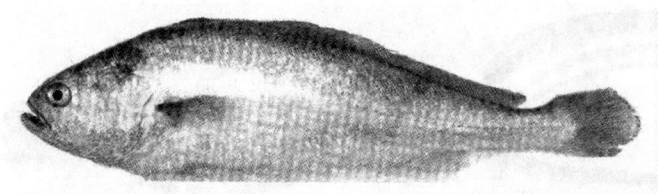

图5-23

下颌稍突出,无须,鳞较小。体背侧黄褐色,腹侧金黄色。各鳍黄色,唇橘红色。大黄鱼为暖温性结群洄游鱼类。主要分布于黄海南部及东海,南海。曾为我国四大海洋经济海产品

(大黄鱼、小黄鱼、带鱼、乌贼)之一,现资源大大减少,成为名贵鱼种。大黄鱼的汛期旺季,广东沿海为10月,福建为12月至来年3月,浙江为5月,以舟山群岛产量最多。

大黄鱼含有蛋白质、脂肪、钙、磷以及多种维生素,具有滋补填精、开胃益气的功效,对虚劳不足、食欲不振、便溏等症具有一定的疗效。

大黄鱼肉质细嫩,味鲜美,呈蒜瓣状,肉多刺少,加工时要揭去头皮,多供鲜食。适宜蒸、烧、熘、焖、炸等多种烹调方法。通常整料使用,也可切块、条等形成菜,或出肉做羹。大黄鱼除鲜用外,还可制成黄鱼鲞,黄鱼的鳔可制作鱼肚。

2. 小黄鱼

小黄鱼(见图5-24)又称小黄花、小鲜、小黄瓜、黄鳞鱼、小春鱼,为石首鱼科黄鱼属亚种,体延长,侧扁,体长11~13厘米,尾柄较短,头大而尖。体被栉鳞,鳞较大,尾鳍尖长,略呈楔形,体背侧黄褐色,腹侧金黄色,各鳍灰黄色。为温水性结群洄游鱼类,主要分布于东海南部、黄海和渤海,主要产地在江苏、浙江、福建、山东等沿海地区。为主要经济鱼类之一,产期在3~5月和9~12月。

图5-24

小黄鱼所含营养成分与大黄鱼相似,且略高于大黄鱼。

小黄鱼肉质鲜嫩细腻,呈蒜瓣状,刺少肉多,肉易离刺,味鲜美近似大黄鱼。烹饪方法与大黄鱼同,但因其体形较小,多以整料入馔,或出肉制羹。

3. 带鱼

带鱼(见图5-25)又称白带鱼、海刀鱼、鳞刀鱼,为带鱼科带鱼属鱼类,体延长呈带状,侧扁,长30~75厘米,体前部背腹缘几乎呈平行状,向尾部渐细,口大,眼大,牙锋利,下颌长于上颌,稍向前突,背鳍几乎占体背部全长,胸鳍宽短,无腹鳍,尾鳍如鞭状,鳞退化呈无鳍状,体表银白色。主要分布于西北太平洋和印度洋,我国南北沿海地区均产,以东海产量最高,为中国海洋四大经济鱼类之一,年产量居全国鱼类之冠。

带鱼富含蛋白质、脂肪、多种矿物质及维生素,中医认为带鱼有滋补强壮、和中开胃、补虚泽肤之功效,对病后体虚、乳汁不足、外伤出血等症具有一定疗效。适宜久病体虚、血虚头晕、气短乏力、食少羸瘦、营养不良、皮肤干燥之人食用。

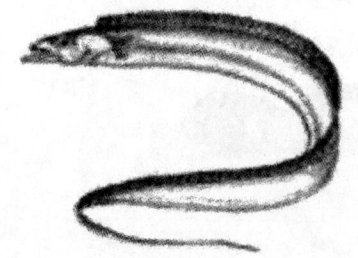 

图5-25　　　　　　　　　　图5-26

第五章　水产类

带鱼肉嫩体肥、味道鲜美,丰腴油焖,只有中间一条大骨,无其他细刺,鱼刺滑软,味道极鲜,有"开春第一鲜"之誉,入馔适用于炸、熘、煎、烹、烧、扒、炖、焖、蒸、煮、熏、烤等多种烹调方法,以清蒸为最佳,带鱼烹调时适应多种调味方式。带鱼成形宜段、条、块等较大形态。它还可加工成各种罐头食品。

4. 鲈鱼

鲈鱼(见图 5-26)又称花鲈、鲈板,为鮨科花鲈属鱼类。体延长,侧扁,体长30~50厘米,口大,下颌突出,银灰色,背部和背鳍上有小黑斑。栖于近海,也进入淡水,早春在咸淡水交界的河口产卵,中国沿海均产,为常见的食用鱼类之一。夏、秋季大量捕捞。现已人工养殖。

鲈鱼含有较多的蛋白质,达 17.5%,以及脂肪、钙、磷、铁等矿物质和多种维生素,中医认为鲈鱼有滋补、益筋骨、和肠胃、治水气之功效。

鲈鱼肉质白嫩清香,肉为蒜瓣状,最宜清蒸、红烧、炖汤,若佐以鸡汤烹煮味道尤佳。鲈鱼入馔多作主料,也可与其他原料配合成菜。鲈鱼除整条烹制外,还可批片、切丝、剁段、剞花、斩蓉,可用炸、熘、炒、烹、煎、贴、氽、扒、熏等多种烹调方法,但都需突出其清淡特点。

5. 鳕鱼

鳕鱼(见图 5-27)又称银鳕鱼、鲨鱼、大口鱼、大头鳕,为鳕科鳕鱼属鱼类。鳕鱼原产于从北欧至加拿大及美国东部的北大西洋寒冷水域。目前鳕鱼主要出产国是加拿大、冰岛、挪威、俄罗斯及日本。体延长,稍侧扁,头大,口大,上颌略长于下颌,颈部有一触须,须长等于或略长于眼径,体被细小圆鳞易脱落,侧线明显,背鳍3个,臀鳍2个,各鳍均无硬棘,完全由鳍条组成。头、背及体侧为灰褐色,并具不规则深褐色斑纹,腹面为灰白色。胸络浅黄色,其他各鳍均为灰色。我国产于黄海、渤海和东海北部,为黄海北部的重要经济鱼类。

鳕鱼肉中脂肪含量较多,还含有丰富的蛋白质,矿物质和多种维生素,尤其鱼肝中富含维生素 D,是制作鱼肝油的主要原料。

鳕鱼肉质洁白,细嫩鲜香,烹调中适用于蒸、炸、炒、焖、烧、煎等烹调方法,体形大的鳕鱼多取肉加工成块、片、丁、条等形状入馔。

6. 石斑鱼

石斑鱼(见图 5-28)又称石斑、鲙鱼,为石斑鱼属鱼类的通称,其共同的特征为:体长,椭圆形,稍侧扁。口大,牙细尖,有的扩大成犬牙,体被小栉鳞,有时常埋于皮下,背鳍和臀鳍棘发达,尾鳍圆形或凹形,体色变异甚多,常呈褐色或红色,并具条纹和斑点,为暖水性的大中型海产鱼类。石多栖息于热带及温带底质多岩礁的海区,分布于印度洋和太平洋西部。每年4~7月我国北部湾及广东沿海产量较高,种类颇多,常见的有青石斑、东星斑、老虎斑、老鼠斑等40多个品种,有些品种相当名贵,价格不菲。

图 5-27

图 5-28

石斑鱼营养丰富,是低脂肪、高蛋白的上等食用鱼,肉质细嫩洁白,味道鲜美,类似鸡肉,素有"海鸡肉"之称。石斑鱼适用于蒸、熘、炒、爆、炸等多种烹调方法。石斑鱼肉吸水性强,可取肉制成鱼丸或馅心。我国福建、广东一带的人们喜食石斑鱼。

7. 鲱鱼

鲱鱼,又称太平洋鲱鱼、青条鱼,为鲱科鲱鱼属鱼类。体延长,侧扁,腹部近圆形,口端位,有脂眼睑。鳞大而薄,易脱落,背侧蓝黑色,腹侧银白色,冷水性海洋上层鱼类,食浮游生物。为世界重要经济鱼类之一,分布于北太平洋沿岸,我国主要产于黄海北部的山东荣成和威海沿海,盛产期为12月至来年3~4月,鲱鱼在夏季时肉质最好。

鲱鱼腹部含脂肪较多,腹易破,不耐储藏。鲱鱼鱼子有"黄色钻石"之称,为名贵原料。

鲱鱼肉质细嫩肥美,常用烧烤、油炸、炖煮、扒烤等烹调方法,由于鲱鱼富含油脂,因此非常适合腌制,也可加工成罐头,如酸味及卤味的腌鲱鱼、鲱鱼卷、咸小鲱鱼干、布罗特熏鲱鱼、红色熏鲱鱼以及基普熏鲱鱼。

8. 鲐鱼

鲐鱼(见图5-29)又称油筒鱼、青花鱼,为鲭科鲐鱼属鱼类。体呈纺锤形,稍侧扁,体长30~40厘米,尾柄两侧各具1个隆起嵴。背鳍2个,第2背鳍后方各有5个小鳍。头呈圆锥形。吻尖口大,眼位高,具发达的脂眼睑,体被覆有细小圆鳞,体背部青黑色。有深蓝色不

图 5-29

规则条纹,腹部微带黄色,是暖水性结群鱼类。分布于太平洋西部,我国近海均产,以东海和黄海产量较多,渔期一般春汛为4~7月;秋汛为9~12月,南海沿海全年都可捕捞。

鲐鱼含有蛋白质、脂肪、钙、磷、铁以及维生素B_1、维生素B_2等营养成分,中医认为,鲐鱼有滋补强壮的功效,对慢性胃肠道疾病、肺痨虚损、神经衰落等病症有一定疗效。

鲐鱼入馔多做家常菜。烹制鲐鱼可鲜食、干制、腌制或制罐头。其中以腌制、熏制、干制品为多,且风味别致。鲜食,一般适用于烧、煎、烤、熘等烹调方法,因其皮下脂肪丰富且有腥味,调味宜稍重些。鲐鱼体内脂肪多,肝脏维生素含量高,还可分别炼制人造白脱和鱼肝油。鲐鱼选用时应选用较新鲜的,防止因时间过长,鱼肉内产生组胺而出现中毒现象。

9. 鲨鱼

鲨鱼,为软骨鱼纲侧孔总目各种鱼的通称。其共同特征为:身体一般呈纺锤形,鳃裂位于头部两侧,每侧鳃裂5~7个。多数种类具喷水孔。背鳍1个或2个,臀鳍有时消失,尾鳍歪形。肉食性海洋鱼类。我国沿海均产,有140多种。主要经济种类有:扁头哈那鲨、姥鲨、白斑星鲨、真鲨、路氏双髻鲨、白斑角鲨、日本扁鲨等。大的如姥鲨体长可达10余米,体重数千克;小的如白斑星鲨体长不超过1米。

鲨鱼肉质粗糙有韧性,而且因其生理上调节渗透压的需要而含有较多的尿素,肉味较差,应较其他海产鱼用油多。烹调前应先剥皮或煺沙,切成块状,放在80~90℃热水中烫过,再用清水浸半小时,以脱去氨味。入馔时适用于煮、蒸、炸、炒、熘、焖、烧等烹调方法。鲨鱼除肉可运用外,皮可制作鱼皮,唇部可干制成鱼唇,吻侧软骨可干制成明骨,鳍可加工成鱼翅,

第五章 水产类

均为名贵烹饪原料。

10. 加吉鱼

加吉鱼（见图5-30）学名真鲷，又称加级鱼、铜盒鱼，为鲷科真鲷属鱼类，体呈长椭圆形，高而侧扁，长20～40厘米。头大，口较小，体被弱栉鳞，背鳍、臀鳍具硬棘，体表淡红色，散布有碧蓝色斑点。此鱼又有"红鳞加吉"和"黑鳞加吉"之分，主要摄取珍贵贝类及甲壳动物为食，主要产地在辽宁大东沟、河北秦皇岛、山海关、山东烟台、龙口、青岛。山东蓬莱海湾历来盛产加吉鱼，其中红鳞加吉鱼尤为名贵。每年初春时令，香椿树上的叶芽长至寸长，便是捕获加吉鱼的黄金季节，立春至初伏为丰产季节。

加吉鱼肉多刺少，肉质细密软滑，色泽洁白，味鲜少腥，鲜美异常，为名贵食用鱼类，适用于蒸、烧、炖、熘、烤等烹调方法，以清蒸最佳，可以突出原料的色泽和丰腴。加吉鱼因体形大小适中，常以整条上席，成为筵席主菜。加吉鱼头部皮间组织含胶质丰富，而且富含脂肪，煨汤味道鲜美异常，故民间有"加吉鱼，鲅鱼尾"之谚。

11. 银鲳

银鲳（见图5-31）又称鲳鳊、白鲳、镜鱼、草鲳，为鲳科鲳属鱼类，体呈卵圆形，侧扁而高，体长不超过20厘米。头小，口小，眼小，吻短圆，牙细密，背面隆凸，体被细小。圆鳞，易脱落。胸鳍较长，无腹鳍，尾鳍分叉，体背部青灰色，腹部银白色，系近海暖温性中下层鱼类，分布于印度洋和太平洋西部，我国沿海均有出产，以东海、南海出产较多，四五月产的品质最佳，数量最多。九十月也有出产，但产量较少。以河口和秦皇岛产的为最好。

图5-30

图5-31

银鲳富含蛋白质、脂肪、钙、磷、铁等矿物质，有补胃、益气、养血、充精等作用。

银鲳为名贵海产鱼类之一，肉多刺少，肉质细嫩肥美，适用于蒸、烧、熘、炸、熏、煎、烹、烤等烹调方法，最宜清蒸、红烧。常用银鲳多为鲜冻制品，化冻后去鳞、去鳃，剖腹去内脏洗净即可。

12. 比目鱼

比目鱼为鲽形目所有鱼类的总称，因其眼睛长在一侧故名比目鱼。包括鲆、鲽、鳒、鳎、舌鳎科等的鱼类。其共同特征为体侧扁呈扁片状，不对称，两眼在一侧，有眼一侧鱼体灰褐色或有斑点，鳞为栉鳞，无眼的一侧鱼体白色有细小的圆鳞。背鳍、腹鳍、臀鳍均长，尾鳍节形，全身仅一根大刺。在热带、温带和寒带均有广泛分布，我国沿海均产，大多数种类均栖息于近海，很少进入深海，少数种类可进入淡水区。

(1) 鲆鱼

体甚侧扁,两眼均位于头部左侧(图5-32)。鳍无鳍棘,背鳍始于眼上方,背鳍和臀鳍基底均延长,但不与尾鳍相连。有眼侧暗灰色或具斑块,无眼侧白色,生活于热带和温带海区的底层,我国沿海均产,有50余种,常见的有牙鲆、花鲆、桂皮斑鲆等。

鲆鱼肉质细嫩,色泽洁白,味美而丰腴,是高档的食用鱼类。宜于出肉加工成条、块、丁、片或制泥蓉,适于多种烹调方法。鲆鱼除鲜食外,也可腌制、干制或做罐头。

(2) 鲽鱼

体长椭圆形、卵圆形或菱形,侧扁,尾柄短而高,成鱼两眼均位于头部右侧,口一般前位,中大或小,稍倾斜,上下颌有牙,呈锥状、门牙状或绒毛状,有眼一侧被栉鳞或圆鳞,或退化呈骨板状;体褐色或灰褐色,有的散有斑点或斑纹,无眼一侧有圆鳞、栉鳞,或光滑无鳞(见图5-33)。主要分布于温带和寒带海区,我国沿海均产,有20余种,常见的有高眼鲽、木叶鲽、黄盖鲽等。

图5-32

图5-33

鲽鱼肉质味道均不及鲆鱼,为一般经济鱼类。烹调宜出肉加工成条、块、丁、片或制蓉,可采用爆、炒、熘、炸、氽等方法成菜。除鲜用外,也可腌制或熏制。

(3) 鳎鱼

体甚侧扁,两眼均在头部右侧。口小,前位或下位,吻部有时呈钩状下弯。前鳃盖骨被有皮肤和鳞片,边缘不游离。背鳍和臀鳍延长,常和尾鳍相连,胸鳍有或无。有眼侧多呈淡黄褐色,有的具深褐色横带,无眼侧白色(见图5-34)。主要分布于热带和亚热带近海底层,我国沿海均产。鳎科约有18种,常见的有带条纹鳎、日本条鳎等。

鳎鱼肉质细嫩而紧密,味鲜而肥美,是高档食用鱼类。适用于蒸、烧、炖、炸等烹调方法。其有眼侧鱼皮口感较差且易脱落,易粘锅,常剥去,挂糊煎后再进行烹制,不能制作汤,若制汤,鱼肉中蛋白质将全部溶于汤中。

(4) 舌鳎鱼

又称牛目、鳎板、鞋底鱼、牙杈鱼(见图5-35)。侧扁,呈舌状,头部很短,眼小,两眼均在头的左侧,口下位,吻部向下向后弯曲呈弓形,左右下对称。鳞较大,有眼一侧被栉鳞,淡褐色,有两条侧线;无眼侧被圆鳞,呈白色,无侧线。有眼侧的后鼻孔位于两眼间,背鳍、臀鳍完全与尾鳍相连,无胸鳍,尾鳍尖形。主要分布于热带和温带近海底层,我国沿海均产,渔期夏汛为5~7月,秋汛为10~12月,有34种,常见的有宽体舌鳎、窄体舌鳎、半滑舌鳎、三线舌鳎、短吻舌鳎等。

舌鳎鱼的烹饪运用与鳎鱼类同。

海鱼中比目鱼等鱼的表皮很粗糙,颜色也不美观,必须将鱼皮剥掉。剥皮的方法应根据鱼的表皮颜色、性质而定。如鱼两面的皮都很粗糙,就可在头部开一小口,将两面的粗糙鱼皮全剥去,若有一面较光滑白净,可剥去一面皮,另一面刮去鳞。

图 5-34

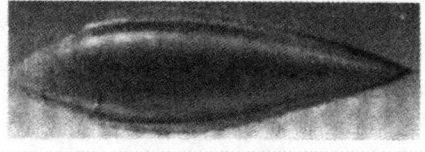
图 5-35

13. 孔鳐

孔鳐(见图 5-36)又称为老板鱼、劳子、华子鱼、锅盖鱼、虎鱼、鲂鱼、水尺、油虎,为鳐科动物。我国产于东海、黄海和渤海,东海和黄海产量较多,全年均可捕获。

孔鳐体平扁,体盘略呈圆形或斜方形;一般体长30~50厘米,体盘宽度大于长度,体重1.0~5.0千克;尾平扁狭长;口大,牙细小密列;眼小呈椭圆形,其后具喷水孔。背、腹面光滑,尾背部有结刺。体背部为褐色,腹面浅灰色或灰褐色。背鳍2个,位于尾的后部;胸鳍较宽,前缘与头部相连;腹鳍前部呈足趾状;尾鳍短小。

孔鳐肉多刺少,无硬骨。除鲜食外,更多的是用于腌制加工成淡干鱼。劳子干是辽宁、山东等省份沿海居民习惯而喜食的水产品之一,被视为过春节不可缺少的"年货"。由于肌肉中含有微量尿素,故鲜食烹调前需用沸水烫漂,以除异味。

图 5-36

图 5-37

14. 金枪鱼

金枪鱼(见图 5-37)又称青干、长鳍、海星,为金枪鱼科鱼类。分布于印度洋和太平洋西部。在我国产于南海和东海南部。为海洋名贵鱼类之一。

金枪鱼鱼体粗壮呈纺锤形,横切面近于圆形,一般体长40~70厘米,体重2.0~5.0千克。头短小,尾部延长。口大。背鳍2个,且分离,尾鳍宽大,新月形。除头部外全身均被细鳞,胸部由延长的鳞片形成胸甲。体背青蓝色,腹部灰白色,在胸、腹区有若干淡色椭圆形斑纹。

金枪鱼常年生活在海域深处,肉质细嫩,蛋白质含量高达20%,脂肪丰富,口感好,味极佳。金枪鱼常生食,故要求鲜度好,一般商品鱼为速冻品。此外,也可炸、熘、糟、焖、烧等。鱼肝常用于制鱼肝油。

第四节 常见虾类

一、虾类概述

虾类烹饪原料其主要特征为:身体左右对称,由很多结构与功能各不相同的体节构成,一般可分为头部、胸部和腹部,但有些种类头部和胸部愈合为头胸部,有些种类胸部和腹部未分化;体表被有坚厚的几丁质的外骨骼;附肢数目不等,附肢又分成若干以关节连接的分节即节肢,节肢的运动极其灵活,主要用于爬行和游泳。肌肉为横纹肌,常成束。此外,它们在呼吸系统、循环系统、消化系统、排泄系统、神经系统和感觉器官等方面,也有区别于其他动物的特点。

虾类烹饪原料为甲壳纲十足目长尾亚目动物的通称。其主要特征为:体半透明、侧扁;分为头胸部和腹部,体外被甲壳;头部具附肢5对(触角2对,大颚1对,小颚2对);胸部具附肢8对(前3对为颚足,后5对为步足);腹部可弯曲,腹部有附肢6对(前5对为游泳足,最末端1对与尾节成尾扇)。虾有两倍于身长的细长触须,用来感知周围的水体情况,胸部强大的肌肉有利于长途洄游;腹部的尾扇可用来控制身体的平衡,也可以反弹后退。虾的种类很多,作为烹饪原料,主要由淡水虾、海产虾组成。海产虾有对虾、龙虾、新对虾、纺对虾、鹰爪虾、毛虾以及半咸水白虾等。此外,海产虾还有口足目的虾蛄、磷虾目的磷虾等。淡水虾中有日本沼虾、中华新米虾以及半淡水产的罗氏沼虾等。

二、虾的主要种类

1. 对虾

对虾为节肢动物门甲壳纲十足目对虾科对虾的概称。又名大红虾、青虾(雌)、黄虾(雄)、青斑虾、明虾、角虾等。一般所指对虾为中国对虾(又称东方对虾),为我国海产"八珍"之一。中国对虾在国际市场知名度较高,与墨西哥棕虾、圭亚那白虾并称"世界三大名虾"。

(1)形态特征及品种产地。对虾(如图5-38所示)体躯肥硕,体形细长而侧扁,甲壳薄而光滑透明;身体分头胸部和腹部,头胸部较短,腹部强壮有力,尾节末端尖细呈爪状,额剑上下缘都有锯齿;通常雌虾大于雄虾,雌虾生殖腺成熟前呈豆瓣绿,成熟后呈棕黄色,雄虾体色较黄;成熟雌虾平均体长18~24厘米,体重75~95克,雄虾平均体长13~17厘米,体重30~45克。对虾通常栖息于泥沙底的浅海,春季以4~5月所产肥大质佳,主产于我国北部沿海。

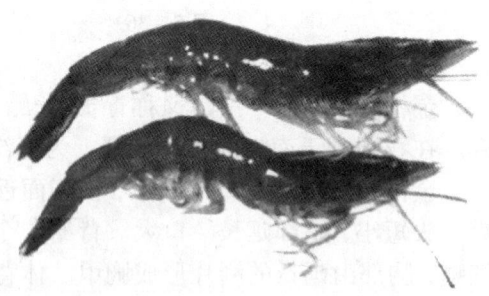

图5-38 对虾

(2)营养。对虾鲜品可食部分每100克含蛋白质13.4~18.6克,脂肪0.5~1.8克,碳水化合物1.6~5.4克,钾215~363毫克,钠119~168.8毫克,钙35~75毫克,锌1.14~3.59毫克,硒19.1~33.72微克,以及维生素A、维生素E等。

(3)烹饪应用。对虾以脑膏肥满时,风味特佳。既可整形或开片入馔,又可分头、身、尾等部位分别制肴。整形,多带壳盐水卤制,食时佐以姜、醋,味道最佳;亦可采用煮、蒸、烧、煎等方法成菜。对虾去壳取肉,经刀工处理后既可用炒、熘、烹、炸等技法成菜,又可出肉斩茸,制成虾丸、虾饺、虾面、虾饼、虾糕等菜式。此外,由于对虾体大、肉多、脑肥,还可做成一虾三吃(虾头烧、虾身炒、虾尾炸)或多吃菜。对虾干制后即为别具风味的大金钩。以对虾制作的菜肴有干烧对虾、滑炒虾花、白炒虾球、干炸凤尾对虾、煎烹大虾、煎对虾饼、琵琶对虾、干烤大虾等。

2. 河虾

河虾为节肢动物门甲壳纲十足目长臂虾科沼虾。又名鰕、虚头公、长须公、青虾、草虾、虾儿等。

(1)形态特征及品种产地。我国已发现河虾(如图5-39所示)有20多种,最常见者有以下两种:

日本沼虾,体较粗短,长4~8厘米,有青绿色及棕色斑纹;头胸部较粗大,头胸甲前缘向前延伸呈三角形突出的剑额,两侧具有柄眼1对;头部附肢5对,胸部附肢8对,第一对、第一对钳状,雄者超过体长。日本沼虾主要栖息于淡水湖沼、河流多水草岸边,有时也出现于低盐度河口水域;我国南北水系均有分布,为温、热带淡水中重要的经济虾类。

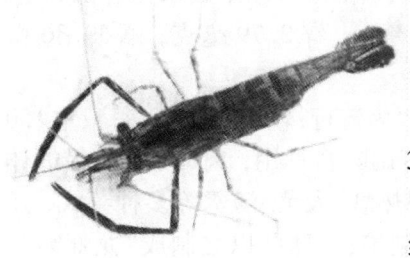

图5-39 河虾

罗氏沼虾,又称马来沼虾,雌性体长达25厘米,重可达200克,雄性体长可达40厘米,重可达600克;体大呈青褐色,剑额前端上扬,上下缘有锯齿;雄虾的第二步足特别大,呈蓝色;为杂食性,喜食小型动物或其尸体,也食水生植物或有机碎屑。罗氏沼虾通常栖息于热带和亚热带的淡水或半咸水域中,生长迅速;我国已引种养殖。

(2)营养。河虾鲜品可食部分每100克含蛋白质10.3~16.4克,脂肪0.9~2.4克,碳水化合物9.3克,钙78~325毫克,磷186~293毫克,铁4.0~8.8毫克。锌2.24~2.71毫克,硒17.70~29.65微克,以及维生素A、维生素E等。

(3)烹饪应用。鲜活河虾以白酒、红腐乳等调味料炝制,则为著名的"炝虾";加热烹制,可炒可爆,可炸可煎,还可采用烧、扒、焖、煮等烹调方法成菜。去壳后的净虾肉又称大玉,是制作"翡翠虾仁""龙井虾仁"的主要原材料;挤虾仁时留下虾尾,可烹制成"凤尾虾";虾肉斩茸后调和成虾胶,可制作虾丸、虾线、虾饼、虾糕或做菜点馅料;挤虾仁时留下之虾头、虾壳,经捣制成糊,以纱布挤出深藕色汁液,可用于制作"虾脑汤",鲜美胜于虾肉;以虾仁、虾脑、虾子与豆腐一同烹制的"三虾豆腐",特色鲜明,风味甚佳。以河虾制作的菜肴有:盐水大虾、清炒虾仁、油爆大虾、蒜爆河虾、香辣大虾等。

抱卵的河虾谓之"带子虾",晒干后即为虾子;小虾晒干去壳后称为虾米,亦称"湖米"。

3. 龙虾

龙虾为节肢动物门甲壳纲十足目龙虾科龙虾的概称。又名鰝、鰝虾、龙头虾、虾魁、虾王等。

图5-40 龙虾

（1）形态特征及品种产地。龙虾（如图5-40所示）头胸部较粗大，略呈圆筒形，眼位于可活动的眼柄上；头胸甲发达，坚厚多棘，前缘中央有1对强大的眼上棘，具封闭的鳃室；壳坚硬，色彩斑斓，腹部较短小，背部稍扁，尾部常曲折于腹下，尾扇宽短；头部有两对触角，触角板宽，有刺，第一对触角很长，第二对触角没有鳞片，柄的基部内侧有特殊的发声构造，可以摩擦复眼下方额板上的隆脊而发出吱吱的音响。龙虾是虾类中最大的一类，体长一般在20～40厘米，重500克上下，最大者长逾1.2米，重可达到5000克以上，称龙虾虎；龙虾一般栖息于温暖海洋的近海海底或岸边较深的隐蔽物中，我国分布于东海和南海一带。

（2）营养。龙虾鲜品可食部分每100克含蛋白质18.9克，脂肪1.1克，碳水化合物1克，钾257毫克，磷221毫克，钠190毫克，钙21毫克，铁1.3毫克，锌2.79毫克，硒39.36微克，以及维生素E等。

（3）烹饪应用。龙虾体大肉厚，滋味鲜美，以生吃龙虾颇为流行；较小的龙虾（每只重150～200克）从背部连壳带肉切成两半，蒸或煮熟后，蘸姜醋等调味料食用，肉嫩清爽，最能体现龙虾之本味。龙虾烹法较多，菜品也多，可制成由冷盘到热炒、大菜、汤羹等多种菜式，还可斩茸后用于制作虾片、虾线、虾丸、虾饼、虾糕等，或用于制馅；食肆并以之制成"龙虾宴"。以龙虾制作的菜肴有油泡龙虾球、蒜茸蒸龙虾、酥皮大龙虾、上汤焗龙虾、豉椒焗龙虾、牛油焗龙虾、奶香炭烤大龙虾等。

4. 虾蛄

虾蛄为节肢动物门甲壳纲口足目虾蛄科的虾蛄，又名琴虾、虾姑、皮皮虾、虾婆、赖尿虾、螳螂虾、富贵虾等。因其成熟后剥壳取肉较繁杂，一般不登大雅之堂。

（1）形态特征及品种产地。虾蛄（如图5-41所示）体呈窄长筒状，背腹扁，长15厘米左右；头胸甲小，其上隆脊发达；具带柄复眼1对；胸部后四节裸露；第二对胸肢特大，很像螳螂的前足；步足3对，腹部有尾鳍。虾蛄通常穴居在浅潮和深海泥沙或珊瑚礁中，以甲壳类和小鱼、海滨蚯蚓、沙蚕等为食，我国长江口以北沿海均产。主要品种有：断脊口虾蛄、猛虾蛄、斑琴虾姑、大指虾蛄、细指假虾蛄和蝉形齿虾蛄等。

图5-41 虾蛄

（2）营养。虾蛄鲜品可食部分每100克含蛋白质11.6克，脂肪1.7克，碳水化合物4.8克，钾132毫克，钠136.6毫克，磷206毫克，钙22毫克，铁1.7毫克，锌3.31毫克，硒46.55微克，以及维生素E等。

（3）烹饪应用。虾蛄肉质细嫩洁白，鲜甜嫩滑；以4～8月为最佳，满脑膏脂，成熟卵巢鲜美程度远胜过对虾。虾蛄可生食，酒醉或出肉蘸芥末酱味料颇佳；将虾蛄开片加蒜蓉清蒸，剥肉蘸调味料食用，最能体现虾之本味；虾蛄也可供炸、煎、烹、水煮、油泡、熏烤等方法制馔；此外，虾蛄还可用于炒饭、煲粥等。部分地区还将之沸水焯熟后，以面杖擀压出虾肉，或切段炒、熘、烩、烧成菜，或切粒炸酱，或斩茸做馅等。其肉如一般虾肉应用，可制成多款虾菜。以虾蛄制作的菜肴有：白灼虾蛄、椒盐虾蛄、花雕酒醉富贵虾、虾蛄膏漫凉瓜青等。

5. 白虾

第五章 水产类

白虾为节肢动物门甲壳纲十足目长臂虾科的脊尾白虾,又名青虾、绒虾、晃虾、黄虾等。

(1)形态特征及品种产地。白虾(如图5-42所示)体长5~9厘米。额角侧扁细长,基部1/3具鸡冠状隆起;甲壳较薄,活体通体透明,死后变成白色,故名白虾;又因其腹部背面有一道纵脊,故名脊尾;体微带蓝色,俗名青虾;雌虾卵呈黄色,也称黄虾。白虾多栖息于近岸的浅海或河口附近的咸淡水域,只有少数品种(如秀丽白虾)生活在纯淡水的江河、湖泊中;杂食性,以水底小型动物、植物或有机物碎屑为食;我国沿海均产,以黄海、渤海为多。白虾的主要品种有秀丽白虾、脊尾白虾、安氏白虾;此外,还有东方白虾等。

图5-42 白虾

(2)营养。白虾可食部分每100克含蛋白质16.8克,脂肪0.6克,碳水化合物1.5克,钾228毫克,磷196毫克,钠302.2毫克,钙146毫克,铁3毫克,锌1.44毫克,硒56.41微克,以及维生素E等。

(3)烹饪应用。白虾肉质细嫩,味道鲜美;尤其是六七月间秀丽白虾因虾子饱满、虾脑充实、虾肉鲜美,苏州人称为"三虾";可带壳用炒、爆、烧、煮等烹调方法成菜,亦可出肉制成虾仁式菜品。烹调加工参见"河虾"。以白虾制作的菜肴有:酒炝虾、碧螺虾仁、水晶虾饼、三虾豆腐、干炸虾球等。

脊尾白虾干制后即为海虾米;其卵干制后即为海虾子,经济价值较高。

6. 螯虾

螯虾为节肢动物门甲壳纲十足目蝲蛄科的克氏螯虾,又名大头虾、龙虾、红大虾等。

(1)形态特征及品种产地。螯虾(如图5-43所示)头胸部较长,呈卵圆形;体长可达10厘米。前三对步足都有螯,以第一对最发达,形似蟹螯;甲壳很厚,通体血红色,较美观。通常穴居于田畔和堤岸间,对农田水利有害。此虾原产美洲,后移殖到日本,又经日本传入我国养殖,分布于江苏、浙江、安徽一带,以长江下游为多。

同科蝲蛄属的东北蝲蛄、朝鲜蝲蛄、许郎蝲蛄等,形状似螯虾,但较小,均分布于东北一带,栖息于山地溪流或山地附近的河川、湖泊中,味道不及螯虾。

图5-43 螯虾

另有同科拟螯虾属的一些种,也生于我国东部,亦似螯虾,但较小,栖息于山溪与河流中,比较少见。

(2)营养。螯虾鲜品可食部分每100克含蛋白质14.8~16克,脂肪1.4~3.8克,钾181~550毫克,磷228毫克,钠86.8~225.2毫克,钙85毫克,铁6.4~14.5毫克,锌0.56~1.45毫克,硒7.9微克,以及维生素E等。

(3)烹饪应用。螯虾可整只烹制,方法有烧、煮、卤等,成菜后剥壳食用;也可出肉应用,生出、熟出均可。螯虾肉质较河虾为老,可加以刀工处理,如切片或剞花刀,使其成熟后呈现出一定的形状,同时改善口感;螯虾仁还可斩成茸泥后再次成形烹制成菜。螯虾黄用水漂清后滗去水分,可以和豆腐等烧成味美色浓的虾黄汤。以螯虾制作的菜肴有盱眙"十三香"龙虾、盐水小龙虾、蒜泥小龙虾、椒盐小龙虾、麻辣小龙虾等。

第五节　常见蟹类

一、蟹类概述

蟹类烹饪原料为甲壳纲十足目短尾亚目动物的通称。其主要特征为:体分为头胸部和腹部,头胸部的背面覆以头胸甲,形状因种不同而不一样。额部中央具第1、第2对触角,外侧是有柄的复眼;口器包括1对大颚,2对小颚和3对颚足;头胸甲两侧有5对胸足;腹部退化,扁平,曲折在头胸部的腹面;雄性腹部窄长,多呈三角形,只有前两对附肢变形为交接器;雌性腹部宽阔,第2~5节各具1对双枝形附肢,密布刚毛,用以抱卵。蟹的种类亦很多,作为烹饪原料运用的主要由淡水蟹和海蟹组成。淡水蟹完全在淡水中生长繁殖,它们多栖息于湖泊、河流及山区溪水的石块下,如著名的中华绒螯蟹以及溪蟹等。海蟹以热带浅海种类最多,如蛙蟹科、馒头蟹科、玉蟹科、梭子蟹科、扇蟹科,它们主要生活在沿岸带;方蟹科、沙蟹科生活在广阔的潮间带;极少数如漂泊蟹和弓腿蟹能附着在木材或其他漂浮物上生活;也有不少种类与其他动物营共栖生活,如绵蟹科、关公蟹科;许多种如豆蟹常潜入一些软体动物的外套腔中,或多毛类的管道中共栖;珊隐蟹科却生活在造礁珊瑚形成的囊中,雌蟹成体交配后终生被禁锢在囊内,孵化出的幼体可通过未关闭的小孔逸出;还有少数蟹类如地蟹能适应陆地生活,穴居于潮湿的泥洞中,繁殖时期则迁移下海。

二、蟹类品种介绍

(一)中华绒螯蟹

中华绒螯蟹(图5-44)又称河蟹、螃蟹、毛蟹、大闸蟹,方蟹科绒螯蟹属。其头胸甲呈方圆形或椭圆形,第一对螯足较大,其上密生绒毛,故名。背面为黑绿色或褐绿色,腹面灰白色,是我国著名的淡水蟹,在我国分布很广,资源丰富。产于辽河一直到福建沿海诸省的河湖中,著名的品种有湖北霸县的胜芳蟹,江苏常熟阳澄湖的红毛湖蟹,南京江蟹,安徽清水大闸蟹、上海崇明螃蟹等。每年金菊盛开,正是河蟹肥壮,卵满黄多之时,此时吃河蟹,持螯赏菊,十分惬意,故有"菊黄蟹肥""蟹味上桌百味淡"之说,现已人工养殖。

中华绒螯蟹味美且营养丰富,历来被视为上品。每100克河蟹食用部分含蛋白质14%,脂肪5.9%,碳水化合物7%,此外,还含有维生素A、核黄素、烟酸,其发热量超过一般鱼类的营养水平。

中华绒螯蟹肉质细嫩,味道鲜美,营养价值高,历来被人们视为珍品佳肴,它还有养精益气、理胃消食、散诸热、通经络、解结散血等药用功效。在烹调中,必须活用,食法很多,有多种用蟹烹制的菜肴和点心,可适于蒸、炒、炖、焗、醉等法,可作主料,又可作配料,熬制蟹油还可作调味料,在诸种蟹馔中,最能显示其特点的食法是原只清蒸。

第五章 水产类

（二）螃蜞

螃蜞，学名红螯相手蟹，又称蟛蜞，属方蟹科。其头胸甲呈方形，长约3厘米，左右侧平行，额宽，螯足无毛呈红色，步足有毛。穴居于近海地区的江河、沼泽、泥岸中。分布于我国江苏、山东、浙江、福建和广东等地，以长江中下游地区的江螃蜞最为著名。

螃蜞味鲜肉嫩，含有蛋白质、碳水化合物、钙、磷、铁、维生素A等多种营养素。入馔，宜炒、醉等烹调方法，螃蜞出肉率低，常在民间食用，现也成为江鲜酒楼的特色招牌菜。

图 5-44

图 5-45

（三）三疣梭子蟹

三疣梭子蟹（图5-45）又称蝤蛑，简称梭子蟹，属十足目梭子蟹属。其头胸甲呈梭形，前侧缘各有9个锯齿，最后一齿特别长大，左右突出。额缘具4个小齿。头胸甲的背面有3个明显的疣状突起，故名。头胸甲茶绿色，腹面灰白色。第一对步足为强大的螯足；第二对至第四对步足扁平，指节尖细，适于爬行；末对步足扁宽，指节片状，适于游泳。雄性腹部呈锐三角形，雌性腹部较圆大。我国沿海均有分布，以渤海产量最高，质量好。在日本、朝鲜等地也有踪迹，每年4~7月为产卵期，最为肥美。春、秋两季为生产旺季。

三疣梭子蟹是大型食用蟹类，肉味鲜美，营养丰富，在国内外享有盛名，具有较高的经济价值，在烹调中，整蟹宜于清蒸、炒。蟹肉、蟹黄可制作多款菜品，也可用于面点，用蟹制作菜肴要注意突出其鲜味，多用咸鲜口味。

（四）锯缘青蟹

锯缘青蟹（图5-46）简称青蟹，一般雌的叫膏蟹，雄的叫肉蟹，属梭子蟹科，因其背部呈青绿色，前侧缘各有侧齿9枚，其形状很像锯齿而得名。青蟹体形较梭子蟹小，为底栖甲壳类动物，其末对步足呈桨状，善于游泳，在陆地能左右爬行，离水能活多日，天然蟹喜栖息于温暖与盐度较低的浅海中。主要产于我国浙江、福建、广东等沿海地区。每年8~10月为采捕期，以广东产的青蟹最为著名。

青蟹味道鲜美，富含蛋白质、脂肪、核黄素、维生素A等营养物质，是沿海地区的名贵海产品，成熟蟹一般每只500克左右，大的可达2千克。肉质细嫩，味美，营养价值高，是著名的食用蟹，适用于蒸、焗、炒、爆等多种烹调方法，是宴席上的佳肴，蟹腿上的肉可干制成蟹肉，便于贮存和长途运输，也是味美的上佳食品。

（五）花蟹

花蟹（图5-47）属梭子蟹科，有花红蟹、蓝花蟹之分。其头胸甲为菱形，两侧具长棘，雄蟹浅红或暗紫色,有青白色或褐色云斑,"花蟹"之名由此而来,雌蟹则多为浅红色或土黄色。花蟹螯足长大,末对步足亦似桨适游。常群栖浅海海底,盛产于福建、广东一带,每年6~8月是捕获季节。

图5-46

图5-47

花蟹捕捞量大,营养食用价值高。其味道鲜美,肉质松嫩。适宜于蒸、爆、炒、焗等烹调方法,是沿海地区常用的烹饪原料。

第六节 常见软体贝类

一、贝类的形态结构概述

绝大多数贝类有一个、两个或多个的贝壳。如瓣鳃类有两个呈瓣状的贝壳,腹足类一般是单一呈螺旋形,多板类有8块壳板,头足类的贝壳有的为外壳,有的被外套膜包入形成内壳或退化。

一般贝类的贝壳可分为三层。最外层为角质层或皮层;中间的为棱柱层,又称壳层;内层为珍珠层或称壳衣。角质层包含角质的物质,它是硬蛋白质的一种,类似人类的指甲、头发中所含的角质,能耐酸的腐蚀;棱柱层占据壳的大部分,由角柱状的云解石构成,角质层和棱柱层只能由外套膜背面边缘分泌而成;珍珠层通常为叶状的霰石构成,由外套膜的全表面分泌形成,它随着动物的生长而增加厚度,富有光泽。不同贝类的贝壳组成,在构造上也有很大变异,如乌贼等,只有相当于棱柱层的内壳,或相当于角质层的内壳。

作为烹饪原料利用的贝类主要属于腹足类、瓣鳃类和头足类三个纲的动物。

腹足类大多数有单一的呈螺旋状的贝壳,有的则没有。腹足类的壳呈典型的螺旋圆锥形,壳尖细的一端称为壳顶,由壳顶围绕中心轴连续放大的各层称为螺层,最后一层由于头、足、内脏团可缩入其中而称为体螺层,且体积最大。体螺层向外的开口称为壳口。各螺层之间的交界线称缝合线。腹足类的壳因种类不同,在形状、颜色和花纹上便表现出多样性。腹足类具有扁平、宽阔而适于爬行的足,大多数具有一角质或石灰质的厣,由足腺分泌物形成,其大小、形状与壳口完全一致,当头足缩回壳内时,可十分严密地封住壳口,起保护作用。腹足类以宽大的足部在陆地、水底或水生植物上爬行,喜食多汁的水生植物的叶子和藻类。腹足类主要以其发达的足供食,主要种类有鲍鱼、红螺、瓜螺、角螺、扁玉螺、东风螺、泥螺、田螺、环棱螺、蜗牛等。

瓣鳃类一般具有两个贝壳,身体侧扁,头部完全退化,所以又称"双壳类"或"无头类"。其贝壳左右对称或不对称,贝壳表面有以壳顶为中心的环形生长线和以壳顶为起点、向腹缘伸出的呈放射状排列的放射肋,又称壳肋。两个贝壳在背缘以韧带相连。两壳间有闭壳肌柱相连,通过其舒张、收缩可关闭和开启贝壳。有的种类有前后闭壳肌,有的前闭壳肌退化,后闭壳肌变化。前闭壳完全消失的种类,后闭壳肌更大,并移行到贝壳中央。外套膜位于左右贝壳的内面,是身体左右两侧包蔽内脏团的薄膜,以外套膜形成的瓣状鳃呼吸,故称瓣鳃纲。其闭壳肌是由外套膜分化形成,一般由平滑肌和横纹肌组成,但区别不明显,有的甚至相互混合,横纹肌部分收缩快,平滑肌部分一般收缩很慢。横纹肌伸缩使贝壳开闭迅速有力,平滑肌收缩使壳持续关闭而不易疲劳,所以瓣鳃纲动物的贝壳可以长时间紧闭而很难撬开。闭壳肌可在壳的内表面附着处留下肌痕。瓣鳃类的足在身体腹面,呈斧状,故称斧足类。有的种类的足已退化,以足丝附着生活。瓣鳃类动物以其发达的足或闭壳肌柱供食,主要种类有毛蚶、贻贝、江珧贝、扇贝、日月贝、牡蛎、蛤蜊、西施舌、文蛤、竹蛏、河蚌等。

头足类的身体分为头部、躯干部和漏斗三部分,头部两侧有发达的眼以及由足转化而成的腕,形成了头足愈合的头足部,故称头足纲。头足类有8~10条腕,用于捕食,腕上有吸盘。漏斗位于身体腹面躯干的前端,也由足转化而来,前端细长,其开口指向前端,后端宽大,可神入外套腔中,漏斗后端两侧有一软骨凹陷与外套膜腹缘前端的软骨突形成一闭锁器,以封闭外套腔的开口。外壳往往退化为内壳,整个身体的躯干部被肌肉质的外套膜覆盖包围,外套膜的边缘有鳍。头足类的运动是以外套膜的肌肉收缩为动力,以躯干边缘的鳍起舵的作用。快速运动时,闭锁器扣合关闭了外套腔的开口,外套腔中压力增大,迫使水流由漏斗喷出,所以头足类向后倒退运动较向前运动更迅速。头足类以肌肉质的外套膜和发达足作为食用部位。主要种类有乌贼、枪乌贼、章鱼等。

二、常见贝类的种类

(一)香螺

香螺腹足纲,蛾螺科,别名大海螺。生活在浅海泥沙质海底,中国沿海均产,以山东、河北、辽宁沿海产量较多。捕捞汛期在9月中旬至翌年5月。

1. 原料特征

香螺贝壳大,两端较尖,中部膨胀,略呈纺锤形,壳质坚实但不甚厚。壳面粗糙,为淡黄褐色或棕色,具有宽窄不一、距离不等的褐色螺旋彩带;壳内面为灰白色,具有珍珠光泽。壳口大,为长卵圆形。每年5~6月产卵(见图5-48)。

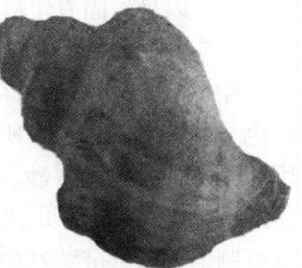

图5-48 香螺

2. 应用特性

香螺肉味鲜美,肉质脆嫩,制作菜肴时忌加热过度,否则肉质老咀嚼不烂。适宜于爆、炒等旺火速成的烹调方法,如著名菜肴有油爆海螺、红烧海螺等。

香螺的脑神经分泌的物质会引起食物中毒,潜伏期短1~2小时,症状为恶心、呕吐、头晕,在烹制过程中要把头部(螺黄)去掉。

性味功效:性冷、味甘,具有清热明目、利膈益胃等功效。

(二) 牡蛎

牡蛎瓣鳃纲，牡蛎科，别名为蚝、蛎黄、海蛎子、蠔等。常见品种有近江牡蛎、大连湾牡蛎、牡蛎花等。中国黄海、渤海至南沙群岛均产，主要产于广东、辽宁、山东等地，约有20种左右，可人工养殖，现广东、福建、台湾养殖较多。牡蛎的产期在每年的9月至翌年3月。

1. 原料特征

牡蛎壳形不规则，大小、厚薄因种而异。左壳（下壳）较大而平凹，附着他物；右壳（上壳）较小而稍粗，壳内白色，具光泽，无足及足丝（图5-49）。

2. 应用特性

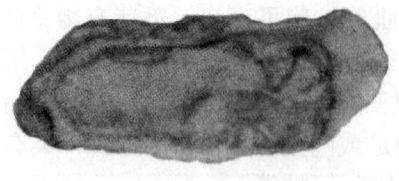

图5-49 牡蛎

牡蛎肉质细嫩，味极鲜美，色洁白。牡蛎中所含的液汁为乳白色，味亦鲜美。用牡蛎制作菜肴基本不用刀工，适宜于炸、氽汤、炒等烹调方法，口味多以咸鲜为主，可制作很多名菜，如炸蛎黄、清氽海蛎子、炸芙蓉蚝、生炒明蚝等。肉还可干制成牡蛎干，广东称蚝豉，可制作鲜味调味品蚝油等。牡蛎产于近海，污染较重，并有吸虫，切勿生食。

性味功效：性平、味咸甘，具有滋阴养血、调中益气、醒酒止渴等功效。

(三) 贻贝

贻贝瓣鳃纲，贻贝科，别名淡菜、壳菜、海红、红蛤等。因其味鲜美而清淡，故名淡菜。贻贝种类很多，中国沿海有30余种，其中经济价值较高的有10多种，常见的有贻贝、翡翠贻贝、厚壳贻贝、紫贻贝等。紫贻贝多产于黄海和渤海，尤以大连沿海最丰富，现大多数为人工养殖。每年1~4月采捕活鲜品。

1. 原料特征

贻贝壳略呈长三角形，质地厚薄均有。壳顶向前；表面有细密生长纹，被有黑褐色壳皮，壳顶皮常脱落而呈白色；壳内面为白色带紫。以足丝固着于澄清的浅海底岩石上（图5-50）。

2. 应用特性

贻贝多经晒干后储存，贻贝肉质细嫩，滋味鲜美。雄性肉白色，雌性肉橘黄色，所含白汁清鲜可口。用贻贝制作菜肴不

图5-50 贻贝

用刀工，适于爆、炸、炒、氽汤、拌、烩等烹调方法，口味多以咸鲜为主，可制作烩海红、拌海红、蒲酥贻贝、葱白扒贻贝、炸贻贝等菜肴。家庭中平常食用时，可取少许加入排骨、鸡等炖汤，也可制粥，如裙带菜红蛤粥等。

贻贝含有丰富营养，含有多种人体必需氨基酸，所含的脂肪主要是不饱和脂肪酸，这些成分对改善人体的血液循环功能有重要作用。贻贝不论在中国或西欧各国，都被认定为天然滋补营养的保健食品。

性味功效：性温、味甘咸，具有补肝肾、益精血、降血压等功效。

(四) 鲍鱼

鲍鱼腹足纲，鲍科，又俗弥鲍鱼、大鲍等。鲍鱼的种类很多，中国北方沿海、南方沿海、南海诸岛均出产各类鲍鱼，目前中国有人工养殖。

每年7~8月水温升高，鲍鱼向浅海做生殖性移动，此时肉

图5-51 鲍鱼

足丰厚,最为肥美。

1. 原料特征

鲍鱼贝壳宽大,呈耳状,壳表面多为暗绿色褐色,内面为银白色,带有青绿色的珍珠光泽。壳口为卵圆形,外唇薄而简单,边缘锋利;内唇厚而向内卷曲,形成一个上宽下窄,边缘圆滑的遮缘,足极发达(见图5-51)。

2. 应用特性

鲍鱼味道极其鲜美,是名贵的烹饪原料,自古以来被视为海味珍品。鲍鱼刀工以片状居多,作主料宜于爆、炒、拌、扒等烹调方法,可制作扒原壳鲍鱼、蚝油鲍鱼、麻汁紫鲍等菜肴。其壳称石决明,是配制清肝明目的传统中药材。

性味功效:性温、味咸,具有滋阴补肾、养肝明目、润燥利肠、纤痹通络、镇静化痰、益精壮阳、养血益肝等功效。

(五)扇贝

扇贝瓣鳃纲,扇贝科,别名干贝哈等。分布于中国北部沿海和朝鲜两岸,以大连沿海为主要产区,为海产珍珠之一。春秋为捕捞期,现已人工养殖。

1. 原料特征

扇贝贝壳略呈扇形,前端具有足丝孔,壳顶前后有耳,前大后小。右壳较平,放射肋细而多;左壳稍凸,放射肋主肋粗,约10条,肋上有棘状突起。壳面褐色,有灰白质紫红色纹彩,非常美丽。每年5~7月为产卵期。栖息在流速大、水质清的浅海底,以足丝附着于岩礁上(见图5-52)。

图5-52 扇贝

2. 应用特性

扇贝肉质细嫩洁白,味鲜爽,为宴席中的上品原料,在烹调中多作主料。刀工较少,适宜于爆、炒、炸、扒、氽等烹调方法,口味由咸鲜向多种口味延伸,可制作油爆鲜贝、软炸鲜贝、青椒炒鲜贝等菜肴。

性味功效:性温、味咸,具有滋阴补血、益气健脾、润燥利肠等功效。

(六)江珧

江珧瓣鳃纲、江珧科,别名江珧柱、江瑶、江珧等。分布于印度洋、太平洋沿岸,中国渤海、黄海、东海、南海均有分布。每年1~3月为捕捞期,现已人工养殖。

1. 原料特征

江珧贝壳大而薄,前尖后广,呈楔形状扇形,表面具放射肋,肋上有三角形略斜向后方的小棘。颜色淡褐至黑褐,幼时略透明。足丝发达,呈发状,以壳顶端直立插入泥沙底中,并以足丝固着于沙粒上,终生不再移动,以单细胞藻类为食。生殖期在6~7月间。(如图5-53)。

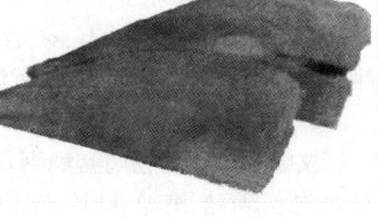

图5-53 江珧

2. 应用特性

江瑶自古以来,就是海味珍品,鲜嫩爽美,在烹调中多作主料。刀工成片,适宜于爆、炒、氽、煮、涮、烧等烹调方法,口味以咸鲜为主。

性味功效:性平、味咸,具有滋阴补血、益气健脾、利五脏等功效。

(七)蛤蜊

蛤蜊为软体动物门瓣鳃纲真瓣鳃目帘蛤蜊科一些种动物的统称。又名蛤、珂、蛤黎、蠃母、吹潮、壳菜、毛蛤蜊等。

图 5-54 蛤蜊

(1)形态特征及品种产地。我国沿海一带所产蛤蜊(如图 5-54 所示)主要品种有以下几种。

青蛤。贝壳近圆形,长 5~6 厘米,高与长相近;壳顶突出,尖端向前弯曲;壳面膨胀鼓凸,无放射肋;顶端的同心生长线细密,腹部的生长线粗而突出;壳外面淡黄至黄棕色,内面白或淡红色。栖息于浅海泥沙中,我国南北沿海均有分布。

四角蛤蜊。贝壳长 4.6 厘米左右,高 3.8 厘米左右,呈四角形,壳膨胀而薄,壳色白或黄白,腹缘常有一黑色镶边。栖息于淡水流入的地方,我国南北沿海均有分布。

凹线蛤蜊。贝壳长 5.3 厘米左右,高 3.9 厘米左右,呈椭圆形,同心生长线明显,在中部腹缘上方形成浅的凹沟;壳面光滑,顶部呈淡蓝色,腹面为黄沟色,并具放射状色带。生活环境同四角蛤蜊,分布于我国山东及其以北沿海区域。

(2)营养。蛤蜊鲜品可食部分每 100 克含蛋白质 8.9~15.6 克,脂肪 0.7~1.9 克,碳水化合物 0.8~7.1 克,钾 109~164 毫克,钠 363~577.7 毫克,钙 111~177 毫克,鳞 97~166 毫克,铁 6.5~22 毫克,锌 1.64~2.69 毫克,硒 28.1~87.1 微克,以及维生素 A、维生素 E 等。

(3)烹饪应用。蛤蜊肉质腴美细嫩,烹制时宜快速加热成菜,不可过火,否则老韧难嚼;通常采用氽、烫、糟、醉、拌、炝、炒、爆、熘、焗、烤等烹调方法成菜,也可用于制汤、羹。熟用,须将鲜活蛤蜊置于沸水中煮至壳张开,取肉用烧、烩、熬、蒸、煮等烹调方法制馔。煮蛤蜊的汤是上好鲜汤,澄清后可用于蛤肉菜品或用于其他汤菜。蛤蜊肉干制后即为"蛤干",有生、熟之分;生干优于熟干。

以蛤蜊制作的菜肴有:火焰蛤蜊、芙蓉蛤蜊、芦笋蛤蜊肉、酒蒸蛤蜊、桑拿蛤蜊、蛋黄焗蛤蜊、龙井蛤蜊汤等。

(八)文蛤

文蛤为软体动物门瓣鳃纲真瓣鳃目帘蛤科之文蛤。又名花蛤、黄蛤、海蛤、圆蛤、车螯、蚶仔、贵妃蚌等。

(1)形态特征及品种产地。文蛤(如图 5-55 所示)贝壳呈三角形,向外隆起,腹缘呈圆形,外面灰白色,近壳顶处或全部布有棕色或银灰色轮纹,或被棕色薄膜,平滑而有光泽;内面乳白色或略带青紫,平滑,亦有光泽;壳质坚厚,两壳大小相等,断面显层

图 5-55 文蛤

状;以光滑,黄白色,无泥垢者为佳。文蛤多栖息于浅海区域的细沙、泥沙滩中,以微小的浮游硅藻等为食;主产于我国江苏、山东等地。

(2)营养。文蛤鲜品可食部分每 100 克含蛋白质 7.7 克,脂肪 0.6 克,碳水化合物 2.2

克,钾235毫克,钠309毫克,鳞126毫克,钙59毫克,铁6.1毫克,锌1.19毫克,硒77.1微克,以及维生素A、维生素E等;另琥珀酸等含量较多,故其味鲜美。

(3)烹饪应用。文蛤入馔,肉质细嫩,鲜而不腻,鲜活者可直接用酒、酱腌后生食;文蛤烹制时间宜短,以保持其嫩度,否则肉老味次;烹调方法多用爆、炒、煎、炸成菜,亦可制羹、氽汤、煨炖;文蛤肉斩碎后,又是制作文蛤饼、包子、饺子等点心的良好馅料。以文蛤制作的菜肴有文蛤蒸蛋、金镶玉斧、铁板文蛤、文蛤狮子头、火腿笋文蛤、文蛤煨猪蹄、冬瓜文蛤汤等。

文蛤还可制成蛤干、文蛤酱。

(九)河蚌

河蚌为软体动物门瓣鳃纲蚌科动物的概称。又名鲌、蚌、蚄、河歪、河蛤蜊、菜蚌、湖蚌、高娃、水菜等。

(1)形态特征及品种产地。河蚌(如图5-56所示)通常指以下3种供食者。

无齿蚌属背角无齿蚌,又称河蚌。壳稍膨胀,外形稍呈有角凸的卵圆形,后部略呈斜截状,末端圆钝;长20厘米左右;壳面黄褐色,有微细的环形轮脉。栖息于水深1米左右静水或缓流环境中,为江河、湖泊以及池塘的常见种,我国平原水域广有分布。

冠蚌属褶纹冠蚌,又称鸡冠蚌、扯旗蚌。贝壳大而膨胀,长达30厘米左右;呈不等边三角形,前背缘突出不明显,后背缘伸展成巨大的冠;壳面有生长纹,表面黄褐色、黑褐色或淡绿色;壳内面有珍珠光泽。栖息于湖泊、池沼、小溪等水流较缓的泥底,冬季潜入泥中。分布同上种。

帆蚌属三角帆蚌,又称劈蚌、江蚌。贝壳大而扁平,背缘向上伸起一帆状突出,故名;壳长约15厘米,大者可达24厘米;壳顶具褶纹。壳面黑褐色,有放射色带;壳内珍珠层白净光亮。栖息于水清、流急,底质为泥或泥沙的大、中型湖泊或河流中,主要分布于华北、华东地区。

图5-56 河蚌

除上述3种生活于淡水中的河蚌外,还有珠蚌属圆顶珠蚌、丽蚌属背瘤丽蚌、无齿蚌属圆背无齿蚌、无齿蚌属钳形无齿蚌等品种。

(2)营养。河蚌鲜品可食部分每100克含蛋白质6.8克,脂肪0.6克,碳水化合物0.8克,钙306毫克,鳞319毫克,钾27毫克,钠28.7毫克,铁3.1毫克,锌3.95毫克,硒20.24微克,以及维生素A、维生素E等。

(3)烹饪应用。河蚌肉丰盈厚实,鲜嫩晶亮,以背角无齿蚌最为肥美,肉质较好。小河蚌肉质较嫩,大河蚌则次之。烹法以制汤为多,汤汁浓白,味鲜美;也可用炖、烧、煮、烩、炒、爆等方法成菜;民间常以之与咸肉(或腊肉)、猪脚等同炖,富含胶质,蚌肉绵韧,肥美异常;冬天,河蚌火锅是品味河蚌的最好选择。以河蚌制作的菜肴有西兰花炒蚌、豉椒贵妃蚌、黄金玉蚌、雪菜烧河蚌、腊肉炖河蚌、蚌肉炖老鸭、煲蚌鸽、田螺蚌肉汤等。

第七节 其他水产类

一、龟

龟为爬行纲龟鳖目龟科动物的总称。

1. 形态特征

龟分布于黄河流域、长江流域及其以南地区。其主要形态特征为：背腹皆具硬甲，在侧面联合形成完整的龟壳，龟背甲壳上有三条纵走的棱脊（图5-57）。

图5-57 乌龟

2. 品种及产地

在我国，供食用龟的主要种类是乌龟和平胸龟等。

（1）乌龟：也称秦龟、金龟，俗称草龟、八卦、十三块。乌龟是爬行纲龟鳖目龟科动物，主要分布于黄河流域和长江流域。乌龟喜群居，多栖息于湖地川泽中，生命力极强，断食数日不死。一年四季皆可捕获乌龟，但以秋冬季为多。乌龟肉龄虽老肉质却鲜嫩，既可整只烹调，也可拆肉入馔。

（2）平胸龟：也称鹰嘴龟、大头平胸龟、鹰嘴蛇尾平胸龟，俗称大头龟、山乌龟等，属爬行纲龟鳖目龟科动物，分布于江苏、浙江、安徽、江西、湖南、福建、广东、广西、云南、贵州等地。平胸龟为山珍之一，头似鹰，尾似蛇，身似鳖，肉味清甜鲜美，传统医学认为平胸龟具滋润补肾功效。

3. 营养及保健

龟类全身皆宝，具有很高的药用价值。中医认为，龟肉可滋阴补血、止血、治久咳咯血、血痢、筋骨疼痛。乌龟的腹甲称为龟板，是滋补药材。龟类也是祛湿的良药。

4. 烹饪运用

龟类肉质粗糙，但肉味鲜美，适用的烹调方法很多，但以炖、老火煲为最佳。大的龟常红烧。常见的菜品有"龟蛇汤""生地龟汤"等。

二、鳖

鳖又称甲鱼、王八、水鱼、团鱼、鼋鱼等，属爬行纲龟鳖目鳖科。

第五章 水产类

1. 形态特征

鳖头部青灰色，吻部突出，背腹扁平，背盘椭圆形，呈橄榄绿色，背腹甲包覆着皮肤，背甲边缘的柔软皮肤称作裙边。四肢有蹼，体长18～24厘米（图5-58）。

图5-58 鳖

2. 品种与产地

鳖的分布很广，中国大部分省、区有分布，现已有人工饲养，每年的6～7月为最佳食用季节，是名贵的野味之一。可供食用的鳖类除中华鳖外，尚有山瑞。山瑞也称山瑞鳖，形态似鳖，但体形较大，分布于两广、云贵一带，常生活于山区小溪间、荷塘中，是南方名贵水产之一，肉质似鳖，鲜香胜于中华鳖，裙边厚实，因其数量及其稀少，现已被列为国家二级保护动物，本书中所用鳖为人工饲养。

3. 营养及保健

鳖是人们喜爱的滋补水产佳肴，是一种高蛋白、低脂肪、营养丰富的高级滋补食品，具有极高的营养价值。鳖肉每100克含蛋白质16.89～17.45克，蛋白质中含有18种氨基酸，并含有一般食物中很少有的蛋氨酸，故鳖肉具有鸡、牛、羊、鹿、蛙、猪、鱼七味，可见其味道之美。鳖含有易于为人体吸收的血铁和对铁吸收有重要作用的维生素B_{12}、叶酸、维生素B_6等，以及大量对人的生长和激素代谢有重要作用的锌和对骨、齿生长有重要作用的钙。此外，鳖还含有许多磷、脂肪、碳水化合物等营养成分。现代营养学研究发现，鳖营养丰富，不仅有利于肺结核、贫血等多种病患的恢复，还能降低血胆固醇，对高血压、冠心病患者有益。此外，鳖肉及其提取物能有效地预防和抑制肝癌、胃癌、急性淋巴性白血病，并可用于防治因放疗、化疗引起的虚弱、贫血、白细胞减少，还能预防慢性肝炎患者的肝纤维化。鳖全身都是宝，其肉、甲、血、头、胆、卵、脂肪均可入药。

4. 饮食禁忌

甲鱼与鸭蛋同食易引起腹胀、腹泻，与苋菜同食易导致肠胃积滞，与橘子同食易引起消化不良，与猪肉、芥末同食易伤肠胃，与兔肉同食易损伤肾脏，配菜时应注意。死甲鱼不能食用。小儿不宜多食甲鱼，否则易引起恶心、腹胀、腹泻。

5. 烹饪运用

鳖肉质细嫩，味浓鲜美，裙边富含胶质，软嫩滑爽，是"八珍"之一，可制干品。它无论蒸煮、清炖，还是烧卤、煎炸，都风味香浓。常见菜肴有"清炖甲鱼""甲鱼炖鸡""荷香蒸甲鱼"等。

三、海参

(一)海参的特征

海参属棘皮动物,我国海域均产,以南海出产著名。其外形有的像苦瓜、有的像丝瓜、黄瓜,全身柔软,呈长圆筒状,口在前端,口周围有触须,背面隆起,有4~6行大小不等、排列不规则的圆锥形肉刺。腹面平坦,管足密挤、排列成3条不规则纵带。体色随环境而变化。

(二)海参的种类

海参的种类很多,日常所见均为干货,主要品种如下。

1. 刺参

刺参又名灰参,体圆柱形,一般长20~40厘米,前端口周围有20个触手,背有4~6行肉刺,腹面有3行管足,体色有黄褐色、绿褐色、纯白色、灰白色等。我国北部沿海出产最多,可以人工繁殖。干品以肉肥厚,味淡,刺多而挺、质地干燥者为佳。

2. 梅花参

梅花参是海参中最大的一种,体长100厘米左右,背面肉刺较大,每3~11个肉刺基部相连呈花瓣状,故名"梅花参",又因体如凤梨,故也称"凤梨参"。梅花参腹部平坦,开腔平展,管足小而密布,口稍偏于腹面,周围有20个触手。背面呈橙色或橙黄色,间有褐色斑点,涨发后为黑色。梅花参盛产于我国西沙群岛一带,品质优,为我国南海所产海参中最好的一种。

3. 方刺参

方刺参因体形呈四棱形,每个棱面又有一行圆头小刺而得名。方刺参体色土黄略发红,个头不大,每500克有30~50只,主产于广西北海及海南岛一带(见图5-59)。

图5-59 方刺参

(三)海参的营养及保健

海参营养丰富,每100克海参含蛋白质14.9克(干品含蛋白质55.5%),脂肪0.9克,钙357毫克,磷12毫克,铁2.4毫克及少许维生素,碘的含量较高。海参有补肾益精、养血润燥、镇惊安心、止血消炎、补脑益智等功效,因其功效相似人参,故名"海参"。

(四)海参的烹饪运用

1. 海参的涨发

烹饪上使用到的海参都是干货,因此使用前要经过涨发。其涨发过程是:用清水将海参浸泡10小时,然后转放在瓦盆内。每500克海参加入石灰35克或碱水15克,加入沸水(以浸没海参为准),加盖焗3小时,去净海参本身的臭味。取出海参,用清水漂洗干净,再放入瓦盆内,加入清水,用小火煲焗2小时(以海参全身回软,用刀切时无硬块为准)。取出海参,用剪刀把海参的肚剪开,将肚内沙石洗净,肠留在体内,用冷水浸泡着待用(如不留肠,海参则不耐存放,容易溶化),使用时再去掉海参的肠。

2.海参的使用

海参肉质软滑中带爽,本身味淡,烹饪上使用较广,如"葱烧海参"、"虾子海参"(苏菜)、"鲍汁扣海参"(粤菜)。海参还可以作辅料用。

四、海蜇

(一)概述

海蜇是一种腔肠动物,学名水母,呈伞形,产于我国沿海各地,夏秋季是盛产期。

(二)形态特征

海蜇个体分两部分,即伞部和口腕部。伞部为个体的上半部,呈半球形,俗称海蜇皮;口腕部为伞部的下部分,俗称海蜇头。

(三)营养及保健

海蜇含水丰富,高达95%以上,同时还含有少量的蛋白质、钙、镁、铁等营养素,有消滞化食、健脾胃的功效。

(四)海蜇的分类

捕捞海蜇后应立即加明矾和盐压榨,除去水分,洗净后再用盐腌渍。海蜇按产地可分为南蜇、东蜇、北蜇。南蜇以福建、浙江所产最好,个大、浅黄色、脆嫩;东蜇产于烟台,肉有沙或肉厚不脆;北蜇产于天津,色白个小,比较脆嫩。

(五)烹饪运用

海蜇在烹饪上以凉拌为多,先把海蜇皮泡洗,去掉杂质和盐分后,切成细丝或块状,放入开水中略烫,再用清水漂洗,然后加入味料(如盐、味精、糖、辣椒酱、香油等)拌匀即成"凉拌海蜇"。

新鲜海蜇皮有许多沙,去沙方法:将海蜇皮洗净,滤干水分,然后烧热铁锅,把海蜇皮放入锅中(不用油)炒,由于海蜇皮受热收缩,其沙就会从皮上掉下,然后放入清水中漂洗即可。

五、沙蚕

(一)概述

沙蚕又名沙虫,生物学名为星虫,生长在沙滩里,以吞食沙粒里的有机物质为生,广东雷州半岛和广西北海一带海滩出产最多,北海沙虫以个大、肉嫩而著名。

(二)形态特征

沙蚕为长圆筒状,像陆地上的蚯蚓,全身里外都有沙子。体前端有一圈触手,伸张时呈星状。肛门开在身体一侧,离口不远,消化道呈U形的管子,靠肌肉收缩前进(见图5-60)。

(三)营养及保健

沙蚕营养丰富,有滋阴降火、补肾的功效,可治阴虚盗汗、小儿尿床等症。

(四)烹饪运用

鲜沙蚕烹饪上使用广泛,可炒、炸、蒸、氽汤,以蒸、氽烫为佳。食用时先将沙蚕翻转过来(像翻动物肠一样),在水中洗净沙。洗沙蚕的水里有其血,为紫红色,用此水煮汤色奶白,鲜味无穷。沙蚕也可制成干货,把洗净的沙蚕焯熟后晒干即可。干沙蚕鲜香,可炒、炸,也可煲汤,炸干沙蚕是下酒的佳肴。

图 5-60 沙蚕

第八节 水产制品

水产制品的种类很多，如鱼制品有鱼干、腌鱼、糟鱼、熏鱼、鱼肉香肠等。常见的海产干制品有鱼翅、鱼肚、鱼唇、鱼骨、鲍鱼、鱿鱼、干贝、虾米、海蜇等。

一、水产制品的分类

水产制品的加工方法主要有干制法、腌制法、熏制法等，水产制品常根据加工方法进行分类。

1. 干制品

（1）鱼类干制品：包括大黄鱼干、鳗鱼干、银鱼干、青鱼干、烤鱼片、烤鳗、鱼松及其他鱼类干制品。

（2）虾类干制品：包括海产虾米、淡水虾米、虾皮、对虾干等。

（3）贝类干制品：包括干贝、鲍鱼干、淡菜、蛤干、海螺干、牡蛎干、蛏干等。

（4）藻类干制品：包括干海带、干紫菜、干裙带菜、干石花菜等。

（5）其他水产干制品：包括干海参、鱼翅、鱼皮、鱼唇、明骨、鱼肚、鱿鱼干、墨鱼干、章鱼干等。

2. 腌制品

腌制品包括鱼类腌制品、咸泥螺、醉泥螺、醉蟹、盐渍海蜇、盐渍熟裙带菜等。

3. 熏制品

熏制品包括淡水鱼类熏制品、海水鱼类熏制品等。

二、常用水产制品

1. 鱼肉松

鱼肉松味鲜美，易消化吸收，耐储存。内陆地区一般选用大型的淡水鱼（如胖头鱼、鲤鱼、草鱼、青鱼），沿海地区一般用大型海水鱼（如大石斑鱼、鲨鱼、旗鱼等）。其制作方法是将其洗净开腹，去内脏，切成段，放入75%的盐水中腌渍2~3小时，再用清水洗净，加葱、生姜用蒸笼蒸熟后取净肉加入酱油、白糖,最后加猪油或植物油用温火炒(温度不超过80℃),待鱼肉纤维完全分开即成。

2. 鱼翅

鱼翅是指鲨鱼、鳐鱼等软骨鱼类鳍的干制品,主要以鳍条(即翅筋、翅针)供食,主产于中国,进口鱼翅以菲律宾的吕宋黄为上品。鱼翅的分类方法较多,分类方法如下:

(1) 按鱼鳍位置分类:可分为背翅(披刀翅、脊翅)、胸翅(肚翅、划翅、青翅)、腹翅和臀翅(上青翅、荷包翅)、尾翅(钩翅、尾勾翅、勾尾)。其中背翅肉少、翅筋长而多,质量最好。

(2) 按形状分类:可分为原翅和加工翅两大类。原翅又分为咸水翅(以海水漂洗)、淡水翅(以淡水漂洗)两种。

(3) 按加工方法分类:可分为明翅(金花翅)、大翅、长翅、青翅、翅绒、净翅六种。

(4) 按成品形状分类:可分为散翅、排翅、翅饼(凤尾翅)、月翅、翅砖五种。

(5) 按鱼的种类分类:可分为黄肉翅、群翅、披刀翅、象耳白翅、象耳刀翅、猛鲨翅、花鹿翅等。

鱼翅所含的软骨黏蛋白、胶原蛋白和软骨硬蛋白等,均属不完全蛋白质,烹制时应与鸡、鸭、虾等共烹,以达到蛋白质互补。鱼翅由于本身无味,所以必须在烹制前或烹制过程中赋味,常采用烧、扒的方法成菜,代表菜式如黄焖鱼翅、红烧大群翅、蟹黄鱼翅、鸡蓉鱼翅等。

3. 鱼肚

鱼肚又名鱼胶,是用大黄鱼、鳘鱼、毛常鱼、回鱼、鳗鱼等的鱼鳔干制而成,主要产于我国广东、福建、山东、辽宁、浙江、江苏等沿海及南洋群岛等地。鱼肚以广东所产的广肚质量最好,福建、浙江一带所产的毛常肚仅次于广肚。广肚、毛常肚肚色透明,无黑色血印,体大者涨发性强。

黄鱼肚分三种:提片、吊片和搭片。

体厚片大者称为提片,体薄片小者称为吊片。提片和吊片以色泽淡黄、明亮、涨发性好为佳。搭片是将几块小鱼肚搭在一起成为大片晒干的,色泽浑而不明,质量差,涨发性不足。

鱼肚质量一般以片大而厚、颜色淡黄有光泽、肚形平展完整、清洁无尘土污物者为上品,此类鱼肚一般以毛常鱼肚和鳘肚居多。如果肚皮颜色发黑或有黑斑则不能食用。

4. 鱼唇

鱼唇是指鲟鱼、鳇鱼、鲨鱼或鳐类唇部软肉的干制品。通常从唇中间劈开,呈左右相连的两片,带有两条薄片状软骨。主要产于浙江、福建、山东、辽宁等地,以浙江产量最多。鱼唇是名贵的海味之一,含有丰富的脂肪和胶质蛋白,品质以唇肉透明,有光泽、干度适宜,无虫蛀现象为上品,代表菜式如红扒鱼唇、清汤鱼唇等。

5. 鱼骨

鱼骨别名为明骨、鱼脑、鱼脆,是以鲟鱼、鳇鱼的鳃脑骨、鼻骨或鲨鱼、鳐鱼等软骨鱼类的头骨、鳍基骨等部位加工干制而成。成品为长形或方形,白色或米色,半透明,有光泽,坚硬。

由于鱼的种类及原料骨的位置不同,质量有所区别。以骨块大小均匀、无白色硬骨、骨块坚硬洁净者为上品,通常以头骨或颚骨制得的为佳,尤以鲟鱼的鼻骨制成的为名贵鱼骨,称为龙骨。

烹制前需用水涨发,然后用上汤赋味或与鲜美原料合烹,采用烧、烩、煮、煨等方法做汤、羹菜式,代表菜有芙蓉鱼骨、桂花鱼骨、清汤鱼骨等。

6. 鱼皮

鱼皮是用各种鲨鱼的皮,经过水浸,刮去砂鳞及鱼肉后晒干而成。鱼皮主要产于中国广东、福建、台湾、浙江、山东等地及南海诸岛。

主要营养成分是胶质蛋白,是烹制菜肴的上乘原料。鱼皮的质量以皮质厚、胶质多、腐肉少(腐肉容易生虫,不易保管)、无虫蛀现象、皮张整齐、刀伤裂口少、颜色新鲜、有光泽为上品。鱼皮的吃法较简单,经泡发褪沙后就可烹制,适用于炖、烧、扒、烩、冻等烹调方法。

7. 干贝

干贝是以江珧扉贝、日月贝等几种贝类的闭壳肌干制而成,呈短圆柱状,浅黄色,体侧有柱筋,是我国著名的海产"八珍"之一,是名贵的水产食品。其味道、色泽、形态与海参、鲍鱼不相上下。干贝含丰富的谷氨酸钠,味道极鲜,与新鲜扇贝相比,腥味大减。干贝具有滋阴补肾、和胃调中功能。

干贝除去柱筋涨发后多与其他原料配合做菜,适合烹制蒸、扒等类菜肴。烹调前应用温水浸泡涨发,或用少量清水加黄酒、姜、葱隔水蒸软,然后烹制入肴。泡发方法为事先将干贝上的老筋剥去,洗去泥沙,放入容器中,加料酒、姜片、葱段、高汤,上屉蒸 2~3 小时,能展成丝状即为发好,并用原汤浸泡待用。

8. 干虾

为海虾或淡水虾的干制品,有大干虾、小干虾之分,又有淡制、咸制之别,干制时不去除头尾及壳。干虾可用于菜肴配料,也可在泡制后挂糊炸食,味鲜美。入烹时剥去外壳,可代虾米应用。

9. 鱿鱼干

在渔业生产中,90%以上的鱿鱼加工成鱿鱼干,其干制方法有吊晒法和帘晒法两种。

吊晒法,用 1 米长竹签穿在鱿鱼尾端的两块肉鳍上,鱼头向下,每根竹签串 10 条,然后用绳子把竹签绑挂在竹架上吊晒。次日把晒过的鱿鱼从竹签上卸下,平放于晒具上继续晒,至 4~5 成干时整形。不上霜粉者,晒至足干即可收藏。要上霜粉的可按规格分等级后分别堆叠,盖上麻袋罨蒸。继续翻晒至足干;帘晒法,即平铺于竹帘上,先晒鱼背,利于沥水,后翻晒腹肉。整型翻晒工序同吊晒法。

10. 咸鱼

咸鱼是通过食盐的渗透压作用,使鱼肉中的水分排出,使食盐渗鱼肉细胞内,从而达到腌制目的。

在腌制过程中,食盐不仅可以减少鱼肉水分的含量,同时也使微生物细胞发生质壁分离,抑制微生物的繁殖与生长,防止鱼肉腐败变质,增加其储藏性。腌制后的鱼制品别有风味,但某些嗜盐性细菌可在高浓度的盐溶液中生长,并产生色素,如在咸鱼鱼体上产生的红色就是红色嗜盐灵菌生长繁殖的结果。常用腌制方法有干腌法、湿腌法、混合腌法三种。

(1)干腌法,是将盐均匀地撒在鱼体的表面,此方法较常用。其优点是盐渗入鱼肉组织较快,易于脱出鱼中的水分。缺点是腌制不均匀,脂肪易被氧化。

(2)湿腌法,是将鱼体浸泡在饱和盐液中,适于腌制淡水鱼、咸水鱼或其他鱼制品,但所用腌制时间较长。

(3)混合腌法,是干腌和湿腌合并使用,把撒有盐的鱼体投入一定浓度的盐溶液中腌制。制品不仅吸收食盐均匀,而且可以加快腌制时间。这种方法适合于腌制多脂肪鱼类。

11. 熏鱼

熏鱼是以淡水鱼为主要原料,具有特殊味的鱼制品。加工工艺是利用带特殊香味的原料(锅巴、茶叶、糖、酒、姜、葱、柞木、樟木屑)作燃料烘烤,将腌鱼半制品进行熏制,并使其在高温中脱水,致使制品表面色泽金黄。这种制品鱼肉紧,带有弹性,味香浓郁,是经济价值和食用价值较高的食品,既可直接食用,又可储藏较长时间。

第九节 常见水产品的品质鉴别与保管

水产品包括鱼类、甲壳类、软体贝类及其制品,这些水产品原料的肌肉及其他可食部分富含蛋白质,并含有脂肪、多种维生素、无机盐和少量的碳水化合物。作为食物源的水产品原料对人类调节和改善食物结构,供应人体健康所必需的营养素,起着重要的作用。

水产品原料的特性之一是新鲜度容易下降,腐败变质迅速,这是因为鱼类等水产品死亡后的僵硬、解僵以及自溶等一系列变化进行快;以及鱼贝类结缔组织少,肉质柔软,水分含量高,体内组织酶类活性强,蛋白质和脂质比较不稳定的缘故。因此,水产品原料的品质感官检验与贮存保鲜对保证水产品原料的质量起着至关重要的作用。

一、水产品的感官质量检验

水产品的品质检验方法很多,主要是从其外观特征的变化,用感官检验的方法来检验其新鲜程度。

(一)鱼类的感官品质检验

鱼类捕获出水后,除少数淡水鱼可存放一段时间外,大多数鱼会很快死亡而发生一系列变化。鱼类出水死亡时,出于保护性反应,从皮肤腺分泌出黏液,覆盖整个体表,而会发生僵硬、自溶的变化。随着这个变化的进行,鱼体分泌的黏液由透明变为浑浊,严重者有臭味。

鱼体组织蛋白酶活性比畜肉高,所以自溶性发生的速度相对要快一些。自溶过程中,由于鱼体蛋白质在蛋白水解酶的作用下逐步分解,产生较多的可溶性氮(包括氨基酸和碱性含氮物),促使肌肉自溶分解,鱼体由僵硬状态开始软化,失去原有的弹性和硬度。

鱼体自溶性发生的快慢与环境温度、鱼的种类、鱼肉无机盐含量有关。降低温度、采用盐腌可阻止或延缓鱼体自溶过程的进行;红肌含量较多的鱼类比白肌含量较多的鱼类自溶性作用强。自溶阶段的鱼肉,鲜度明显下降,尤其是未去除内脏的鱼,由于内脏中酶的作用而迅速产生异味及变色,故应立即加工食用,不能冷冻贮存。

鱼类的新鲜度感官检验是按一定的质量标准,对鱼类的鲜度质量作出判断所采用的方法和行为。主要从鱼鳃、鱼眼、鱼皮表面、鱼肉的状态等几个方面检验其新鲜程度。

1. 活鱼

由于海水鱼在捕捞后脱离海水环境很快死亡,所以市场上的活鱼主要是淡水鱼。质量好的活鱼活泼好动,反应敏锐,游动自如,体表有一层清洁透亮的黏液,各部位无伤残。质量差的活鱼行动迟缓,容易翻背,体表常有伤残部位。

2. 鲜鱼

鱼体挺而不软,弯度小,有弹性,手压凹陷迅速复平。体表有光泽,并有清洁透明的黏液;鳞片完整光亮,不易脱落。鱼眼饱满,向外稍突,角膜透明、清亮。鱼鳃色泽鲜红或粉红,鳃盖紧闭,鳃丝清晰,黏液透明无异味。鱼腹发白,正常不膨胀;肛门紧缩。鱼体肌肉组织紧密有弹性,断面有光泽,肋骨与脊骨处的鱼肉结实,不脱刺;腹腔整洁,内脏清晰可辨,全鱼可供食用。

3. 较新鲜的鱼

鱼嘴稍张开,苍白无光泽;鱼体稍软和弯曲,手压凹陷消失很慢。体表光泽较差,黏液浑浊;鳞片较易脱落,有酸腥味。鱼眼眼球平坦,角膜皱皱,稍有浑浊。鱼鳃色泽暗红或紫红,黏液有酸味。腹部完整,膨胀不明显;肛门膨胀,呈红色。鱼体肌肉组织松软,弹性较差,断面无光泽,稍有脱刺;内脏清晰。除去不新鲜的部位,可油炸或红烧后供食。

4. 不新鲜的鱼

鱼体易弯曲,体表暗淡无光,黏液污秽;鳞片易脱落,有腐臭味。鱼眼眼球凹陷,角膜浑浊或破裂,眼腔有血浸润。鱼鳃呈暗褐色至灰白色,黏液浑浊有酸臭味。腹部不完整,松软膨胀;肛门突出,呈污红色。鱼体肌肉组织松软无弹性,脱刺;腹腔有血水,内脏粘连。不可烹食。

5. 冻鱼

冻鱼是利用冷冻方法保鲜的海产鱼和淡水鱼,其质量好坏与冻前质量有密切关系。一般应观察以下特征。

鱼外表。质量好的冻鱼,鱼鳞完整,色泽鲜艳,肌体无残缺。质量次者鱼鳞不完整,皮色暗淡无光,体表不整洁,肌体有残缺。

鱼眼。质量好的冻鱼,眼球突出,角膜清亮。质量次者眼球下陷,没有光泽,黑白不分明,常有污物。

鱼肛门。质量好的冻鱼,肛门完整无裂,外形紧缩不凸出。质量次者由于体内不新鲜,导致肛门松弛、突出,甚至腐烂有破裂。

6. 两类鱼的比较

新鲜淡水鱼与新鲜海水鱼的比较见表5-1。

表5-1　　　　　　　　　　　新鲜淡水鱼与新鲜海水鱼的比较

类别	新鲜淡水鱼	新鲜海水鱼
体表	有光泽、鳞片较完整,不易脱落,黏液无浑浊,肌肉组织致密有弹性	鳞片完整或较完整,不易脱落,体表黏液透明无异臭味,具有固有色泽
鱼鳃	鳃丝清晰,色泽红或暗红,无异臭味	鳃丝较清晰,色泽鲜红或暗红,黏液不浑浊,无异臭味
眼睛	眼球饱满,角膜透明或稍有浑浊	眼球饱满,角膜透明或稍有浑浊
肛门	紧缩或稍有凸出	—
肌肉	—	组织有弹性,切面有色泽,肌纤维清晰

（二）虾类品质的感官检验

虾类品质感官检验的方法主要从虾的头胸节与腹节连接程度、体表色泽、伸屈力、体表干燥状况等方面着手，主要表现在：

1. 头胸节与腹节连接程度

在虾体头胸节末端存在着被称为"虾脑"的胃和肝脏，虾体死亡后易腐败分解，并影响着头胸节与腹节处的组织，使节间的连接变得松弛。

2. 体表色泽

虾体甲壳下真皮层内散布着各种色素细胞，含有以胡萝卜素为主的色素常以各种方式与蛋白质结合在一起；当虾体变质分解时即与蛋白质脱离而产生虾红素，使虾体泛红。

3. 伸屈力

虾体处在尸僵时，体内组织完好，细胞充盈着水分，膨胀而有弹性，故能保持死亡时伸张或蜷曲的固有状态，即使用外力使之改变，一到外力停止，仍恢复原有姿态；当虾体发生自溶以后，组织变软，就失去这种伸屈力。

4. 体表干燥状况

鲜活虾体外表洁净，触之有干燥感；但当虾体将近变质时，甲壳下一层分泌黏液的颗粒细胞崩解，大量黏液渗透到体表，触之就有滑腻感。

5. 新鲜度检验

虾的新鲜度检验见表 5-2。

表 5-2 　　　　　　　　　　虾的新鲜度检验

类别	河虾	海虾
感官指标	虾体具有各种河虾固有的色泽，外壳清晰透明，虾头与虾体连接不易脱落，尾节有伸屈性，肉质致密无异臭味	体表：虾体完整，体表纹理清晰，有光泽 肢节：头胸节与体节连接紧密，允许稍松弛，壳允许有轻微红色或黑色 眼球：眼球饱满突出，稍萎缩 肌肉：肌肉纹理清晰，呈玉白色，有弹性，不易剥离 气味：具有海虾的固有气味，无任何异味。

（三）蟹类的感官品质检验

1. 新鲜蟹

新鲜蟹身体完整，腿肉坚实，肥壮有力，用手捏有硬感，脐部饱满，分量较重；甲壳坚硬，青色泛亮，腹部发白，脐盖与蟹壳之间突起明显；团脐有蟹黄，肉质新鲜。活的河蟹动作灵活好爬行，善于翻身，能不断吐沫并有响声。

2. 较新鲜的蟹

较新鲜的蟹精神委顿，不愿爬行，将其仰卧时，不能翻身；腿肉空松，分量较轻，壳背呈暗红色，肉质松软。河蟹行动不活泼，海蟹腿关节僵硬。

3. 淡水蟹的品质检验

淡水蟹的品质检验见表 5-3。

表 5-3　　　　　　　　　　淡水蟹的品质检验

类　别	品　质
背部体色	青色、青灰色、墨绿色、青黑色、青黄色或黄色等固有色泽
腹部体色	白色、乳白色、灰白色或淡黄色、灰色、黄色等固有色泽
甲　壳	坚硬，光洁，头胸甲隆起
螯、足	螯足呈钳状，掌节密生黄色或褐色绒毛，四对步足，前后缘长有金色或棕色绒毛
蟹体动作	活泼有力，反应敏捷
鳃	鳃丝清晰，无异物，无异臭味

4. 海蟹的品质检验

海蟹的品质检验见表 5-4。

表 5-4　　　　　　　　　　海蟹的品质检验

类　别	品　质
感官指标	具有海蟹的固有气味，无任何异味 体表纹理清晰，有光泽，脐上部无胃印 步足与躯体连接紧密，提起蟹体步足不松弛下垂 鳃丝清晰，白色或微褐色 蟹黄凝固不流动 肌肉纹理清晰，有弹性，不易剥离

（四）贝蛤类的感官品质检验

贝蛤（扇贝）类原料的感官检验应以其鲜活程度是否适应烹调的要求来界定。

1. 鲜活贝蛤

鲜活贝蛤两壳张开时，稍加触动就会立即闭合，并有清澈的水自壳内流出；贝壳紧闭时，不易揭开。文蛤、蚶子等取数枚相互撞击会发出笃笃实音。

2. 不新鲜的贝蛤

不新鲜的贝蛤两壳张开或闭合，壳内流出水汁浑浊而稍带微黄色，肉体干瘪，颜色变成黑色或红褐色，并有腐败臭味。文蛤、蚶子等各取数枚相互撞击会发出咯咯的虚声。

大批量贝蛤检验时，可用硬物触动贝蛤，鲜活者可听到因其闭合而发出的吱吱声。

3. 品质检验

贝蛤（扇贝）的品质检验见表 5-5。

表 5-5　　　　　　　　　　贝蛤(扇贝)的品质检验

类　别	品　质
贝壳外观	贝壳表面无畸形、不破碎，附着物少，表面无泥污
贝壳色泽	呈浅褐色或淡黄色
活　力	离水时双壳紧闭有力或可以自主开合，外套膜伸展并紧贴壳口
气　味	呈海湾扇贝特有的气味，无异味

二、水产品的贮存保鲜

由于水产品原料具有极易腐败的特性，加之从市场采购后，其原有鲜度逐渐发生变化，并在不同方面和不同程度上影响它作为食品以至商品的质量，因此需要对水产品原料进行妥善保鲜。水产品的贮存保鲜方法较多，主要有以下四种。

(一)活养

鲜活的水产品适宜活养，淡水鱼类、虾类、蟹类更是如此。部分海产水产品可采用海水活养，但因受地域限制运用较少。活养可以使水产品保持鲜活状态，又能减少其体内污物，减轻异味。

(二)冰温保鲜

冰温保鲜是将水产品放置在0℃以下至冻结点之间的温度带进行保藏的方法。冰温保鲜的温度区间很小，在0℃附近，温度每降低1℃，水产品的细菌数就会明显减少，水产品的保鲜期也相对延长。

(三)冰藏保鲜

冰藏保鲜是一种广泛应用于水产品的保鲜方法。它是以冰为介质，将水产品的温度降低至接近冰的溶点，并在该温度下进行保藏。由于冰冷和冰藏是两个连续的、难以区分的过程，故通常合称为冰藏。冰藏使用的冰有淡水冰和海水冰两种，其熔点分别为0℃和-2℃(海水冰通常无固定的溶点)。当冰与水产品接触时，固相的冰融化成液相的水，分别从水产品吸收335千焦/千克和323千焦/千克的融化潜热，水产品温度迅速下降，同时融化的水还可洗去水产品上所附的细菌和污物。由于冰的冷却能力大，与水产品接触无害，价格便宜，便于携带，并在冷却过程中使水产品表面湿润、有光泽，避免了使用其他方法常会发生的干燥现象，因此冰对于水产品来说是一种很好的冷却介质。

(四)冻结保鲜

冻结保鲜是利用低温将水产品的中心温度降至-15℃以下，体内组织的水分绝大部分冻结，然后在-18℃以下进行贮藏和流通的低温保鲜方法。单纯的冻结处理不是一种保藏方法，而是冻结保藏前的准备措施。采用快速冻结方法，细胞内外生成的冰晶微细、数量多、分布均匀，对组织结构无明显损伤，冻品质量好。其后在贮藏流通过程中如能保持连续恒定的低温，可在数月乃至接近1年的时间内有效地抑制微生物和酶类引起的腐败变质，使水产品能长时间较好地保持其原有的色香味和营养价值。因此，冻结保鲜适宜于水产品的长期保鲜。

第六章　果品类

> 【学习目标】
> 通过本章学习,应该达到以下目标:
> ◆知识目标:了解常用水果原料的名称、产地、产季;水果原料的化学成分;水果原料的分类方法。
> ◆技能目标:可根据水果原料的种类特点和营养功效,进行适宜的原料处理和加工。
> ◆能力目标:认识各种水果原料应用特性,并可鉴别其品质。

第一节　果品原料概述

水果是大自然奉献给人类最优秀的食物,它们形态多姿,色彩艳丽,气味芳香,口感甜美,营养丰富,是一类重要的烹饪原料。在科学健康饮食观念的指导下,水果在人们的饮食活动中占有越来越重要的地位。

一、水果原料的分类

中国的水果有几百种之多,为了更好地认识和利用它们,我们可以从不同的角度、利用不同的方法对其进行分类。

1. 按果实形成特点分类

(1)仁果类:包括苹果、梨、山楂、枇杷、海棠等。

(2)核果类:包括李子、桃、杏、枣、梅、樱桃、杨梅、杧果、荔枝、龙眼、橄榄等。

(3)浆果类:包括柿子、猕猴桃、香蕉、葡萄、番木瓜、石榴、榴莲、山竹、火龙果等。

(4)柑果类:包括甜橙、柚、柠檬、佛手柑等。

(5)复果类:包括菠萝、草莓、无花果、波罗蜜、桑葚等。

(6)瓜果类:包括西瓜、甜瓜、哈密瓜等。

(7)坚果类:包括白果、莲子、核桃、板栗、腰果、花生、开心果等。

2. 按果皮肉质化程度分类

(1)肉果:果皮肉质化的果实,供食用的果实大多为肉果。肉果又可以根据果皮肉质化的不同情况分为浆果、核果和仁果。

(2)浆果:外果皮薄,中果皮和内果皮都肉质化,柔软或多汁液,内含多粒种子的果实,如葡萄、柿子、石榴等。属于浆果的瓜类特称为瓠果,此类浆果中果皮和内果皮均肉质化,而且胎座发达,如西瓜,它的主要供食部分是肉质多汁的胎座。属于浆果的柑橘类特称为柑果。此类浆果外果皮革质,且具有油囊,中果皮比较疏松,维管束(橘络)发达,内果皮呈瓣状,并向内生出无数肉质多汁的囊状腺毛,是供食用的部位所在,如橙子、柚子等。

(3)核果:外果皮薄,中果皮肉质化,内果皮全部由石细胞组成,形成坚硬果核,内包一枚种子的果实。核果以肉质化的中果皮供食用,如樱桃、杏子、青梅等。

(4)仁果:由植物子房和花托愈合在一起发育形成的果实,外果皮与花托之间没有明显的界线,内果皮由木质化的细胞组成,内含多粒种子,由子房发育而来。仁果以肉质化的花托部分供食,如苹果、梨子、山楂等。

(5)干果:果实成熟时,果皮呈自然干燥状态的果实。干果主要为坚果,即果皮坚硬,内含一粒或几粒种子。干果以种子供食,如板栗、松子、核桃等。

3. 按商品学分类

(1)鲜果:通常指果皮肉质多汁,或柔软或脆嫩的果实。鲜果因其含水量多,别名水果。鲜果在水果中所占比重最大,品种众多,最为重要。鲜果按照其成熟和上市的季节划分,可以分为伏果和秋果。伏果成熟和上市的时间主要是在春夏季,如西瓜、桃、李子、杏、荔枝等。秋果成熟和上市的时间主要是在秋、冬季,如梨、柿子、枣、苹果等。鲜果按照其生长的地域划分,可以分为南鲜和北鲜。南鲜主要产于长江以南,主要有柑橘、荔枝、龙眼、椰子、香蕉、菠萝等。北鲜主要产于长江以北,主要有苹果、梨、桃、杏、葡萄等。

(2)干果:通常指果实果皮自然干燥没有食用价值,以其种子供食的植物果实。裸子植物直接以种子供食所以也归在干果之列。在商品经营中,通常还将经过人工干燥处理而得到的鲜果干制品列入干果类,如葡萄干、乌枣、香蕉片等。

(3)水果制品:鲜果经过加工后的再制品。水果制品的加工方法主要为糖腌制和糖水浸渍、研粉、榨汁及人工干燥等。主要水果制品有蜜饯、果脯、果酱、糖水罐头、果汁等。

二、水果原料的化学成分

水果原料中含有大量的人体所必需的营养物质和微量元素,不同的水果具有不同的营养价值和风味特点,这些差异正是由各种水果所含化学成分的不同决定的。

1. 水分

水果原料中含量最多的是水分,一般鲜果中含水量可达70%~80%。水果含水量的多少与品种有关,含水量最高的可达到90%,如西瓜、草莓等。干果、果干、蜜饯中的含水量较少。鲜果中的水分里融入了许多营养物质,是营养价值最高的部分。鲜果中的含水量越多,则果实越新鲜,肉质越细嫩。所以果实含水量是衡量果实新鲜度的重要标志。但是含水量高的水果往往不易保存,在保管条件差的情况下易萎蔫或腐烂变质。

2. 糖

糖是水果中的主要营养成分,一般果实的含糖量在10%~13%,少数水果的含糖量能达到20%以上,如香蕉、枣等。水果中所含的糖有葡萄糖、蔗糖和果糖。柑橘、桃、李子、杏中含有较多的蔗糖;葡萄中含有较多的葡萄糖和果糖;苹果、梨中含有较多的果糖。

3. 淀粉

淀粉在某些干果中如板栗、莲子中含量比较丰富,而成熟的鲜果中一般不含或极少含有淀粉,因为淀粉已转化为糖,故鲜果中淀粉含量的变化常被用来作为衡量果实成熟度的标准之一。

4. 有机酸

有机酸是果实中酸味的主要来源。水果中所含的有机酸主要有苹果酸、柠檬酸、酒石酸等。果实中的有机酸含量在果实成熟时逐渐减少,因而它可以作为衡量果实成熟度的标准之一。

5. 果胶物质

果胶物质是果实中普遍存在的多糖类物质,以山楂、杏、苹果等含量最为丰富。果胶物质的变化是影响果实质地软硬的重要因素。果胶含量的测定可用于判断果实成熟度和储藏状态的优劣程度。

6. 维生素

水果中的维生素含量和种类都比较丰富,维生素种类主要有维生素 C、维生素 A、维生素 B_1、维生素 B_2、维生素 P 等。

7. 单宁

单宁是几种多酚化合物的总称。单宁溶于水且具有苦涩味,单宁存在于许多果实中,含量低时会给人一种清凉味,含量高时就不宜食用了。一般果实中单宁含量在 0.2%~0.3%。

8. 色素

不同种类和品种的果实具有不同的色泽,这是由各种果实所含色素的差异造成的。果实的色素分为两类,一类为水溶性色素,如花青色素、花黄色素;另一类为非水溶性色素,如叶青素、类胡萝卜素。

9. 芳香物质

水果中特有的香味是由水果中所含的芳香物质(芳香油)散发出的。芳香油主要存在于果皮中,能刺激人的食欲,有的还具有杀菌能力。

10. 无机盐

果实中的无机盐以钙、磷、铁、钾、镁等为主,某些干果还含有较多的锌、铜等。

11. 酶

果实中的酶在果实成长的不同阶段以及储存过程中起着很重要的作用。如苹果在成熟过程中,化学物质的合成大于分解,随着果实的成熟,酶的活动逐渐趋向水解,淀粉转化为糖,使果实变甜。

12. 蛋白质和脂肪

许多干果和果仁含有较丰富的蛋白质、脂肪,如核桃、腰果、花生、松子等。因此形成了香、酥、脆的独特口感。

三、水果原料在烹饪中的应用特点

水果原料大多可以不经加工而直接食用,它们或作为保健消遣性食品,或作为餐前、餐后的辅助食品深受人们欢迎。如今水果原料在烹饪中正扮演着越来越重要的角色,水果原料不仅能以其鲜艳的色彩为菜肴增加美感,还以其独特的风味为菜肴增香增味。

1. 作为菜肴主料

水果原料作为菜肴主料使用日益频繁,它可以极大地丰富现有菜式,使膳食结构更加合理。水果原料作为菜肴主料使用时,常用的烹调方法为拔丝、烧烤、蜜焖等,如拔丝苹果、烤香蕉、蜜焖梨。

2. 作为菜肴辅料

水果原料作为菜肴辅料使用非常普遍，它既可以与家禽、家畜、水产品为伍，也可以与粮食、蔬菜等素食搭配。水果原料作为辅料时，烹调方法可以不拘一格，如水果西米羹、栗子烧鸡、爆炒菠萝肉片等。

3. 作为菜肴装饰

水果原料作为菜肴的装饰物，主要用于花色冷盘及热菜围边造型。通过对各种水果的巧妙改刀、雕刻、摆放，可以增加菜肴的观赏性，营造美好的用餐氛围。

4. 作为雕刻原料

水果原料可以作为果雕的原料，精美的果雕可以美化餐台，增加用餐情趣，如西瓜灯、菠萝船。

5. 作为馅心原料

水果原料中的干果鲜果常作为中式点心和西点的馅心原料，它可以使各式点心香甜可口，味型多样，同时能够帮助消化，如枣糕、葡萄包、苹果馅饼。

6. 作为西点装饰

水果原料中的干果和鲜果可以用在烘培、蒸制等面点的表面，使面点赏心悦目，香甜可口，如撒上各色果脯丁的糕饼、水果蛋糕，表面沾上果仁芝麻的饼干。

由于大多数水果原料都呈现甜酸味，并且带有浓郁的果香，因此为突出水果原料的自身特点，此类原料入馔时，多烹制成甜菜品和点心，烹调方法的选择主要依据各种水果原料的特性，果肉紧实有韧性的原料能耐高温久煮，可采用蒸、煮、煨、炖等方法，如八宝酿梨、木瓜炖鱼翅。果肉水分适中，受热后不易变色、变味的原料，可采用爆、烩、炒、熘等方法，如菠萝烩肉片、哈密瓜炒虾仁。果肉柔嫩多汁的原料，可制作拼盘、沙拉、果羹等。

第二节　鲜果类

一、鲜果的概念和结构特点

鲜果就是通常所说的水果，即植物学分类中的肉果。其果实由果皮和种子两部分组成。果皮可分为外果皮、中果皮、内果皮三层。果皮肉质化、多汁、柔软或脆嫩，为供食的主要部分。果皮的质地、色泽以及各层发达的程度，因植物种类不同而有所不同。

梨果是由子房和花托愈合在一起发育形成的果实，属于一种假果，食用的果肉是花托部分，中间形成果核的部分才是子房发育来的，外果皮与花托之间没有明显的界线，内果皮很明显，由木质化的细胞组成，内含多枚种子，如苹果、梨、山楂的果实。核果外果皮薄，中果皮肉质化，为食用部位，内果皮全部由石细胞组成，特别坚硬，有一枚种子包裹在其中形成果核，如桃、梅、李、杏、樱桃等的果实。瓠果的外果皮是由子房和花托一起形成的，属于假果一类，瓠果中果皮和内果皮均肉质化，而且胎座也发达，肉质化的果皮和肉质多汁的胎座是主要食用部位，如西瓜、甜瓜的果实。浆果外果皮薄、中果皮和内果皮都肉质化，柔软或多汁液，内含多枚种子，有的浆果除果皮肉质化外，胎座也非常发达，一起形成食用部分，如葡萄、柿子、西红柿等的果实。柑果是由中轴胎座的子房发育而来，外果皮革质，且具有油囊，中果皮比较疏松，维管束（橘络）发达，内果皮呈瓣状，并向内生无数肉质多汁液的腺毛是食用的部位,如橘子、柚子、柠檬等的果实。复果的果实由整个花序发育而来,许多花长在花轴上,花轴肉质化,是食用的主要部分,食用的部分还包括花托和子房,如菠萝的果实。

二、鲜果的主要种类

(一)苹果

苹果又称平波、频婆,为蔷薇科植物苹果的果实。

1. 形态特征

苹果的果实由花托和子房两部分发育而来,子房形成果心,花托形成果肉。果实呈圆形、扁圆形、长圆形、椭圆等形状,果皮青色、黄色或红色。

2. 品种和产地

苹果的品种很多,我国现有400余个品种,市场常见的有几十种,根据果实成熟期可分为早熟种、中熟种和晚熟种。早熟种如祝光(伏香蕉)、黄魁等,中熟种如红玉、黄元帅、红元帅等,晚熟种如富士、国光、青香蕉等。苹果原产于欧洲东南部、中亚和我国新疆一带,我国栽培苹果已有两千多年的历史,现今发展为五大产区,其中渤海湾产区为主要产区。

3. 质量标准

苹果的质量以色泽鲜艳,香气浓郁,风味适口,果形端正,表面光滑,无刺伤、病虫害者为佳。

4. 营养及保健

每100克苹果可食部分含糖类13克,钙11毫克,磷9毫克,铁0.3毫克,维生素C 5毫克。中医认为苹果味甘酸、性凉,有补心益气、生津止咳、健脾和胃的功效。现代医学研究证明,严重水肿患者多吃苹果有利于补钾,减少副作用。妊娠期多食苹果,一方面可补充维生素等营养物质;另一方面又可调节水、盐及维持电解质平衡,防止因频繁呕吐导致酸中毒。中老年人常吃苹果,不仅能止泻,对高血压病也有显著的预防效果。

5. 饮食禁忌

平素有胃寒病者忌食生冷苹果,糖尿病者忌食苹果。苹果与萝卜同食会诱发甲状腺肿大,与海味同食会引起腹痛、呕吐。配菜时应注意。

6. 烹饪运用

苹果除鲜食外,烹饪中多用于甜菜的制作,适于酿、拔丝、蜜渍、扒等方法,如"拔丝苹果"、"熘苹果""苹果布丁"等。苹果还可以加工成果干、果脯、果汁、果酱、果酒等多种制品。

(二)梨

梨又称快果、玉乳、果宗、玉露、蜜文等,为蔷薇科梨属植物的总称。

1. 形态特征

梨的果实也叫梨果,内部结构与苹果相同,果形为卵圆形、尖圆形或葫芦形,果皮有黄色、黄绿色或红褐色,果肉脆嫩多汁。

2. 品种和产地

梨可分为中国梨和西洋梨两大类。梨属植物约有30种,我国有13种。作为市场经营的果品主要有秋子梨系统、白梨系统、沙梨系统和西洋梨系统。秋子梨系统著名品种如京白梨、南果梨、香水梨、秋子梨、延吉苹果梨等;白梨系统著名的品种有鸭梨、雪花梨、秋白梨、长把梨、新疆库尔勒香梨等;沙梨系统著名品种如浙江三花梨、诸暨黄樟梨、江西麻酥梨、四川苍溪梨等;西洋梨系统著名品种有巴梨、三季梨等。中国梨为我国特产,是我国重要的果树品种,南北都有栽培,以华北和西北为多。

3. 质量标准

梨的质量以果皮细薄,有光泽,果肉脆嫩,汁多味甜,香气浓,果形完整,无疤痕,无病虫害者为佳。

4. 营养及保健

每100克梨的可食部分含糖类8～15克,蛋白质0.1～0.9克,脂肪0.1～0.8克,以及钙、磷、铁、维生素C等。中医认为梨性寒味甘,有润肺、消痰、止咳、降火、凉心的功效,可起到生津止渴、润清热、止咳化痰的作用,适宜肺结核、气管炎和上呼吸道感染的患者食用,也适宜高血压、心脏病、肝炎、肝硬化的病人食用。

5. 饮食禁忌

梨性寒凉,一次不要吃得过多。慢性肠炎、胃寒病、糖尿病患者忌食生梨。脾胃虚弱的人不宜吃生梨,可将梨切块水煮食用。吃梨时喝热水、食油腻食品会导致腹泻。

6. 烹饪运用

梨可供鲜食,也可以制作菜肴,炒、熘、扒、蒸、炖均可,如"八宝梨罐""京糕拌梨丝""雪梨炒牛肉片"等。梨以制作甜菜和冷菜为主,还可以做梨汁粥。梨可以加工成梨膏、梨脯、梨干,还是制醋、酿酒的原料。著名的梨膏糖是止咳的良药。

(三) 柑橘

柑橘为芸香科植物。柑橘是世界上重要的水果品种。

1. 形态特征

柑橘包括柑和橘两大类型。

(1)橘类:果实大小不一,果皮有橙黄、橙红、朱红等色泽,皮质细薄,白皮层也较薄,细胞平滑或突起,囊瓣7～11瓣,果皮极易剥离,胚深红色、子叶淡绿色,果味甜或多酸。

(2)柑类:多为橘与其他柑橘杂交种。果实比橘大,近球形,果皮橙黄。细胞突起,白皮层一般较厚,囊瓣9～11瓣。果皮比橘紧,但可以剥离。胚淡绿色、子叶乳白色。果实汁液丰富,味酸甜。

2. 品种和产地

柑橘的品种较多,著名品种有广东椪柑、福建芦柑、广东芦柑、四川红橘、浙江黄岩蜜橘、广东蕉柑、温州蜜柑等。柑橘主要分布于在长江以南,以四川、广东、广西、福建、湖南、江西、浙江为多。柑橘上市季节从10月上旬可延至12月,晚熟品种可达次年3～4月成熟。

3. 营养及保健

柑橘果肉中维生素C含量丰富,比柠檬、苹果和梨都多。胡萝卜素和维生素P的含量也很高。中医认为橘子味甘酸、性凉,有帮助消化、防坏血病的功效。橘皮可健胃、祛痰、利尿、止胃痛,橘络可化痰、治痛经、防止高血压。

4. 饮食禁忌

凡风寒咳嗽、痰饮者不宜食用柑橘,糖尿病患者也不宜食用。饭前或空腹时不宜食用。吃橘子前后1小时内不要喝牛奶,因为牛奶中的蛋白质遇到果酸会凝固,影响消化吸收。橘子不宜多吃,吃完应及时刷牙漱口,以免对口腔牙齿有害。橘子含热量较多,如果一次食用过多,就会"上火",从而促发口腔炎、牙周炎等症。过多食用柑橘类水果会引起"橘子病",

出现皮肤变黄等症状。橘子与萝卜同食易诱发甲状腺肿,与动物肝脏、黄瓜、胡萝卜同食会破坏维生素C,与螃蟹同食会导致痰多、腹胀。

5. 烹饪运用

柑橘除鲜食外,在烹饪中主要适用于拔丝或制作甜羹,还可用于冷盘拼摆,如"拔丝橘子""水晶橘子冻"。柑橘也可加工成罐头、果酱、果汁、果粉、果醋、果酒和蜜饯。

(四)香蕉

香蕉是食用蕉类(香蕉、金蕉、大蕉、粉蕉)的总称,为芭蕉科植物。

1. 形态特征

(1)香蕉:果实弯曲向上生长,横断面为五棱形,果皮绿色,果肉不易剥离且硬涩,成熟时棱角小且近圆形,皮薄黄绿色,有浓郁香味。成熟时皮上带黑麻点。果肉黄白色,味甜,纤维少,细腻嫩滑,香味浓,品质上乘。

(2)大蕉:又称鼓槌蕉,果实较大,果身直,棱角显著,呈五棱形。皮厚韧,熟后呈深黄色。果肉淡黄色,坚实爽滑,味甜中带酸,无香气,偶有种子。

(3)粉蕉:果身近圆形而微起棱,形较小。成熟时果皮鲜黄色,薄而微韧,易开裂。果肉乳白色,质地柔滑,味甜,香气一般。

2. 品种和产地

香蕉品种较多,优良品种有北蕉、短香蕉、天宝蕉等。香蕉原产于亚洲,现广东、海南和福建等地栽培较多。

3. 质量标准

香蕉的质量以果实肥壮,成熟后皮薄,果形整齐美观,色泽鲜艳,无机械损伤,无霉烂,无冻伤,无病虫害者为佳。

4. 营养及保健

每100克香蕉的可食部分含糖类34克,蛋白质1.2克,脂肪0.6克,以及钙、磷、钾等矿物质和多种维生素。中医认为香蕉性寒,味甘,有止烦渴、润肺肠、通血脉、填精髓的功效,适用于便秘、酒醉、发烧等症。

5. 饮食禁忌

香蕉属凉性食物,脾胃虚寒、经常腹泻者应少食用。香蕉与红薯同食易引起消化不良,与芋艿同食会引起胃部胀痛。

6. 烹饪运用

香蕉果实成串,为浆果,其胎座为食用部位。香蕉可供鲜食,大蕉类可代粮食。烹饪中,香蕉适于拔丝、炸、冻等方法,如"拔丝香蕉"。此外,香蕉还可加工成罐头、香蕉干、香蕉汁、香蕉酒,从香蕉中提取的香蕉精,是食品加工中的名贵香料,可用于制饼干、糖果、饮料。

(五)桃

桃又称桃子,是蔷薇科植物桃树的果实。

1. 形态特征

桃果实表面有茸毛,核果近球形或扁圆形,中果皮肉厚多汁,是食用的主要部位。

2. 品种和产地

桃根据其分布的地区和果实的类型可分为北方桃品种群、南方桃品种群、黄肉桃品种群、蟠桃品种群、油桃品种群。著名品种如上海水蜜桃、奉仙玉露桃,山东肥城桃,天津水蜜桃,宁夏黄甘桃,华北的黄金桃、撒花红蟠桃、白芒蟠桃,新疆的黄李光桃,甘肃的紫脂桃等。桃原产于我国,全国各地均有栽培,以浙江、江苏、山东、河南、河北和陕西栽培较多。桃的成熟季节从5月下旬至9月上旬,以7~8月成熟较多。

3. 质量标准

桃的质量以果实大小适中,形状端正,色泽鲜艳,皮薄易剥,肉色白净,粗纤维少,肉质柔嫩,汁多味甜,香气浓郁者为佳。

4. 营养及保健

每100克桃肉中含糖类7~15克,蛋白质0.4~0.88克,脂肪0.1~0.8克,有机酸0.2~0.9克,以及钙、磷、铁等矿物质和维生素C。中医认为其性热、味甘酸,有生津、润肠、活血、消积的功效。桃树的根、皮、叶、花、幼果和桃仁均可作为药材。

5. 饮食禁忌

凡糖尿病或血糖过高者不宜食用。桃子性热,有内热生疮、毛囊炎、痈疖和面部痤疮者忌食。桃子不宜与甲鱼同食,同食会降低营养价值。

6. 烹饪运用

桃在烹饪中常用于甜菜制作,适于酿、蜜渍等,如"蜜汁桃"等。桃可以生食,还可以加工成桃脯、蜜桃片、桃果酱及罐头等制品。

(六)樱桃

樱桃又称荆桃、含桃、莺桃、中国樱桃,为蔷薇科植物樱桃的果实。

1. 形态特征

樱桃核果球形,果柄长,果实较小,鲜红色,果肉稍甜带酸。

2. 品种和产地

根据樱桃的品种特征,樱桃可分为中国樱桃、甜樱桃、酸樱桃和毛樱桃。其中以中国樱桃和甜樱桃两类品质较好,著名品种如大鹰嘴、红樱桃等。我国是樱桃起源地之一,在我国现主要产于山东、安徽、江苏、浙江、河南、甘肃、辽宁、陕西、新疆等地。

3. 质量标准

樱桃以果粒均匀、色泽鲜艳、柄短核小、味甜多汁、肉质软糯、无烂只、无裂皮者为好。

4. 营养及保健

每100克樱桃中含糖类8克,蛋白质1.2克,脂肪0.3克,以及钙、磷铁等矿物质和维生素C等,其中铁的含量居水果首位。中医认为樱桃性热、味甘、有助血补脑、安眠养神、强骨壮身、调中益脾的功能。

5. 烹饪运用

樱桃可鲜食或加工成果酱、果汁、果酒、罐头。菜肴中常用其作围边装饰,也可以制甜菜,如"水晶樱桃""樱桃龙眼甜汤"。

(七)草莓

草莓又称凤梨草莓,为蔷薇科多年生草本植物草莓的果实。

1. 形态特征

草莓果实为聚合果,花托增大肉质化、柔软多汁,其上着生多枚种子状瘦果,聚合成红色浆果状体,形状有圆锥形、圆形、心脏形(见图6-1)。

图6-1 草莓

2.品种和产地

草莓著名品种有五月香、小鸡心、紫晶等。草莓原产于南美,现在我国南北各地都有栽培,一般5月上旬到6月上旬逐渐上市,随到随销,不宜贮藏。

3.质量标准

草莓的质量以果形整齐粒大、色泽新鲜、汁液多、香气浓、甜酸适口、无污物者为好。

4.营养及保健

每100克鲜草莓中含水分91.3克,蛋白质1.0克,脂肪0.2克,糖类6.0克,维生素C 47毫克,粗纤维1.1克,以及钙、磷、铁等矿物质。中医认为草莓性凉,味酸甘,有清暑解热、生津止渴、利尿止泻的功效。

5.烹饪运用

草莓以生食为主,也可拌以奶油或甜奶,制成"奶油草莓"食用,风味别致,若能稍加冰镇,味道更佳,也可以加糖制成果酱,或制果汁、果酒和罐头。

(八)菠萝

菠萝又称凤梨、露兜子,为凤梨多年生草本植物凤梨的果实。

1.形态特征

菠萝果实为球果状,由肉质增厚的中轴、肉质的苞片和螺旋排列不发育的子房合成一个多汁的聚花果,顶端冠有退化、旋叠状的叶丛。果实汁液丰富,香味浓烈。一般果重1~5千克(见图6-2)。

图6-2 菠萝

2.品种和产地

菠萝是我国热带地区的重要果品之一,也是世界著名果品。我国出产的菠萝主要有夏威夷种、神湾种和本地种。菠萝原产于巴西,现在我国主要产于广东、广西、福建、云贵南部。

3.质量标准

菠萝的质量以个大、果形饱满、果身硬挺、肉厚质细、色泽鲜艳、汁多、味清香者为佳。

4.营养及保健

每100克鲜菠萝中含水分88.4克,蛋白质0.5克,脂肪0.1克,糖类0.9克,维生素C 18毫克,粗纤维1.3克,以及钙、磷、铁等矿物质。菠萝还含有较多的蛋白酶,有帮助消化蛋白质的特殊功效。中医认为菠萝性平,味甘微涩,具有清暑解渴、消食止泻的功效。菠萝与萝卜同食会诱发甲状腺肿,与牛奶、鸡蛋同食会影响蛋白质的消化吸收。

5.烹饪运用

菠萝可供鲜食,食时应用淡盐水浸渍,以去除果肉皂素。菠萝还可以制果汁、果酱、果醋、果酒、蜜饯、罐头。西餐中用菠萝可制"菠萝布丁""菠萝馅饼"等菜式,中餐中可制"菠萝凉拌鸡""菠萝烧排骨"等菜式。

(九)柠檬

柠檬又称洋柠檬,为芸香科植物柠檬的果实。

1.形态特征

柠檬果呈椭圆形,长5~7厘米,两端突起如乳头,表面光滑,成熟时呈黄色。果皮厚,密布腺点,皮肉难剥离,囊瓣8~10瓣,具有浓烈的香气和酸味(见图6-3)。

2. 品种和产地

柠檬著名品种有"油力克"柠檬、"里斯本"柠檬、香柠檬等。我国广东、广西、四川、福建均有栽培,每年10月上市。

3. 质量标准

柠檬的质量以果身挺实、色泽光亮、油胞饱满、芳香扑鼻者为佳。

4. 营养及保健

每100克鲜柠檬中含蛋白质1.1克,脂肪1.2克,糖类4.9克,维生素C 40毫克,粗纤维1.3克,以及钙、磷、铁等矿物质。中医认为柠檬味酸甘、性平,有化痰止咳、生津、健脾的功效,适宜暑热口干烦躁、消化不良、维生素C缺乏、肾结石、高血压等患者食用,也适宜胎动不安的孕妇食用。

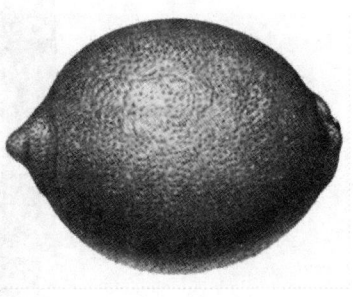

图6-3 柠檬

5. 饮食禁忌

胃溃疡、胃酸分泌过多者,患有龋齿者和糖尿病患者慎食。柠檬与牛奶、虾同食会引起肠胃不适,与螃蟹同食会损伤肠胃,与胡萝卜、黄瓜同食会破坏维生素C。配菜时应注意。

6. 烹饪运用

柠檬一般不生食,大多切片加入饮料中或作菜点的配料。柠檬配制饮料清香扑鼻,与红茶配饮能舒筋提神。柠檬中维生素C含量丰富,可以加工成天然果汁、柠檬露、柠檬粉、柠檬酸、柠檬酒,配制汽水糖果,或制成蜜饯、果酱。柠檬汁可用于调味。

(十)芒果

芒果又称檬果、蜜望子,为漆树科植物芒果的果实。

1. 形态特征

芒果核果肾形,长5~10厘米,淡绿色或淡黄色,果肉味甜、有香气、汁多,色香味俱佳。果核扁平。成熟的芒果为鲜黄色,并带有橙黄色红晕,每年4~6月份成熟。

2. 品种和产地

芒果是著名的热带水果,著名品种有夏茅香芒、红花芒等。芒果原产于印度和马来西亚,我国台湾栽培最多,广东、广西、福建、云南等地也有少量栽培。

3. 质量标准

芒果的质量以成熟度高、富有香气、肉质纤维少者为佳。

4. 营养及保健

每100克鲜芒果中含水分90.6克,蛋白质0.6克,脂肪0.2克,糖类7.0克,维生素C 23毫克,粗纤维1.3克,以及钙、磷、铁等矿物质。中医认为其性凉,味甘酸,有益胃、止呕、解渴、利尿的功效。

5. 烹饪运用

芒果可鲜食,也可制蜜饯、果干、果汁、罐头,并可作甜菜原料。未成熟果实可做果酱、果醋、腌渍品。

(十一)龙眼

龙眼又称桂圆、圆眼、荔枝奴,为无患子科植物龙眼的果实。

1. 形态特征

龙眼果球形，外皮黄褐色、粗糙，具不明显瘤状突起，假种皮白色肉质，味甜汁多，内有黑褐色种子一颗（见图6-4）。

图6-4 龙眼

2. 品种和产地

龙眼是我国华南的特产果品，著名品种有普明庵、乌龙岭、福眼、乌圆等。我国福建、广东、广西、四川、云南和台湾均有栽培，以福建最多。龙眼已有两千多年的栽培历史。

3. 质量标准

鲜龙眼的质量以果皮色泽黄褐色，壳薄而平滑，果肉柔软富有弹性，肉质莹白，半透明，味甜核小，肉离核，壳硬者为佳。

4. 营养及保健

每100克干龙眼肉中含糖类45.3~65.4克，蛋白质3.9~5.7克，脂肪0.1~0.2克，以及钙、磷、铁等矿物质和B族维生素、维生素C等，有升胃健脾、补虚长智之功效。

5. 烹饪运用

龙眼可供鲜食，也可作甜羹，如"桂圆蛋羹""冰糖炖桂圆"。龙眼制菜肴适于煮、炖，如"龙眼猪心""桂圆鸡"等。龙眼还可以加工成罐头，煎制桂圆膏，干制成桂圆干。

（十二）荔枝

荔枝又称离支、火荔，为无患子科植物荔枝的果实。

1. 形态特征

荔枝核果球形或卵形，外果皮革质，有瘤状突起，熟时赤色。假种皮白色，半透明，与种子极易分离，味甘多汁。种子光亮、内含淀粉（见图6-5）。

2. 品种和产地

我国的荔枝品种很多，著名品种如糯米糍、陈紫、桂枝、桂绿、三月红等。荔枝原产于我国南部，至今已有两千多年栽培历史，为热带果树中的珍贵果品之一。荔枝主产于广东、福建、广西、四川等地，每年6~7月成熟上市。

3. 质量标准

荔枝的品质以色泽鲜艳、个大核小、肉厚质嫩、汁多味甘、富有香气者为佳。

4. 营养及保健

每100克鲜荔枝肉中含糖类13.3~16.0克，蛋白质0.7~0.8克，脂肪0.1~0.6克，以及钙、磷、铁等矿物质和维生素及柠檬酸。荔枝入药有消肿、止痛、镇咳的作用。荔枝与动物肝脏、胡萝卜、黄瓜同食会损失维生素C。

5. 烹饪运用

荔枝除鲜食外，在烹饪中可制甜菜，如"荔枝羹""荔枝炖莲子"，还可用于炒、炖、烧，如"荔枝烧带鱼""荔枝炒鸡球"等。另外，荔枝还可加工干制、制罐头、果汁、果酱、果酒、蜜饯或制"荔枝茶"饮用，别具风味。

图6-5 荔枝

(十三)哈密瓜

哈密瓜又称厚皮甜瓜，是葫芦科植物甜瓜的一个变种。

1. 形态特征

哈密瓜卵圆形，一般瓜重1.5~3.0克，瓜肉厚，橘红色或白色，质脆，味甜香浓，风味独特(见图6-6)。

2. 品种和产地

哈密瓜按成熟季节分为早熟(瓜旦子)、中熟(夏瓜)、晚熟(冬瓜)三个品种；按瓜的皮色、条带分为"可口奇"(绿色而脆嫩的)和"密极甘"(似花裙一样的皮纹)两个品系。著名品种有夏皮黄、巴登、网纹香梨、茉莉瓜等。哈密瓜是新疆特产，在当地广为栽培。

图6-6 哈密瓜

3. 质量标准

哈密瓜的质量以果实新鲜，成熟度八成以上，瓜肉肥厚多汁，香气浓，含糖量高，无裂纹，无碰伤者为佳。

4. 营养及保健

每100克鲜哈密瓜中含水分91克，蛋白质0.5克，脂肪0.1克，糖类7.7克，维生素C 12毫克，粗纤维0.2克，以及钙、磷、铁等矿物质。

5. 烹饪运用

哈密瓜可供鲜食，宜作餐后果品或制果盘，也可作菜肴的瓜盅。将哈密瓜晒成瓜干是别有风味的特产果脯，也是维吾尔族人民配制"抓饭"的必需配料。

(十四)西瓜

西瓜又称寒瓜、夏瓜、水瓜,为葫芦科植物西瓜的果实。

1.形态特征

西瓜果实大,呈圆形或椭圆形,皮色浓绿、绿白或绿中夹蛇纹,其瓜瓤是由胎座发育而成,多汁而味甜,鲜红、淡红、黄色或白色,有瓜子或无瓜子。

2.品种和产地

西瓜分果实用和种子用两种类型。种子用型瓜形小、皮厚、瓜瓤味淡,种子大而多,种子多用作炒货。作为水果或烹调用瓜是果实用型,名品有蜜宝、新疆瓜、喇嘛瓜、三白瓜、马铃瓜、无子西瓜等。西瓜原产于非洲撒哈拉沙漠,现在除少数寒冷地区外,南北各地均有栽培。

3.营养及保健

每100克西瓜中含糖类4.2～6.1克,蛋白质0.4～1.2克,水分94克,以及钙、磷、铁等矿物质和各种维生素。西瓜能消暑解热,治喉病,医口疮,利小便,解酒毒。

4.烹饪运用

西瓜除作水果食用外,瓜瓤多以蜜汁、果冻、果羹等方式制作甜菜;瓜皮可作咸味或甜味的盅式菜肴,其中甜味菜品多配以植物性原料,如猕猴桃、菠萝、柑橘、樱桃、苹果及银耳、莲子等,咸味菜品多配以鸡、鸭等动物性原料;也可将瓜皮切片、丝、丁,经炒、煮、拌而成菜。

(十五)椰子

椰子为棕榈科植物椰子树的果实。

1.形态特征

椰子果实坚果状,外果皮薄,中果皮厚、纤维质,内果皮木质坚硬,果腔内含种仁、胚乳状液体。种仁(果肉、胚乳)白色肉质,含脂肪可达70%,具芳香味。新鲜的椰果汁液丰富,果肉厚、肉质洁白、味清香(见图6-7)。

图6-7 椰子

2.品种和产地

椰子按树形可分为高椰和矮椰两类。椰子原产于东南亚,现在是我国热带主要果品之一,我国主要产于海南、台湾等地。

3.质量标准

椰子的品质以果实新鲜,充分成熟,壳不破裂,汁液清白丰富,不干枯,肉质油脂厚实,纯白不泛黄,富有清香者为佳。

4. 营养及保健

椰汁极清凉,可解渴去暑。喝完椰汁后可食用椰肉,椰肉呈白色乳脂状,质脆滑,具花生仁和胡桃肉混合的香味。椰肉可制椰丝、椰蓉,也可榨椰油。椰肉对人体有补虚强壮之功,还可用来驱绦虫和姜片虫。椰油可治皮肤病。

5. 烹饪运用

椰肉可鲜食或用于烹制菜品,用椰肉制作的菜肴别具风味,清香怡人,如椰蓉焗仔鸡、椰子银耳雪蛤、椰肉炒鲍丝、椰青炒凤片。椰汁除直接饮用外,多炖、蒸制成菜,如椰奶鸡、椰子咖喱鸡、椰汁鸽吞燕、椰子水晶鸡等。椰壳可制作椰盅。椰肉也多加工成椰丝、椰蓉、椰果等,通常在糕点制品中作馅料或混合于其中。

(十六) 中华猕猴桃

中华猕猴桃又称藤梨、羊桃,为猕猴桃科的落叶木质藤本植物猕猴桃的果实。

1. 形态特征

中华猕猴桃浆果呈球形或长椭圆形,长 2.5~5 厘米,重约 30 克,果实棕褐色,有毛,果肉浅绿色或翠绿色,细腻多汁,内有很多黄褐色小粒种子。果肉味甜酸,有香味(见图 6-8)。

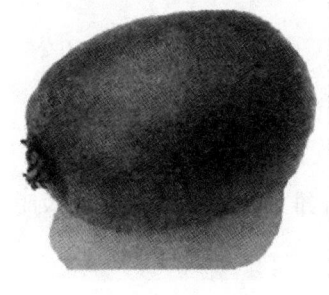

图 6-8 猕猴桃

2. 品种和产地

中华猕猴桃品种主要有黄皮藤梨、大藤梨等。猕猴桃原产于我国中部、南部和西南部,多属于野生植物,现在我国大部分地区可人工栽培,并已引种到新西兰、英国、美国等国家。

3. 质量标准

猕猴桃以无毛,黄果肉,果肉细,果个大,汁多,香气浓者为佳。

4. 营养及保健

猕猴桃含丰富的糖、有机酸和矿物质,每 100 克果肉中含维生素 C150~420 毫克,比一般的水果高出几倍到十几倍,此外还含磷酸单脂酶、肮酸及猕猴桃蛋白酶等。

5. 烹饪运用

猕猴桃果实除供鲜食外,可加工成果汁、果酱、果干等,常以其形、色、味用于菜品的围边、点缀和配色,也用于饮料、鸡尾酒的调制等。

(十七) 山楂

山楂又称红果,属蔷薇科。

1. 特征及产地

山楂果实近球形,直径约 1.5 厘米,红色,有淡褐色斑。山楂是我国的特有果树,辽宁、河北、河南、山东、山西、江苏、云南和广西等地都有栽培,每年秋季成熟上市。

2. 烹饪运用

山楂果味酸、稍甜,果胶含量丰富,除鲜食外,多用以制糕、酱和糖果等,以其制作的"冰糖葫芦"是北方的特色果制品。

第三节 常见干果类

一、干果的概念和结构特点

果实成熟后，果皮干燥，这类果实成为干果。干果的果皮干燥，使之失去了食用价值，但其种子可以食用，所以干果是以其种子作为食用部位的，种子又称为果仁。裸子植物直接以种子为食，因此也归在干果之列。

植物的种子由种皮、胚和胚乳三部分组成。种皮包被于胚和胚乳之外，起保护种子的作用，种皮的颜色、花纹、厚薄和坚硬程度与植物的种类有关；胚是种子中最主要的部分，包括胚芽、胚根、胚轴和子叶四部分，萌发后能长成新的植物体；胚乳是种子贮藏营养物质的地方，在种子萌发时供作胚的养料。

在所食用的干果中，一类是属于油脂和蛋白质含量较高的，如核桃、花生、松子、腰果和杏仁等；另一类属于油脂和蛋白质含量较低，但淀粉含量较高，如板栗、莲子、白果等。

二、干果的主要种类

(一) 核桃

核桃又称胡桃，为胡桃目胡桃科植物胡桃的果实。

1. 形态特征

核桃果实椭圆形或球形，外果皮、中果皮肉质，成熟后干燥成纤维质，内果皮坚硬，木质化，有雕纹。去壳后，其种子可食用，将之称为桃仁。

2. 品种和产地

核桃有多种，一般分为绵桃和铁桃。市场供应以绵桃为主，主要品种有绵核桃、石门核桃、薄皮核桃、光皮核桃等。核桃原产于我国西北部及中亚地区，现在河北、山东、山西、陕西、云南、河南、湖北、贵州、四川、甘肃和新疆等地种植较多。通常为9～10月成熟上市。

3. 质量标准

核桃的质量以个大圆整、肉饱满、壳薄、出仁率高、桃仁含油量高者为佳；桃仁的质量以片大肉饱满、身干、色黄白、含油量高者为佳。

4. 营养及保健

每100克桃仁中含糖类8.1克，蛋白质16克，水分4克，脂肪63.9克，粗纤维6.6克，以及钙、磷、铁等矿物质和各种维生素。桃仁具有通润血脉、补气养血、润燥化痰、温肺润肠的功效。

5. 烹饪运用

桃仁应用较广泛，用前宜先经开水浸泡去衣（种皮），适于酱汁、炒、扒、焓、炖、爆、蒸等烹调方法。桃仁通常用于咸、甜菜品和甜点中，既可作主料，又可作配料，还可作甜点的馅心和配料。一般鲜核桃仁多用于咸品菜，突出清香和时令；干桃仁多用于甜品菜和糕点配料，突出其油润香脆，所以用前需油炸、烘烤或炒制等。

(二)板栗

板栗又称栗子、毛栗,为山毛榉目科山毛榉科植物栗树的果实。

1. 形态特征

板栗果实为壳斗,球形,壳坚硬,密被针刺,内藏 2~3 个坚果,为食用部分。生板栗肉脆,熟板栗肉软糯(见图6-9)。

图6-9　板栗

2. 品种和产地

板栗著名品种有良乡板栗、明栗、大油栗、白毛栗等。板栗原产于我国,现在广泛种植于黄河流域及其以北的山地,北方多产于辽宁、河北、山东、河南等,南方的广西、四川也有栽培,每年9~11月成熟上市。

3. 质量标准

板栗的质量以果实饱满、颗粒均匀、肉质细腻、味甜而香糯者为佳。

4. 营养及保健

每100克板栗含糖类40~60克、蛋白质6~7克、脂肪10克。板栗味甘性温,具有养胃健脾、补骨强筋、止血的功效。

5. 烹饪运用

板栗可生吃或作炒货,可作菜肴、主食、糕点和小吃而用。一般取肉整用,因淀粉含量高,故多采用过油定形和蒸熟定形,以确保其形状和滋味完美,也可加工成片、丁、粒和蓉泥而用。板栗可以烧、焖、扒、炒而成菜,最适宜烧和焖。可将栗肉切粒,拌米煮饭熬粥,因淀粉含量高可代粮。板栗还可用作月饼馅心以及糖炒栗子、五香板栗等大众休闲食品。

(三)莲子

莲子又称莲实、莲芯,为睡莲科植物莲的果实(莲蓬)去壳后留下的种子。

1. 形态特征

莲子果实呈椭圆形或卵形,长1.5~2.5厘米,果皮坚硬,内有一颗种子(见图6-10)。

2. 品种和产地

莲子依生长时期和出产季节的不同,分为夏莲和秋莲;依种植地和种植方法的不同,分家莲、湖莲和田莲。主要品种有湘莲、白莲、红莲、通心莲等。莲子原产于中国和印度东部,现中国长江中下游和广东、福建省都有栽培,湖南、湖北、江西、福建为主要产区。

3. 质量标准

莲子的品质以颗粒圆整饱满、干燥、肉厚色白、口咬脆裂、胀性好、入口软糯者为佳。

图6-10 莲子

4. 营养及保健

每100克莲肉含碳水化合物66克，蛋白质17克，脂肪1.9克，以及丰富的钙、磷、铁等矿物质。莲子味甘涩，性平，有养心、益肾、补脾、涩肠的功效。

5. 烹饪运用

莲子做菜适于蒸、煨、扒、拔丝、煮、烩等烹法。莲子可作主料成菜，也可作配料运用于菜肴；可作甜味菜品，也可作咸味菜品。莲子还可作糕点的馅心。

冰糖湘莲

取干白莲200克，去皮、心，放入碗内加温水蒸至软烂。砂锅内放水500克，加入冰糖300克煮融化，用纱布过滤后加入少许枸杞子、桂圆肉、菠萝片，上火煮开，将蒸好的莲子滗去水，盛入大汤碗内，倒入烧开的冰糖水和配料即成。

(四) 花生

花生又称落花生、长生果，为豆科植物落花生的不开裂的荚果。

1. 形态特征

花生荚果长椭圆形，果皮厚，革质，具有突出网脉，长1~4厘米，内含1~4颗种子。种子即可食的部位，称花生仁（花仁）。花生仁有长圆、长卵、短圆等形状，外被红色或粉红色种皮。

2. 品种和产地

花生的主要品种有普通型、蜂腰型、多粒型和珍珠型等。花生原产于巴西，现我国以黄河下游各地为最多，通常9~10月份上市。

3. 质量标准

花生的质量以粒大均匀，体干饱满，味微甜，不变质者为佳。

4. 营养及保健

每100克花生含碳水化合物13.5克，蛋白质24.6克，脂肪48.7克，以及丰富的矿物质和维生素。花生有润肺、和胃和催奶的作用。

5. 烹饪运用

花生可生用，也可熟用。花生适于炒、煮、炸、卤、爆、煨、炖等烹调方法，可作菜肴主、配料和糕点的馅心及配料,而且是传统的"宫保"菜式的必备配料。

(五)腰果

腰果为漆树科的常绿小乔木腰果树的果实。

1. 形态特征

腰果的坚果生长于由花托膨大形成的肉质假果之上,由果壳、种皮和种仁三部分组成。剥去坚硬果皮后的种子称腰果仁,呈肾形,色泽玉白,长1.5~2厘米,有清香味(见图6-11)。

图6-11 腰果

2. 品种和产地

腰果原产于南美洲的巴西,现主要产于莫桑比克、坦桑尼亚、巴西、印度等国,我国在20世纪30年代引种,种植于广东湛江、海南等地。腰果仁与核桃仁、榛子、扁桃仁并列为世界四大干果之一。

3. 质量标准

腰果仁的质量以个形整齐均匀,仁肉色白饱满,味香,身干,含油量高,无碎粒、坏只、壳屑者为佳。

4. 营养及保健

每100克腰果仁含脂肪45克、蛋白质21克、糖类22克,还含有钙、磷等矿物质及多种维生素。

5. 烹饪运用

腰果仁的烹饪方法与花生相似,常作配料用于菜品中,油炸后酥脆香,味似花生仁。腰果仁还用于糕点中或作馅心及加工蜜饯等糖制果品。肉质假果酸甜,可作水果生食或制糖、榨汁作饮料或晒干制果梨干。

(六)白果

白果又称银杏,为银杏科裸子植物银杏的种子。

1. 形态特征

白果种子呈核果状,椭圆形或侧卵形。外种皮肉质,中种皮骨质,内果皮膜质。种子肉色白(见图6-12)。

2. 品种和产地

白果按果形可分为梅核果、佛手果、马铃果等,主要产于江苏、浙江、安徽一带,以江苏泰兴所产最为著名。

图6-12 白果

3. 质量标准

白果的品质以粒大,光亮,饱满,肉丰富,无僵仁、瘪仁者为佳。

4. 营养及保健

每100克白果果仁含碳水化合物71.2克,蛋白质13.4克,脂肪3克,还含有钙、磷等矿物质和多种维生素。白果有化痰、止咳、补肺、通经、止浊、利尿的功效。

5. 烹饪运用

白果中因含氰苷等有毒物质,以绿色胚芽含量高,所以食用时应去胚芽,虽制熟后可供食用,但不宜多食。白果可作主、配料成菜,适于炒、蒸、煨、炖、焖、烩、烧等烹法。

(七)松子

松子又称松仁,是松科红松和油松以及马尾松等裸子植物的种子(图6-13)。

图6-13 松子

1. 品种和产地

松子按产地及颗粒形状不同分为三类:东北松子主要产于黑龙江和吉林,颗粒最大,仁肉肥满,含油量70%,品质最好;西南松子主要产于云南,颗粒较大,壳薄,仁肉饱满,含油量40%~50%,但空瘪粒较多;西北松子主要产于陕西、山西、甘肃,颗粒最小,仁肉少,含油量 40%，壳厚。

2. 质量标准

松子仁的质量以粒大完整，均匀干燥，仁肉肥壮，色白，碎粒少者为佳。

3. 营养及保健

每 100 克干松子仁含蛋白质 15.3~16.7 克、脂肪 63.3~63.5 克、碳水化合物 9.8~12.4 克。松子仁有润肺、润肠和通便的作用。

4. 烹饪运用

松子可生用或炒熟作休闲食品，可作菜肴和糕点的配料和馅心等，适于炒、爆、溜、烧等烹调方法。

（八）榛子

榛子是榛树的种子，榛树属桦木科落叶灌木或小乔木。

1. 形态特征

榛子坚果近球形或卵形，托于钟状总苞中，总苞较坚果长，具有 6~9 个三角形裂片。坚果外有木质果皮，果仁肥白，圆形（见图 6-14）。

图 6-14　榛子

2. 品种和产地

全世界有 16 种，分布于北半球寒带至温带，已有五六千年的种植历史。我国有 4 种，主要产于北部和东南部，也见于朝鲜和日本。

3. 烹饪运用

榛子富含脂肪、蛋白质和胡萝卜素等，一般供炒食，味似板栗。

第四节　常见果品制品

一、果品制品概述

（一）果品制品的概念

果品制品是指以鲜果为原料经干制、用糖煮制或腌渍而得的制品。其中加入高浓度的糖制成的制品，由于糖多甜味重，又称为"糖制果品"，如果脯、蜜饯和果酱等。

(二)果品制品的分类

按照加工方法的不同,果品制品可分为下列几类。

1. 果干类

果干是将鲜果经过脱水干燥而制得的制品,如山楂干、葡萄干、香蕉干、柿饼、椰丝、杏干和龙眼干等。由于脱去水分,有利于鲜果保色、保味和使用。

2. 果脯、蜜饯类

果脯、蜜饯是将鲜果经糖煮或糖渍后制成的制品。一般较干燥的为果脯,较湿润的为蜜饯,如苹果脯、杏脯、橘饼、冬瓜条、蜜饯樱桃等。

3. 果酱类

果酱是将鲜果破碎或榨汁和糖一起熬煮而成的酱状制品。由于加工工艺的要求不同,其形式有浓稠的果酱、较浓稠的果泥、凝胶状的果冻和较干燥的果丹皮等。

4. 果汁类

果汁是提取鲜果的汁液制成的液体状加工品。一般采用压榨法和浸出法提取,可保持原浓度或进行浓缩,无论在风味和营养上都十分接近鲜果。

5. 水果罐头类

水果罐头是将鲜果经去皮、去核、切块、热烫处理后,浸泡于水中,再装罐、密封、杀菌的制品。水果罐头便于贮藏和运输。

二、果品制品的主要种类

(一)葡萄干

葡萄干为葡萄科植物葡萄果实的干制品。

1. 品种和产地

因葡萄品种不同,葡萄干分为白葡萄干和红葡萄干两类。白葡萄干无核,色泽绿白,粒小而有透明感,肉质细嫩,味甜美;红葡萄干无核或有核,皮紫红或红色,粒大而有透明感,肉质较次,味酸甜。葡萄干主要产于新疆,多悬挂于四面通风的干燥屋内阴干而成。

2. 营养及保健

每100克葡萄干含糖类81.4克,蛋白质2.2克,钙32毫克,磷33毫克,铁5.5毫克,还含有多种维生素和有机酸。葡萄干具有生津止渴、健脾开胃、养肝补血的功效。

3. 烹饪运用

葡萄干在烹饪中应用较广,常整体作糕点配料,或剁成蓉泥作甜点的馅心,也是甜菜品中常用的配料和花色炒饭的配料。在这些作用中葡萄干均起到了配色、提味和增香甜的作用。

(二)山楂糕

山楂糕是采用成熟度适宜的鲜山楂或干山楂片配以白砂糖加工成的山楂制品。

1. 质量标准

山楂糕的质量以块状完整,表面油润,无明显斑点,组织软润有弹性,无明显粗糙感,半透明状,色泽一致,甜酸适度,有原果风味,无异味者为佳。

2. 烹饪运用

山楂糕可制作甜菜拔丝山楂糕,也可用来制作冷菜。

(三)红丝、绿丝

红丝、绿丝是"苏蜜"的特产,采用香抛皮(即青抛片)作原料,经过刨丝后配以白砂糖精制而成,成品色泽鲜艳。红丝、绿丝常拼在一起使用,故简称红绿丝。

1. 质量标准

红绿丝的质量以丝条完整,外表干燥,无块状,糖液渗透均匀,组织饱满,无粗纤维,红丝浅红色,绿丝浅绿色,具有甜味和香味者为佳。

2. 烹饪运用

红绿丝是制作各种糕点和月饼的原料,可作甜馅,也可用于八宝饭的制作,此外还是菜点配色的原料。

(四)糖冬瓜

全国有很多地区生产糖冬瓜,以青皮、瓜肉肥厚的鲜冬瓜为原料,通过刨皮、切条等工艺,配以白砂糖精制加工而成。

1. 质量标准

糖冬瓜的品质以表面干燥,糖霜面均匀,无结块,糖液渗透均匀,组织饱满,肉质稍脆,食时无纤维感,色白半透明者为佳。

2. 烹饪运用

糖冬瓜是糕点生产的重要原料,一般用作馅心,有时也可用于八宝饭的制作。

(五)枣干【见滋补药材一节介绍】

思考题

1. 植物学上是如何对果实进行分类的?
2. 如何检验果皮的品质?
3. 常用的鲜果有哪些?它们在烹饪中有哪些运用?
4. 常见的干果有哪些?它们在烹饪中有哪些运用?
5. 果品制品分为几大类?各有哪些种类?

第七章 调味类

【学习目标】
通过本章的学习,应该达到以下目标:
◆知识目标:了解常用调味原料的名称、种类、产地分类方法。
◆技能目标:可根据常用调味原料的种类特点,在烹饪中把握恰到好处的处理方法。
◆能力目标:认识各种调味原料应用特性,并可鉴别其品质。

第一节 调味原料概述

味是中国菜肴的灵魂,中国烹饪注重味道。菜肴的美味既可以刺激食欲,也有利于对食物的消化吸收。中国对调味料的利用有着悠久的历史,对调味料的作用有比较深刻的认识。多数烹饪原料原始的味道很难令人接受,通过使用调和物质加工烹制,味道会发生很大的变化,调味料则是调和物质的基础。

一、味觉的特性

味,别名口味、滋味、味道,是物质所具有的能使人得到某种味觉的特性,如咸、甜、酸、苦、鲜等。所谓味觉,是某些溶解于水或唾液的化学物质作用于舌面和口腔黏膜上的味蕾所引起的感觉。

烹饪原料大多有味,用于调和其味道的就是调味料。这是因为调味原料中含有较多的能引起味觉的化学成分,即呈味物质。

味蕾是味的主要感受器官,主要分布在舌的背面特别是舌尖和舌的两侧,由味觉神经细胞和支持细胞构成;支配味蕾的感觉神经末梢包在味觉细胞周围,将冲动传入大脑中的味觉中枢。进食时,食物的一些溶于水的呈味物质刺激味觉细胞,从而使味觉细胞产生冲动,沿着感觉神经将冲动传入味觉中枢,使人感知食物中的各种味道。

舌头的各个部位对味的敏感度不同,舌尖和边缘对咸味最敏感,舌根部位对苦味最敏感,靠近腮两侧的舌面对酸味最敏感。一般成年人舌头上有2000多个味蕾,每个味蕾由40~60个椭圆形的味细胞组成,并与味觉神经紧紧相连。由味蕾产生的冲动通过味神经传达到大脑中的味觉中枢,就产生了味觉。

二、调味原料的分类

调味原料通常分为以下七类:

(1)咸味调料:包括食盐、酱油、酱、豆豉等。
(2)甜味调料:包括食糖、饴糖、蜂蜜、糖精、各种果酱等。
(3)酸味调料:包括食醋、番茄酱、柠檬酸等。
(4)辣味调料:包括辣椒、胡椒、芥末、咖喱粉、葱、姜、蒜等。
(5)麻味调料:只有花椒一种。
(6)鲜味调料:包括味精、鸡精、蚝油、虾油、鱼露、腐乳等。
(7)香味调料:包括花椒、八角、桂皮、小茴香、丁香、月桂叶等。

三、调味原料在烹饪中的作用

调味原料在烹调中虽然用量不多,但作用很大。在烹调过程中,这些成分连同菜点主配料所含的各种呈味成分相互作用,从而形成菜点的不同风味特色。这是调味原料共同的基本特点。在烹调中,准确地使用调味原料,运用不同的调味手段和方法,才能使调味原料充分地发挥调味的作用。

1. 除去原料异味

调味原料能调和并突出菜肴正常的口味,因为调味原料也像其他原料一样,在烹饪过程中会发生各种物理和化学变化。一方面,调味原料的特殊成分能溶解、分化、挥发食物中不良的异味;另一方面,调味原料的特殊成分渗透并停留在食物中,以致改变了食物原有口味,增进了美味。比如酒、姜等通过它们的挥发性物质使食物中的一些异味挥发,起到调味的作用。还有些原料,如动物内脏、牛肉、羊肉、鱼类等都有较浓的腥膻气味,烹调时加入调味原料后,通过味的相互抵消作用,可除去原料中的腥膻气味。

2. 减轻原料烈味

有些原料如辣椒、芹菜、萝卜、茴香等多有令人不快的烈味,通过加入调味原料可以冲淡或缓解其烈味,变得宜于食用。

3. 增加菜肴滋味

有些烹饪原料味道很淡或者无味,如豆腐、粉丝、鱼翅等原料,通过加入调味原料可增加其滋味,变得鲜美可口。

4. 形成菜肴味道

同一种烹饪原料加入不同的调味原料就会获得不同的菜肴,例如糖醋排骨、红烧排骨、椒盐排骨、蒜香排骨、豉汁排骨等。

5. 改善食品感官

各种调味原料本身都具有一定的色彩,根据菜肴制作所需要的色彩要求便可选择相应的调味原料,进行调制菜肴,以增加菜肴的色泽。例如有色的炒菜、烧菜可加入腐乳汁、番茄酱、酱油等调味料来增加其色泽。

6. 增加食品营养

调味原料与其他烹饪原料一样,一般具有可食性,含有人体所需要的营养物质。通过对调味原料的使用,不仅起到调味和增强色观的作用,而且也使食品的构成成分发生变化。如食盐能为人提供丰富的钠等无机盐,酱油、味精、糖等含有不同种类的氨基酸和糖类。某些调味原料还具有增加人体生理机能、治病、防病的功用,如含碘量高的碘盐、补血酱油、维生素B_2酱油等。

7. 杀菌消毒

有些调味原料的成分具有杀灭或抑制微生物生长繁殖的作用。比如在冷菜制作中，加入的食盐、姜、葱、食醋等，有一定的杀菌作用。

第二节 咸味类调味品

调味原料种类繁多。有天然的和人工合成的；有动物、植物、微生物等多种来源；有固态、液态、半固态等多种形态。

中国习惯上把咸味作为调味品的主味。咸味是中性无机盐的一种味道。各种中性无机盐的咸味性质由它们溶于水后的离子所决定，阳离子和阴离子都影响着咸味的形成，但主要取决于阳离子。除了食盐外，其他的中性盐还带有一些苦味、涩味、金属味等不良味道。只有食盐的味道最纯正，故烹调中所用的咸味调料主要是氯化钠或是氯化钠的加工制品。

咸味调料在烹调中能起到提鲜味、除腥膻、解腻、压异味、突出原料本味的作用。咸味调味料主要品种有食盐、酱油、黄酱等。

一、食盐

食盐是不同来源和不同纯度的食用盐的统称，主要成分为氯化钠。中国食盐资源非常丰富。

1. 原料特征

优质的食盐色泽洁白，结晶小，疏松，不结块和咸味纯正，无苦涩味。含硫酸镁、氯化镁、氯化钾等杂质者、有苦涩味，质量较差。食盐的分类如下：

（1）按产地分类：海盐、湖盐、井盐、矿盐。

海盐：占总产量的85%，遍布辽宁、山东、江苏、福建等地沿海地区，靠引海水入盐田晒制而成。

湖盐：分布在内蒙古、宁夏、甘肃、青海、新疆、西藏、山西、陕西等内陆地区，靠引湖水入盐田晒制而成。

井盐：分布在四川、云南、贵州、湖北、湖南、江西、安徽等地，在富集卤水的地方打井抽卤水，火煎而成。

矿盐：埋藏在地下的沉积盐层，分布更广，蕴藏丰富，分旱采和水采两种，旱采与开矿相似，水采和井盐类同。

（2）按工艺分类：粗盐、洗涤盐、再制盐、风味型食盐等。

粗盐：别名原盐、大粒盐。多为中国沿海地区生产，常利用晒制方法制取，使海水蒸发到饱和溶液状态，氯化钠结晶析出。粗盐结构紧密，颗粒较大，色泽灰白，氯化钠含量在94%左右，还含有氯化钠、硫酸镁、氯化钾等杂质，因此除咸味外兼有苦味，多用于腌制菜、鱼、肉等食品。

洗涤盐：以粗盐经用饱和盐水洗涤后的产品，杂质含量较少，适合于一般调味和渍菜。

再制盐：别名精盐，是将粗盐溶解经过杂质处理后，再蒸发、结晶而成，质地纯净，氯化钠含量高。精盐呈粉末状，含杂质极少，色泽洁白，宜溶解，清洁卫生，咸味比粗盐轻。它最适合于菜点调味，烹饪中应用最多的就是精制盐。

第七章　调味类

风味型食盐：一类新型食盐，能迅速溶于水，并可因所附物质的组成不同而产生各种风味，可直接撒在炒菜、凉拌菜以及作为快餐酒宴上的桌上调味品，味极鲜美且使用方便，用途广泛。如柠檬味食盐、香辣味食盐、芝麻香食盐等。

2. 应用特性

食盐是咸味的主要来源，具有提鲜味、增本味的作用，离开食盐的调味，原料的本味和鲜味就不能充分体现出来。在制作泥、蓉或做馅、和面时，加入适量的食盐，能吸水上劲，使泥蓉和陷的黏着力提高，面团的韧性增加。食盐具有防腐杀菌的作用，常用腌制的方法来加工、储存原料。盐可作为传热介质，对一些原料进行加热或半成品加工。食盐可以调节原料的质感，增加其脆嫩度。

烹调制作时应注意盐的投放时间，如炒叶茎类蔬菜时宜早放，盐会使水分溢出，滋味渗透，成菜迅速，使维生素 C 与叶绿素等少受损失，并使菜肴保持脆、嫩、鲜、香等特点。用盐量必须适量，过量不仅影响菜点的口味，而且不利于人体的健康。世界卫生组织建议，健康成年人每日盐的摄入量上限为 5g。制汤时放盐不宜过早，过早会使肉内蛋白凝固，热量不易渗透，蛋白质也不易溶于汤中，汤汁不鲜也不易浓厚，影响成菜质量。

二、酱油

酱油在汉代出现，当时称为清酱，其后有豉汁、酱清、酱汁、酱油、豆油、豉油、淋油、抽油、晒油等名称，现在通称为酱油。在中国，酱油是烹调中使用范围最广的调味品之一。

1. 原料特征

酱油是以大豆、面粉、麸皮等为主要原料，经过微生物酶或其他催化剂的催化水解生成多种氨基酸及各种糖类，并以这些物质为基础，再经过复杂的生物化学变化，合成具有特殊色泽、香气、滋味和形态的调味液。其主要成分是水、蛋白质、氨基酸、食盐、葡萄糖和少量醋酸。通常酱油有以下分类方法：

（1）按工艺分类：如红酱油、白酱油、老抽等。

（2）按原料分类：如天然酱油、化学酱油、人工发酵酱油。

（3）按特色分类：如辣酱油、虾子酱油、冬菇酱油、味精酱油、无盐酱油、原汁酱油等。

（4）按状态分类：如液体酱油、固体酱油。

人工发酵酱油的质量等级，以其所含主要成分，即无盐固形物含量高低判断。含量高则味鲜美、醇厚。特级酱油含量 25 克/100 毫升以上，高级酱油含量 20 克/100 毫升以上，一级酱油含量 15 克/100 毫升以上，二级酱油含量 10 克/100 毫升以上。

2. 应用特性

酱油是烹调中仅次于食盐的咸味调味品，能代替食盐起到确定咸味、增加鲜味的作用，还具有除腥解腻的作用。由于各地酿造方法不同，配料各异，形成了多种风味的酱油，以咸味为主，也有鲜味、酱香和脂香味。烹饪中制作红烧类的菜肴多用到酱油，一般以色泽红褐、鲜艳透明、香气浓郁、无沉淀物和浮膜、滋味鲜美纯正。

三、酱

酱是中国传统咸味调味品，又是调味料中的主料。酱的品种较多，如虾米酱、牛肉酱、火腿酱、辣味酱等。另外，一些糊状食品习惯上也称为酱，如沙茶酱、椰酱、花生酱、芝麻酱、枣泥酱、果酱等。

1. 原料特征

酱是以豆类、粮食为主要原料，利用微生物米曲霉，经过一段时间发酵后制成。其生产工艺与酱油相似，机制也完全一致。酱按可分为豆酱、面酱、蚕豆酱三类。

(1) 豆酱，别名大豆酱、大酱。豆酱起源在西汉以前，距今已有两千多年历史。豆酱是以大豆、面粉、食盐和水为原料制作的一种酱类。它是利用以米曲霉为主的微生物作用酿制而成的。

产品特点：色泽橙黄、光亮、酱香浓郁、咸淡适口、味长略甜、有较浓的鲜味。根据制酱时加水的多少，有干黄酱和稀黄酱之分。一般调味中多用稀黄酱，多用于炸酱和北方菜中的酱爆菜肴。

(2) 面酱，别名甜面酱、甜酱，京酱等，是以小麦面粉为原料酿制而成的酱类。它是利用曲霉类微生物分泌的淀粉酶将原料中的淀粉和蛋白质分解成糊精、麦芽糖、葡萄糖和各种氨基酸而成为特殊滋味的产品。

产品特点：呈稠粥状、金红色光泽、味醇厚鲜甜。面酱除可生食外，还用于干炸、酥炸、香炸等菜肴，也可用于酱爆菜肴。此外面酱可用于樟茶鸭、北京烤鸭、广东脆皮鸡等菜式的蘸料。著名品种有济南甜面酱、保定面酱等。

(3) 蚕豆酱，是以蚕豆为主要原料制成的一种酱，其制作工艺与豆酱基本相同。蚕豆有一层不适于食用的种皮在酿制时必须除去。制蚕豆酱时一般加辣椒一起酿制，别名豆瓣酱，烹调使用最为广泛。

产品特点：颜色红褐色或棕褐色、有光泽、酱香味浓郁、咸淡适口、味鲜醇厚。它适用于卤制品和叉烧汁用料。著名品种有郫县豆瓣酱、临江寺豆瓣酱、安徽胡玉美蚕豆酱等。

2. 应用特性

酱既是调味品，又可当作美味佳肴。它可作码味、调味和蘸食使用。在烹饪运用时，要视烹调的需要掌握好酱品的用量，及对不同菜肴的色泽、味道、干稀度的影响。热菜烹调时宜先将其炒香出色，防止口味或色味不佳。蘸食时宜将其蒸制，确保菜品的风味特色。

四、豆豉

豆豉，别名幽菽、嗜、香豉等，是一种古老的传统发酵食品。

1. 原料特征

豆豉的制作方法：先把黄豆或黑豆洗涤、浸渍、蒸煮、冷却后另加入曲霉菌，少量面粉，放入缸中让其进行发酵，拌入一定量的食盐，最后从缸中取出淋洗，晒干后即成豆豉。制作中如果是添加辣椒，则叫作辣豆豉。

2. 应用特性

用豆豉可以烹饪出潮州豆豉鸡、豆豉牛肉、豆豉鱼、豉汁荷叶片等菜肴。

产品特点：色泽黄黑、味香鲜浓郁、咸淡适口、油润质干、颗粒饱满。

第三节 甜味调料

甜味指各类糖、蜂蜜以及各种甜味素的味道。甜味与烹调的关系十分密切,许多菜肴的味道中都呈现出一定程度的甜味。甜味有缓和辣味的刺激感,增加鲜醇,去腥解腻,减轻菜肴的咸味、酸味、苦味等作用,同时加入的食糖还可以提供人体所需的一定的热能。

自然界中能够呈现甜味的物质很多,而且人工合成的甜味剂也很多。在烹调中常用的甜味调料主要有:红糖、白糖、冰糖、饴糖、麦芽糖、蜂蜜、果酱、糖精等。甘草和甜叶菊苷等有时也用于某些菜肴和面点之中。

一、食糖

食糖包括白糖、红糖、砂糖、绵白糖、冰糖等。中国以广东、广西、福建、台湾、内蒙古及东北地区为主要产地。

1. 原料特征

食糖是从甘蔗、甜菜等植物中提取的一种甜味调味,其主要成分是蔗糖。蔗糖的提取需经原料清洗、提取糖汁、糖汁澄清、真空浓缩、蔗糖结晶、分蜜洗涤、干燥筛选等工序。蔗糖的来源主要是植物,尤其以南方的甘蔗和北方的甜菜含量很多,而动物体不含有蔗糖。

2. 应用特性

蔗糖在烹调中除了具有调味作用外,还可用于腌渍动植物原料,即糖渍。它可使被腌渍的原料具有一定的防腐能力,一般常用于水果的盐渍。

甜味的高低称为甜度,它是衡量甜味剂的重要指标。不同的甜味剂具有不同的甜度。目前一般衡量甜味的高低只能凭人们的味觉感受来鉴定和比较。当蔗糖与其他的甜味调料混合后,有相互提高甜度的作用并可改进甜味的品质。食糖可用于菜肴、食品、饮料、糕点、罐头、糖果等的甜味调味,在烹调中有一些特殊应用,如上色、拔丝、挂霜等。

二、蜂蜜

蜂蜜别名蜂糖、蜜糖、百花精、众口芝等,是蜜蜂采集花蜜后经过反复酿造而成的一种甜而有黏性、透明或半透明的胶状液体。它是一种理想的保健食品和甜味调味品。

1. 原料特征

蜂蜜统称带有花的香味,其主要成分是糖类,占 75% ~ 80%,其中葡萄糖为 30% ~ 35%,果糖为 35% ~ 40%,蔗糖为 2% ~ 3%。蜂蜜中还含有大量维生素 C、维生素 K、维生素 B_2、维生素 B_6 及胡萝卜,含有柠檬酸、苹果酸、琥珀酸和钾、钠、铁、钙、锰、铜、镁、锌等无机盐和有机盐。由于蜜源的种类不同,蜂蜜颜色、香味和味道不同。

2. 应用特性

蜂蜜在烹饪中主要用来代替食糖调味,具有矫味、增白、起色等作用。面点制作时蜂蜜还可以起到增添酥香的作用。此外,蜂蜜还是一种良好的滋补品。作为甜味剂、品质改良剂,蜂蜜广泛使用于食品工业中，蜂蜜具有很大的吸湿性和黏着性，烹调使用时应注意用量，防止使用过多而造成制品吸水变软、相互粘连。同时掌握好加热时间和温度，防止制品发硬或焦煳。

三、糖精

糖精化学名称叫邻苯甲酰磺酰亚胺，是食品添加剂（一种人工合成的甜味剂），在世界各国广泛使用。

1. 原料特征

糖精并不是糖，而是从煤焦里提炼出来的甲苯，经过碘化、氯化、氧化、氨化、结晶脱水等化学反应后制成的。糖精也可以四苯为原料，与浓硫酸共热于100℃以下可得此物。它为白色结晶性粒末，能溶于水，呈极强甘味，但不消化，量多有毒。

2. 应用特性

糖精溶液加热煮沸，会逐渐分解生出少量苯甲酸，从而产生苦味。因此在烹调过程中应尽量避免糖精长时间加热和在酸性食物中添加糖精。糖精可用于糕点、酱果、调味酱汁等食物中，以代替部分蔗糖。

四、淀粉糖浆

淀粉糖浆别名葡萄糖浆、化学稀等。

1. 原料特征

淀粉糖浆是由淀粉在酸和酶的作用下，经不完全水解而制得的含有多种成分的甜味液体。淀粉糖浆的糖分组成为葡萄糖、麦芽糖、低聚糖、糊精等。

2. 应用特性

淀粉糖浆目前在面点制作中有较多的应用。在制作拔丝菜肴时，还可以利用淀粉糖浆有阻止蔗糖重新结晶的能力这一特性，在熬制拔丝菜肴的糖液时，添加适量的淀粉糖浆，可使锅中的蔗糖不容易重新结晶，从而达到较好的拔丝效果。如拔丝红薯、拔丝香蕉等菜肴。

第四节　酸味调料

酸味在烹饪中是不能独立存在的味，必须与其他味合用才起作用。因此酸味是构成复合味的主要调味品原料。产生酸味的主要化学成分是醋酸、柠檬酸、乳酸、酒石酸等。酸味类的调味品主要为食醋、番茄酱、苹果酸等。

一、食醋

1. 原料特征

食醋是以粮食、果实、酒类等含有淀粉、糖类、酒精的原料，经微生物发酵酿造成的一种酸性液体调味料。其味香并有芳香味。食醋的主要化学成分是醋酸。

按工艺分类：米醋、香醋、熏醋、糖醋（白醋）、陈醋、人工合成醋等。

（1）米醋，是以发酵成熟的白醋坯直接过淋的一种食醋。色泽黄褐，有芳香味，质量较好，根据其酸度的不同分为超级米醋、高级米醋、一级米醋（总酸度分别为6.0%、4.5%、3.8%）。米醋除供调味食用外，在中药中可作药引。

（2）香醋，是以糯米、籼米、碎米和麸皮为原料经醋酸和乳酸发酵酿制而成。其呈褐色有光泽，香味芬芳，口味酸而味甜。镇江香醋较著名。

（3）熏醋，别名黑醋。原料与米醋相同，不同之处是用成熟的白醋坯装入缸内在80～100℃的高温下熏制10天左右，成为熏坯，再以熏坯和白坯各半，加入适量的花椒和大料，经过淋取得食醋即为熏醋。熏醋色泽较深，挥发性酸味少，上口酸而柔和，具有特殊的熏制风味，存放时间越长其熏制风味越浓。根据酸度不同分为高级熏醋、特级熏醋、一级熏醋（总酸度分别为6.2%、5.5%、5.0%）。熏醋在烹调中使用普遍，多用于蘸食、拌食。主要产于山西、北京、四川、甘肃，以山西产的最为著名。

（4）糖醋，主要原料是饴糖，家曲和水拌匀封缸发酵，60～100天成熟后，取其上面澄清的透明液即为糖醋，也叫白醋，色泽较浅，味纯酸。由于其酸味单调，缺乏香味，且易长白膜，故质量不及米醋、熏醋。

（5）陈醋，山西特产。主要原料是高粱、谷糠、麸皮、大曲以及食盐、大料等，经过酒精发酵、醋酸发酵、熏醋和夏暴晒、冬捞冰等工序，较长时间陈酿形成。由于其发酵期的物理和化学的变化，酸度不断增高，但无刺激感。

（6）人工合成醋。是用冰醋酸加水、食盐、少量糖稀释而成，称为醋酸醋。该醋中含有醋酸3%～5%。酸味大，营养成分和滋味较差。使用时，应根据需要稀释和控制用量，由于冰醋酸有一定的腐蚀作用，调味效果并不好，所以目前市场上供应较少。

食醋著名产品有：山西老陈醋、江苏镇江香醋等。

2. 应用特性

食醋用途很广，在烹调中能起到祛腥膻，解油腻，增加菜肴的鲜味和香味的作用。

二、番茄酱

1. 原料特征

番茄酱是鲜番茄的酱状浓缩制品。番茄酱呈鲜红色酱体，具番茄的特有风味，是一种富有特色的调味品，一般不直接入口。番茄酱由成熟红番茄经破碎、打浆、去除皮和籽等粗硬物质后，经浓缩、装罐、杀菌而成。其口味酸甜、颜色鲜红，是良好的酸味调味品。

2. 应用特性

纯味番茄酱是将番茄（适量）洗净，放在笼里蒸几分钟后取出，去掉皮和蒂部粗糙地方及腐烂部分，用手捏碎放在锅里煮沸。几分钟后，待西红柿冷却，用勺搅动，即可装瓶。

番茄酱常用作鱼、肉等食物的烹饪作料，是增色、添酸、助鲜、郁香的调味佳品。番茄酱的运用，是形成港澳菜风味特色的一个重要调味手段。

第五节　辣味调料

辣味，是由一些不挥发的带刺激成分，刺激口腔黏膜所产生的感觉。辣味具有强烈的刺激性和独特的芳香，调味基源主要有辣椒、大蒜、大葱、生姜、胡椒粉、芥末粉、辣椒酱和辣椒油等。

一、辣椒

辣椒别名番椒、辣子、海椒、椒茄等，是烹调中常用辣味调为中最重要的一种。

1. 原料特征

湖南沅江一带所产的朝天椒，辣味极强。辣味最弱的是菜椒。个大肉厚几乎不辣而有甜味。辣椒呈辣味的主要化合物是辣椒素及二氢辣椒素两种，这两种化合物能在口腔内引起皮肤的灼烧感。这两种辣味物质，少量地食入，即可增加口腔内唾液的分泌，促进血液循环。辣椒中还含有多种营养成分。如胡萝卜素、维生素 C、维生素 P 及钙、磷、铁等矿物质。

2. 应用特性

烹制菜肴时，根据辣椒的用量与种类可制成带有不同辣椒风格的菜肴。烹调中如果希望菜肴中的辣味淡化些，但又不失辣椒的原有风味，可以将辣椒洗净，用刀切开去籽，放入 30～40℃的温水中浸泡，浸泡的过程中辣椒素和二氢辣椒素将会部分融入水中。

二、胡椒

胡椒别名白胡椒、黑胡椒、古月等。胡椒原产于印度西南海岸西高止山脉的热带雨林。主要产地是印度、印度尼西亚、马来西亚和巴西。中国于 1951 年从马来西亚引种于海南岛琼海试种，1956 年后，广东、云南、广西、福建等地区也陆续试种成功，栽培地区已扩大到北纬 25°。

1. 原料特征

胡椒属多年生常绿攀缘藤本植物，系浅根性作物，蔓近圆形，木栓后呈褐色，主蔓上有顶芽和腋芽。其主蔓上抽生的分枝和由其抽生的各分枝和分枝上抽生的结果枝构成枝序；叶为椭圆形，叶面深绿色；栽培品种多为雌雄同花，少数雌雄异花；果为球形、无柄、果核浆果，成熟时为黄绿色、红色。胡椒主要辣味成分是椒脂碱和挥发油。

2. 应用特性

胡椒常用于汤调味。一般加工成胡椒粉末用于冷菜上或烹制内脏，海味类原料，具有去腥解腻提味增鲜的作用。胡椒主要分为黑胡椒和白胡椒两类。

三、芥末

芥末，别名芥末面。多产于北京、上海、广州、河南、安徽、山西大同等地。

1. 原料特征

芥末，十字花科植物，面呈淡黄色，由芥末的种子经碾磨成的一种粉末状调料。芥末的主要辣味成分是黑芥子苷，经酶解后产生的芥子油具有强烈的刺鼻辛辣味。芥菜籽为小球形颗粒，分白、黑两种。

第七章　调味类

2. 应用特性

芥末使用时，一般先将其调制成糊状。在芥末粉中加入温开水放醋调匀，放置炉边静置0.5小时，再加入植物油、白糖、味精、精盐等搅匀。急用时，也可将糊稍蒸几分钟，然后搅拌出香辣味使用。

芥末可用于调拌芥末鸭掌、芥末菠菜、芥末金针蘑等菜肴。不宜久存，且应放置于干燥通风处，防止潮湿结块变质。芥末以颜色鲜黄、粉细、无夹杂块者为佳。

四、姜

1. 原料特征

姜的味道辛辣。姜的辣味成分主要有姜酮、姜醇、姜酚。嫩姜，皮薄肉嫩，纤维脆弱，所含辣味成分较少，辣味较淡。老姜，皮厚肉粗，质地较老，水分少，辣味强烈。

2. 应用特征

姜常用于炒、拌、泡等技法，常用于祛腥除膻。姜的用途极为广泛，它能使菜肴辛辣增香，调和滋味。姜的姜辛素还能有效地抑制葡萄球菌、皮肤真菌等细菌的活动和繁殖。利用这一特性，可用于一些原料的保鲜。如将鲜肉类、禽类、鱼类或海味原料姜汁浸渍。除此之外还能祛腥除异味。

五、葱

1. 原料特征

葱辣味成分主要是二正丙基二硫化物和甲基丙基二硫化物，这两种辣味化合物在葱中的含量不高，但能刺激唾液和胃液的分泌，增进食欲。

2. 应用特性

葱既可作菜，又可作为调味品。用葱作为调味料时可增香、压腥。可以把葱切成葱段、葱丝、葱末或取出葱汁，也可以加工成葱油、葱泥等，运用于爆、炒、烤、蒸、煮、熘、扒以及拌等多种技法烹制的菜肴，能使菜肴提味增香，诱人食欲。将葱油加热烹热后，它的辣味会消失，同时有一种甜味感产生，这是由于葱中的辣味化合物受热后会进一步还原成硫醇类化合物，该化合物具有一定的甜味。

六、蒜

1. 原料特征

生食蒜时其辣味最强，一旦做成蒜泥后，它的特有风味更为突出。蒜的辣味主要由蒜氨酸经过分解后的产物所产生。当蒜的组织处于完整而未受到破坏，其中的蒜酶就会立即将蒜氨酸进行分解。首先是形成蒜素，其次形成具有强烈辛辣味的其他化合物。这就是蒜泥瓣、蒜片、蒜末更辣的原因。中国南北各地均有栽培。

2. 应用特性

中国北方以食蒜为主，兼食嫩茎叶，冬季也吃蒜黄。南方以食嫩茎叶为主，兼食蒜头。生蒜的辛辣味主要应用于拌菜。菜肴有大蒜鲶鱼、蒜烧熊掌、蒜子瑶柱脯、蒜泥白肉等。

七、咖喱粉

咖喱粉源于印度,盛行于东南亚和南亚次大陆,20世纪初传入中国,现各地均有加工制作。

1. 原料特征

咖喱粉是由20多种香辛调料调制而成的一种辛辣味甜,呈黄色或黄褐色的粉状调味料。主要配料有胡椒、辣椒、生姜、肉桂、肉豆蔻、茴香、芫荽子、甘草、橘皮、姜黄等。将各种辛辣料干燥粉碎后混合,或粉碎焙炒,然后储放待其成熟。

咖喱粉的质量以色泽深黄,粉质细腻,松散无块,无杂质、无异味者为佳。

2. 应用特性

咖喱粉在烹调时多适用于牛肉、羊肉、鸡、鸭和土豆菜肴的菜品。具有提辣增香、祛腥和味、增进食欲的作用。现常用咖喱粉调成浆,加葱、姜及1/3的植物油调制成咖喱油,可直接入锅煸炒,又可直接拌制菜肴或面条等。

八、花椒

麻味调料只有花椒一种。花椒芸香科,别名大椒、川椒、秦椒等。中国华北、华中、华南均有分布。河南伏牛山、太行山栽培较为集中,鄢陵各处均有栽植。

1. 原料特征

花椒属落叶灌木或小乔木,高3～7米,枝灰色或褐灰色,奇数羽状复叶,叶轴边缘有狭翅,聚伞圆锥花序顶生,果球形,通常2～3个,红色或紫红色,密生疣状凸起的油点。生态习性喜光,适宜温暖及土层深厚肥沃壤土、沙壤土。

2. 应用特性

花椒为历史悠久,应用广泛的调味品。川菜使用最多,是构成其麻辣风味的主要调味料之一。整粒花椒用于炝油锅作菜肴调味,或用于配制卤汤,也用于腌制食品。炖制猪、牛、羊等肉料时用之可解膻腺。也可与其他调味配制成花椒盐、葱椒盐等,并可制成花椒粉、花椒油、花椒水等供用,还是五香粉的原料之一。

第六节　鲜味调料

鲜味是不能在烹饪中独立存在的味,需在咸味基础上才能使用和发挥,但是它是一种重要味别,为许多复合型或菜点的调味不可缺少的味道。鲜味是人们在味感上所追求的美味。

一、味精

味精别名谷氨基酸(即谷氨基酸一钠)。从大豆或小麦面筋及其他蛋白质较多的物质中提炼制成。现多用淀粉经发酵制成。

1. 原料特征

味精有的呈结晶状,有的呈粉末状。除含有谷氨酸钠外,还含有少量的食盐。味精的性质微有吸湿性,易溶于水,味道极鲜美,用水冲淡3000倍仍能感觉到鲜味。味精含鲜味与溶解度有很大的关系,在弱酸和中性溶液中,溶解度最大,具有强烈的肉鲜味。在碱性(食碱、小苏打)溶液中不但没有鲜味,反而有不良气味,因为谷氨酸一钠在碱性溶液中能变成没有鲜味的谷氨酸二钠。

2.应用特性

味精在70~90℃时溶解度最好,而在高温下则能使谷氨酸一钠变成焦谷氨酸钠而失去鲜味,甚至产生毒性。味精在强酸性溶液中,溶解度极小,所以鲜味也很小。由此,在烹调中使用味精不应过早地加入处在高温下的菜肴中,而在凉菜中,因温度低,不易溶解,鲜味发挥不出来,应适当用温开水溶后浇入凉菜。还应尽量地避免在碱性和酸性条件下使用味精。使用味精要适量。用量多,会产生一种似咸非咸,似涩非涩的怪味。味精使用量一般为 0.01~0.1g/kg。

二、虾籽

1.原料特征

虾籽是虾类繁殖的卵籽洗净后,微火烘干或晒干而成。它含有丰富的卵黄蛋白,不仅营养丰富,而且具有强烈的鲜味,是一种传统的鲜味调味品。其色呈橘红色或暗红色、有光泽、微粒状。中国沿海各地均有出产。

2.应用特性

虾籽常作为烩菜、烧菜、蒸菜等调味品。著名菜品有虾籽大乌参、虾籽黄焖鸡、虾籽烧蹄筋等菜式。

三、蚝油

1.原料特征

蚝油即牡蛎油,是利用鲜牡蛎加工干制时煮汤汁,经浓缩后调制而成的一种液体调味品。蚝油含有牡蛎肉浸出物中的各种呈味成分,具有浓郁的鲜味,是中国广东等地的特产。蚝油含有多种氨基酸,有与牡蛎相近的营养价值。

质量好的蚝油成稀糊状,无渣粒杂质,色红褐至棕褐色,鲜艳而有光泽,有蚝油特有香气,味道鲜美稍甜,无焦、苦、涩和腐败等异味。

2.应用特性

蚝油在烹调中既可作炒、烧菜肴的调味,又可作菜品味碟蘸食使用。主要起提鲜、增味、压异味、提色补咸的作用。著名菜品有蚝油牛肉、蚝油滑鸡片、蚝油网鲍片、蚝油鸭脚等菜式。

四、腐乳

腐乳别名红方。原产于中国,南北各地均产。

1.原料特征

腐乳的滋味咸中带鲜,风味独特,营养丰富。将腐乳添加在菜肴中可起到提鲜、增香、和味的作用。腐乳的品种有红腐乳、青腐乳、白腐乳、玫瑰腐乳、黄酱腐乳、油方腐乳等。

制作豆腐乳的主要原料是大豆或冷榨豆饼,将它们制作成豆腐坯。腌豆腐坯时需要大量的食盐,使豆腐乳能产生出咸鲜味来,制作豆腐乳的其他原料有黄酒、高粱酒、红曲、面曲、混合酒等。制作过程大致经过按菌种增减腌坯、装坛后熟等步骤。

2. 应用特性

豆腐乳可直接食用，也可作菜肴调味料，用于涮羊肉蘸料，也可用于烹制腐乳爆肉、腐乳豆腐、腐乳鸡、叉烧肉等菜肴。

第七节　香味调味品

调香调料是用以改善或增加菜点香气，或用来掩盖某些菜肴中的不良气味。使菜点的香气大大超过原料固有的香气，形成一种复合香味，使人产生愉快感，增加进餐者的食欲。调香调料的种类很多，各有其独特的呈味成分，其香味主要来源于其中所含一些挥发性成分，包括醇、酚、酮、酯、萜、烃及其衍生物等。调香调味在烹饪中运用较广，有除异味、增香味和刺激食欲的作用。

一、八角

八角，八角科，别名大茴香、大料、八角香等。主产于西南及两广地区，为中国特有香料。

1. 原料特征

八角为植物八角茴香的果实。有6～8个茴香瓣，放射状排列，状如五角星，种子含在其中，中轴下有一钩状弯曲的果柄。每年8～9月或翌年2～3月成熟上市。

八角以个大均匀、色泽棕红、鲜艳有光、香气浓郁、完整身干、果实饱满、无霉烂杂质者为佳。

2. 应用特性

八角具有浓烈芳香，可增香娇味，调制卤汤、制作卤菜所必用。也用于一些炖、焖、扒、烧等菜肴，如香酥鸡、五香红烧鱼等，还可用于腌制，是五香粉的主要原料。此外，还是制作各种果酒、饮料、糖果及香水、香皂、牙膏的重要原料。

在鉴别八角时应注意防止假八角混入。假八角又名莽草果，小果瘦长且多无柄，尖端弯曲明显，闻之有樟脑或松枝味，用舌添有刺激性酸味，毒性较大，可造成食物中毒。

二、桂皮

桂皮樟科，别名肉桂、五桂皮、阴香等。中国广东、福建、浙江、四川等地均产。

1. 原料特征

植物肉桂树，常绿乔木，高可达17cm。树皮赭黑色，有香气。单叶互生，近枝梢处交互对生，略革质，长椭圆形或椭圆形，浆果球形，暗紫色，基部有宿存萼筒，全缘。桂皮是用樟科植物肉桂树皮经干燥后制成的卷曲状圆形或半圆形调香料。其主要呈香物质为桂皮醛、柠檬醛、丁香油酚等。

桂皮的质量以皮细肉厚，表面灰棕色，内面暗红棕色，油性大，香气浓，无虫蛀，无霉烂者为佳。

2. 应用特性

桂皮在烹饪中适用与卤、酱、烧等菜品，主要起压异味、增香味的作用，也是复合调味料的原料，是五香粉原料之一。

三、小茴香

小茴香伞形科，别名茴香等。原产欧洲地中海一带，中国甘肃、内蒙古、山西等地均产，每年9～10月成熟。

1. 原料特征

植物茴香的果实为椭圆形，两端稍尖，外表呈黄绿色，香气甚浓。主要成分是茴香醚、小茴香酮。

茴香的质量以颗粒均匀、粒大饱满、干燥、色泽黄绿、鲜亮、气味香浓、无梗、无杂质为上品。

2. 应用特性

小茴香烹饪中多用于配制卤汤、制作卤菜，也用于炖、烧及面食的调料。主要起增香味、压异味作用。菜肴制作时应用洁布包裹起来，以免黏附在原料上，影响菜肴美观。

四、丁香

丁香，桃金娘科，别名丁子香、支解香、雄丁香等。原产马鲁谷群岛。中国广东、广西、海南等地有栽培。

1. 原料特征

常绿乔木。叶对生，革质，卵状长椭圆形。夏季开花，花淡紫色，聚伞花序。果实长倒卵形至长椭圆形，称母丁香。干燥花蕾入药，称公丁香。花蕾或其提取的丁香油为重要原料。其主要呈味成分为丁香油酚、乙酰丁香油酚、丁香素等。

丁香的质量以浓郁芳香、个大均匀、粗壮干燥、色泽棕红、有光泽、无异味、无杂质者为上品。

2. 应用特性

在烹调中常用于卤、酱、烧等菜点中，起增香压异的作用。丁香在使用时用量不宜太大，否则会影响菜品的正常风味。如丁香鸡、玫瑰肉、美味牛肉干、烧羊肉等都是以丁香为调香料烹制而成的。丁香为五香粉、咖喱粉原料之一。

五、月桂叶

月桂樟科，别名桂叶、香叶等，为植物月桂的叶。原产地中海一带，中国长江流域以南江苏、浙江、台湾、福建等地庭园中多有栽培。

1. 原料特征

月桂属常绿小乔木，树冠卵圆形，分枝较低，小枝绿色，全体有香气。叶互生，革质，广披针形，边缘波状、有醇香。小花淡黄色。核果椭圆状球形，熟时呈紫褐色。花期为4月，果熟期为9月。

2. 应用特性

将月桂叶干燥后可直接作芳香调料，也可干燥后加工成粉状。香叶的主要成分为月桂油等。它是烹调中常用的芳香调料之一，多用于卤、酱、烧、烩、烤类菜肴，也是西餐常用芳香调料之一。

六、黄酒

黄酒别名料酒、老酒、绍酒等。黄酒为中国特有的工艺酿造酒，已有6000多年的历史，主要产于长江下游一带,以绍兴的产品最为著名。

1. 原料特征

黄酒是以糯米为原料,通过特定的加工过程,受到酒药、麦曲和浆水中的多种霉菌、酵母菌和细菌的共同作用,制成的一种低度酿造酒。

黄酒的质量以色泽橙黄、清澈通明、香气浓郁、味道醇厚、含酒精度低者为佳。

2. 应用特性

黄酒在烹调中广为应用。既适用于原料加工时的腌制和码味,又在菜品的烹制中起祛腥膻、解腻味、增香味及帮助味的渗透等作用,还具有一定的杀菌消毒作用。黄酒在使用时应在菜肴加热过程中加入,用量不宜过多,以不影响菜品口感、吃不出酒味为度。

七、葡萄酒

葡萄酒法国所产最为著名,中国山东、河北、河南、陕西等地也生产。

1. 原料特征

葡萄酒是以鲜葡萄或葡萄原汁为主要原料,利用葡萄表皮的天然酵母或接种纯种酵母,经发酵、蒸馏等工艺制成的一种酿造原汁酒。酒精度一般在14%以下,具有色泽艳丽,滋味鲜美的特点。

按色泽分类:红葡萄酒、白葡萄酒、淡红葡萄酒。

按含糖分类:干葡萄酒、甜葡萄酒。

2. 应用特性

烹调中广泛运用,西餐中常用于蛤蜊等贝类调味。中餐用于浸渍鸟兽肉,使肉嫩增加风味。烧制菜肴有时也专用葡萄酒,如贵妃鸡翅。

第八章　辅助原料

> 【学习目标】
> 　　通过本章的学习，应该达到以下目标：
> 　　◆知识目标：了解食用油脂的主要种类和特点；各类烹调添加剂的性质及作用；各类滋补药材特性和功效。
> 　　◆技能目标：根据食用油脂、各类烹调添加剂、各类滋补药材的性能特点和营养功效，根据菜品的要求及卫生要求，在烹饪中正确使用和添加。
> 　　◆能力目标：通过感官对食用油脂、烹调添加剂、各类滋补药材进行品质鉴定，做好储藏保管。

辅助原料又称佐助原料，是指烹饪原料中既不作菜点的主、配料，也不起调味作用（或不是主要用于调味）的部分，主要包括食用油脂、烹调用水、烹调添加剂、滋补药材等。这类原料不构成菜点的主要实体，但对菜点的成熟、成形、着色、质感等方面起着至关重要的作用，是烹调过程中不可缺少的原料。

第一节　食用油脂

食用油脂是指供人类食用的无毒、富含营养的油和脂的总称。一般采用压榨、萃取、熬煮等方法从动物体或植物的种子中制取。食用油脂是三大热能营养素之一，除脂肪外，还含有磷脂和多种脂溶性维生素，为人类不可缺少的营养素来源之一。

一、油脂的成分

食用油脂中的主要成分是甘油酯。由于动物性甘油酯中饱和脂肪酸较多，故熔点高，常温下为固态，称为"脂"；而植物性甘油酯中不饱和脂肪酸较多，故熔点较低，常温下多为液态，称为"油"。此外，油脂中还含有非甘油酯类化合物，如磷脂、甾醇、蜡、黏蛋白、色素及维生素等。

非甘油酯类化合物在油脂中的含量很低，但对于食用油脂的质量影响较大，磷脂具有浮化性和抗氧化性，可延缓油脂的自动氧化，但在保管时磷脂会发生自然水化现象，产生大量油脚沉淀，并在煎熬时产生大量泡沫，经焦化后形成黑褐色沉淀物，从而影响食用油脂的质量和使用；蜡和黏蛋白可引起油脂的混浊，使透明度降低，质量下降。油脂中维生素含量的多少是衡量油脂营养价值高低的重要依据之一，维生素D只存在于动物油脂中，维生素E、维生素K主要存在于植物油脂中。

二、油脂的性质

1. 色泽和气味

在正常情况下，纯的油脂应该是无色、无味、无臭的。一般食用油脂都具有一定的色泽和气味，类胡萝卜素、叶绿素等色素是不同油脂呈色的主要原因。由于微生物的作用、油脂中蛋白质和糖类的分解也可产生棕色色素，棉籽油中棉酚氧化后呈红色。一般来讲，植物性油脂比动物性油脂色泽深。利用不同油脂的色泽，在菜点制作中，可以达到增色或保色的目的。不同的油脂含有不同的脂肪酸及特殊的风味物质，使其带有不同的风味，芝麻油较一般植物油香味足，这主要是由挥发性脂肪酸等芳香物质所致。利用不同食用油脂的色泽和气味可以增加食品的风味。

2. 熔点和凝点

由于温度的不同，油脂可为液体状态的或固体状态。油脂由固体变为液体的温度称为熔点，由液体变为固体的温度称为凝点。油脂的熔点决定着油脂在人体内的吸收率的大小，大多数植物油熔点较低，吸收率可达到95%，故营养价值较高。而牛脂、羊脂的熔点较高，消化率低于植物油。

3. 溶解性

精炼油脂不含水分，相对密度比水轻，能浮于水面而不溶于水，因此，在菜肴和汤品表面覆盖热油具有保温作用。另外，原料中的许多色素和香气成分多为脂溶性成分，在烹调过程中，油脂对菜点色、香、味的形成具有重要作用。

4. 黏度

食用油脂虽不溶于水，但黏度比水高。因此在烹饪中，食用油脂能很好地黏附在食品上，改变菜点的滋味和色泽。

5. 乳化

食用油脂在乳化剂存在时，可呈微滴状分散于水中形成稳定的乳浊液，这种现象称为乳化。油脂中的磷脂即为较好的乳化剂。如西餐中的蛋黄酱的调制，或依靠搅打、加热沸腾等方式产生振荡作用加速乳化，如吊制奶汤、炖鲫鱼汤。

6. 温度范围

食用油脂受热时，不但升温快，而且具有较大的加热温度范围，甚至可以超过300℃。所以，在烹饪中利用不同的油温，可以使菜点具有不同的质感、味感和色泽。

7. 水解和氧化

食用油脂在酸、碱、酶及热的作用下均能发生水解，从而利于人体对油脂的消化吸收。但由于食用油脂在空气中自动氧化的发生，生成酮、酮酸以及过氧化物，产生酸败臭，而使油脂的食用价值降低。

8．热变性

油脂经较长时间的高温加热后，会起泡、发烟、色泽加深、黏度增大，并使脂溶性维生素受到破坏，生热力降低。此外，生成的热聚物还对人体有不利影响，制作油炸制品时，应选择含饱和脂肪酸多的油脂，并在油炸过程严格控制油温，且需随时添加新油，以减少热聚物的形成，提高生热能力。

三、油脂的种类

按照加工方法和品质特点，可将食用油脂分为普通食用油脂、高级食用油脂，其中高级食用油脂主要指高级烹调油和色拉油。按照来源，可分为植物油脂和动物油脂、再制食用油脂三大类。动物脂均来自陆生和水生动物的脂肪组织及陆生哺乳动物的乳汁中，其中水产动物油脂和奶油中高不饱和脂肪酸以及脂溶性维生素含量较多，故营养价值高。植物油主要来源于植物的种子及某些谷粒的胚芽和麸糠中。再制食用油脂主要有人造奶油、起酥油等。

1．植物油

（1）花生油

花生油是从花生仁中制取的食用油脂。在夏季为透明的液体，在冬季则为黄色半固体，属于半干性油脂。我国主要产区在东北、华北等地。

按加工方法和精炼程度的不同，花生油可分为毛花生油、过滤花生油和精致花生油三种。毛花生油呈深黄色，含有较多的水分和杂质，浑浊不清，但可食用；过滤花生油较为澄清，但不易保管；精炼花生油透明度较高，所含水分和杂质较少，因经炼制除去了游离酸，不易酸败，是良好的食用油。另外，用冷压法提取的花生油颜色浅黄，气味和滋味均好；用热压法提取的花生油则是浅橙黄色，有炒花生的气味。

花生油的脂肪酸构成较好，易于人体消化吸收，还含有麦胚酚、酸脂、维生素E、胆碱等对人体有益的物质。

（2）豆油

豆油是从大豆种子中制取的食用油脂，我国主产于东北地区。按照加工方法的不同，豆油有冷压豆油和热压豆油两种，冷压豆油的色泽较浅，生豆味淡；热压豆油由于原料经过高温处理，出油率高，但是色泽较深，并带有较浓的生豆气味。按加工程度的不同，豆油可分为粗豆油，过滤豆油和精制豆油三种。粗豆油为黄褐色；精制豆油大都为淡黄色，黏性较大，在空气中久放后，豆油油面会形成一层薄膜。

豆油的脂肪酸构成较好，并含有丰富的亚油酸和较多的维生素E、维生素D，所以营养价值较高，是品质最佳的食用油脂之一。但豆油有特殊的豆腥味，且加热时产生较多的泡沫，所以，在烹调时应加以注意。

(3)菜籽油

菜籽油又称菜油,是从油菜籽中制取的食用油脂。主产于长江流域和西南各省,是我国主要的食用油脂,产量居世界首位。

普通的菜籽油呈深黄色,含有油菜籽特有的芥酸气味,且有涩味;粗制菜籽油呈黑褐色;精制的则为金黄色。

人体对于菜籽油吸收率最高。比起其他植物油,菜籽油中的亚油酸含量比较低,而且还含有大量对心血管不利的芥酸和芥子苷。

菜籽油色黄,常用于深色或带色菜肴的制作;在常温下菜籽油为液态,适合做凉菜调味或作为辣椒油、咖喱油等的加工用油。此外,还是制作色拉油、人造奶油等的原料油。

(4)棉籽油

棉籽油是从棉花籽中制取的食用油脂。为我国主要的食用油脂之一。

按照加工方法的不同,棉籽油可分为毛棉籽油、过滤棉籽油。半精炼棉籽油和精炼棉籽油四种。毛棉油呈黑红色,含有毒性成分棉酚,故不能食用;过滤棉籽油可供食用,但需在高温下使棉酚分解;半精炼棉籽油是将棉籽油加碱炼制后再经过滤而成,可供食用;将半精炼棉籽油再次过滤,即成为色泽浅淡的精炼棉籽油,食用品质最佳。

由于棉籽油风味佳、稳定性高、融合性好,因此除用于烹调外,还是加工色拉油、蛋黄酱、起酥油的理想原料。

(5)米糠油

米糠油是从加工大米的副产品米糠中制取的食用油脂。为新型的食用油,米糠油不饱和脂肪酸如油酸、亚油酸含量高,熔点低,并含有谷维素、α——生育酚,因此,属于营养和保健油脂。目前,虽未被普遍食用,但由于它的营养价值较高及生产原料丰富,已为人们所重视。

(6)橄榄油

橄榄油是由橄榄果中制取的食用油脂,为世界上最古老和最重要的油脂。目前,全世界橄榄油的产地集中在西班牙、意大利、希腊等国家,是地中海沿岸国家使用最为广泛的油脂。

橄榄油富含不饱和脂肪酸,口感丰富,且含有浓郁的橄榄果的香味。优质的橄榄油外观为浅淡黄色,黏度小,低温下仍然澄清透明,为优质的烹调用油和凉拌用油。在西式沙拉酱的调制中,橄榄油为常用的原料。但由于口味和产量的原因,我国的消费量不大。

食用植物油脂除以上几种外,还有玉米油、小麦胚芽油、椰子油、葵花籽油、棕榈油、茶籽油等。

2.动物脂

(1)猪油

猪油又称大油,是从猪的贮备脂肪组织如板油、网油和肥膘中提炼熬制的食用油脂,为我国饮食中使用最普遍的动物脂。用板油熬炼的猪油质量较优。优质猪油在液态时透明清澈,在10℃以下呈固态时为白色的软膏状,有良好的滋味。猪油的熔点较低,易被人体吸收。但存放时间不宜过长,特别是在高热潮湿的夏季极易发生氧化而发生酸败,产生"哈喇味",不宜食用。

猪油可广泛运用于熘、烧、烩等方法,制作白色或浅色菜肴;由于起酥性好,故为制作各种酥点常用的起酥油;未炼制的猪油可制作水晶馅等特殊馅心;网油可包裹原料制作清蒸、叉烧等特殊菜肴,使菜肴产生香酥或滋润感;在八宝锅蒸等甜菜中可使菜品明亮滋润、香气浓郁。

(2)牛油

牛油是从牛的脂肪组织中提炼熬制的食用油脂。熔点高,在常温下为坚硬的固态。

由于牛油的熔点高于人体的体温,不易被人体消化吸收,在烹调中使用较少。但为信仰伊斯兰教民族的主要食用油,也常用于制作油茶和牛油炒面;在牛油火锅中作为锅面浮油,用于防止香气和水分散失,并具有保温作用。此外,牛油也是加工高熔点的人造奶油和起酥油的原料。

(3)羊油

羊油是从绵羊或山羊的脂肪组织中提炼熬制的食用油脂。熔点高,不易消化,在常温下为坚硬的固态。绵羊油无膻味,山羊油膻味较浓。烹调中的运用与牛油相似。

(4)鸡油

鸡油又称明油,是从鸡的脂肪组织中蒸制或熬制的食用油脂。熔点很低,常温下呈液态,色金黄。在烹调运用中,鸡油可增加菜点的色泽、亮度和鲜香风味,常在起锅前加入荤素菜肴和小吃、汤品中。

(5)乳脂

乳脂是黄油(奶油)的基本成分,为从牛奶中分离制得的食用油脂。乳脂的脂肪酸构成广泛,熔点(31℃)和完全固化点(-40℃)差别很大,因此,在较大的温度范围内具有可塑性,便于加工和食用。乳脂营养丰富,含有多种维生素,具有独特的奶香味,从而受到人们的喜爱。

从加工上看,富含乳脂的天然奶油依含水量的不同可分为鲜奶油和脱水奶油。鲜奶油是将牛乳用油脂分离器或静置等方法分离出的乳脂。脱水奶油又称白脱油、黄油,是将搜集的鲜奶油经或不经发酵、搅拌、凝集、压制而成的黄色半固体状物。

由于奶油具有独特的乳香,口感细腻滑嫩,是西菜和西点制作中普遍使用的食用油脂,具有增色、赋香、改善口感的作用。制作西式奶汤时可使汤汁洁白如乳;可直接涂抹在面包上食用;或供配制糕点、糖果之用;通过搅拌充入空气的奶油具有一定的硬度和可塑性,是西式糕点裱花装饰和保持糕点外形的常用原料。此外,奶油也是常用的起酥油之一。

3.再制食用油脂

再制食用油脂是以植物油或动物脂为原料,经氢化、交酯反应、分离、混合等工序后得到的具有一定性状的食用油脂。这是因为天然食用油脂中所含的杂质较多,通过对其进一步改良加工,改变其化学组成和物理性质,使油脂具备更好的可塑性、起酥性、酯化性、可熔性和氧化性，从而使食品品质获得最佳效果。

（1）色拉油

色拉油可由豆油、菜籽油、玉米油、棉籽油、葵花籽油等植物油单独或混合精炼而成。主要经过脱胶、脱酸、脱色、脱臭及脱蜡等工序。成品色浅，味道清淡。色拉油的食用安全性高，不易氧化，贮藏期长，而且在高温下也不易发生氧化、热分解、热聚合等反应。

色拉油可以生食，多用于凉拌菜肴的制作；由于脱掉了挥发性物质，故发烟点升高，适于高温加热，且色浅，常用于保色菜肴的制作。此外，还常作为制造人造奶油以及调制蛋黄酱、沙拉酱的原料油。

（2）氢化油

氢化油又称硬化油，多以豆油、花生油、椰子油、棉籽油、葵花油等原料经过氧化作用，使不饱和脂肪酸变为饱和脂肪酸，而成为固态油。

氢化油的色泽为蓝白色或淡黄色，无臭无味。其可塑性、乳化性、起酥性和稠度都优于一般的油脂。由于氢化油不含胆固醇，常用来代替猪脂、牛脂等动物的脂肪。

（3）人造奶油

人造奶油又称麦淇淋，是以氢化油为原料，添加乳化剂、色素、香料、食盐、维生素、防腐剂等，经混合、浮华等工艺制成的再制食用油脂。由于来自植物油，不含胆固醇，其消费量已不低于天然奶油。人造奶油具有良好的可塑性、充气性、延展性。按用途，可分为烹饪用和加工用两大类，烹饪用人造奶油可用于面包的涂抹，或作为烹调用油；加工用人造奶油则在起酥性、可塑性、融合性、浮化性、分散性、稳定性等工性能上有一定的要求，多用于食品工业中。

（4）起酥油

起酥油又称雪白奶油，是动、植物油脂经精制加工或硬化、混合、速冷、捏合等处理而得到的具有可塑性、浮化性等加工性能的再制食用油脂。一般不直接食用，主要用于食品工业中加工面包、蛋糕、焙烤点心、奶油裱饰等的原料用油或油炸类食品的用油。

（四）食用油脂在烹饪中的作用

食用油脂在烹饪中使用广泛，是制作菜肴和面点不可缺少的原料。

1. 作为常用的传热媒介

由于油脂的燃烧点高达360℃，故可贮藏大量的热能，并使之迅速传递到原料，使之快速成熟，并不会造成水溶性营养物质的流失。若温度过高，则有可能导致对人体有害物质的产生。使用油烹法时，温度不宜太高。

2. 可调节菜肴的质感

（1）由于油烹法加快了烹调的速度，缩短了原料成熟的时间，保护了原料内部的水分，而使菜品具有鲜嫩、滋润的口感。

（2）在一般的烹调加热条件下，热油的温度高于水分蒸发的温度，因此，原料在热油中经过一定时间的煎、炸加热后，可使原料表面甚至内部的水分蒸发，而使菜点具有外酥里嫩或松、香、酥、脆的口感。

3. 可作为色香调料使用

（1）由于香味成分多为脂溶性成分，在油脂中有良好的溶解性。因此，芝麻油、奶油、鸡油、辣椒油、咖喱油等均可用于菜点的增香、调香。

（2）色泽鲜艳的辣椒油、咖喱油还可用于增色、调色。

（3）在高温油脂中，食品表面发生羰氨反应，形成金黄色、黄褐色的呈色物质。

（4）菜肴装盘后，在表面淋上油脂，可增加菜肴的光泽度和滋润感，故有"明油亮芡"的说法。

4. 常作为面点制作的原料

食用油脂是调制油面团、制作起酥点心不可缺少的原料，能使制品起酥，层次清晰，香酥可口，达到应有的质量标准。如在荷花酥、丹麦面包的制作时，常在面团中加入大量的油脂。

5. 作为烹调的润滑剂

在菜肴烹调时，原料下锅前一般都需要少量的油脂滑锅。一方面可防止原料粘锅和原料之间相互粘连；另一方面通过翻拌，使原料吸附油脂，增加菜肴的滋味和亮度。

6. 具有保温作用

由于油脂的表面能较高，具有较好的保温作用。如过桥米线、牛油火锅、麻婆豆腐、水煮肉片等均利用了这一作用。

7. 可用于某些干货原料的涨发

油发是中餐烹饪中常用的干货涨发方法之一。在低温油中，原料中的水分蒸发，结缔组织缓慢受热收缩。当收缩到最大限度时，膨胀力大于收缩力，胶原纤维细胞膜开始膨胀，直至细胞膜破裂，形成海绵状质地。多用于含胶质丰富、结缔组织紧密的干货原料，如蹄筋、肉皮、鱼肚的涨发。

8. 具有保色作用

某些色浅或无色的食用油脂如猪油、色拉油作为烹调用油时，具有保色、护色的作用。

（1）滑溜类菜肴：在制作滑溜类菜肴时，使用的油脂色素含量少，色泽乳白或清澈，不含糖类，熔点高，不易氧化变色。在一定温度（低温）下加热，迅速操作，使原料内部的糖不能分解，从而保持了原料的色泽。

（2）部分用猪油制作的酥点：若在面团和制时加入猪油或色拉油，则面粉中的糖、氨基酸不能溶解。当用恒温烤制时，羰氨反应不能发生，故成品颜色洁白。

9. 具有造型作用

（1）当油温较高时，原料表面的结缔组织受热迅速凝固而定型。如脆皮鱼条、松鼠鱼等。

（2）在高油温下，动物性原料的肌纤维组织急剧收缩，可呈现各种花纹形状，并迅速成熟、保持脆嫩。如腰花、鱿鱼卷、鱼花、肚花、肉花等的成形。

(3)若油脂加入面团中,在加热过程中,对面团组织具有一定的分层作用,可使面坯按规定的要求起酥,形成特殊形状。如千层酥、荷花酥的制作。

第二节 调质原料

调质原料通常是指在菜点制作过程中用来改善菜点的质地(或结构)和形态的添加剂。按在菜点制作过程中的作用不同可分为膨松剂、凝胶剂、稚嫩剂等。

(一)膨松剂

膨松剂又称膨胀剂、疏松剂,是促使面团膨胀、使制品具有疏松绵软或酥脆质感的一类食品添加剂。通常在加热前的和面过程中将膨松剂掺入,当蒸制或烘烤时,膨松剂受热分解产生气体,使面坯起发,在内部形成均匀而致密的多孔性组织,从而使成品具有酥脆或膨松的特点。主要用于糕点、饼干、馒头、包子等面点的制作。

膨松剂通常分为化学膨松剂和生物膨松剂两大类。碱性膨松剂是化学性质呈碱性的一类膨松剂,主要包括碳酸氢钠、碳酸氢铵、碳酸钠等。生物膨松剂主要是微生物进行膨松,主要包括酵母及老酵面等。

1. 碱性膨松剂

碱性膨松剂可使面坯起发,并具有去酸的作用,多用于糖和油脂含量较多的糕点制品;还可用于干货原料的涨发,解除油腻、去除哈味,软化畜禽的肌肉纤维以及保护绿色蔬菜的色泽。由于各种碱性膨松剂的性质不同,碱溶液的浓度和用量也有变化,在具体应用时,应视碱性膨松剂的种类适当运用。

(1)碳酸氢铵 碳酸氢铵(NH_4HCO_3)又称碳铵、臭粉、重碳酸铵等,为无色透明的粉状结晶,有氨臭气味;稍有吸湿性,易溶于水,水溶液呈碱性。对热不稳定,60℃即分解出氨气、二氧化碳和水。

碳酸氢铵在烹调中主要用于面点制作。长与碳酸氢钠配合使用。主要适用于薄形烤制面点,如饼干等。

(2)碳酸氢钠 碳酸氢钠($NaHCO_3$)又称小苏打、重碳酸钠、重碱等,为白色结晶性粉末,无臭,味稍咸,其水溶液呈弱碱性。加热到60~150℃即产生二氧化碳,至270℃失去全部二氧化碳。

碳酸氢钠多用于小吃、糕点、饼干的制作以及面团的起发。在使用过程中宜先溶于适量的冷水中,防止在成品中出现黄色斑点或膨松不均匀。常与碳酸氢铵混合使用。两者混合后也可用于一些菜肴的制作,改善菜肴的质感,如蚝油牛肉、爆肚尖等。

(3)碳酸钠 碳酸钠(Na_2CO_3)又称纯碱、苏打、食用碱面,为白色粉末或细粒。在烹调中广泛用于面团的发酵,起酸碱中和的作用,并可使面团的弹性和延展性增加。也常用于鱿鱼干、墨鱼干等的发涨,达到最佳的涨发效果。使用量一般为0.5%~1.0%。

2. 复合膨松剂

复合膨松剂是指含有两种或两种以上起膨松作用的化学成分的膨松剂。按照结构形式分为一剂式复合膨松剂、二剂式复合膨松剂和氨系复合膨松剂。一剂式复合膨松剂较常用的是明矾,二剂式复合膨松剂常用的是发酵粉。

(1)明矾 明矾又称钾明矾、钾矾、钾铝矾,为无色透明、坚硬的大块结晶或结晶碎块和白色结晶性粉末,是含有结晶水的硫酸钾和硫酸铝复盐。无臭,味微甜,有酸涩味。溶于水、不溶于乙醇,在甘油中能缓缓溶解。

明矾多与碳酸氢钠配合使用,作为油条等油炸食品的膨松剂,具有使制品膨松、酥脆的作用。用量过多会使制品具有苦涩味。在食品加工中,还可用于防止果蔬变色,并用于海蜇、银鱼等水产品的保脆加工。

(2)发酵粉 发酵粉又称焙粉,是由碱性剂、酸性剂和填充剂组成的复合膨松剂。碱性剂主要是碳酸氢钠,用量为20%~40%,其作用是与酸反应生产气体;酸性剂主要有柠檬酸、明矾、酒石酸氢钾、磷酸二氢钙等,用量为35%~50%,其作用除了与碱性剂反应产生气体外,还能分解碳酸氢钠、降低成品的碱性;填充剂主要是为淀粉、脂肪酸等,用量占10%~40%,其作用在于防止膨松剂吸湿结块,增加膨松剂的保存性,并能在产生气体时调节产气速度,使气泡均匀发生。

发酵粉主要是使面团起发。在烹饪中用于面点的制作,例如馒头、包子及部分糕点,特别适用于油炸食品。

3. 生物膨松剂

生物膨松剂是指含有酵母菌等发酵微生物的膨松剂。当这些生物在面团中生长繁殖时,将糖分解成CO_2,并生成醋酸、乳酸、乙醛、酯类等风味成分,而且酵母菌不但本身具有较高的营养价值,在发酵过程中还可产生某些营养成分,所以,生物膨松剂除了能使面团起发外,还可增加制品的风味和提高制品的营养。

生物膨松剂的最佳发酵温度应控制在25~30℃,且用量宜大。温度过低,用量少,则发酵速度缓慢;温度过高,杂菌易生长,产生大量的酸性物质而使制品风味劣变、弹性减弱。

目前广泛使用的生物膨松剂主要是纯种的商品酵母和老酵母面。

(1)商品酵母 商品酵母是由产气能力强、具生香作用、耐高温的啤酒酵母、卡尔酵母等菌种经纯种培养而成的产品,主要有压榨酵母和活性干酵母两种。

①压榨酵母:又称面包酵母、新鲜酵母,是将纯种培养的酵母菌经离心、压榨而成的块状成品。压榨酵母活力较强,发酵前无须促活,一般使用量为面粉的0.5%~1%。使用时用30℃的水将压榨酵母溶化成均匀的酵母液,以便均匀调制于面团中。压榨酵母应保存于4℃以下,保存期为半个月。

②活性干酵母:将压榨酵母低温脱水后而制成的淡褐色粉末状物。含水量低于10%,发

酵力较压榨酵母为弱，使用量为面粉的1.5%~2%。由于活性干酵母处于休眠状态，故使用前需经活化，即在加有少许糖、盐的4~5倍温水中静置5~10分钟，以恢复酵母的发酵能力。可在常温下保存，保存期限随温度不同而异，在0℃左右可保存两年。开封后的活性干酵母应保存于冰箱或其他阴凉干燥处。

（2）老酵母　老酵母又称老面、发面起子、老肥、酵头等，是通过面团中固有的细菌和酵母的生长而达到起发目的的生物膨松剂。其中最重要发酵菌为乳酸菌和酵母菌。乳酸菌可产生乳酸、醋酸、酒精及部分CO_2，酵母菌则产生大量CO_2。但由于发酵过程中产酸较多，常常需要在发酵结束时加入纯碱中和。

在烹调中，老酵面常用于馒头、包子、花卷、面饼等中式发酵面制品的制作，国外多用于生产传统的粗黑麦面包、意大利水果蛋糕等。用量一般为面团的10%~40%。

（二）凝胶剂

凝胶剂又称增稠剂、糊料，主要是用于改善食品的物理性质，增加食品黏度，使食品黏滑适口的一类食品添加剂。此外，还可增加食品的稳定性，丰富食物触感，并可按照菜点的要求形成胶冻。

按照来源的不同，凝胶剂可分为植物凝胶剂、动物凝胶剂和微生物凝胶剂三大类。植物凝胶剂主要从含有淀粉的谷类、薯类、豆类或含有海藻多糖的海藻中制取，如淀粉、果胶、琼脂等；动物凝胶剂是从含有蛋白的肉皮、骨头、鱼鳞等动物性原料中制取，如明胶、皮冻、鱼胶等；微生物凝胶剂则是从某些微生物如黄单胞菌的代谢产物中提取的，如黄原胶。

使用凝胶剂时，为使风味协调，在制作胶冻类、水晶类鲜甜点时，一般植物性原料宜选用植物性的增稠剂，动物性原料宜选用动物性增稠剂。琼脂、淀粉等本味不显的植物凝胶剂也常用于荤类菜点的制作。

1. 植物性凝胶剂

（1）淀粉　淀粉又称为芡粉、粉面，广泛存在于植物的变态根、变态茎、果实及种子中。在工业生产上大多以玉米、小麦、马铃薯、甘薯、木薯等为原料，经过浸泡、破碎、过筛、分离淀粉、洗涤、干燥和成品整理等工序制得，为我国传统的增稠剂。成品为白色而具有光泽的粉末或块状，无味无臭，在冷水和乙醇中不溶解，水中加热至55~60℃则吸水糊化，形成半透明凝胶和胶体溶液。

①菱角淀粉：菱角淀粉又称菱粉，是用菱角加工而成的淀粉，质佳。成品呈粉末状，颜色洁白且有光泽，细腻而光滑，黏性大，但吸水性较差，产量较少。

②绿豆淀粉：绿豆淀粉又称绿豆粉，是用绿豆加工而成的淀粉，质佳。成品色泽洁白，含直链淀粉较多，热黏度高，稳定性和透明度均好，糊丝较长，凝胶强度大。宜作勾芡和制作粉丝、粉皮、凉粉的原料。因价格较贵，作勾芡原料多用于饭店的烹调。

③豌豆淀粉：豌豆淀粉又称豆粉，是用豌豆种子加工而成的淀粉，质佳。成品色泽洁白，质细，手感滑腻，黏度高，胀性大，是质量最好淀粉之一。

④马铃薯淀粉:马铃薯淀粉又称土豆粉,是用马铃薯块茎加工而成的淀粉,质佳。成品色泽洁白,有光泽,粉质细,59~67℃即快速糊化,黏性较大,糊丝长,透明度好,但黏度稳定性差,胀性一般。常作为上浆、挂糊的原料。

⑤玉米淀粉:玉米淀粉产量大、加工精细,是从玉米中提取的淀粉,是烹调中使用普遍、用量最大的淀粉之一。成品色白而细腻,64~72℃时糊化,速度较慢,黏度上升缓慢,糊丝较短,透明度较差,但凝胶强度好。在使用过程中宜用高温,使其充分糊化,以提高黏度和透明度。

⑥甘薯淀粉:甘薯淀粉又称山芋粉、红薯粉,是用甘薯的块根加工而成的淀粉,质较差。成品色灰暗,糊化温度高达70~76℃,热黏度高但不稳定,淀粉糊较透明,凝胶强度很低。用其制作的粉丝韧性差,勾芡效果不佳,多单独或同谷类、豆类淀粉混合后用于淀粉制品的加工。

由于淀粉可提高原料的吸水、保水能力,保护菜点的营养成分,增加菜点的光泽或色泽,并在不同的烹调温度下赋予菜点或柔滑鲜嫩或外酥里嫩的质感,所以,淀粉在中式烹调中具有极为广泛的应用,常用于动植物原料的上浆、挂糊、拍粉及菜肴的勾芡;用于蓉、泥、糕、丸等工艺菜的黏结成形;增加汤品、甜羹的稠度;作为面粉的填充剂,在酥类糕点制作时用于降低面筋的膨润度,减少成品收缩变形的程度,使制品具有酥、松、脆的口感。此外,各类来源的淀粉还是加工凉粉、粉丝、粉皮、西米等淀粉制品的原料。

(2)琼脂 琼脂又称洋粉、冻粉、琼胶,是石花菜、江蓠及其他红藻类植物中提取的一类海藻多糖,为琼胶糖和琼胶果胶的混合物。成品为白色或淡黄色粉末,吸水性和持水性高,冷水中不溶解,但能吸水膨胀为凝胶块,熔点为80~100℃,1%琼脂溶液在35~50℃时可形成坚实的凝胶。

琼脂在烹饪中运用较广,琼脂凝胶切成条状作为凉拌菜的主料;用于制作胶冻类菜肴,以及增加肉冻的韧性;熔化后添加适量色素浇在盘底。冷却后用于花式工艺菜的制作;常作为如绿豆羹、芸豆糕等夏令应时凉点的增稠剂和凝固剂;将琼脂与糖液混合后作为蜜饯、萨其马等食品的糖衣,增加食品的风味特色;还可用于汤包馅心的调制等。

(3)果胶 果胶是从植物果实中提取的由半乳糖醛酸缩合而成的多糖类物质,与糖、酸、钙作用可形成凝胶,为常用增稠剂之一。成品为白色至淡黄色无定性物,稍有特殊气味,易溶于水,对酸性溶液稳定。商品果胶有商品果胶粉和液体果胶两种。

在烹饪中,果胶可作为水果冻如枇杷冻、桃冻等的凝胶剂,也可作为果冻、果酱馅料等的用料。在食品工业中,果胶常用于低浓度果酱、果冻、果胶软糖、巧克力等食品中,用于提高产品质量,改善风味;也可用作冰淇淋、雪糕等冷饮食品的稳定剂;还可防止糕点硬化和提高干酪的品质等。

2.动物性凝胶剂

(1)食用明胶 食用明胶是从动物的皮、骨、韧带、肌腱中提取的高分子多肽。成品为白色或淡黄色半透明的薄片或粉末,在热水中溶解成溶胶,冷却后成为凝胶。

在烹调中，食用明胶多用于冷菜和一些工艺菜品的制作，也可用于糕点的制作，如汤包、水晶鸭方、水晶肴肉等。在食品工业中，明胶广泛用于肉类罐头、果冻、糖果的制造。使用浓度通常为15%，若低于5%，则难以形成凝胶。

(2)皮冻 皮冻又称皮质或皮汤，是以新鲜的猪皮为原料，去净杂毛和脂肪后，加入水或鲜汤煮制、凝结而成的胶冻。主要成分为胶原蛋白，与酸、碱共热后会丧失凝胶性。

皮冻可直接用作凉拌菜的主料或配料，也常用于汤包馅心的调制。根据皮冻的硬度可以分为硬冻和软冻两种。加工硬冻时，猪皮与水的比例为1∶1~1∶1.5，多用于夏季；加工软冻时，猪皮与水的比例为1∶2~1∶2.5，多用于冬季。

(三)嫩肉剂

嫩肉剂是使肌纤维水解或通过增加肉的持水性而使肉嫩度提高的一类食品添加剂。如有机酸、碱性膨松剂、食盐、蛋白酶等。有机酸主要用于工业食品的稚嫩加工，烹饪中很少使用；碱性膨松剂主要是用碱性膨松剂的腐蚀作用致嫩，烹饪行业中原料致嫩主要使用木瓜蛋白酶致嫩。

目前市售嫩肉剂大多为木瓜蛋白酶配合食盐、淀粉、碱性膨松剂等制成，依淀粉的多少分为嫩肉粉和嫩肉淀粉。在烹饪中主要用于肉类原料成熟前的腌制，使成菜具有软嫩柔化的口感。使用量为2%~3.5%，拌匀后静置10~20分钟，即可使嫩度提高15%~40%。使用时需注意：若用量过大、静置时间过长，会使成菜绵软、弹性减低而影响口感。

第三节 滋补药材类

滋补药材是中医发现和整理的，对人体具有补益作用的系列药材。根据药材滋补特性，搭配烹饪原料制作而成的菜肴，称为"滋补菜肴"。在我国，很早就形成了食疗合一和饮食养生的思想和传统，滋补菜肴更以其独特的风味，在烹饪中占有重要位置。

滋补药材品种多，但根据其功效大致分为补气，益血，滋阴，助阳及其他五类。烹饪中滋补药材多用于煲、炖等汤菜中，故又名炖品药材。作为一名烹饪工作者，应对各种滋补药材特性有清楚了解和认识，并针对客人需要，合理烹制滋补菜肴。此外，在使用中，要以滋养，调补身体为原则，注意药材份量的投放，以达到强身防病的目的。

一、补气类

人体之气，又称"真气"或"正气"，是指人体流动着的富有营养的精微物质。它能营养人体，维持脏腑组织的机能活动，平衡体温，抗御病邪。我国中医学认为"正气内存，邪不可干"，"邪之所凑，其气必虚"。人体中气虚弱，则有气短声低，倦怠无力，面色苍白，食少，脱肛，疝气，子宫脱垂等症状。

(一)人参

人参为五加科多年生草本植物人参的根。

第八章 辅助原料

【性能】人参味甘微苦,入脾,肺经.生者性平,熟则性温,功能补五脏,安精神,健脾补肺,益气生津,大补人体元气。

【种类】人参有野生和人工栽培两种,野生的称野生参和老山参,人工栽培的又分红人参、白人参和生晒参。此外;产于朝鲜的称高丽参。野山参大补元气,无温燥之性。补气之中兼能滋养阴津,品质最佳,但货源少,价格昂贵。红人参补气之中带有温燥刚健之性。能振奋阳气。白人参性最平和,但药效相对较小,适用于健脾益肺,生晒参性较平和不温不燥,即补气又能养阴。高丽参也有红,白,生晒之分,功效如上述相同。

【用途】人参在烹饪中常与禽类煲炖。烹制人参炖鸡,胡桃肉人参炖鹧鸪,高丽参雪耳炖燕窝。

(二) 党参

党参为桔梗科植物党参的根,原产于山西省太行山南端之上党,其形如参,故名党参。常作为人参代用品补益气虚。

【性能】党参味甘性微温,其主要功效是健脾胃,益气养血;且能清阳振中气,不烈不燥,最宜滋补。

【用途】党参常与淮山,莲子,薏米相配,益气健脾。与圆肉,红枣相配。益气中兼能补血,可烹制党参薏莲煲老鸭,党参圆肉炖老猫等菜肴。

(三) 淮山

淮山又名山药。薯蓣科植物薯蓣的根。旧时河南怀庆府盛产此药,远近驰名,因此称为"怀山",后来慢慢演变成"淮山"。淮山以形长,色白,质重而润泽为好。

【性能】淮山味甘性平,有补脾胃,补肺气,强肾固精的功效,久食强身壮体,延年益寿。

【用途】淮山是居家必备的常用养生药,也是烹饪中使用最为广泛的滋补药材,常用于禽,肉类原料中,与党参,茯苓,莲子相配,补脾胃养肾。与杞子,肉圆相配,补气血,如烹制淮山杞子炖水鱼,洋参淮山炖乳鸽,党参淮山炖田鸡,淮山茯苓猪肚汤。

(四) 黄芪

黄芪系豆科多年生草本植物,生长于高原山地。山西、河北、东北、内蒙古、青海、甘肃及东北等地出产。以"东北黄芪"又称"北芪"声誉高,,品质好,黄芪以条粗,质棉,断面黄色,有菊花环状花纹为上品。

【性能】黄芪味甘,性微温,无毒,是常用的补气药之一,有补气健脾,升举阳气,利水消肿等功效。但由于升阳助火,故阴虚阳亢者不宜选用,气虚喘促者亦不宜。

【用途】是烹调中使用广泛的滋补药材,常与淮山、杞子、党参相配。利于补元气,健脾胃,对体弱者有裨益。可烹制黄芪鹧鸪汤,黄芪川芎羊肉汤,黄芪 淫羊藿黄鳝汤等滋补佳肴。

(五) 红枣

红枣亦称大枣,是鲜枣的干制品。以皮薄,皱纹少而浅,肉色淡黄,肉质紧密细致,枣核少,甜味浓,味香糯为上品。我国南北均为出产,以北方出产为佳。

【性能】红枣味甘性平,有养胃健脾,益血提神之功。可润心肺,止咳,补五脏,治虚损。现代医学认为红枣还有保护心脏,增强体力的功效,对贫血,高血压,神经衰弱,失眠等症状有辅助疗效。

【用途】红枣在烹调中使用广泛。可单独烹制甜菜如蜜汁红枣,常与香菇、淮山、党参、杞子相配炖禽类及水鱼,蛇等。

蜜枣是鲜大枣加工品。色如琥珀,纹细如丝,入口松糯。芳香甜醇,它有益脾、润肺、强肾、补气和活血作用。常用制甜菜和做汤水之用。

黑枣含铁量丰富,有治疗贫血和虚寒的作用。

二、补血类

血是在人体内流动着的具有营养作用的红色液体物质。人体气血旺盛,运行不息则血色红润,如血色衰少,则心力虚弱,面色苍白而唇淡。

(一)田七

田七植株一般常有三条叶柄,每条叶柄上共有三四张叶子,故又称三七。其药用之根茎形状近似人参,所以又名参三七。产于广西田州(即今田阳)的称"田三七",简称三七;产于云南的称"滇三七",田七的规格按颗粒大小来区分,可分为二十头、四十头、六十头等规格。"二十头"指每500克不超过25颗。头数越少,颗粒越大。质量越好。品质以质地坚硬,个大,长得丰满者居上。

【功效】田七味甘微苦,性温无毒,《本草纲目拾遗》称:"人参补气第一,三七补血第一,味同而功亦等",除补血之外,田七还有止血,散血,定痛,消肿,解毒的功效。

【用途】田七功能滋补强壮,散瘀定痛,药性之和缓为人们所推崇。民间常喜用之煲汤,如田七炖鸡,田七炖鹰龟。配黄芪,杞子,有补血活血之效。

(二)当归

当归是伞形科植物当归的根,因为它能补血,引血,使血回归它应当去的地方,故此药材名为当归,主要产于甘肃、四川、云南等地。品质以主根肥壮,肉多,内部黄白色,切面中心有放射状纹理,有特异的芳香气味为佳。

【功效】当归味甘微苦,气辛香,性温无毒,有养肝补血,和血调经,润肠通便的功效。阴虚火旺者,腹泻者忌用,湿重者有腹胀,食欲不振者少用。

【用途】粤、川菜中,烹制猫肉、狗肉及火锅,放一、两片当归,祛腥腻除异味极佳并有增香作用。当归生姜羊肉汤,补血通经,散寒开胃。川芎当归蛇肉汤,养血祛风,活血止痛。

(三)熟地

熟地是地黄的根加工蒸制而成

【功效】熟地黄味甘,性微温。其作用是补血养阴,用于血虚所致的心悸,失眠,头晕的治疗,以及阴精不足所导致的遗精,盗汗,脱发,腰膝酸痛的治疗。禁忌:痰湿所致的食欲不振,胀满,苔厚腻者忌用。

【用途】熟地桑寄生羊肉汤,滋补肝肾,养血祛风。当归熟地鸡肉汤,调补肝肾,养血调经。熟地石菖蒲蛇肉汤,补肾开窍。

(四)何首乌

何首乌是蓼科植物何首乌的块根,生产江苏、河南、广东、广西等地。品质以个大,色暗褐,质坚实,横切面有云棉状纹理者为优。

【功效】何首乌味苦甘微涩,性微温无毒,入肝补肾为滋补强壮良药,主治精血不足,神经衰弱,腰膝酸痛,须发早白,阴虚心痛,肌肤枯燥等症。长期服用,能使人气色佳良,延年益寿。

【用途】首乌鸡旦汤,补肝肾,益精血。川芎首乌鱼头汤,益气养血。补脑安神。首乌黄芪乌鸡肉汤,补气血,滋肝肾。

(五)桂圆肉

桂圆肉是龙眼果肉干制而成,主产于广西、广东、福建、台湾等地。按加工方法分生晒和火焙两种。其品质从色泽,干燥,肉质方面鉴别。生晒肉圆色泽黄亮为好。火焙的肉圆色泽深黄带红的较好,水分干燥,片与片易于分开,片大肉厚甜味足,无虫蛀、霉变和泥沙为佳。

【功效】桂圆肉味甘性温。能益脾补心,养血安神,为滋补良药。主治神经衰弱,体弱血虚,惊悸,健忘,失眠等症状。

【用途】桂圆肉在烹饪中使用广泛,常用于滋补炖品,与杞子、党参、红枣、淮山相配。党参肉圆黄鳝汤,补脾益气,引血归经。桂圆炖鸡,补血益气,滋补健神。龙眼肉炖狗肾,安神定志,补肾壮阳,灵芝龙眼肉鸡肉汤,补心气,益心神。

三、滋阴类

阴是指人体内的体液,包括血液、唾液、泪水、精液、内分泌及油脂分泌等,中医学讲究人体要阴阳平衡,阴虚则是不平衡状态,主要表现为阴津不足,身体呈缺水状态,典型症状是心烦易怒,失眠多梦,头晕眼花,腰膝酸痛,小便次数多且量小,心跳偏快,夜间盗汗,手足心发热、耳鸣等。

(一)杞子

杞子是茄科植物枸杞的成熟果实,我国各地均产,但以宁夏、甘肃、河北、陕西出产的最有名,品质以粒大、色红、肉厚、味甜、质柔润者为佳。宜置干燥处贮藏,避免受潮发霉变质。

【功效】杞子味甘性平和。具有滋肝补肾,益气生精,治虚安神、祛风明目,并能使血糖下降等功效。杞子配杜仲治肾虚腰痛;配当归、人参、熟地、巴戟尔益精壮阳;配菊花、巴戟则治肝、肾两虚,对夜盲症亦有效用。

【用途】杞子是烹饪中使用最广的滋补药材,用杞子、淮山炖乌龟,或用杞子、党参炖鸡肉,是我国民间传统的补品。

(二)冬虫夏草【见第四章介绍】

(三)沙参

沙参是伞科植物珊瑚菜的根,按产地不同,分北沙参、南沙参两种,北沙参产于山东、河北、辽宁等地;南沙参产于安徽、江苏等地。

【性能】沙参味甘微苦,性微寒无毒,有润肺生津、止咳祛痰、清肺热等功效。古有"人参补五脏之阳,沙参补五脏之阴"的说法,具有良好的滋补作用。

【用途】沙参玉竹炖乌龟,滋肾益肺,是年老体弱者的养身佳品。沙参麦冬瘦肉汤,滋养肺阴、润肺止咳。

（四）玉竹

玉竹为百合科植物玉竹的地下根状茎。因叶光莹似竹叶,其根柔软,有竹节状环纹,故名玉竹,产地分布全国,湖南、河南产量居多,以浙江新昌所产品质最佳。优质的玉竹特征是细长、色黄、形扁、味甜涩。

【性能】玉竹味甘,性平无毒,能养阴润燥,益气生精。

【用途】玉竹配党参、杞子、茯苓、熟地治久病体虚;配沙参、石斛、生地治伤阴津缺。民间常用沙参、玉竹、冰糖各50克炖鸡汤服,是益气润肺的清补佳品。玉竹南杏仁炖鹧鸪,养阴润肺、化痰止咳。沙参玉竹煲老鸭,滋阴润燥。补虚乏和脏腑,对老人及病后体虚都很适当。

（五）百合

百合是百合科多年生草本地下鳞茎,主要分布河北、河南、陕西、甘肃及我国东南、西南等地区。鲜百合于7~9月成熟供应市场,10~11月茎叶枯萎,百合熟透,经干制加工即成干百合,品质以干燥瓣肉厚、色白或黄白,形完整无碎屑,无虫蛀味甘者为佳。

【性能】百合味甘,性微寒,具有滋阴润肺,养心安神,滋养脾胃的功效,是很好的调补食品。

【用途】百合在烹调中常用,可烹制冰糖雪梨炖百合,西芹马蹄炒百合等菜肴。蜜糖蒸百合,养阴润肺,清热止咳;参枣百合青蛙汤,补气养血、滋阴解毒。

四、补阳类

"阳虚"是中医名词,指阳气虚衰的病理现象,阳气有温暖肢体、脏腑的作用。如阳虚则机体功能减退,容易出现虚寒现象。主要症状为畏寒肢冷,面色苍白,小便清长,消化不良,精神不振,阳气不足,性功能衰退。

（一）肉苁蓉

肉苁蓉药用其带鳞叶的肉质茎,品质以条长肥大、肉质,色黑褐或棕黑色,油性大,柔软者为佳。

【性能】肉苁蓉味甘咸,性温,主要功用是益精壮阳,并且肉苁蓉温而不燥、补而不峻,常服强身益寿,增强正气,有提高免疫能力和抗病能力。

【用途】肉苁蓉海参汤,滋补肝肾,润肠通便;肉苁蓉鹌鹑汤,补肾益精,填髓益志安神。肉苁蓉焖羊肉,补肾助阳,益精养血。

（二）杜仲

杜仲是杜仲树的树皮,因其皮中有银丝如棉,在古代又名丝绵树,明代医学家李时珍说"昔有杜仲,服此得道,因以名之"。这就是"杜仲"一名的由来,杜仲生产于我国南部、西南部各省,以四川、贵州所产为最佳。夏季采收,以皮厚和折断后附有白丝者居上。

【性能】杜仲味甘辛、性温,能强壮筋骨,补中益气,治肾虚腰痛,久服轻身耐老,是一种上等补药。

第八章 辅助原料

【用途】杜仲猪脊骨汤补肝肾，强腰膝；杜仲牛七炖牛尾，治腰痛，壮腰补肾；杜仲寄生鹿胎汤补肝肾，固冲任，安胎元。杜仲猪腰粥补骨安胎。

(三)鹿茸

鹿茸是梅花鹿或马鹿的初生嫩角，含血尚未成骨，如草之茸茸嫩芽，这就是鹿茸。它呈紫褐色，有光泽，外面蒙有皮毛，中有血管，将它截锯下来后，经煮炸干燥而成，品质以柔软含血较多者为优。主要产于我国东北、西北等地。

【性能】鹿茸味甘咸、性温，主要功效是补益正气，增强抗邪之能。补益肾阳，治疗肾阳不足。补益精血、治疗贫血，腰膝酸软。

【用途】鹿茸川芎羊肉汤补肾阳，益精血，止头痛；淮山枸杞炖鹿茸补养肝肾，强筋健骨；鹿茸炖乌鸡肉，补肾益精，滋补强壮。

(四)蛤蚧

蛤蚧为守宫科动物，因其夜间鸣叫有"咯一介"之声，遂因声而得名，有鲜品和干品，干燥品以干爽，颜色鲜明，全尾、无碎断、不张口、不发霉者为优，蛤蚧主产于广西。蛤蚧眼睛有毒，用时须去除；蛤蚧尾药力最强，烹调时应保持完整。

【性能】蛤蚧味甘咸，性温无毒，主要功效温肾补肺，治疗肾阳虚的阳痿，亦治肺肾阳虚，气虚的喘咳。李时珍说"蛤蚧补肺气，定喘止渴，功同人参"。

【用途】蛤蚧配杞子、熟地、当归、巴戟治阳痿；配黄芪、贝母、百合治虚喘。民间常用蛤蚧鲜品去眼睛、脑浆及内脏配猪肉剁碎蒸食，治小孩滞食、虚弱、夜尿效果显著。党参蛤蚧麻雀汤补肺益气，温肾平喘；蛤蚧炖全鸡，滋补腰肾，壮阳益精。

五、其他类

(一)灵芝

灵芝属担子菌类多孔菌类植物，生于山区天然林下，古木枯树旁，周朝古籍《列子》就有"朽壤之上，有菌芝者"的记载，明朝李时珍的《本草纲目》列为上品，灵芝的品质以高脚(柄长)，边厚、色泽漆黑而光亮者为佳。

【性能】灵芝味淡微苦，性平无毒，主要功效有补益强壮，益寿延年，用于体弱者的补养，人常服可益寿；补气益阴，滋养肺脏；补益肝肾，治疗肝肾阴虚；养心安神，补益脾胃。我国民间也一直传说灵芝草是能起死回生，使人长生不老的一种药。

【用途】灵芝民间常用之炖鸡，强身提神，治疗因神经衰弱引起的睡眠不好的症状。

(二)天麻

天麻是兰科植物多年生腐生直立草本天麻的块茎，我国南北均产。天麻以表面黄白或浅黄棕色，通体晶莹丰满，个大结实者为好。

【性能】天麻味辛微甘，性温无毒，主要有益气定惊，镇痛养肝，治眩晕，去风湿、利腰膝，强筋骨的作用。

【用途】天麻龙眼肉炖羊脑，平抑肝阳，祛风止痛；细辛天麻鹿肉汤补肾填精，熄风止痛；民间常将天麻切碎配杞子、红枣与猪肉、鸡肉、鱼头炖服，既味美可口，又能壮筋骨，祛头痛，滋补身体。

(三)罗汉果

罗汉果是葫芦科多年生攀缘状藤本果实干燥而成，品质以长园形，色褐中带黑，皮面有色泽,摇时不响的为上好货,原产于广西桂林永福、临桂等地,现湖南等省也产。

【性能】罗汉果味特甜,性凉无毒,有清热解暑,止咳化痰,凉血舒骨,清肺润肠等功能。

【用途】罗汉果在烹调中既用于炖品药材,也可用于制作卤水的香料、调料。白果罗汉果瘦肉汤清肺热,止喘咳;罗汉果炖鸡,清热滋养。

(四)霸王花

霸王花又称剑花,是一种仙人掌类植物花朵经干制而成,干品霸王花以花大朵,花冠及花蕊均齐全,花呈金黄色且干爽者为佳。

【性能】霸王花性凉味甘,功能清热痰,除积热;对肺胃有积热,大便秘结,胃部胀满不适,面红耳赤有疗效。

【用途】霸王花在烹调中多用于炖料,霸王花配合猪肉、排骨煲汤饮用,有除痰理咳之效。

(五)茯苓

茯苓是一种菌类,潜伏在松树根间吸收树根纤维中的营养而成长。形如球块,呈瘤状,小者如拳,大者似瓜,可达数十斤,去皮后的茯苓切成方块,色红者名为赤苓,色白者名白苓。主要产于我国云南、安徽、福建等地。品质以质坚色白者为佳。

【性能】茯苓味甘性平,是安神利尿的常用中药,有补心安神,除湿利尿,健脾固精,益智安胎等功效。《神龙本草经》将其列为上品。

【用途】茯苓粉、淮苓粉是老人、儿童及病后体虚者的优质营养补品;茯苓包子滋味鲜美,健脾安神;淮山茯苓猪肚汤健脾养胃,渗湿止泻,温中补气。

(六)清补凉

清补凉是民间大众常用的食疗品,通常由下列药物组成:淮山、百合、莲子、南杏、园肉、芡实、薏米、沙参、红枣、玉竹等,咸食或甜食均可,在我国南方常用。

按中医理论,人体内脏器官,若受燥气影响,便会产生身体不适症状,俗称"燥热",如感觉干燥热气,唇红目赤,口苦口干,津液不足,呼吸短促,心情烦躁等症。这时若以为是"热气"而饮用凉茶或用苦寒清热的药剂处理时,因"苦而生燥"而使燥气更盛,会使身体进一步受损和不适加重。清补凉多为润脏除燥的食用品,既能"清"热除燥,又能"补"益身体,且有"凉"润作用。燥热食用清补凉,既有效又好食。但初起感冒伤风者不宜食用。

思考复习题

1. 食用油脂的主要种类和特点有哪些?,食用油脂在烹饪中有何作用?
2. 食品添加剂品种有那些,举采点说明它们在烹饪中的用途。
3. 什么叫滋补菜肴?滋补药材分那几类?
4. 补气类药材有哪些?人体气虚有哪些症状?
5. 补血类药材品种有哪些?可烹制哪些滋补菜肴?
6. 滋阴类药材对人体有哪些作用?
7. 壮阳类药材有哪些?人体阳虚有哪些症状?

下篇 原料加工

第一章 刀工技术

> 【学习目标】
> 通过本章学习,应该达到以下目标:
> ◆知识目标:了解常用中式烹调刀具及主要用途,砧墩的使用与保养;掌握刀的保养方法。
> ◆技能目标:熟练使用各种刀工刀法。
> ◆能力目标:掌握直刀法、平刀法、斜刀法。在烹饪中原料加工熟练应用。

第一节 常用刀具与砧墩种类

刀具和砧墩是中式烹饪原料加工的主要工具也是刀工的必要设备。所谓刀工设备,是指加工烹饪原料过程中所使用的刀具和衬垫工具等设备。由于烹饪原料品种繁多,性质各异,因此刀具的形状和用途也各不相同,衬垫工具即砧墩,由于木质与加工的质量也不完全相同。要学好和掌握好刀功技术,就要了解和掌握刀功设备方面的知识。

一、常用中式烹调刀具及主要用途

烹制菜肴所用的原料种类很多,性质不同,形态各异。有的带骨,有的带筋,有的韧性较强,有的质地脆嫩,只有掌握好各种类型刀的不同性能和用途,才能根据原料的不同性质形态,选用相应的刀具,将不同性质的原料加工成整齐、美观而均匀一致的,适应于烹调要求的形状。

常用刀具的种类很多,有片刀(也叫薄刀)、切刀、砍刀(也叫劈刀)、尖刀、前切后砍刀、烤鸭刀、羊肉片刀(也叫涮羊肉刀)、馅刀、剪刀(即剪子)、镊子刀、刮刀、刻刀等。

(一)片刀

特点是重量较轻,刀身较窄而薄,钢质钝,刀口锋利,使用灵活方便。

主要用途是加工片、条、丝等原料形状。

(二)切刀

刀身略宽,长短适中,应用范围较广,既能用于加工片、条、丝、丁、块,又能用于加工略带碎小骨或质地稍硬的原料,应用较为普遍。

(三)砍刀

刀身比切刀长而宽、重,呈拱形。主要加工带骨或质地坚硬的原料,加砍猪头、鸡、鸭、排骨等,是一种专用刀具。

(四)尖刀

刀形前尖后宽,基本呈三角形,重量较轻。多用于剖鱼和剔骨,在西菜的制作中使用较多。

(五)前切后砍刀

刀身大小也一般切刀相同,刀的根部较切刀略厚,前半部分薄而锋利,重量一般1千克至1500克。特点是既能切又能砍,使用较为方便。

(六)烤鸭刀(也叫小片刀)

形状和片刀基本相似,区别在于刀身比片刀略窄而短,重量轻,刀刃锋利。专用于片熟烤鸭肉。

(七)羊肉片刀

重量较轻,一般500克左右,特点是刀刃中部呈弓形。刀身较薄,刀口锋利。是切涮羊肉片的专用刀具。

(八)馅刀

刀身呈长方形,较长而薄,重量800克左右,刀刃锋利适于排剁蔬菜。

(九)剪刀(剪子)

多用于加工整理鱼、虾类原料,如剪须和鱼鳍等。

(十)镊子刀

刀身长约20厘米,前半部分是刀,呈三角形;后半部分是镊子,也是刀柄部分。主要用于对原料的初步加工,刀可用于割、剖、刮等,镊子部分专供摘毛。

(十一)刮刀

体形较小,刀刃不甚锋利。多用于刮去菜板上的污物,有时也用于鲜鱼除鳞。

(十二)刻刀

用于食品雕刻的专用工具。种类很多,多由使用者自行设计制作。在食品雕刻章节中有详细介绍,此处不赘述。

从刀的形状来划分,还可分为圆头刀、方头刀和马头刀等。根据各地的习惯,圆头刀一般在江浙等地常用;方头刀在粤川等地常用;马头刀又叫北京刀,在北方常用。

二、刀的保养

刀具是刀功的主要工具只有经常保持锋利,不钝不锈,才能保证加工时省力,同时确保原料形状整齐、均匀、美观。技术人员必须具备刀的保养知识。

(一)刀的一般保养方法

在进行刀功过程中,必须养成良好的操作习惯和使用方法。刀使用完后必须用清洁的抹布擦干水分和污物,特别是切咸味、带有黏性或腥味的原料,如咸菜、藕、鱼、茭白、山药等。切过这些原料之后,黏附在刀面上的物质容易使刀身氧化、变色,长期不用变黑、生锈。长时间不用的刀,应擦干后在表面涂一层油,以防生锈。刀使用完以后,应放安全、干燥处,以防刀刃损伤或伤人。

(二)磨刀的工具和方法

磨刀有专用的磨刀石,常用的磨刀石有粗磨刀石、细磨刀石和油石三种。粗磨刀石的主要成分是黄沙,质地松而粗,多用于磨有缺口的刀或新刀开刃;细磨刀石的主要成分是青沙,质地坚实,容易将刀磨快而不易损伤刀口,应用较多;油石窄而长,质地结实,使用方便。磨刀时,一般是先在粗磨刀石上将刀磨出锋口,再在细磨刀石上将刀磨快。这样二者结合,既能缩短磨刀时间,又能提高刀刃锋利程度。

磨刀前先要把刀面上的油污擦洗干净,再把磨刀石安放平稳,以前面略低,后面略高为宜,磨刀旁边放一碗清水。

磨刀时，两脚自然分开或一前一后站稳。胸部略微前倾，一手持刀柄，一手按住刀面的前段，刀口向外，平放在磨刀石面上，然后在刀面或磨刀石面上淋水，将刀面紧贴磨刀石，后部略翘起，前推后拉。用力要均匀，视石面起沙浆时再淋水，刀的两面及前后中部都要轮流均匀磨到。两面磨的次数基本相等。只有这样才能保持刀刃平直、锋利。磨完后洗净擦干。然后净刀刃朝上，放在眼前观察，如果刀刃上看不见白色的光亮，表明刀已磨好；也可将刀刃轻轻放在手指甲盖上，以自身的重量前推或后拉，如有涩的感觉，即表明刀口锋利，反之，还要继续磨。

三、砧墩的使用与保养

砧墩又称菜墩、剁墩，是对原料进行刀工操作时的衬垫工具。

砧墩最好选用橄榄树或杏仁树、榆树、柳树、枧木、铁木等材料来做，因为这些树的木质坚密。用于制墩的材料要求皮壳完整，树心不空、不烂、不结疤。墩的截面应呈微青色，而且颜色均匀无花斑。具备这些条件，说明是锯下不久的材料制成的，质量较好，若墩面呈暗灰色或有斑点，说明树锯下后隔了较长时间才制成的，质量较差。

新购买的砧墩可在盐卤中浸泡或不时地用水和盐涂淋表面，使墩的木质收缩而更为结实、耐用。在使用过程中，应经常转动墩面，使墩的表面各处都能均匀用到，尽量延缓墩面凹凸不平现象的产生，如果出现凹凸不平时，可随时用铁刨轻轻刨除凸起部分，或用刀砍平，以保持墩面的平滑。每次使用完毕应将墩面刮净。一天工作结束时更应该将墩面刮净、刷净、凉干，用洁布或墩罩罩好。切忌在太阳下暴晒，以防干裂。

另外，在使用的过程中，一定要注意砧墩生熟分开，不可混用。特别是切熟食的砧墩要定期消毒，防止细菌感染原料，引起食物中毒。

第二节　刀工刀法

烹饪刀工方法，简称刀法。明确地说，是根据原料的质地及烹调和食用的要求，将原料加工一定形状时所采用的有效的行动技法。

刀法的种类很多，各地的名称也有差异，但根据刀刃与墩面接触的角度和刀的运动规律，大致可分为直刀法、平刀法、斜刀法等几大类，每大类根据刀的运行方向和不同步骤，又分为许多小类。

一、直刀法

直刀法是指刀与墩面基本保持垂直运动的技法。这种刀法按照用力大小的程度，可分为切、剁(斩)等。

（一）切

1. 直刀切（又称跳切）

这种刀法在操作时要求刀与墩面垂直，刀垂直上下运动，从而将原料切断。这种刀法主要用于把原料加工成片的形状，然后在片的形状的基础上，再施用其他刀法，还可加工出丝、条、段、丁、粒、末或其他几何形状。

操作方法：左手扶稳原料，手势如图 2-1(A)、(B)所示。用中指第一关节弯曲处顶住刀膛，手掌按在原料或墩面上，如图 2-1(C)所示。右手持刀，用刀刃的中前部位对准原料被切位置,如图 2-1(D)所示。刀垂直上下起落将原料切断,如图 2-1(E)所示。如此反复直切,至切完原料为止。

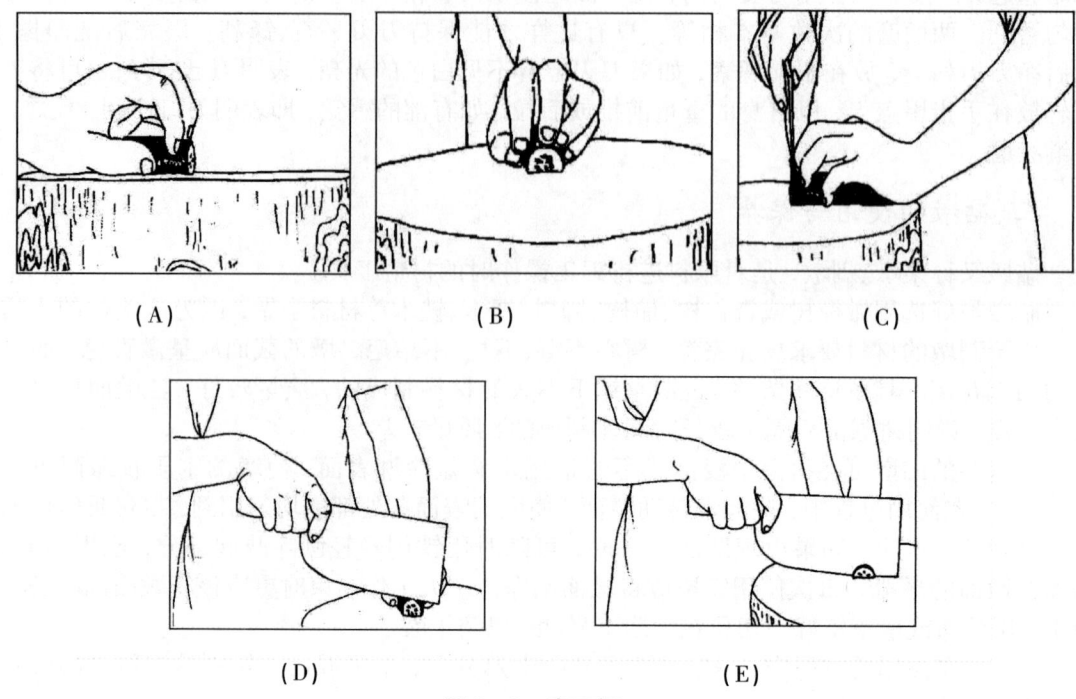

图 2-1 直刀切

技术要求:左手运用指法向左后方向移动,要求刀距相等,两手协调配合,灵活自如。刀在运行时,刀身不可里外倾斜,作用点在刀刃的中前部位。

适应原料:适宜加工脆性原料,如白菜、油菜、南荠(荸荠)、鲜藕、莴笋、冬笋、各种萝卜等。

2. 推刀切

这种刀法操作时要求刀与墩面垂直,刀自上而下从右后方向左前方推刀下去,一推到底,将原料断开。这种刀法主要是用于把原料加工成片的形状。然后在片的形状的基础上,再施用其他.刀法,加工出丁、丝、条、块、粒或其他几何形状。

操作方法:左手扶稳原料,用中指第一关节弯曲处顶住刀膛,如图 2-2(A)所示。右手持刀,用刀刃的前部位对准原料被切位置,如图 2-2(B)所示。刀从上至下自右后方向左前方推切下去,将原料切断,如图 2-2(C)所示,如此反复推切,到切完原料为止。

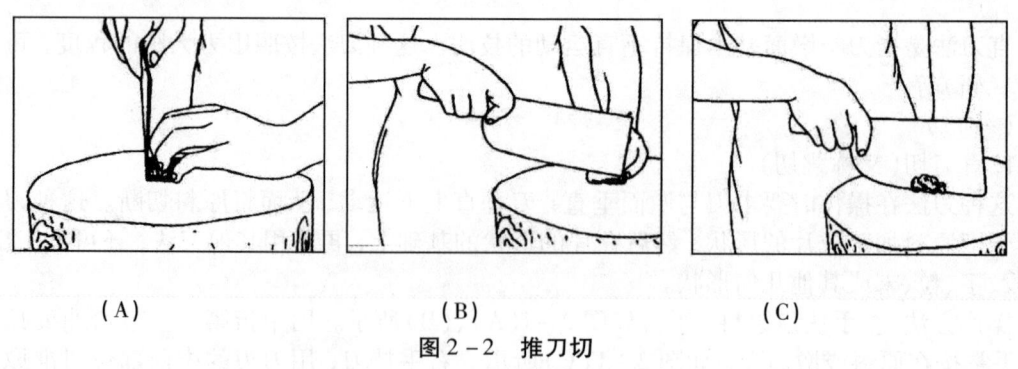

图 2-2 推刀切

第一章 刀工技术

技术要求:左手运用指法朝左后方移动,每次移动要求刀距相等。刀在运行切割原料时,通过右手腕的起伏摆动,使刀产生一个小弧度,从而加大刀在原料上的运行距离,用刀要充分有力,克服"连刀"①的现象,一刀将原料推切断开。

适应原料:推刀切适宜加工各种韧性原料,如无骨的猪、牛、羊各部位的肉。对硬实性原料,如火腿、海蜇、海带等,也适宜用这种刀法加工。

3.拉刀切

拉刀切是与推刀切相对的一种刀法。操作时,要求刀与墩面垂直,用刀刃的中后部位对准原料被切位置,刀由上至下、从左前方向右后方运动,一拉到底,将原料切断。这种刀法主要是用于把原料加工成片、丝等形状。

操作方法:左手扶稳原料,用中指第一关节弯曲处顶住刀膛,如图2-3(A)所示。右手持刀,用刀刃的后部位对准原料被切的位置,如图2-3(B)所示。刀由上至下自左前方向右后方运动,用力将原料拉切断开,如图2-3(C)、(D)所示。如此反复拉切,到切完原料为止。

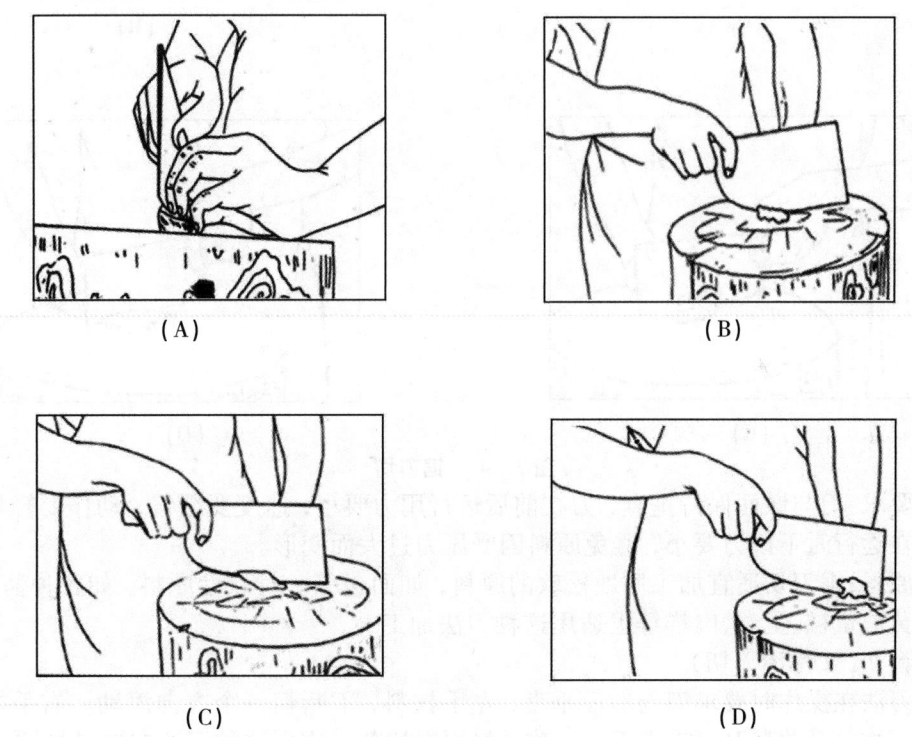

图2-3 拉刀切

技术要求:左手运用指法向左后方移动,要求刀距相等。刀在运行时,通过手腕的摆动,使刀在原料上产生一个弧度,从而加大刀的运行距离,避免连刀现象,用力要充分有力,一拉到底,将原料拉切断开,如此反复拉切,到切完原料为止。

适应原料:拉刀切适宜加工韧性较弱的原料,如里脊肉、通脊肉、鸡脯肉等。

4.锯刀切

---

① 连刀:指施用刀法不准确,致使成形后的原料片片相连,丝丝相连,原料未被完全撕开。

这种刀法操作时要求刀与墩面垂直,刀前后往返几次运动如拉锯般切下,直到将原料完全切断为止。锯刀切主要是把原料加工成片的形状。

操作方法:左手扶稳原料,中指第一关节弯曲处顶住刀膛,如图2-4(A)所示。右手持刀,刀刃的前部位接触原料被切位置,如图2-4(B)所示。刀在运行时,先向左前方运行,刀刃移至原料的中部位之后,再将刀向右后方拉回,如此反复多次将原料切断,如图2-4(C)、(D)所示。

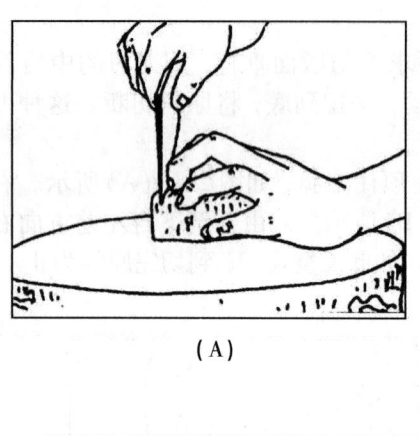
(A)

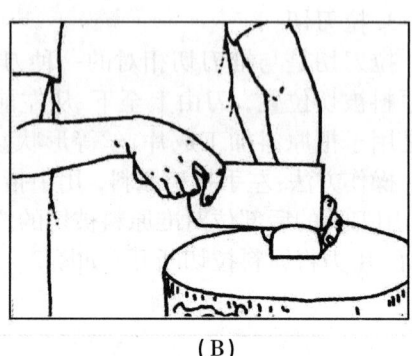
(B)

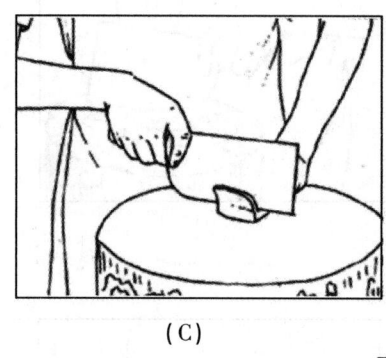
(C)

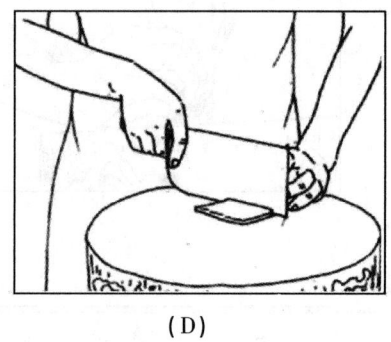
(D)

图2-4 锯刀切

技术要求:刀与墩面保持垂直,刀在前后运行用力要小,速度要缓慢,动作要轻松,还要注意刀。在运行时下压力要小,避免原料因受压力过大而变形。

适应原料:锯刀切适宜加工质地松软的原料,如面包等。对软性原料,如各种酱猪肉、牛肉、羊肉、黄白蛋糕、蛋卷、肉糕等也适用这种刀法加工。

5.滚料切(又称滚刀切)

这种刀法在操作时要求刀与墩面垂直,左手扶料,不断朝一个方向滚动。右手持刀,原料每滚动一次,刀做直刀切或推刀切一次,将原料切断。应用这种刀法主要是把原料加工成块的形状。

滚料切是通过推刀切或直刀切来加工原料的。由于原料质地的不同,技法也有所不同。归纳起来有下列两种加工方法。

(1)直刀推切(加工韧性原料)

操作方法:左手扶稳原料,如图2-5(A)所示。原料要与刀保持一定的斜度,用中指第一关节弯曲处顶住刀膛,如图2-5(B)所示。右手持刀,用刀刃的前部位对准原料被切位置,如图2-5(C)所示。运用推刀切的刀法,将原料推切断开,如图2-5(D)、(E)所示。每切完一刀后,即把原料朝一个方向滚动一次,再做推刀切,如此反复进行。

（2）直刀切（加工脆性原料）

操作方法：左手扶稳原料，用中指第一关节弯曲处顶住刀膛，如图2-5(F)所示。右手持刀，用刀刃的前部位对准原料被切位置，原料与刀膛保持一定的斜度，如图2-5(G)所示。运用直刀切刀法，将原料切断，如图2-5(H)、(I)所示。每切完一刀后，即把原料朝一个方向滚动一次，如此反复进行。如图2-5(J)、(K)所示。

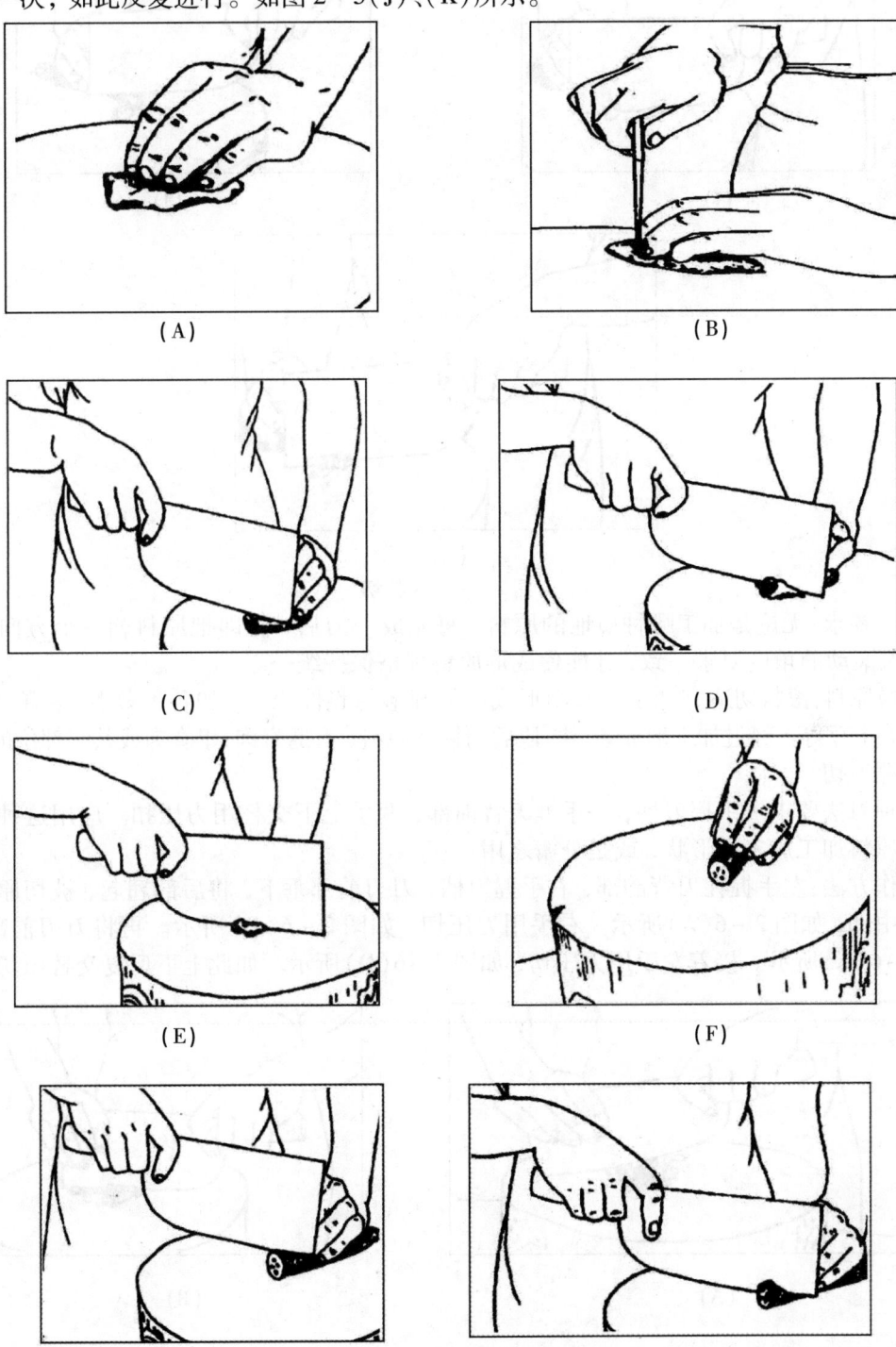

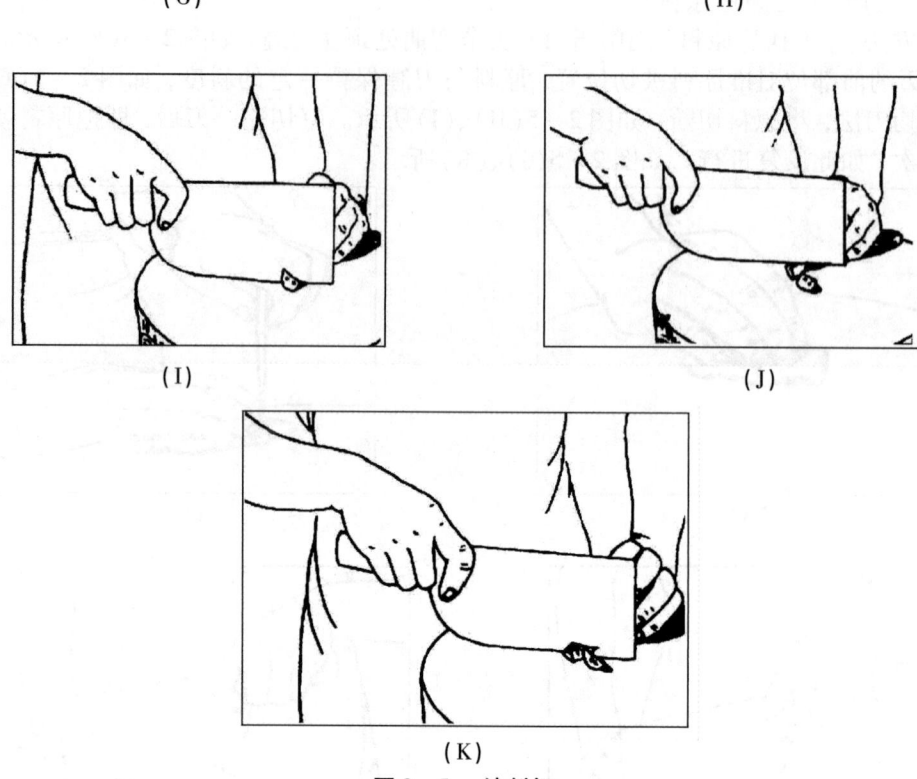

图2-5 滚料切

技术要求：无论是加工哪种质地的原料，每完成一刀后，随即把原料朝一个方向滚动一次，每次滚动的角度要求一致，才能使成形原料规格保持统一。

适应原料：滚料切适宜加工一些圆形或近似圆形的脆性原料，如各种萝卜、冬笋、莴笋、黄瓜、茭白、土豆等。经过加工形成条、块、段后的韧性原料，有通脊肉、里脊肉或其它部位的肉等。

6. 铡刀切

这种刀法要求一手握刀柄，一手握刀背前部，两手上下交替用力压扣。应用这种刀法主要是把原料加工成末的形状，或是分瓣之用。

操作方法：左手握住刀背韵部，右手握刀柄，刀刃前部垂下，将后部翘起，被切原料放在刀刃的中部，如图2-6(A)所示。右手用力压切，如图2-6(B)所示。再将刀刃前部翘起，如图2-6(C)所示。接着左手用力压切，如图2-6(D)所示。如此上下反复交替压切。

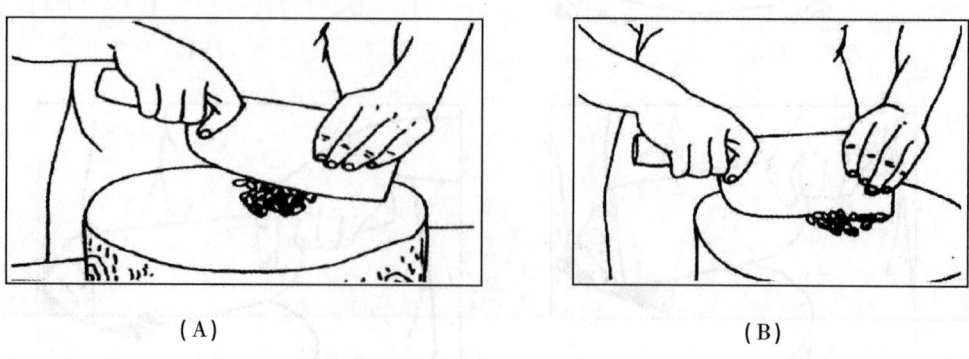

第一章 刀工技术

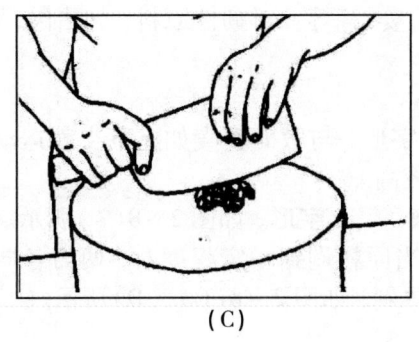
（C）

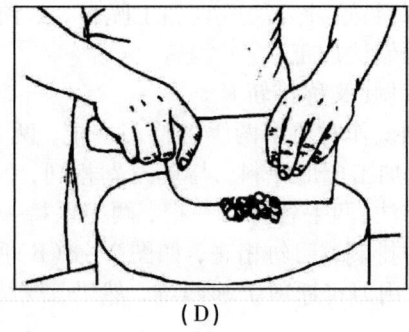
（D）

图2-6 铡刀切

技术要求：操作时左右两手反复上下抬起，交替由上至下摇切，动作要连贯。

适应原料：铡刀切适宜加工带软骨或比较细小的硬骨原料，如蟹、烧鸡等。对形圆、体小、易滑的原料，如花椒、花生米、煮熟的蛋类等原料也适宜用这种刀法加工。

（二）剁（又称斩）

1．单刀剁

这种刀法操作时要求刀与墩面垂直，刀上下运动，抬刀较高，用力较大。这种刀法主要用于将原料加工成末的形状。

操作方法：原料放置墩面中间，左手扶墩边，右手持刀，把刀抬起，如图2-7（A）所示。用刀刃的中前部位对准原料，用力剁碎，如图2-7（B）所示。当原料剁到一定程度时，用左手将原料拢起，右手使刀身倾斜，用刀将原料铲起归堆，如图2-7（C）所示。再反复剁碎原料直到原料达到加工要求为止。

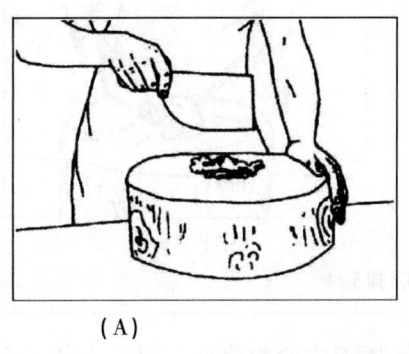
（A）

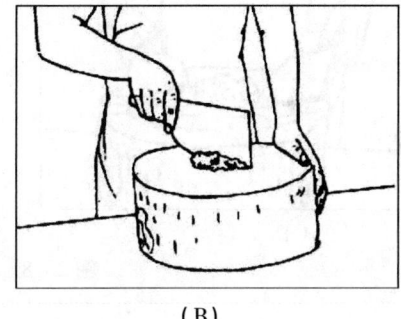
（B）

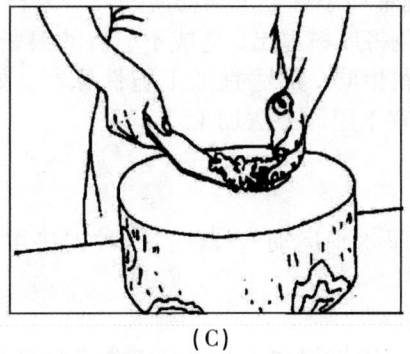
（C）

图2-7 单刀剁

技术要求：操作时，用手腕带动小臂上下摆动，挥刀将原料剁碎，同时要勤翻原料，使其均匀细腻。用刀要稳、准，富有节奏，同时注意抬刀不可过高，以免将原料甩出，造成浪费。

适应原料:这种刀法适宜加工脆料,如白菜、葱、姜、蒜等。对韧性原料,如猪肉、羊肉、虾肉等也适用剁法加工。

2. 双刀剁(又称排斩)

双刀剁操作时要求两手各持刀一把,两刀呈八字形,与墩面垂直如上下交替运动。这种刀法甩干,加工成形原料,与单刀剁相同,但工效较高。

操作方法:两手各持刀一把,两刀保持一定距离,呈八字形,如图2-8(A)所示。两刀垂直上下交替排剁,切勿相碰,如图2-8(B)所示。当原料剁到一定程度时,两刀各向相反的方向倾斜,用刀将原料铲起归堆,然后,继续行刀排剁,如图2-8(C)、(D)所示。

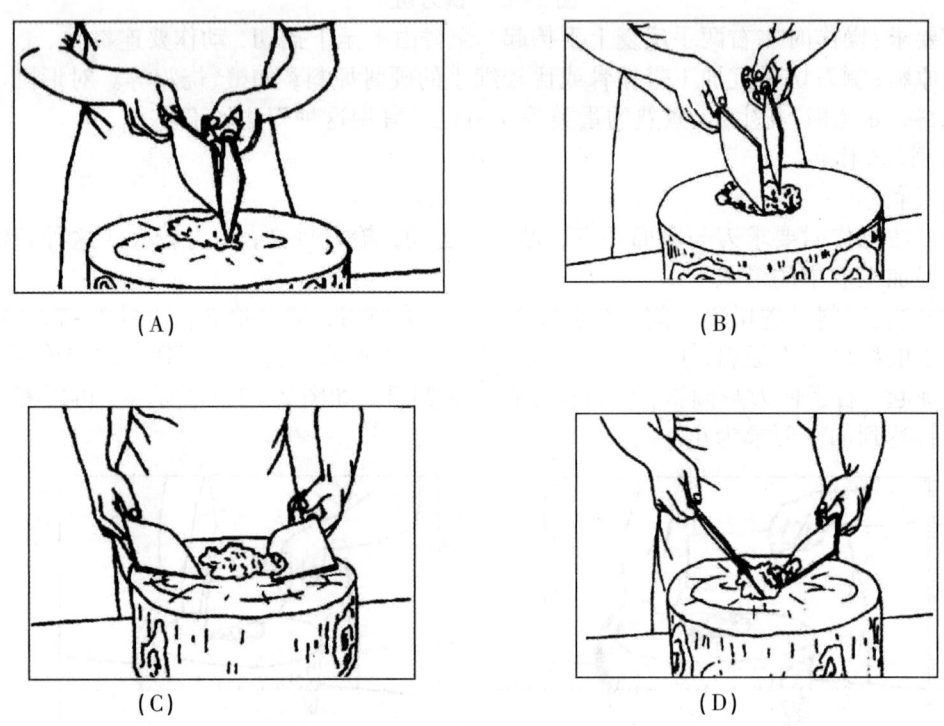

图2-8 双刀剁(排斩)

技术要求:操作时,甩手腕带动小臂上下摆动使挥刀将原料剁碎,同时要勤翻原料,使其均匀细腻,抬刀不可过高,避免将原料甩出,造成不应有的浪费。

适应原料:双刀剁与单刀剁相同,都适宜加工脆性原料,如白菜、葱、姜等。对猪肉、牛肉、羊肉、虾肉等韧性原料,也宜于用此刀法加工。

二、平刀法

平刀法是指刀与墩面平行呈水平运动的技法。这种刀法可分为:平刀推片(批)、平刀拉片(批)等。

(一)平刀推片(批)

这种刀法操作时要求刀膛与墩面保持平行,刀从右后方向左前方运动,将原料一层层片(批)开。这种刀法主要用于把原料加工成片的形状。在片的形状基础上,运用其他刀法可加工成丝、条、丁、粒等形状。

第一章 刀工技术

平刀推片(批)又可细分为两种操作方法:
1. 上片方法:即在原料上端起刀片(批)进原料,将原料一层层地片(批)开。

操作方法:将原料放置墩面里侧,距离墩面约3厘米处,如图2-9(A)所示。左手扶按原料,手掌作支撑。右手持刀,用刀刃的中前部位对准原料上端被片(批)位置,如图2-9(B)所示。刀从右后方向左前方片(批)进原料,如图2-9(C)所示。原料片(批)开之后,如图2-9(D)所示。用手按住原料,将刀移至原料的右端,如图2-9(E)所示,将刀抽出,脱离原料,用食指、中指、无名指捏住原料翻转,如图2-9(F)所示。紧接着翻起手掌,如图2-9(G)所示。随即将手翻回(手背向上),将片(批)下的原料贴在墩面上,如图2-9(H)所示。如此反复推片(批)。

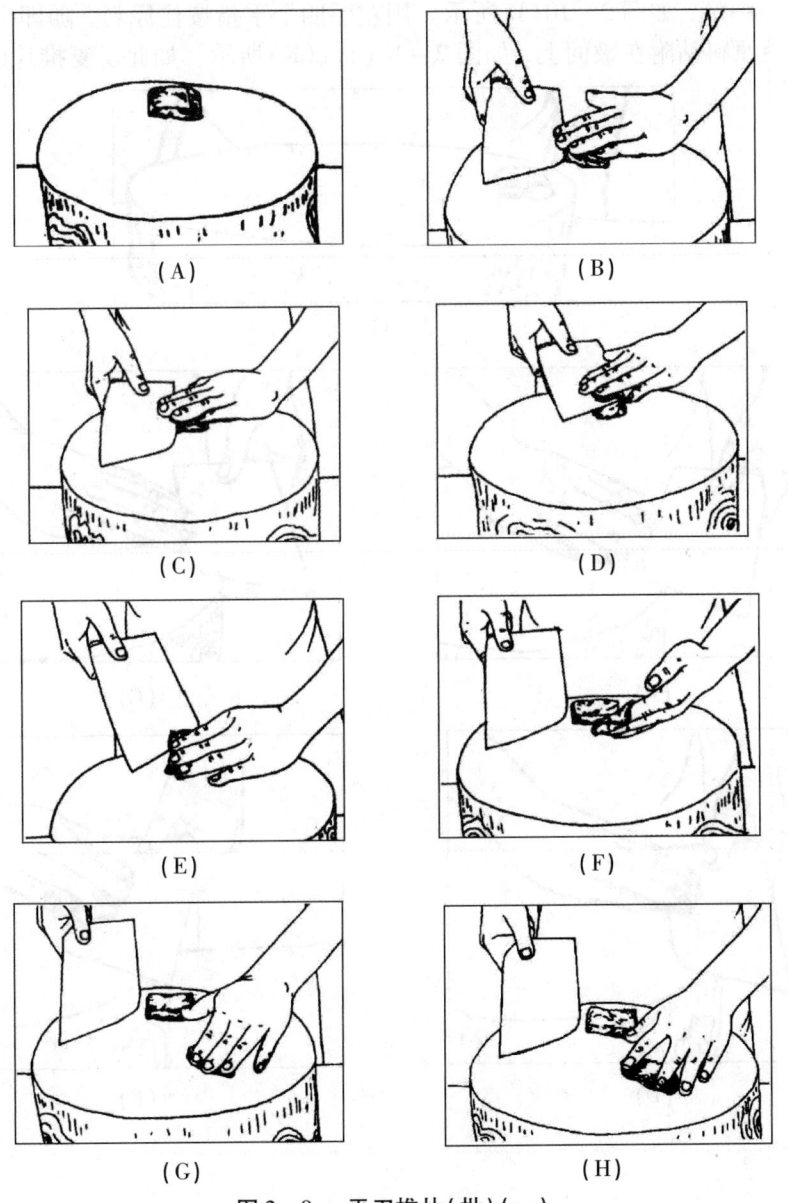

图2-9 平刀推片(批)(一)

技术要求:刀要端平,用刀膛加力压贴原料,从始至终动作要连贯紧凑。一刀未将原料片(批)开,可连续推片,直至将原料片(批)开为止。

适应原料:此法适宜加工韧性较弱的原料,如通脊肉、鸡脯肉等。

2.下片方法

下片法,即在原料的下端起刀,平刀推片(批),将原料一层层地片(批)开。

操作方法:将原料放置墩面右侧,如图2-10(A)所示。左手扶按原料,右手持刀,并将刀端平,如图2-10(B)所示。用刀刃的前部对准原料被片(批)的位置,如图2-10(C)所示。甩力推片(批),使原料移至刀刃的中后部位,片(批)开原料,如图2-10(D)、(E)所示。随即将刀向右后方抽出,如图2-10(F)所示。用刀刃前部将片(批)下的原料一端挑起,左手随之将原料拿起,如图2-10(G)、(H)所示。再将片(批)下的原料放置墩面上,并用刀的前端压住原料一端,如图2-10(I)所示。用左手四个手指按住原料,随即手指分开,将原料舒平展开,使原料贴附在墩面上,如图2-10(J)、(K)所示。如此反复推片(批)。

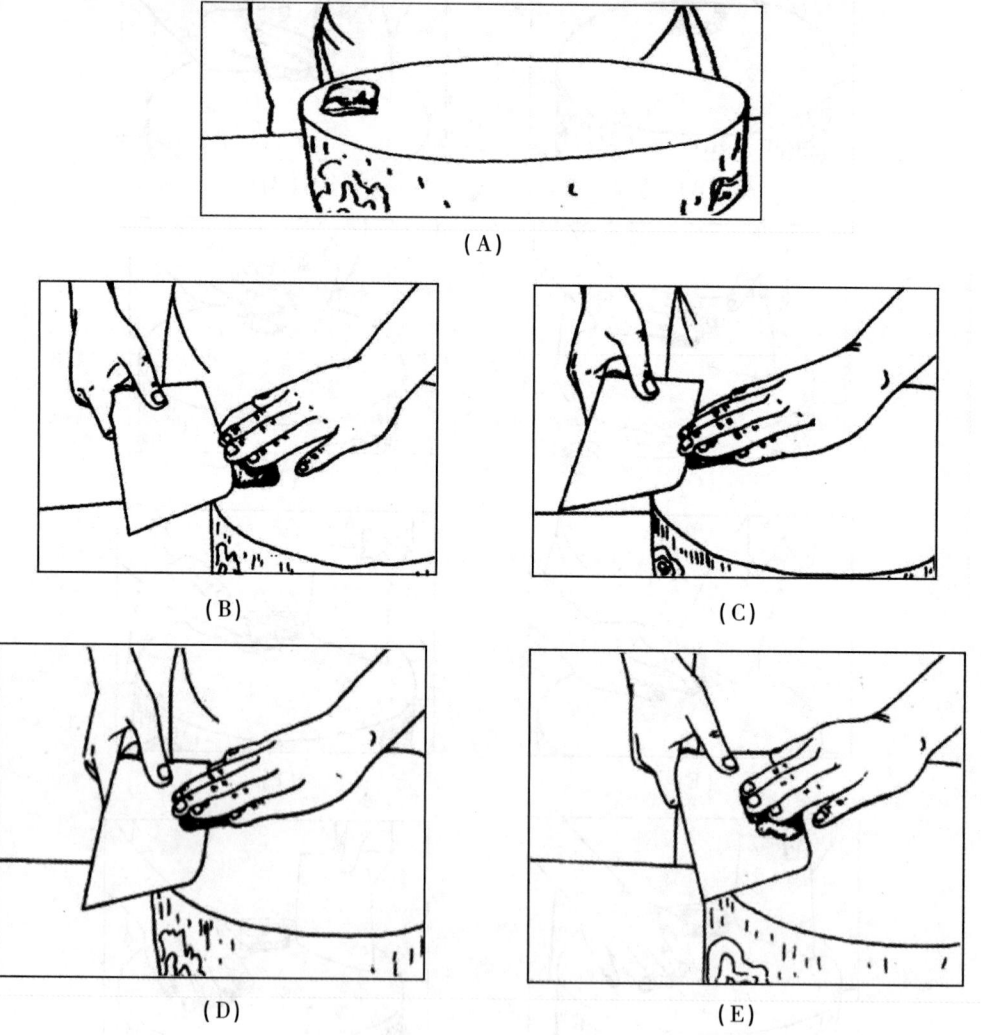

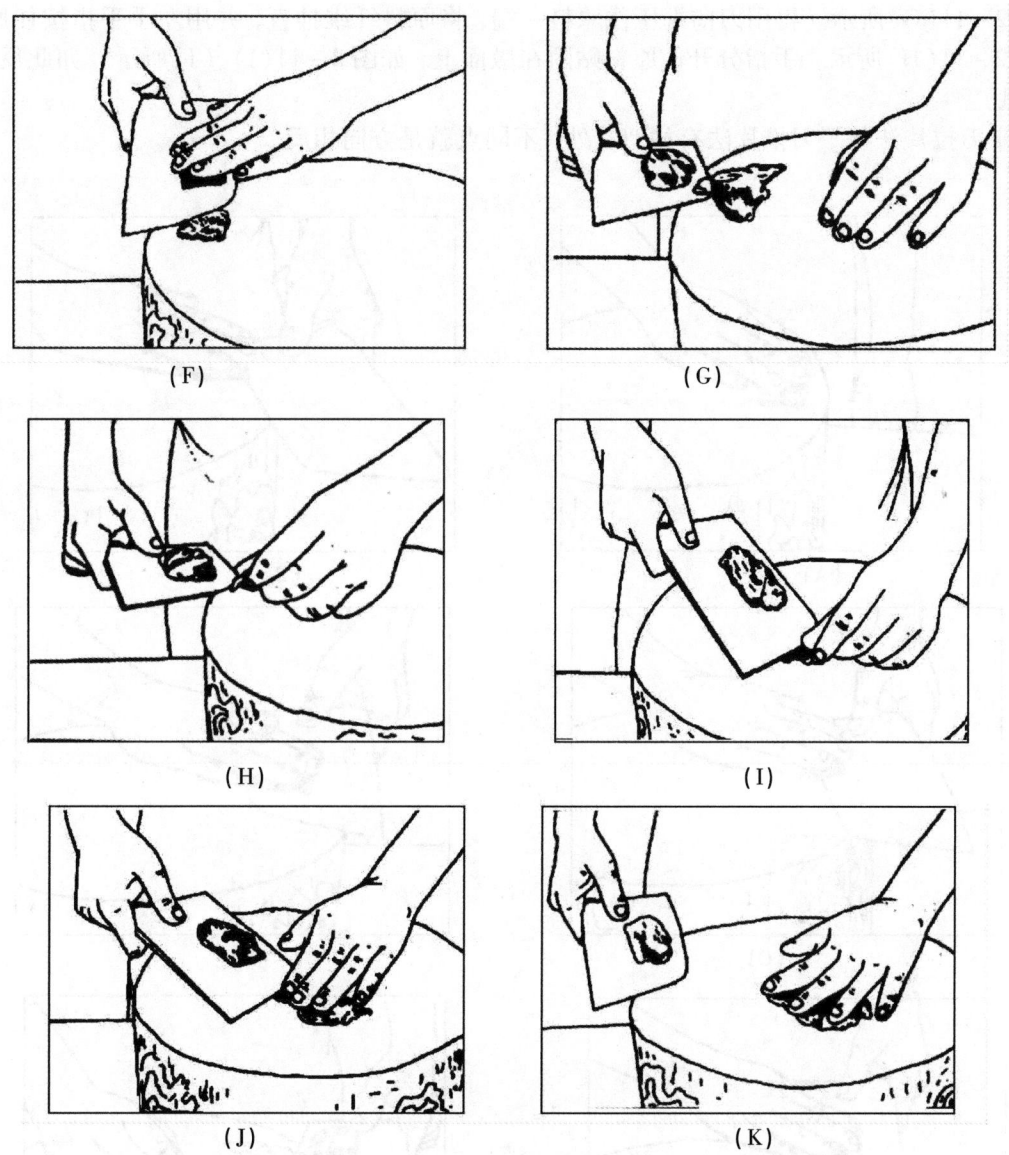

图 2-10 平刀推片(批)(二)

技术要求：原料要按稳，防止滑动，刀片(批)进原料后，左手施加下压力，刀在运行时用力要充分，尽可能将原料一刀片开，一刀未断开，可连续推片(批)直至原料完全片(批)开为止。

适应原料：下片(批)法适宜加工韧性较强的原料，如五花肉、坐臀肉、颈肉、肥肉等。

(二)平刀拉片(批)

平刀拉片(批)这种刀法操作时要求刀膛与墩面平行，刀从左前方向右后方运动，一层层将原料片(批)开。应用此法主要是将原料加工成片的形状，在片的形状的基础上，运用其他刀法可加工出丝、条、丁、拉等形状。

操作方法：原料放置墩面右侧，如图2-11(A)所示。用刀刃的后部位对准原料被片(批)的位置，如图2-11(B)所示。刀从左前方向右后方运动，用力将原料片(批)开，如图2-11(C)、(D)所示。然后，刀膛贴住片(批)开的原料，继续向右后方运动至原料一端，随即用刀前端挑起原料一端，如图2-11(E)、(F)所示。用左手拿起片(批)开的原料，放置墩面左侧，如图2-11（G）所示。再用刀前端压住原料一端，将原料纤维抻直，并用左手手指按住原料，如图2-11（H）所示。手指分开使原料贴附在墩面上，如图2-11（I）、（J）所示。如此反复拉片（批）。

平刀拉片法与平刀推片法有相似之处，不同点就是方向相反。

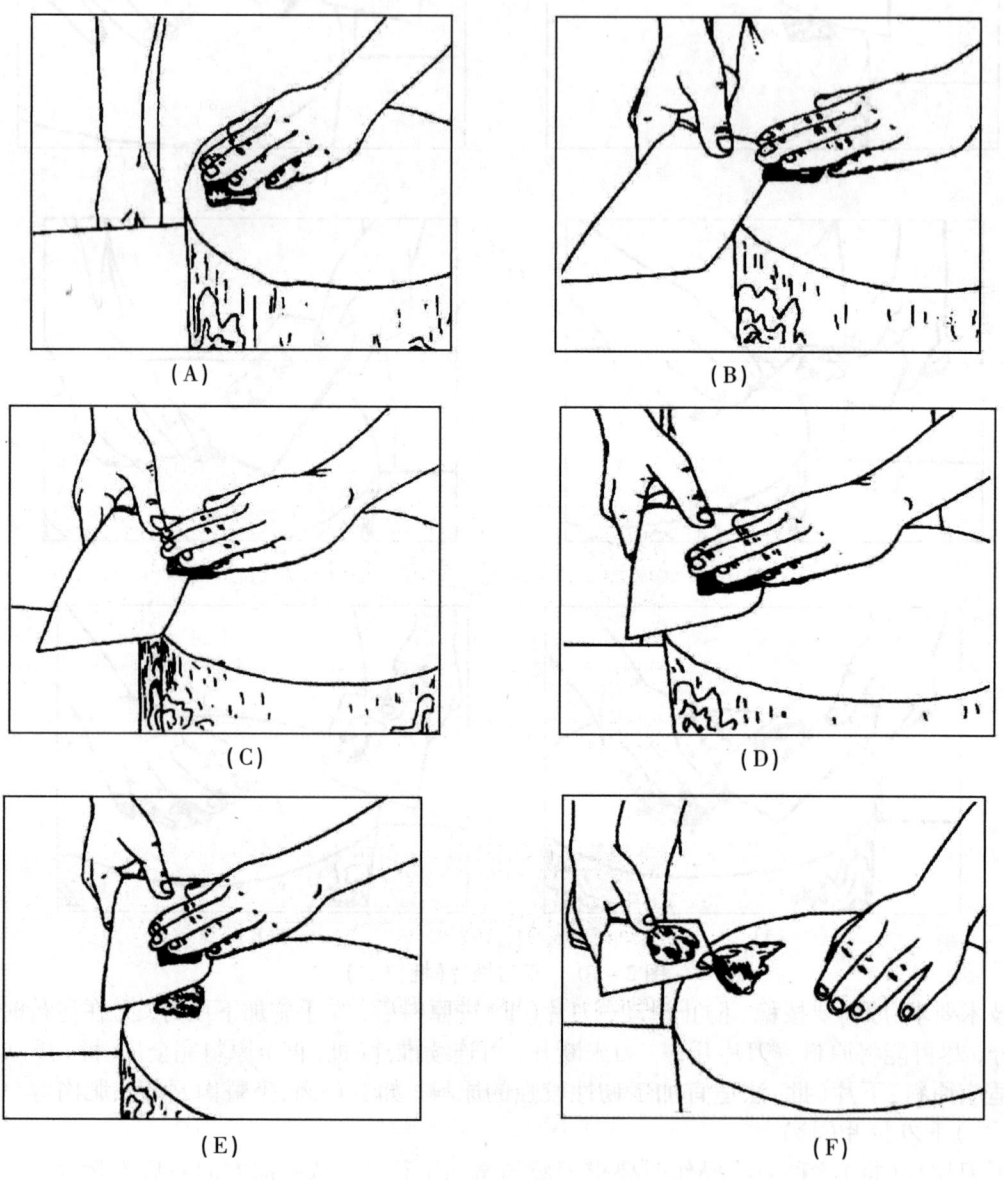

第一章 刀工技术

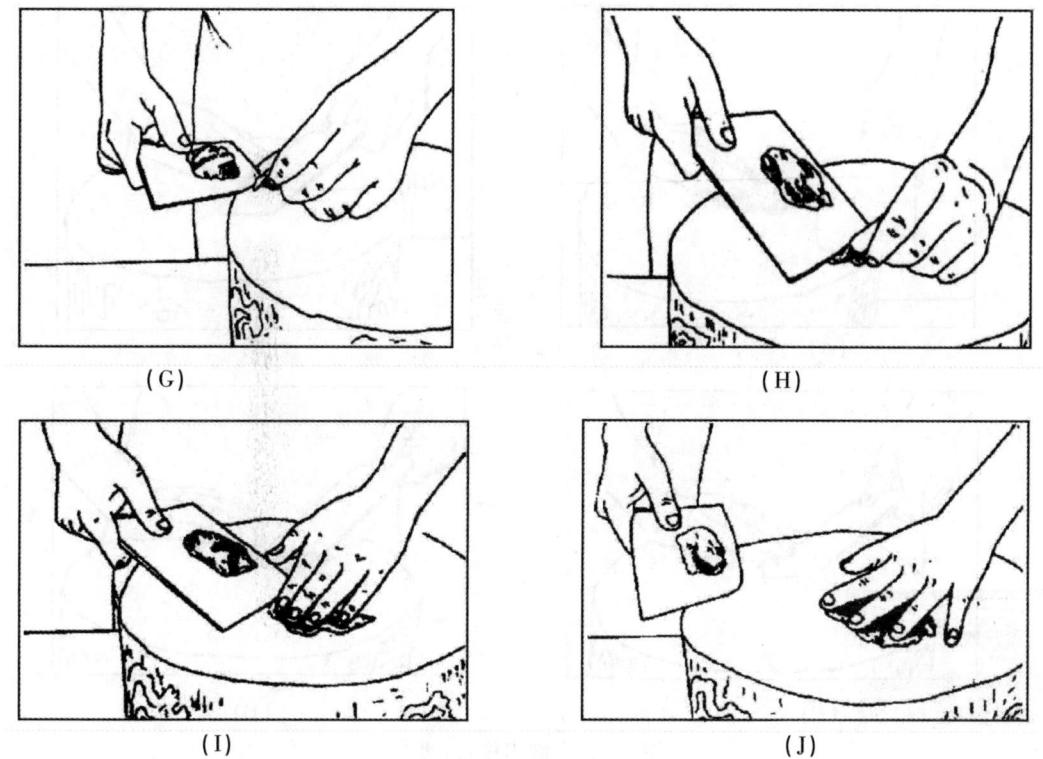

图 2-11 平刀拉片(批)

技术要求:原料要按稳,防止滑动,刀在运行时要充分有力,原料一刀未被片(批)开,可连续拉片(批),直到原料完全片(批)开为止。

适应原料:平刀拉片适宜加工韧性较弱的原料,如里脊肉、通脊肉、鸡脯肉等。

三、斜刀法

斜刀法是一种刀与墩面呈斜角,刀做倾斜运动,将原料片(批)开的技法。这种刀法按刀的运动方向可分为斜刀拉片(批)、斜刀推片(批)等方法,主要用于将原料加工成片的形状。

(一)斜刀拉片(批)

斜刀拉片(批)这种刀法操作时要求将刀身倾斜,刀背朝右前方,刀刃自左前方向右后方运动,将原料片(批)开。

操作方法:将原料放置墩面里侧,左手伸直扶按原料,右手持刀,如图 2-12(A)所示。甩刀刃的中部对准原料被片(批)位置,如图 2-12(B)所示。刀自右前方向左后方运动,将原料片(批)开,如图 2-12(C)所示。原料断开后,随即左手手指微弓,并带动片(批)开的原料向右后方移动,使原料离开刀,如图 2-12(D)所示。如此反复斜刀拉片(批)。

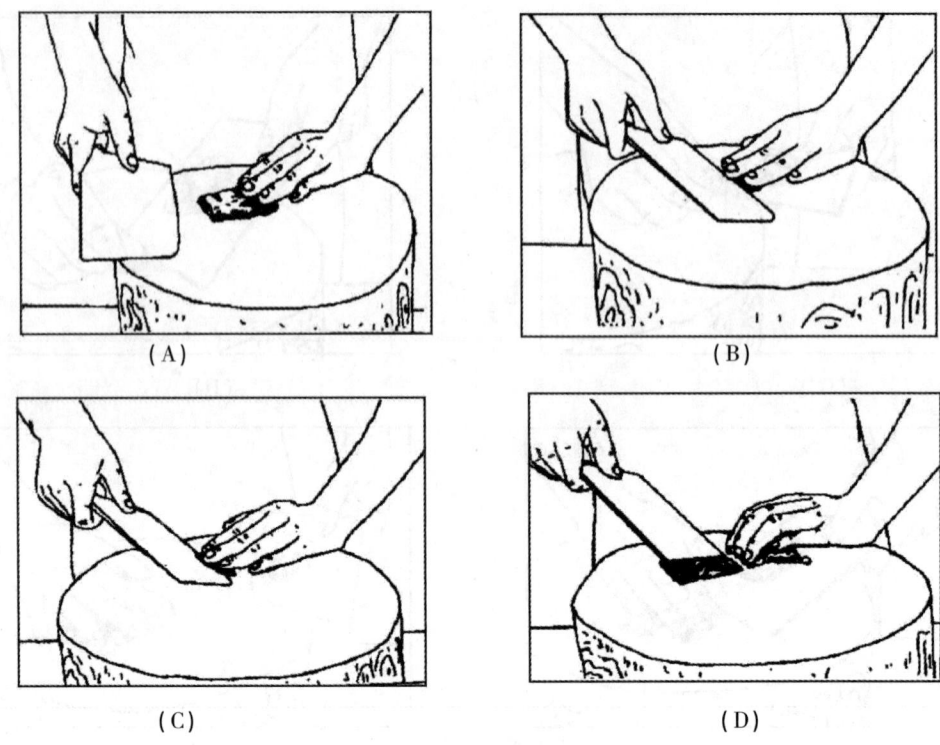

图2-12 斜刀拉片(批)

技术要求：刀在运动时，刀膛要紧贴原料，避免原料粘走或滑动，刀身的倾斜度要根据原料成形规格灵活调整。每片(批)一刀，刀与右手同时移动一次，并保持刀距相等。

适应原料：斜刀拉片适宜加工各种韧性原料，如腰子、净鱼肉、大虾肉、猪肉、牛肉、羊肉等，对白菜帮、油菜帮、扁豆等也可加工。

（二）斜刀推片(批)

斜刀推片(批)这种刀法操作时要求刀身倾斜，刀背朝左后方，刀刃自左后方向右前方运动。应用这种刀法主要是将原料加工成片的形状。

操作方法：左手扶按原料，中指第一关节微屈，并顶住刀膛，右手操刀，如图2-13(A)所示。刀身倾斜，用刀刃的中前部位对准原料被片(批)的位置，如图2-13(B)所示。刀自左后方向右前方斜刀片(批)进，使原料断开，如图2-13(C)、(D)所示。如此反复斜刀推片(批)。

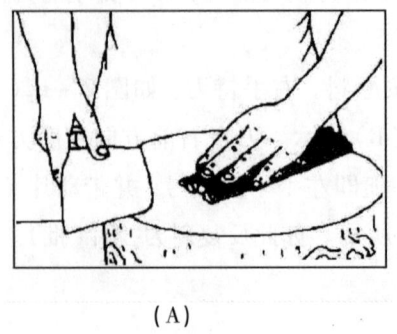

(A)

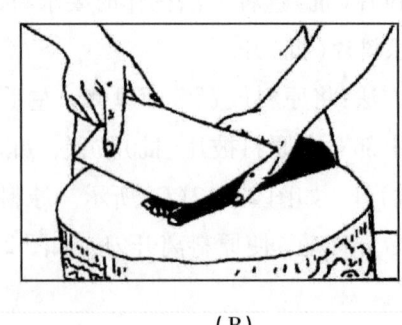

(B)

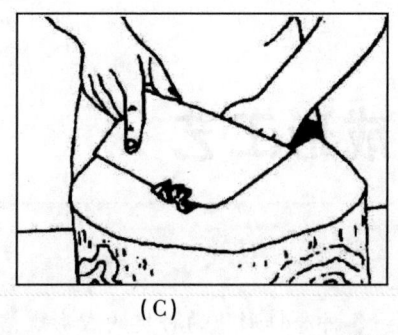 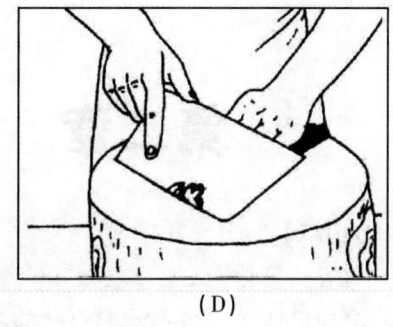

(C)   (D)

图 2-13　斜刀推片

技术要求：刀膛要紧贴左手关节，每节一刀，左手与刀向左后方同时移动一次，并保持刀距一致。刀身倾斜角度，应根据加工成形原料的规格灵活调整。

适应原料：斜刀推片适宜加工脆性原料，如芹菜、白菜等，对熟肚子等软性原料也可用这种刀法加工。

复习思考题

1. 烹饪中常用的刀具有哪些？各有哪些用途？
2. 砧墩如何选用和保养？
3. 直刀法可分为几种类型？
4. 平刀法的特点是什么？
5. 斜刀法的作用是什么？

第二章 刀工成形工艺

【学习目标】
通过本章学习，应该达到以下目标：
◆知识目标：1.各种原料形状的名称及种类；各种原料形状的种类的成形规格。
          2.了解剖花基础。
◆技能目标：1.常见原料形状的成形方法，达到技能要求。
          2.剖花方法。
◆能力目标：1.常见原料形状的成形方法。
          2.剖花方法。

第一节 刀工成形

烹饪原料要经过不同的刀工处理，才能便于烹调和食用。原料成形是指运用不同的刀法，将烹饪原料加工成形态各异、形象美观、宜于烹调和适合食用要求的原料形状。我们日常烹饪工作采用的原料形状有块、片、丝、丁、粒、末、泥等。

一、块的刀工成形

块是较大的一种料形，一般原料都可加工成块状。

（一）块的成形方法

1.切法：适用于质地松软、脆嫩的原料，或者是质地较韧但无皮、骨的原料。如已经去掉皮、骨、筋的各种肉类可以采用推切或推拉切的刀法，各种蔬果可以采用直切的刀法。在切块时一般需要先将原料改成条形，但对于形体较小的原料可不必再分成条形。

2.砍（斩）法：适用于质地较韧带皮、骨的原料，如各种带有皮、骨的肉类、鱼类等可以采用砍或者斩的刀法。对于形体较大的原料，则需要采用跟刀砍（斩）的刀法。在砍（斩）块时一般也需先将原料改成条形。

（二）块的种类

大方块、小方块、滚料块、骨牌块、梳子块、劈柴块、排骨块、象眼块、剪刀块等。

（三）成形规格

不同种类的块有不同的形状及成形规格。各种块的规格具体如下：

第二章 刀工成形工艺

名称	成形规格（厘米）
菱形块（象眼块）	长对角线约4，短对角线约2.5，厚约2
长方块（骨牌块）	长约4，宽约2.5，厚约2
滚料块	长约4（多面体）
梳子块	长约3.5（多面体），背厚约0.8

如象眼块要求长对角线约4cm，短对角线约2.5cm，厚度约2cm；而滚料块是长约4cm的不规则多面体。

（四）加工要求

具体采用什么规格的块，通常根据烹调的需要以及原料的性质来决定。一般用于长时间加热，如烧、焖、扒、炖等烹调方法，可选择相对较大的块。对于这些形体较大的块，为了使原料在烹制时入味更充分，成熟时间更快些，要在其上剞些花纹或用力将其拍松。而用于成熟时间较短些的烹调方法，如溜、炒、炸等，可选择较小的块。另外，原料质地松软、脆嫩的，可处理成大一些的块；质硬且带骨的原料可砍成较小的块。

（五）注意事项

根据烹调方法，原料的性质，选择块的大小和形状，力求选用形态适当的块形。

（六）具体实例

1. 菱形块的刀工成形：先将整形后的原料切成厚1.5cm，宽1.5cm的长条，再将长条状的原料切成2.5cm长的菱形，即成大的菱形块。小的菱形块根据需要，裁切成各种厚、宽尺寸的条形，按不同的长度尺寸切成菱形即可。

2. 正方块的刀工成形：正方块的厚、宽、长相同，将原料切成1.5~2cm厚的片，顺片的长度切成1.5~2cm宽的条状，将条状原料切成1.5~2cm长的方块即可；1.5cm见方的块为小方块。2cm见方的块为大方块，用切、剁等刀法加工成形。

3. 长方块的刀工成形：将原料切成约0.8cm厚的片，顺片的长度切成1.5cm宽的条，再切成长约3cm的块。

4. 劈柴块的刀工成形：此种料形多用于质地松脆的植物性原料，如黄瓜、冬笋等；先将原料切成0.8cm厚的片，用刀面拍击至松散，再顺长斜切成约3cm长的条，形状如劈出的木柴。

5. 骨牌块的刀工成形：常用于带骨的猪排、羊排等；先将原料切成3cm宽的条，再剁成3~4.5cm长的块，厚度以原料的天然尺寸为标准。

6. 滚刀块的刀工成形：用的刀法成形，用于加工圆柱形、球块状的根茎类、瓜果类的蔬菜，如土豆、胡萝卜等。运刀时，刀刃要与原料呈一定的斜角，下刀的同时转动原料，切成长约2.5cm，宽、厚各为1.5cm的不规则的、大小一致的三棱体。

7. 斧头块的刀工成形：斧头块形似斧头。先将原料切成长方条，再斜刀切成三角形块。

8. 象眼块的刀工成形：象眼块形如象眼而得名。先将原料切成适宜厚度的大片，再将片斜刀改成长条，之后横截长条切出菱形的象眼块。

二、片的刀工成形

（一）成形方法

片的成形一般有两种：

1. 切法

对于大部分的原料,特别是韧性、细嫩的原料,如各种肉类,都适宜采用这种刀法。具体运用哪一种切法,要根据原料的质地而定,比如蔬菜可以用直切,肉类用推切或推拉切。

2. 片法

适用于一些质地较松软,或用切法不好处理的原料,如形体薄而小的各种肉类、新鲜鱼类、鸡肉等,可将原料片成片状。

需要注意的是,不论采用哪种方法处理片形,都必须先将原料去除皮、瓤、筋、骨等。

(二)片的种类

柳叶片、骨牌片、牛舌片、菱形片、指甲片、麦穗片、连刀片、灯影片等。

(三)成形规格

片有不同的形状、大小、厚薄。各种片的规格如下:

名称	成形规格(厘米)
柳叶片	长约6,宽约0.3
骨牌片	长约6,宽约2,厚约0.4
二流骨牌片	长约5,宽约2,厚约0.3
牛舌片	长约10,宽约3,厚约0.1
菱形片	长对角线约5,短对角线约2.5,厚约0.2
指甲片	边长约1.2,厚约0.2
麦穗片	长约10,宽约2,厚约0.2
连刀片	长约10,宽约3,每片厚约0.3
灯影片	长约8,宽约4,厚约0.1

(四)加工要求

采用何种片的规格要根据烹调需要和原料的性质来决定。如汤、溜等烹调方法用的片要薄些,炒、爆等烹调方法用的片则要稍厚些;质地松软易破碎的原料要厚些,如豆腐片、鱼片、土豆片等,质地较硬带有韧性的原料要薄些,如牛肉片、猪肉片、羊肉片、笋片等。

(五)注意事项

持刀要稳,左手按物要稳,用力均匀、轻重一致。在切片的过程中,要随时保持砧板表面干净。

(六)具体实例

1. 菱形片的刀工成形。将整形后的原料切成0.2~0.3厘米的薄片,顺长切成1.5厘米宽的长条片,刀刃与长条片成斜角,切成短轴1.5厘米、长轴3厘米的菱形片。呈柱形的原料如黄瓜、胡萝卜等,可直接斜切成相应大小的菱形块,再将菱形块切成相应大小的菱形片。

2. 月牙片的刀工成形。将圆形或长圆形的整体原料切为两半,然后再用顶刀切成厚0.2~0.4厘米的半圆形的片。

3. 柳叶片的刀工成形。柳叶片薄而窄、两头尖,形状如柳叶,是又窄又长的弧形片,呈长尖形。将原料加工成截面成长圆形的料形状态,然后再切成呈柳叶状的片,长约3~5厘米,厚约0.1~0.3厘米。

4.夹刀片的刀工成形。第一刀不切断,第二刀切断,成两片一组,一端相连、一端切开的片。连着的部分约为整料厚度的1/5。这种片形适用于扁平状动物性原料,如鱼肉、猪通脊以及有一定硬脆度的植物性原料。如冬瓜、茄子、莲藕等;厚薄大小可根据原料的性质灵活掌握。

5.指甲片的刀工成形。指甲片即小半圆形的片,形如指甲。用半圆形的料顶刀切成的片,即为指甲片,或将1.5厘米见方的条状料用抹刀法斜切成0.2厘米厚的薄片。

6.抹刀片的刀工成形。将原料用斜刀法中的抹刀片,反刀片起成4厘米长,2.5厘米宽,0.4厘米左右厚的片,此法适用于鱼肉、鸡脯肉的加工,可增大原料横截面的宽度。

7.合页片的刀工成形。此法同夹刀片,主要用于夹馅,如茄盒、鱼片等;

8.象眼片的刀工成形。此形状与象眼块相似,只是比较薄,切法同象眼块。

9.磨刀片的刀工成形。这是用斜刀正片的方法片出的片,多用于薄而长的原料加工切片。

10.长方片的刀工成形。此形状同长方块相似,只是比较薄,在0.3厘米以内。

三、丝的刀工成形

丝是料形中较小的一种,先将原料加工成片,再将片顶刀切制成丝。

(一)成形方法

1.瓦楞形叠切法:切丝时将片形排成阶梯形,然后再切成丝,这种切法效果较好,速度快,适用于大部分的原料,如肉类、多数蔬菜类等。

2.砌砖形叠切法:切丝时先将片整齐地叠起来,然后再切成丝,这种切法要求原料的形状、厚薄、大小比较整齐,只适用于少数的原料,如豆腐干,白萝卜等。

3.卷筒形叠切法:切丝时先将片卷成筒形,再切成丝。此法多用于切海带、大白菜、百叶、鸡蛋皮等。

(二)丝的种类

头粗丝、二粗丝、细丝、银针丝等。

(三)成形规格

各种丝的长度基本上一致,粗细有别,但是具体的长度各地都有各自的标准,可根据实际情况灵活掌握。各种丝的规格如下:

名　称	成 形 规 格(厘米)	
	长	截面(粗)
头粗丝	约6(或10)	约0.4×0.4
二粗丝	约6(或10)	约0.3×0.3
细丝	约6(或10)	约0.2×0.2
银针丝	约6(或10)	约0.1×0.1

(四)加工要求

采用多粗的丝要根据烹调需要和原料的性质来决定,原料质韧而坚的可切得细一些,质地松软的切稍粗些。

(五)注意事项

切丝的片要薄厚均匀,切丝时要切得长短一致、粗细均匀。要将切好的片码整齐,不要太厚,防止滑动,左手压料尽量紧些,不使料滑动,刀距尽量保持均匀,根据原料的性质来决定丝的方向。切丝时一般都是顺着纤维的走向切成丝状。

(六)具体实例

1. 头粗丝的刀工成形:将原料切(片)成0.4cm厚的片,然后切成丝状。
2. 粗丝的刀工成形:将原料切(片)成0.3cm厚的片,然后切成丝状。
3. 细丝的刀工成形:将原料切(片)成0.2cm厚的片,然后切成丝状。
4. 银针丝的刀工成形:将原料切(片)成0.1cm厚的片,然后切成丝状。

四、条的刀工成形

条的成形与丝相同,只是先切成的片较丝厚,再改刀切条时的刀距比丝大而已。甚至可以把条看成是比较粗的丝。

(一)成形方法

1. 瓦楞形叠切法:切条时将片形排成阶梯形,然后再切成条,这种切法,速度快,但质量不高。适用于大部分的原料如肉类、多数蔬菜类等。
2. 砌砖形叠切法:切条时先将片整齐地叠起来,然后再切成条,这种切法效果较好,但速度相对比较慢,要求原料的形状、厚薄、大小比较整齐,只适用于少数的原料,如豆腐干、白萝卜等。

(二)条的种类

大一字条、小一字条、筷子条、象牙条等。

(三)成形规格

各种条的长度基本上一致,但粗细有别,各种条的规格如下:

名 称	成 形 规 格 (厘米)	
	长	截面(粗)
大一字条	约6	约1.2×1.2
小一字条	约5	约1×1
筷子条	约4	约0.6 0.6
象牙条	约5	约1(呈梯形)

(四)加工要求

采用什么规格的条要根据烹调需要和原料的性质来决定,加工时应顺着纤维纹路切,用于炒、熘等烹调方法,原料质韧而坚的可切得细一些;用于烧、扒等烹调方法,质地松软的可切稍粗些。

第二章　刀工成形工艺

（五）注意事项

切条的片要薄厚得当，切条时要切得长短一致、粗细均匀。要将切好的片码整齐，不要叠得太高，防止倒塌，左手压料力度要适宜，下刀要准确，刀距尽量保持均匀。

（六）具体实例

1. 一字条的刀工成形：将原料切（片）成1cm厚的片，然后再切成5cm长的条（刀距1cm）。
2. 筷子条的刀工成形：将原料切（片）成0.6cm厚的片，再顺长切成5cm长的条（刀距0.6cm）。
3. 象牙条的刀工成形：象牙条粗细同筷子条，长度也相同，只是条的一端呈尖形，似象牙状。

五、丁、粒、末的刀工成形

丁是比粒大的小块。粒的大小同豆类，大的有如黄豆，小的与绿豆、大米相似。末的大小和小米、油菜籽相差无几，是一种不规则的形体。

（一）成形方法

切丁时先将原料切成厚片，然后切或斩成条，再将条切或斩成丁。切或斩的丁的刀距与片的厚薄相同，丁的大小决定于条的粗细。粒的成形与丁相同。切末时一般是将原料剁、铡、切细而成。

（二）丁、粒、末的种类

丁有菱形丁、殷子形丁、橄榄形丁、指甲形丁等；粒有绿豆粒、豌豆粒等；末一般来说只有一种。

（三）成形规格

丁、粒、末的成形规格如下：

名　称	成形规格（厘米）	
	长度	宽、厚度（截面或粗）
大丁	2.0×2.0	
小丁	1.2×1.2	
豌豆粒	0.5×0.5	豌豆大小
绿豆粒	0.4×0.4	绿豆大小
米粒	0.2×0.2	形如米粒
末	约0.1×0.1	形如油菜籽

（四）加工要求

采用哪种规格的丁要根据烹调需要和原料的性质来决定，用于配料的丁一般要求小一些，充当主料的丁一般要大一些；质地老的动物性原料，要先用刀拍，将其肌肉纤维弄松；结缔组织较丰富的原料，批成大片后，要先将其两面剞上刀纹，便于成熟和入味。粒的加工要求与丁同。

（五）注意事项

切丁、粒的条、丝要粗细均匀，切时要用直刀，刀距一致、棱角分明。切末时一般是将原料剁、铡、切细而成。

六、段的刀工成形

段和条相似,比条宽些、长些,由剁或切的刀法加工而成。

(一)大段的刀工成形

大段原料形状主要适用于对动物性烹调原料、鱼类的加工,大小、长短可根据原料品种、烹调方法,食用要求灵活掌握,用剁的方法加工。

(二)小段的刀工成形

小段分段适用于植物性原料,用直刀切的方法加工。

七、茸泥的刀工成形

用刀背将动物性原料剁砸成如同泥一样的细碎状,要求细而浓,如泥,无筋络。刀工用排剁的方法,先将选好的原料去掉筋皮,切碎,再用刀背砸成泥状,其间要将细小的筋络、膜等用刀抹刮除去。为增加黏性和口感效果,要在制茸之前掺入猪肥膘肉。鸡茸放30%的猪肥膘肉,鱼肉、虾等约放40%的猪肥膘肉。

常见茸泥品种有:鱼茸、鸡茸、虾茸;目前多用粉碎机加工茸泥。

八、球、丸的刀工成形

球、丸大体相同,但又有区别。在制作上,球一般是将原料经刀工处理之后,再加热使之卷缩成为球状,如虾球、肾球等。植物性原料通过削、刮、旋等特殊刀法修整而成。

常见的球品种有:

1. 橄榄形。长轴3cm、短轴1.5cm 的椭球体。
2. 算珠形。直径约2cm、厚约1cm 的柱体。
3. 圆珠形。直径在1~4cm 的圆球体。

丸的制法是先将原料加工成茸泥,而后调味,再将茸泥挤成圆形的球丸,常见的品种大的如苹果,中的如核桃,小的如算盘珠。

九、葱、姜、蒜的刀工成形

葱、姜、蒜的刀工成形料,常用作烹调佐助调味。

(一)葱的刀工成形

葱的形状规格分为段、结、末和其他一些特殊用途形态差异很大的一些料形。

段:长1~4cm 俗称寸葱,适用于烧、烤、焖等,以及用作蒸、煮菜肴的调料。

结:用数根葱打成结,用作煮、炖、烧等菜肴的调料。

末:即葱花。切成0.5 cm方圆的细末,用作汤、拌、氽等菜肴和面食制馅的调料。

兰花形:在4.5 cm长的葱白两端,分别划十字刀口,中间不切通,两端呈丝状,经水泡后自然卷曲;或在一端剖刀,水泡成形,用作炸、烤类菜肴的调料。

马耳形:将葱白切成3 cm长的斜段。斜面呈30°角,用作红烧菜肴的调料。

黄芽葱:即津葱,斜切成3cm长的段,用于面食,生吃。

葱丝:4~5cm长的细丝、葱白对剖成两半,然后直刀切成细丝,用于蒸菜和凉拌菜肴。

马牙葱:即象眼葱。将粗壮葱的中段,一剖两半,再切成1.5 cm斜形小段,用作爆、炒等菜肴的调料。

鱼骨葱:选葱白中段一剖为二,再切成直丝,约3 cm长,泡水卷曲后使用,用于煎鱼和制作香酥类菜肴的调味。

嫩媚葱:将葱的中段切成1.5 cm长的葱段,再用小刀将其中部划成粗丝。但不能划裂两端,然后浸泡于冷水中,使中部丝段鼓起,散开似鼓一般。

菊花葱:在葱白段的两端划出粗丝,冷水浸泡后,两端丝纹敞开似菊花形。

(二)蒜的刀工成形

蒜头整瓣:用于烧、煮、烤等,除腥膻气。

蒜片:用作各种菜肴的调料,将蒜瓣切成片即成。

蒜泥(蒜汁):加盐捣碎,用作凉拌菜的调味兑汁。用刀将蒜片切丝后,再剁成泥即为蒜泥。

(三)姜的刀工成形

姜块:用刀拍破姜块,用于烤、烧、卤、煮等。

姜片:将姜块横断纤维纹路切成0.1cm厚的薄片,用于清蒸、氽等菜肴的调味,大小厚薄根据菜肴而定。

姜丝:先将姜切成薄片,再切成细丝,规格为5cm×0.1cm×0.1cm或5cm×0.05cm×0.05cm,用于炝、拌菜肴或生吃。

姜末:规格为0.05cm×0.5cm×0.05cm,加工过程为片→丝→末,适用于多种菜肴制作。

姜汁:切成末,然后榨压挤出。

第二节 剞花工艺

一、剞花基础

剞花实际就是运用剞刀法,不将原料切断与批断,只在原料表面划一些深浅适当的刀纹,经加热功当量使原料卷曲成各种美丽的形态。这种方法在整个刀工处理中,是一项难度较大,不宜把握的操作过程,要求刀纹距离相等,深浅一致,相互对称,整齐划一。同进要求掌握了成形刀法的基础上,再行剞刀法的操作,经过不断实践才能提高。

(一)剞花的主要目的

1. 缩短成熟时间,使热量串透均衡,达到原料内外成熟老嫩一致。原料表面剞上花刀,可以使原料表面接触油温的面积增加好几倍,从而大大缩短了原料的成熟时间,导致原料内外老嫩一致。实践证明,一条整鱼剞花刀和不剞花刀,成熟时间相差很多。

2. 便于异味的散发,并利于卤汁对原料的包裹。原料剞花可以增加原料表面的不平整感,从而使卤汁渗入原料内部。同时原料的异味可以从刀纹表面散发。

3. 美化菜品造型,丰富菜肴品种。剞花的原料经烹调后造型更加美观。而且运用剞刀法可使菜品形式多变,是创造新菜品的途径之一。如整鱼的剞花,只要稍作变化就可形成多种造型的菜品,有菊花鱼、葡萄鱼、松鼠鱼等。是刀纹的艺术表现。

(二)剞花原料选择

剞花刀的原料有一定的限制,决不是所有原料都可以剞花刀,一般原则,要求原料纤维分明，韧中带脆，调味不易吸附的原料。

1. 具有剞花的必要

所有原料中如有不利于热的均衡串透，或过于光滑不利于吸附卤汁，原有异味不便于在短时间内散发，则有剞花的必要。

2. 利于剞花刀的实施

所用原料必须具有一定面积的平面结构，利于剞花的实施和剞刀纹。

3. 突出刀纹的表现力

所用原料应具备不易松散破碎面有一定韧性和弹力的条件，具有受热收缩或卷曲变形的性能，能突出剞花刀纹的美观。

(三) 剞花原料的纤维特点

原料改形是剞花的重要组成部分，改形的前提是必须了解原料的纤维结构和原料卷曲的方向，一般原料卷曲都和原料纤维有直接的关系。原料的纤维同时又同奇花九的深浅有联系，所以把握原料的纤维是剞花刀的成败的关键。

1. 鱿鱼、墨鱼纤维

鱿鱼和墨鱼纤维是横向的，所以顺切丝和横切丝，加热成形是有区别的。

2. 猪腰纤维

猪腰纤维较为复杂，一般猪腰先要剖开，使之成为两片，用刀把腰骚批掉，猪腰的纤维是散发状；所以猪腰是较为难剞的原料，原因是它的收缩方向不一致。

3. 鸭肫纤维

鸭肫的纤维是网格状的，它是由底部往上一层一层组成，每一层纤维呈一个方向，第二层纤维和第一层相反，成为网格状。

4. 猪肚尖纤维

猪肚尖的纤维同鸭肫的纤维十分相似，都是网格状，但猪肚尖纤维更紧密，韧性十足，不容易破，改刀方向不易把握。

(四) 剞刀法

常用剞刀法有以下几种：

1. 直剞

直剞时根据原料的性质不同，又可分为直刀剞。推刀剞和拉刀剞、适用于各种脆性原料、软性原料、韧性原料，如黄瓜、猪腰、鸭肫、墨鱼、青鱼、豆腐干等。

直剞与直刀法中的直刀切、推刀切、拉刀切基本相似，只是运刀时不将原料断开，而是根据原料成型规格和要求，进刀深浅度有所区别。

2. 斜剞

斜剞可根据原料性质不同，分为斜推剞、斜拉剞。

(1) 斜推剞，这种刀法适用于各种韧性原料、脆性原料，如猪腰、鱿鱼等。

(2) 斜拉剞，斜拉剞与斜刀法中的斜刀批基本相同，只是运刀时不完全将原料断开。适用于韧性原料等。

二、剞花方法

从剞花的形式上有平面花纹和立体花纹两大类，平面花纹是指在原料表面划上一定开关的花纹，经加热后显现出来，也叫作一般剞法。立体花纹是指在原料上切入一定深度的刀纹，经加热后原料会卷曲成各种美丽的开关，有的像球，有的像卷，有的成象形物，这种剞法也称花色剞法。

（一）平面剞法

1. 人字花刀

在针体两侧剞上象征"人"字的花纹，为相背五对"人"字。适合较宽鱼体，如鲳鱼、鳊鱼、鳜鱼等。刀深要求，一般刀不碰鱼脊骨。

2. 一字花刀

在鱼体两侧剞上象征"一"字的刀纹，多少刀纹视原料成形要求决定。适合较长鱼体，如鲳鱼、黄鱼等。刀深要求，一般较浅为宜，防止鱼肉在烹调过程掉落。

3. 柳叶形花刀

在鱼体两侧剞上象征柳时叶的叶筋形文纹，不宜太深，适用蒸等烹调法。

4. 牡丹形花刀

在鱼身每2cm斜剞一刀，直至鱼脊椎骨，形似牡丹的花瓣，每面剞7～8刀，两面剞的刀纹要对称，适合于同体较大的鱼，如钙鱼、草鱼等。

5. 蓝网形花刀

也称蓝花形，是在原料两面用直剞的方法制作而成的。蓝网形花刀常用于豆腐干、黄瓜、墨鱼等原料。蓝网豆腐干用的最多。

（二）立体剞法

1. 麦穗形花刀

（1）先将鱿鱼边角修去，剞鱿鱼的内侧。

（2）用斜推剞在鱿鱼内侧剞上一条条斜纹，深度为原料的9/10，原则上越深越容易卷曲。

（3）将原料转90°，再用直推剞，剞成一条条直纹，深度为9/10，原则上也是越深越容易卷曲。

（4）原料改刀宽度为2～2.5cm，长度为5cm（可以在剞花前先改好）加热后呈麦穗形。

2. 荔枝形花刀

（1）先将墨鱼边角修去，剞墨鱼的内侧。

（2）先用直推剞在原料内侧剞上一条条直刀纹，深度为原料的9/10，原则上越深越容易卷曲。原料与刀呈45°角。

（3）将原料转90°，再用直推剞，剞成一条条直刀纹深度为原料的9/10，原则上也是越深越容易卷曲。

（4）原料改为正方形或三角块。加热后呈荔枝形。

3. 花形花刀

（1）菊花形一般剞在较厚的原料上，以便加热后形态更加逼真，就此我们可以选草鱼肉，鸭肫等。

（2）以草鱼为例，首先选择较大的草鱼，其次将草鱼去骨，把两边鱼肉拆下来待用。

（3）把鱼肉的两边称薄的肉去净，在鱼肉上以45°角用直推剞的方法，剞上一条条刀纹，一般要求刀的深度以不剞破鱼皮为度，一遍剞好后，转90°再剞第二刀纹。使鱼皮处连着，而上面是鱼丝，经炸后成为美丽的菊花鱼球。鱼在剞时，刀距为4～5mm。

（4）改刀以正方形或三角形为好。

针菊形鱼球和蟹菊形鱼球同菊花鱼球做法基本一致，稍有区别主要是第一刀剞花时是用斜剞的刀法，这样使菊花的丝叶更长，形态更美。但操作难度增加不少。

4. 菠萝形花刀

（1）菠萝形一般剞在墨鱼肉上较多，剞法与荔枝形相同，只是刀距较荔枝形宽。

（2）在原料改刀时，比荔枝形大，最理想是改成圆形，或长方形。

5. 蓑衣形花刀

（1）蓑衣形一般在猪腰和墨鱼上，先将猪腰一剖两片去净腰骚，顺长用直推剖，剖上一条条刀纹，深度为9/10。

（2）原料转90°，用斜拉剖的方法，将原料斜剖成一条条斜刀纹，要注意的是，一般斜剖时，前两刀不断，第三刀切断，所以蓑衣形改刀和斜剖是同时进行的。由于猪腰的纤维组织较复杂，不容易卷曲，因此在剖时必须深一些，以不断为度。

6. 松鼠鱼

（1）松鼠鱼一般可以用黄鱼、鳜鱼、鲈鱼等来做较为理想。因为做松鼠鱼要求鱼身体大些，鱼身长些，这样做出来的松鼠鱼美观。

（2）去鱼头后沿脊椎骨将鱼身剖开，然后去掉脊椎骨，批去胸肋骨。

（3）在两片鱼肉上剖上直刀纹，深度为剖到鱼皮。

（4）再用斜刀剖，剖成与直剖呈直角相交的刀纹，深度为剖到鱼皮为度。在剖时一般刀距控制在 6~8mm。

松鼠鱼还可分大松鼠和小松鼠之分，大松鼠要求鱼头和鱼身分离，鱼头要侧身用刀敲扁，并且松鼠的身体用三片鱼肉制作而成，这样松鼠更象形，更饱满。小松鼠的头一般不分离，有时用鱼下巴肉做松鼠头，这样更逼真、美观。

7. 蛙形黄鱼

（1）蛙式形一般可以用黄鱼、草鱼等制作。

（2）先把鱼的脊椎骨去掉，使鱼身分成两片，鱼头连着。

（3）两片鱼肉的内侧用刀剖成十字花刀，做青蛙的大腿。

（4）在炸制蛙式鱼时，定型很重要，一般要求下锅时必须牢固地把蛙式鱼定型，这样才不会走样。

8. 龙形草鱼

（1）龙形鱼一般可以用草鱼等制作。

（2）龙形鱼的龙头我们可用胡萝卜先雕刻一个。如果就用草鱼头制作龙头，不是很逼真。

（3）草鱼出骨分成两片，一片鱼尾去掉，另一片鱼尾做龙尾。

鱼身剖菊花形，挂糊后上油锅炸，待鱼肉卷成卷后，放在盘中，弯成龙身。小块的鱼肉炸好后作龙脚，龙头放在身体前部即成。

（4）龙身定型很重要，炸时请特别注意。

思考复习题

主要概念和观念
□主要概念
刀工成形
□主要观念
刀工成形的基本方法
基本训练

第二章　刀工成形工艺

□素质题

1. 如何进行刀工成形?
2. 各种原料形状的加工有哪些注意事项?

□知识题

△概念题

什么叫刀工成形?

△简答题

1. 如何根据原料的性质及烹调的要求来加工各种原料形状?
2. 丝的种类有哪些?规格要求怎样?
3. 片的种类有哪些?规格要求怎样?

观念应用

□实训题

将以下原料:草鱼、猪里脊、光鸡、牛肉、黄瓜、红萝卜、豆腐皮等,分别以不同形状进行刀工成形。

第三章 烹饪原料初步加工

【学习目的】
通过本章学习，应该达到以下目标：
◆知识目标：1.了解烹饪原料初加工要求和加工方法；2.认识和了解一些特殊原料以及它们的加工方式。
◆技能目标：1.掌握蔬菜类、水产品类、家禽类、家禽内脏、野禽、畜肉类、蛇类原料的初步加工，达到技能要求；2.熟练操作龙虾、象鼻蚌、鳗鱼、鱼丸、虾球的加工工艺。
◆能力目标：熟悉烹饪,原料初加工方法和特殊原料以及它们的加工方式，在实践工作中能够熟练的操作。

第一节 鲜活原料的初步加工

原料购进后，一般都不能立刻进行烹制，而应按照不同的原料进行不同的初步加工，以减少原料的消耗，使之物尽其用，烹制出色、香、味、形俱佳的菜肴。初加工主要有剖剥、整理、洗涤、宰杀等，对原料进行初步处理，为正式烹调做好准备。剖剥、整理是为了除去不能使用的废料，加以适当的整理。例如，鱼去鳞，笋去皮，鸡鸭去毛，蔬菜去掉根及老皮、黄叶。洗涤的目的是除去污秽。宰杀则是鲜活动物原料初步加工的第一步。

一、蔬菜类的初加工

（一）初加工要求

1.把黄叶、老叶摘洗干净，不能使其与好叶混在一起，以防影响菜肴烹制的质量。

2.虫卵杂物必须洗涤、清除，特别是蔬菜叶片下部，接近根部处，附有很多虫卵，如洗涤不干净，食进人体内则会影响身体健康。

3.蔬菜的老叶要剥除，但不能把可食部分也摘掉。如过分强调嫩，则会浪费原料，应尽量利用可食部分。

4.摘好的蔬菜不要切后再洗涤，否则从刀口处将流失很多有营养价值的汁液。因此，要尽量做到先洗后切。

（二）初加工方法

1.削剔整理

一般是指拣剔、撕摘、剪切、刮削等方法。例如，叶菜要洗去泥土、污秽，去掉老根、茎、叶;豆类要撕去皮、老筋;芹菜要摘除叶子;竹笋、茭白、土豆、山药等要剥去皮壳。

2. 洗涤处理

这是蔬菜初加工的第二个步骤,有以下几种方法:

(1)冷水洗涤。这是最常用的洗菜方法,可使蔬菜颜色鲜。例如,蔬菜边较脏,要浸在冷水中多泡一会儿再洗,或边冲边洗,才能将泥土、污物洗净。

(2)热水洗涤。有些异味的原料要用热水洗。例如,豆腐干用热水泡洗能除去豆腥味。还有些原料用热水洗易去掉外皮,如西红柿。

(3)盐水洗涤。这种洗法可以杀菌,有些菜叶上的小虫用清水不易洗净,可放在2%的食盐水中浸洗,菜叶上的小虫即可浮出水面而被除掉。例如西洋菜宜用盐水洗涤。

(4)碱水洗涤。在温水中加一些碱,这样的稀碱液可以起到解味、去皮的作用。例如,洗干莲子就是用此方法。

二、水产品类的初加工

(一)初加工要求

1. 水产品的洗涤必须将血水清除,污秽洗净,否则会影响菜肴的色、香、味。

2. 在剖鱼腹后,鱼腹内的黏膜(黑衣)腥气味很大,必须要除尽。去内脏时注意不要碰破鱼胆(海水鱼一般无苦胆)。青鱼、草鱼在冬季时因其饱腹,应在腹鳍处下刀割到臀鳍处;夏季要从臀鳍处下刀刻到腹鳍处,这样可以避免将苦胆弄破。

3. 在初加工水产品时,要注意不同的品种和不同的目的,分别采取不同的初加工方法。例如,一般的鱼都要刮鳞,但鲥鱼就不能去鳞,因其鳞下多脂肪,味道极鲜美;有的鱼要剖腹,有的鱼要剖脊;同是鳝鱼,做鳝片、鳝糊、鳝筒则各需不同的初加工方法。

4. 水产品初加工时,要注意充分利用原料的各部分和下脚料。例如,鱼出骨,必须尽量使骨上不带肉。一些下脚料,如鱼的头、尾、骨架都可以煮汤;黄鱼的鱼鳔可做鱼肚;青鱼的鱼肝、鱼肠等都是名菜的原料。

(二)初加工方法

1. 黄鱼

刮鳞,挖去鱼鳃,剥去头皮,在脐眼处开一刀,用筷子或竹根插入鳃中卷出内脏,洗净。

2. 带鱼

用刀刮去银鳞,在脐眼处开一刀,剪断鳃骨,卷出肚肠,洗净。

3. 墨鱼

先用剪刀刺眼睛,挖去眼球,再将头拉出,剥掉外皮,除去背骨,用手一拉,把鱼身分为两片,洗净。加工时,最好在水中进行,以免墨水四溅。腹内的卵和胶可以做菜。

4. 银鱼

体小,肉白。用剪刀剪去鱼头、鱼尾,洗净。

5. 青鱼

将鳞刮去,挖掉鱼鳃,刮腹去内脏,洗净。青鱼的内脏滋味很美,可用来做菜。将鱼肺里的黑线取出,洗净备用。用剪刀随着肠子的回转划开,然后用尖刀刮去肠内污物,洗净,展开,挂在通风处风干后食用。

6. 草鱼、鲤鱼、胖头鱼、鲢子鱼

初加工方法较简单，打去鳞，挖去鳃，剖腹去掉内脏，洗净。

7. 鲫鱼

加工方法与草鱼相同，去内脏时要保留鱼子。

8. 鳝鱼

加工方法有两种。一种方法是先将鳝鱼捉住，用劲摔昏。然后将它握住，在颈骨处下刀斩一缺口放血，用剪刀从缺口处剖腹，除去内脏。再用左手捏住鱼头，右手执刀从颈口划入，紧贴脊椎骨一直向尾部推去，将鱼划开，除去全部脊骨。或用钉子将鱼头钉在木板上，再剖腹出骨。但此法较费时间。出骨后斩去头、尾，切断鱼身，放入碗中。这种方法加工出来的鳝鱼叫鳝片。

另一种方法是在头颈处及脐眼处各剪一刀，剪断鱼骨，但仍需要连着皮肉。然后用竹筷两根，从颈口处插入，卷出内脏。鱼身切段，洗净备用。这种方法加工出来的原料叫鳝筒。

9. 鲳鱼

平鱼 刮鳞，去鳃，剖腹去肠，洗净。

10. 对虾

先剪去虾的须脚，抽去背筋，剔出泥肠，排去脑中砂污，洗净。

河虾 应根据不同的用途采取不同的加工方法。如烹制油爆大虾的原料，就要剪去虾脚；如要虾仁就要用捏的方法，对较大的虾，则用剥的办法较好，虾仁取出后，用清水加盐洗净备用。

11. 海蟹

以青蟹为代表。用竹筷戳进脐上胃部，将它杀死，再用竹制的硬帚洗刷干净，即可烹制。在刷洗时，也可将蟹螯扳下，以免钳手，如手被钳住。不可硬拉，应将手连蟹浸入水中，蟹螯即会放开。

12. 河蟹

将其身上泥沙刷尽，如蒸后食用，可将蟹洗净，最好用钢绳捆扎蟹脚，以防爬动脱脚流黄。

13. 甲鱼

将甲鱼腹朝天，当其脖子伸长借以翻身时，即斩去头。杀死后洗烫，煺净全身黑皮，斩去爪尖，刮去白皮。在腹部开十字形刀口，取出内脏，洗净备用。

三、家禽类的初加工

(一) 初加工要求

禽类初加工时，活禽与光禽不同，活禽有宰杀、煺毛、开膛、洗涤四个步骤，而光禽(已死鲜料)则只需开膛和洗涤。家禽煺毛时，需放在开水内烫一烫，野禽煺毛一般是干煺，不需开水烫。禽类初加工一般应注意以下几个方面。

1. 宰杀时必须割断血管，以使血流尽。血管不割断，血就流不尽，血流不尽表皮就发红，会影响肉的质量。

2. 烫毛时要根据家禽的老嫩来决定水的温度和烫的时间，老的烫的时间长，水温也要高，嫩的则与此相反。另外，品种不同，烫的时间、水温等都不同。鸡烫毛时间要短，而鸭、鹅就要长些。

3. 洗涤时，要特别注意内脏的污秽、腹腔的血污，要反复冲洗干净。内脏洗涤后，最好用盐水浸一浸,才能除尽污秽。

(二)初加工方法

1. 宰杀

宰杀鸡、鸭前,应先准备好一个小碗,碗内放少许盐及适当清水(冬天放温水,热天放冷水)。宰杀时,用左手中指以下三指握住鸡脚,将颈弯转,用左手大拇指和食指紧紧捏牢。再用右手拔去少许须毛后,操刀宰割,气管、血管必须割断。杀后,用右手握住鸡头,左手握住两脚,使鸡身下倾,让血流入小碗内,使血流尽。血放完,用筷子调和一下,使血凝固备用。

2. 煺毛

待鸡、鸭完全死去(脚不动了),即可进行煺毛,否则其肉易痉挛,毛不易煺去。但死的时间过长,体温下降,毛孔收缩,毛也不易煺掉。煺毛时,将鸡、鸭放过热水中翻身烫透。先煺粗毛,后煺细毛;先煺顺毛翅膀,再煺倒毛颈部,最后煺全身。烫毛所用的水温要根据老嫩与季节而定。一般1.5千克左右的鸡,在秋冬季节水温为80~90℃;春夏季为60~70℃;子鸡需30℃水温即可。

3. 开膛

开膛的方法要视烹调的需要而定。整鸡、整鸭有膛开、胁开、脊开三种,但都要保持它们的原形。

膛开,先在鸡颈、鸭颈与脊背椎骨之间开一刀口,取出食包(嗉子)。再在肛门与腹部之间开一长约二寸的刀口,轻轻挖出内脏,洗净。

胁开,是在鸡的翅膀下开口,拉出内脏,洗净。

脊开,是在脊椎处破骨而开。鸡、鸭烹制好后,装盒时将整鸡、整鸭胸脯朝上,裂口看不见,外形较为美观。

如需用零碎肉的鸡、鸭,开膛就比较简单了,剖腹取出内脏即可。无论用哪种开膛法都行。在取内脏时,特别注意不要碰破肝、胆。因肝营养丰富,碰破了养分易流失;胆破了,使鸡肉、鸭肉变味,会影响肉质,甚至不能食用。

四、家禽内脏的初加工

鸡、鸭宰杀后,内脏除食包(嗉子)、气管、食管及胆囊外,一般都可食用。现将内脏的洗涤方法分述如下。

(一)鸡、鸭胗

先割去前段食肠,再将肠剖开,刮去里边的污物,剥掉内壁黄皮,洗净。

(二)鸡、鸭肝

肝在开膛时取出,随即摘去上面的胆囊。注意不要扯破,否则无法洗净去除掉苦味。

(三)鸡、鸭肠

先把盘肠顺成直条,除去附在肠上的两条白色的油肝。然后用剪刀头(剪刀头上可套一软套,免得戳破肠衣),穿过一端肠头,顺直条把肠剖开。再用明矾、粗盐等拌腌,捏去肠壁上的污物、黏液,洗净扎好口,用开水烫后备用。烫的时间不宜过长,否则肉质老,嚼不动。

(四)鸡油

母鸡腹中有油,取出后不要煎熬,宜用蒸笼蒸。

(五) 其他

鸡心、鸭心、雄鸡的肾脏、未成熟的卵都应拣出，洗净可用。

五、野禽的初加工

(一) 山鸡、水鸭

活野禽宰杀加工与家禽相同，如是死野禽，用于生炒的，可用剥皮法将皮与毛一起剥去，再剁去头、脚，剖腹取内脏；如用于酱、卤，必须保存皮。煺毛要干煺，因一般野禽皮薄，烫后易损肉体。另外，野禽羽毛可作他用，如经水烫，绒毛易受损。

(二) 鸽子、鹌鹑

一般都是活杀，活杀时可用闷死、酒醉等方法。鹌鹑也可用大拇指掐断脊骨即死。煺毛有干煺、水煺两种。干煺要等它完全死后，趁热把毛煺掉，体温冷却后就难煺净了；水温只需60℃水烫后，即可将毛煺掉。因其肉体很嫩，所以水温不宜太高，否则易脱皮。

六、畜肉类的洗涤加工

肉类的洗涤加工，主要是指猪、牛、羊的内脏、脚爪、尾巴、舌头等部分的洗涤加工。因这些原料大都很污秽、油腻，带有腥臭味，如果洗不干净，即无法食用。又因它们的机体组织及内脏构造各有不同，洗涤方法也较复杂，可分为翻洗法、擦洗法、烫洗法、刮洗法、冲洗法、漂洗法等。甚至有些原料必须经过几种洗涤方法才能洗干净。

(一) 翻洗法

此法主要用于洗涤肠、肚等内脏。因其里层十分污秽、油腻，如果不翻洗则无法洗净。洗大肠一般采用套肠翻洗法，就是把大肠口大的一头翻转过来，用手撑开，然后在翻转过来的大肠周围灌注清水，肠受水的压力，就会渐渐翻转过来，至里外完全翻转后，就可将肠内壁的一些糟粕和污秽用力拉去，或用剪刀剪去，并用水反复洗涤干净。

(二) 擦洗法

一般用盐、矾擦洗，主要是为了除去原料上的油腻和黏液。例如，肠、肚在翻洗后，还要重新翻转过来，用盐、矾和少许醋在外壁上反复擦拭，以除去外壁上的黏液。

(三) 烫洗法

把初步洗涤的原料再放火锅中烫或煮一次，以除去腥臭气味。这种方法主要适用于有胆膻气味及血过重的原料。将原料与冷水同时下锅煮烫，煮烫的时间应根据原料的性质及口味的不同而异。例如，肠、肚煮的时间要长些；腰子、肝煮的时间短一些，水沸后即可取出，以保持脆嫩。冷水锅烫煮的作用，主要是使原料逐渐受热，外层不会因突然受热而收缩绷紧，有利于清除内部的血水和膻气味。

(四) 刮洗法

就是用刀刮去原料外皮的污秽和硬毛。例如，洗脚爪一般用小刀刮去爪间污秽及余毛；洗猪舌、牛舌可先用开水浸泡，待舌苔发白时即可捞出，用小刀刮去白苔，再洗净。

(五) 冲洗法

即灌水冲洗，主要适用于洗肺。肺叶的气管和支气管组织复杂，肺泡多，血污不易清除，因此洗肺时应将肺管套在自来水笼头上，将水灌入肺内，使肺叶扩张，血水流出，直灌至肺色转白，再破肺的外膜，洗净备用。

(六)漂洗法

就是用清水漂洗,主要适用于脑、脊髓等原料。这些原料嫩如豆腐,易损破,洗时一般应放在清水里,用一把稻草轻轻地剔除其外层的血衣和血筋,再用清水轻轻漂洗干净即可。

七、蛇类的初加工

蛇属于爬行类动物,分布于热带和亚热带地区,生活于平地、丘陵和山地,外形体圆而细长,体表被覆角质鳞。蛇的种类很多,从蛇的毒性分有毒蛇和无毒蛇两类。

(一)烹饪中常用的蛇品种

1. 毒蛇类:主要有眼镜蛇(饭铲头)、五步蛇(白花蛇)、银环蛇(四十八节)、过山风(眼睛王蛇)、金环蛇(金脚带)等。
2. 无毒蛇类:主要有过树榕(灰鼠蛇)、三索蛇(广蛇)、乌梢蛇(乌风蛇)、滑鼠蛇(黄润蛇)等。

蛇在我国南方食用较多,饮食业将蛇品种搭配,制作滋味鲜美,又滋补养身的菜肴。"三蛇"指饭铲头、金脚带、过树榕。"五蛇"指饭铲头、金脚带、过树榕、三索蛇、白花蛇。

(二)蛇的宰杀加工

1. 准备专用夹蛇的铁钳工具。
2. 用铁钳夹住蛇的头部(七寸),右脚踩着蛇尾,将蛇头斩下,用专门密封袋装好,安全处理。(毒蛇头、身分离十小时内,还会对人体造成伤害)
3. 在斩断的颈部处,用小刀或剪刀插入蛇皮内,从头割到尾,用手剥开皮,从头至尾撕去蛇皮,连内脏带出,洗净即可。

(三)蛇的取肉出骨

蛇的出肉分生拆和熟拆两种:

1. 生拆:用小刀沿蛇背背脊两侧从颈部至尾部各划一刀,在颈部处将肉与背脊骨、腹刺分离,用手抓住蛇肉往尾部方向一撕则取下两边的蛇肉。
2. 熟拆:将蛇斩长段放汤锅内,加清水煮至用手能撕下蛇肉为好,取出,将蛇肉拆下,蛇骨用于熬汤。

(四)蛇在烹饪中的用途

蛇肉肉质细腻,滋味鲜美,在烹饪中常用于炸、炒、爆、煲、炖、烩等烹调法中,烹制五彩炒蛇丝、龙凤大烩、椒盐蛇段、龙虎斗、黄芪蛇肉汤等。

(五)蛇的食用季节和性能

秋风起,三蛇肥。秋季是蛇类最肥美,供应市场最多的季节,也是食蛇进补的最好季节。
蛇肉味甘、咸,性平;功能祛风除湿,通经活络,与滋补药材搭配,具有很好的食疗效果。

第二节 特殊原料与特殊加工方法

一、龙虾及其加工工艺

龙虾属爬行虾类,体粗壮,圆形而略扁平,长30 cm左右,色鲜艳,带有美丽的花色斑纹。

头胸甲坚硬多棘。两对触角发达,第二对触角长而坚硬。步足呈龙爪状,腹部较短,游泳肢不发达,不善游泳,栖息海底,行动缓慢,白天潜伏,夜出觅食。夏秋季是产销旺季,我国主要产于东海和南海,常见的品种有锦绣龙虾、中国龙虾、波纹龙虾、密毛龙虾和日本龙虾等,以中国龙虾数量最多。

需要注意的是龙虾在死后肉质会发生变化,所以龙虾只适合活食。龙虾在接近死亡时会出现"慢爪"状态,以致"褪较",即其头背之间的颈部会有一道明显陷落的肉痕。色泽似荔枝肉,越接近死亡肉痕越深,头部与身躯宛如分开两截。

(一)龙虾的初加工工艺

先切除虾爪尖和触须尖,再从头部的中间入刀,纵向把虾身切开;接着把龙虾转过180℃,由原切口处入刀,把虾头也从中间切开(或用小汤勺挖取虾脑),最后除去沙袋和虾肠。

(二)龙虾的出肉加工

1. 用刀在虾头和虾身之间连接的薄膜切开,摘除虾头(用勺取虾脑)。
2. 把虾腹部朝上,用剪刀剪开龙虾腹壳的两侧,剥下虾腹部的壳。
3. 剥出虾肉,在虾背上切出一条浅缝,摘出虾肠。

但是目前市场上流行的一些龙虾菜,如盱眙十三香龙虾、麻辣龙虾、天鼎龙虾,这些龙虾可不是我们上面所介绍的,而是一种淡水中产的龙虾,习惯上称之为小龙虾。一般情况下,雄虾体长15 cm左右,体重50~70克;雌虾体长10 cm左右体重50克上下。其肉质洁白细嫩,味道鲜美,蛋白质含量高,脂肪含量低,营养丰富,出肉率一般为20%左右。

加工步骤:去须、去脚→剔去沙肠→洗涤。

用剪刀剪去虾须、虾脚,再用力捏住虾的中间尾部向外抽出沙肠(也可用剪刀挑出沙肠),然后将虾放入清水中刷洗干净。值得一提的是可以将虾头取下,只留虾尾部分,经成熟加工后成球状。

出肉加工:一般采用剥的方法,即用手拿着虾,慢慢地剥去虾壳,去掉虾头,抽出屎线。也可将虾煮熟后再剥取虾肉。对一些比较小的虾也可以采取挤的方式,即用双手各捏住虾头和虾尾,用力将虾肉从脊背或腹部挤出。

二、象拔蚌的加工

象拔蚌是一种深水蚌类,生活于深海的沙底,捕捉时用压缩机将海底沙粒吹开,再派潜水员拾取,通常每颗重750~1500克。

象拔蚌味鲜甜,肉质爽脆,它的吃法有多种,常见的有片成薄片生食,配上麻油等酱碟;其次有和酸咸菜等一起煮成汤,也可煮粥、油泡、生炒等,烹制象拔蚌时切忌过火,否则肉质变韧。

象拔蚌外观有白红色、白黄色、浅黑色等几种,但其味道、口感并无不同。颜色不同是因为产地、环境不同,而有的没保护色,有些客人见到象拔蚌肉色微黑,便以为是质量欠佳,其实是不对的。

加工方法:去壳取出内脏(一般在春季可以食用,其它季节仍掉处理),只要"象鼻"部分,然后将其用滚水褪皮洗净,切成片即可食用。

三、鳗鱼的加工

鳗鱼又称鳗鲡,我国又称为河鳗、白鳝、青鳝,鳗鲡目鳗鲡科。

鳗鲡长可达60余厘米。体细长,前部圆筒形,后部稍侧扁。舌长而尖,下颌稍突出,上下颌具细齿。眼很小,鳃孔小。背鳍和臀鳍均延长,与尾鳍相连,无腹鳍。尾鳍短而圆。鳞细小,埋于皮下,背部灰褐色,腹部白色。为洄游性鱼类,平时生活在淡水中,秋后成体鱼洄游入海产卵。亲鱼产卵后死去。卵在海中成为幼鱼后再进入江河生长肥育。鳗鲡肉色洁白,肉质细嫩,入口肥糯。

典型做法:捷克奇料理、布拉特里鳗鱼,煎炸。黄鳗(20~30厘米):腌泡,湿煮,铁箅子烧烤。银鳗:烟熏、煎炸、盐渍或用醋加作料浸渍后炸。

鳗鱼的活杀加工

步骤:宰杀→取内脏→烫泡→洗涤。

先将鳗鱼用刀背敲晕(或摔晕),再用左手中指关节用力勾牢(或用干净的湿布垫在手上用力捏住)河鳗,右手握刀在鳗鱼的喉部先割一刀,接着在肛门处割一刀,放尽血。然后将两根方形竹筷从喉部刀口处插入腹腔,用力向一个方向绞卷后拉出内脏,再用手挖去鱼鳃,放入70℃的热水中浸泡。待其身体表面黏液凝固后取出,用抹布或竹筷刮除,再用清水冲洗干净。

值得一提的是在某些地区是先将鳗鱼泡烫去除黏液后再剖腹取内脏。

但对一些菜肴如生炒鳗片,在去除黏液时就不能采用熟烫的方法,否则会影响成菜的嫩度,而且不便于出骨加工,所以只能采用搓揉的方法将黏液去除。具体加工方法是:将宰杀去骨的鳗鱼肉放入盆中,加入盐、醋后反复搓揉,待黏液起沫后用清水冲洗,然后用干抹布将鱼体擦净即可。

四、鱼丸的制作

(一)鱼丸制作流程

选料(鲜鲢、鳙鱼等)→洗净→采肉→漂洗→脱水→精滤→排斩→调料→成形→水煮(或油炸)→冷却→包装(或直销)。

(二)具体操作方法

将鱼洗净后,除皮去骨刺,并剔去红鱼肉,放入清水中略为漂洗,接着用洁净新纱布滤去水,再至砧板上用双刀(最好先用刀背松散后再改用刀刃)有节奏地按顺序排斩,至鱼肉稍有转白,手感有黏性时为好,注意要斩透,使鱼肉全部成泥(注:此工序也可用绞肉机操作,但加工的鱼丸口味较差),然后分数次加入冷鲜汤及葱姜汁,用手顺一个方向搅成稀浆状,调入精盐,继续搅打至呈极富黏性的泥茸,然后分次加入已搅散的鸡蛋清、油脂和淀粉,快速搅打,一口气搅成色泽乳白而明亮、细腻滋糯而松泡的鱼茸。这时可将鱼茸挤成丸子在清水中浸泡半小时(防止煮制时粘连),入冷水锅中加热至锅边冒小泡而不沸腾状并保持一定时间,至丸子余熟,捞出漂入冷水中,即成。

(三)操作要领

1. 制作鱼丸一般宜选用蛋白质含量高,而脂肪含量低的新鲜鱼肉,如:鲢、鳙鱼。鱼肉的脂肪含量高会阻碍蛋白质分子网状结构的形成,从而降低鱼丸的弹性。此外新鲜鱼肉不会发生蛋白质变性,一旦超过其自溶期,那么制作鱼丸的质量是会受到影响的,因而鱼肉的新鲜度是制作鱼丸的前提条件。

2. 为保证鱼丸色泽乳白光亮,应该从鱼肉的漂洗及如何排捶加工两个细节方面入手。因漂洗鱼肉可以除去鱼肉中的血污、杂质及肌肉中的血红色素,但需注意,漂洗鱼肉时不能久漂,久漂则鱼肉发硬,排捶时难以成茸,且降低其黏凝度。排捶原料的手法对鱼丸色泽的影响较大。一般应以先轻后重的手法对原料进行排捶,切忌一开始就急于求成而用力过大,结果造成鱼肉颗粒不仅难以成亲和之茸外,还会带起砧扳上的木屑等杂质。此外还需注意,排捶时中途翻动切勿用手,同时要把握好节奏,缩短排捶时间,这样有利于鱼茸的色泽及质地。

3. 辅料的掺入与顺序是有讲究的,如在川菜中制茸有"一水、二盐、三蛋、四油、五淀粉"之说。水能起到稀释鱼茸的作用,鱼茸可以强烈地溶剂化,使大量水分子排列在周围。由于水分子的排列是有方向性的,同时因起电荷的作用,所以搅拌时一定要朝着一个方向,否则会破坏水分子的排列,使鱼茸吐水(掺水率约为100% ~150%)。制作鱼丸用盐量非常重要(控制在0.6~1.2mol/L)。从根本上讲,制作鱼丸就是利用蛋白质的盐溶性、热凝聚的特性而成形。如盐的用量过少,肌球蛋白和肌动蛋白溶出量不多,形成溶胶黏性不强,网络形成力弱;盐的用量过多,会起到一定的脱水作用,使鱼丸的持水性能降低,产生变性而使蛋白质性状被破坏,降低了鱼丸的弹性,影响其口感。制作鱼丸需要加入适量鸡蛋清和油脂。鸡蛋清具有吃水性强、凝固效果好的特点,添加的目的就是增加胶结性,保持鱼丸的弹性和嫩度。加入油脂的目的是增加鱼丸细腻、滑嫩的口感,并有增白的效果。但需注意,对鸡蛋清和油脂都不能加得过多。由于鸡蛋清具有膨胀性,加多了,在鱼丸加热时会使其表面不光滑,影响鱼丸的外观;而油脂加多了,则容易使鱼丸内部成蜂窝状,造成口感质粗且油腻。淀粉本是一种黏合剂、增稠剂。鱼丸中加入淀粉会使其增强吸水性,同时增加鱼丸的可塑性,有利于成形。但淀粉的用量要适量,过少,鱼丸的黏性不够;过多,则鱼丸会发硬、色泽不白且浮力差。(不使用鸡蛋清和淀粉可以充分体现鱼肉的本质)。

4. 温度和pH范围的控制:制作鱼茸的最佳温度是在2℃左右,因为这一温度的鱼茸最稳定,最利于肌肉活性蛋白质的溶出。温度达到30℃以上,鱼茸的吸水能力就会下降因为形成鱼茸嫩度和弹性的主要蛋白质—肌球蛋白,在加盐后对热很不稳定,所以夏天比冬天调鱼茸的难度要大些,夏天的掺水量也要少一点儿,有时还要把调好的鱼茸放入冰箱冷藏,使鱼茸更加稳定、更利于成形。此外,鱼茸的弹性与酸碱度有密切关系,pH在6以下,弹性能力下降,pH在6.5~7.2范围内形成的弹性最强。

5. 应掌握好汆煮鱼丸的火候,其具体方法是:鱼丸生坯应下入冷水锅中,然后移至火口,随着锅中水温的升高,鱼丸的弹性就增强,直至锅中水在锅边冒小泡时,转小火保持水温约半小时,鱼丸便汆煮熟了。在此过程中需要注意的是:若水温低于60℃时,鱼丸会变性而失去黏性,成品结构松散,甚至散碎不成形;而水温长时间保持在90℃以上,鱼丸又会出现多纤维状,而影响其口感。理想的鱼丸加热温度以控制在80~90℃,保持半小时为好。

总之,我们要做好鱼丸一定要做到调制鱼茸六不伤、六不缺(水、盐、油、蛋、粉、味);搅打好的鱼茸色白、滋润、细嫩、光滑、无杂质;汆煮时掌握好火候,就一定能做出高质量的鱼丸。还值得一提的是鱼丸还可以用油炸的方法成熟,但油温不能太高,而造成破损或色泽发黄。

五、虾球

虾球的加工方法有两种:一种方法是选用对虾,将其剪去虾脚、虾须,取其尾部中间2~3

节(背上切一刀,深沟三分之二,),经上浆滑油而成。(也可只取虾尾,但要在背部划上一刀,将沙袋和筋去除,再在尾上部切一口,将虾尾从中穿过)

另一种方法是将对虾或河虾加工成泥茸挤成球状(方法同鱼茸,只是在掺水上虾肉较少约为10%,用手挤茸成球状或用勺挖取)

复习思考题

1. 蔬菜类、水产品类、家禽类、家禽内脏、野禽、畜肉类有哪些初步加工的方法?有何技能要求?
2. 烹饪中常用的蛇品种有哪些?蛇的宰杀、出肉加工有哪些步骤?
3. 龙虾是如何进行出肉的?
4. 淡水虾是如何进行出肉加工的?
5. 如何进行鳗鱼的活杀加工?
6. 鱼丸的制作方法是什么?其注意事项是什么?

第四章 常用原料的拆骨出肉

【学习目标】
通过本章学习,应该达到以下目标:
◆知识目标:1. 掌握原料拆骨出肉的概念和作用;了解常用动物性原料的骨骼结构。
2. 理解掌握分档取料的概念和意义,了解常用动物原料的部位名称。
◆技能目标:1. 掌握拆骨出肉的步骤和方法。
2. 熟练各种刀工技法。
◆能力目标:1. 鸡(鸭)分档取料。
2. 鸡(鸭)全出骨。
3. 鱼拆骨去皮。
4. 猪出肉拆骨;猪夹心肉拆骨。

烹饪原料是制作菜肴的物质基础。菜肴的品种和质量与原料的性能和质量有密切关系。各类原料都有各自不同的部位。例如一条整鱼,可分鱼头、鱼尾、鱼中段和鱼肚档;一只鸡可分为鸡头、鸡颈、翅膀、胸脯、鸡腿和鸡爪等。由于各部位的骨骼、肌纤维、蛋白质、脂肪和结缔组织的比例、含量不同,因而性能质量也不同,烹饪所用的加热时间、火力也不同。因此烹调前应对家畜、家禽、鱼类等动物性原料拆骨、出肉和分档取料,这样既便于烹调,也有利于提高菜肴质量。

第一节 鸡(鸭)的分档取料

分档取料就是把已经宰杀的整只家畜、家禽根据其肌肉、骨骼等组织的不同部位进行分档,并按照烹制菜肴的要求进行有选择的取料。分档取料是切配工作中的一个重要环节,它直接影响菜肴的质量。

一、分档取料的作用

1. 保证菜肴的质量,突出菜肴的特点

由于家畜、家禽和鱼类各部位的性能不同,而且不同的烹调方法及菜肴特点需要不同质量的烹饪原料,所以在选择原料时,必须选用相应部位、相应质量的原料,以适应不同烹调方法和不同菜肴的需要,保证菜肴的质量。如"酸辣扣肉"就要用五花肉,"回锅肉"就要用坐臀肉,"咕噜肉"就要用上脑肉,"肴肉""扎蹄"就要用前蹄。

第四章 常用原料的拆骨出肉

2. 保证原料的合理使用

各部位的不同，有的全是瘦肉，有的脂肪很多，有的肥瘦间隔，有的肉质细嫩，有的肉质老而纤维长。这些不同性质的原料，都有其相适应的菜肴。通过分档取料，可根据不同部位的特点，结合菜肴的质量标准，合理地使用原料，做到物尽其用。

二、分档取料的关键

原料的分档取料技术性高，操作难度大，关键在于要掌握正确的操作方法。

1. 下刀要准确

操作者必须熟悉分档原料肌肉和骨骼的结构及各部分的位置，做到下刀准确。家畜肉中各部分肌肉组织的质地不同，它们之间往往有隔膜隔开，分档时沿隔膜处下刀，会使分档后的原料清爽、完整，原料间质地界限清楚，能保证分档原料的质量。

2. 要有先后次序

动物性原料的肌肉和骨骼都有其固定的位置，分档也应有先后次序。如鸡的分档，一般是先斩下双爪，再切下鸡腿，然后取下鸡胸脯肉和里脊肉。这样分档的鸡肉是完整的。如次序颠倒，则切下的鸡肉破碎不齐、骨骼断裂。

3. 刀要紧贴骨骼

这与出肉加工的要求一样，可使骨不带肉，肉不带骨，骨肉能很好地分离，同时还可使骨肉分离的刀面光滑，出肉率高。

三、鸡（鸭）分档取料的方法

鸡、鸭、鹅等家禽的骨骼、肌肉构造和各组织部位的分布大体相同。下面以鸡为例，说明家禽各部位名称、用途和分档取料的方法。鸡各部位名称，如图4-1所示。

1. 头；2. 颈；3. 脊背；4. 胸肉；5. 翅膀；6. 腿肉；7. 爪

图 4-1

1. 鸡各部位的名称及用途

（1）鸡头，是鸡的下脚料，骨多、肉少，含胶原蛋白丰富，适宜卤、酱或制汤。

（2）鸡颈，皮韧而脆，肉纤维较长，肉质细嫩，但有较多的淋巴应除去，适宜酱、卤、煮、红烧、制汤等。

(3)脊背，家禽的脊背主要是皮和骨，肌肉少，但在脊背两侧各有一块肉，俗称"栗子肉"或"腰窝肉"。此肉老嫩适宜，无筋，适用于爆、炒、炸等。但由于含肉量较少，脊背多用于制汤。

(4)胸脯和里脊，鸡里脊又称鸡柳、鸡牙子，是位于胸脯与胸骨之间的一条肉。它是鸡身上最细嫩的一块肉，除有一条暗筋外，其余全是肌肉，可加工成丝、丁、条、片、茸等，适用于炸、熘、爆、炒、烩等烹调方法。鸡胸脯肉具有筋少、肉厚、细嫩的特点，仅次于里脊肉，用途与里脊肉基本相同，可烹制如"小煎鸡米""芙蓉鸡片""东安鸡条""多味鸡"等。

(5)鸡翅膀，又称凤翼、凤翅。鸡翅膀皮骨较多，味鲜而质嫩，可带骨用于炸、煮、炖、酱、烧、焖等，可烹制"贵妃鸡翅""香酥鸡翅""葱油鸡翅"等。也可去骨后，酿入肉末、虾仁等馅料，拍上干粉炸成荔枝鸡球。

(6)鸡腿，肉厚、筋多、质老。一般用于烧、扒、煎、炒、炖、香酥等。可带骨烹制成"黄焖鸡块""红扒鸡腿""香酥鸡腿"等，也可去骨后制成"宫保鸡丁""酱爆鸡丁"等菜肴。

(7)鸡爪，爪，皮嫩而脆，筋多，骨粗，含胶原蛋白丰富，可用于红烧、制汤、制冻，也可以煮熟后拆去小腿骨和趾骨，加调味品拌食。

2.鸡的分档取料

鸡经宰杀、煺毛、去内脏等初加工后，就可以进行分档取料了。鸡的分档取料主要有下面几个步骤。

(1)拆鸡爪，握住鸡爪，从鸡腿与鸡爪的关节处割开，卸下鸡爪，也可用刀对着鸡的关节，斩下鸡爪。

(2)拆鸡腿，先把鸡腿与鸡胸脯相连的皮割破，左手抓住鸡腿，并用力掰开，使腿关节掰断后露出，按稳鸡身，再将鸡大腿近身躯骨的筋膜及肌肉割断，卸下鸡腿。

(3)拆鸡翅膀、鸡胸脯，捏住鸡翅膀，右手持刀，沿着翅骨与鸡体骨骼的连接处下刀，割断筋膜，使翅骨分离，用刀刃压在鸡身的翅骨关节处，左手将翅膀用力向后拉，使翅膀与胸脯肉一同拉下，卸下鸡翅膀和鸡胸脯肉。

(4)拆鸡里脊肉(鸡牙子、鸡小胸)，刃紧贴胸骨，用刀尖将里脊肉与胸骨划开，左手抓住里脊肉往后拉，拆下里脊肉。用同样方法拆下另一条里脊肉。

(5)拆背脊肉、鸡头、鸡颈，用刀根在鸡背脊的凹陷处刮一下，取下两块背脊肉(栗子肉)，在头颈的宰杀刀口处斩下鸡头。在鸡颈与身体相连处下刀割下鸡颈。

第二节 鸡(鸭)的整料去骨

所谓整料去骨，就是将整只原料去净或剔除其主要的骨骼，仍保持原料原有的完整外形的一种处理技法。整料去骨主要用于整鸡、整鸭和整鱼。

一、整料去骨的作用

(一)利于食用

动物性原料的骨骼包在肌肉组织中，加工时如不去除，在食用时既不方便，也不太文雅。经整料去骨后，就便于食用。

(二)丰富营养

整料去骨,不仅要去其主要骨骼,而且在去掉骨骼的空隙处可填入其他原料,这样就丰富了营养,实现了营养素之间的均衡。

(三)易于入味

原料经去骨后,肌肉组织松弛,利于调味品的渗透,烹调时利于入味。

(四)形态美观

整料去骨后的原料较为柔软,易于改变形状,可制成各种造型的精致菜肴,如"八宝葫芦鸭""怀胎鳜鱼"等。

二、整料去骨的要求

(一)选料要精细

整料去骨对原料的要求较高,它要求肥壮肉多,质地老嫩适中,大小合理。例如:鸡应当选择一年左右尚未产蛋的肥壮母鸡;鸭应当选择8~9个月的肥壮母鸭。家禽如太嫩、太瘦,脂肪不足,出骨时易破皮,烹制时皮也容易裂开;如果太老,肉质比较坚实,烹制时间短就不易酥烂,烹制时间长肉虽酥烂了,但皮又容易裂开。所以都不宜选择做整料去骨的原料。鱼的大小最好在500克左右,且肉厚,肋骨较软,如黄鱼、鳜鱼、鲈鱼等。

(二)初加工要符合整料去骨的要求

整料去骨要求原料去其骨骼而外形完整不破,这就要求经初加工后原料要完整。如在宰杀鸡、鸭时刀口不能过大,烫泡时水温及时间要适当,煺毛时皮不能弄破,内脏也不需要去除。对于鱼类,则要求在刮鳞时不能刮破鱼皮,去鳃时挖口不能过大,内脏不必除去,应在去骨时一同带出。

(三)去骨时要谨慎

原料的某些部位骨肉少,骨外包一层皮,如鸡、鸭的背脊部位。这就要求在出骨时谨慎小心,不可碰破外皮。同时,出骨要按先后次序进行,做到心中有数,下刀准确。

三、整料去骨的方法

下面以整鸡去骨为例,说明整料去骨的操作方法。(鸡的骨骼见图4-2)

(一)出颈骨

将已煺净毛而未开膛的整鸡放在砧板上,用刀沿鸡颈的两肩正中顺着鸡颈骨直划一条长约6厘米的刀口,从刀口处将颈皮掰开(勿将刀口撕大),拉出颈骨,用刀尖在靠近鸡头处把颈骨剁断,注意不要碰破颈皮。

(二)去翅骨

从颈部刀口处将皮翻开,使鸡头下垂。然后,连皮带肉慢慢地向后翻剥。剥至翅骨的关节处,待骺骨露出后,用刀将连接关节的筋割断,使翅骨与鸡身脱离。

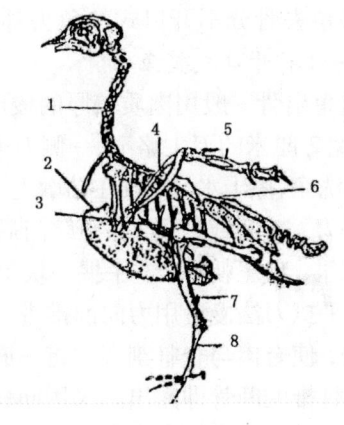

1.颈肉;2.龙爪;3.胸肉;4.翅骨;
5.小翅骨;6.脊骨;7.大腿骨;8.小腿骨

图4-2

（三）去鸡身骨

一只手拉住鸡颈骨，另一只手拉住背部的皮肉，轻轻地翻剥。将鸡胸的突起处按下，使之略低一些，以免向下翻剥时骨头将皮戳破（也可用剪刀从肉里将龙骨剪断，使其低凹）。当翻剥到背部皮骨连接处时，因不易剥下，可随时用小刀贴着骨割断与肉相连的筋膜，再继续翻剥到鸡腰窝肉处，把鸡腰窝肉剔下。剥到腿部时，将两腿向背部轻轻地掰开，使腿关节露出，将大腿筋割断，使腿骨与鸡身体脱离。再继续翻剥至肛门处，用刀割断尾椎骨（不要割破鸡尾），鸡尾仍留在鸡身上。这时鸡身骨骼已与皮肉分离，然后再将骨骼与内脏一同取出，将肛门处的直肠割断并洗净。

（四）出鸡腿骨

将大腿骨的皮肉翻开一些，使大腿骨关节外露，用刀绕割一周，割断筋膜，随后将大腿骨向外抽拉至膝关节，用刀背敲断小腿骨或割下。再在靠近鸡爪处横割一刀口，把皮肉向上翻，将小腿骨抽出斩断。按上述方法，将另一侧腿骨出清。至此，骨骼已全部出完。

（五）翻转鸡肉

鸡的骨骼去净后，用清水将鸡肉冲洗干净，尤其是肛门处应多冲洗。然后，将右手从颈部刀口处伸入至尾部，抓住尾部皮肉，将鸡重新翻转过来。这样，在形态上仍是一只完整的鸡。

鸭、鸽的整料去骨与鸡的去骨方法和步骤大体相同。再讲一下鸭掌的去骨：把鸭掌去净黄皮、洗净，剁去趾甲，放入冷水锅内，煮熟。把筋抽掉，放入冷水过凉。取出，用小刀在掌面上沿掌趾骨一条条地划开，把骨头取出，备用。

第三节　鱼拆骨去皮

一、整鱼去骨

整鱼去骨分不开口式整鱼去骨和开口式整鱼去骨。

（一）不开口式整鱼出骨

整鱼出骨一般用肉质较厚的梭形鱼类，如草鱼、黄鱼、鲈鱼、鳜鱼等。出骨时最好用长约20厘米、宽2厘米的刀尖略窄、一侧刀刃锋利的剑形刀具。操作过程是：取鱼一尾，刮鳞去鳃，不要破腹，洗净，擦干水分，放在砧墩上，头向左，尾向右，鱼腹朝外，在鳃骨下距月牙骨约1公分处横切一刀，斩断脊骨，再在平鳍门后距离尾部约7公分处用手折断脊背骨，但皮肉不能断。将鱼头朝里，鱼尾朝外，左手握一块干净的抹布按住鱼头，右手持刀，端平刀身，从脊椎断骨处进刀，用平扒刀法慢慢用力向前推进，左手按住鱼背，行刀至尾部脊椎骨断骨处，再用片刀法横批肋骨处，使脊肉与脊骨割离。将一面片好后，翻过鱼身，鱼头朝外，鱼尾朝内，用手指将鱼头向上翻，脊椎的断骨即露出。采用同样方法，使另一面脊椎骨、肋骨脱离鱼身，再翻过鱼身，用左手按住鱼腹，右手捏住脊骨和肋骨慢慢抽出，并带出鱼肠，再洗净即可。

（二）开口式整鱼出骨

主要有出脊椎骨、出胸肋骨两个环节。

1. 出脊椎骨

将鲜鱼去鳞、去鳃，洗净，擦干水分，把鱼平放在砧墩上，头朝前，腹向左，背向右。左手握一块干净的抹布，按住鱼腹；右手持刀，紧巾着鱼脊椎骨上部批进，从鳃至尾，批开一条刀缝。接着左手向下按一下，刀缝口便张开，缝口变宽，刀就从缝口贴骨向里片，片过鱼的脊椎骨，再片断鱼的胸骨和脊椎骨相连处停止行刀。此时不能再向里片，否则将片破鱼内脏。将鱼翻身，用同样方法，批开另一面脊椎骨。这时，脊椎骨与鱼肉完全分离，再用刀在靠近鱼头和鱼尾处轻轻剁断脊椎骨，将骨取出，再取出内脏，即完成了出脊椎骨的工作。

2. 出胸肋骨

将剔出脊椎骨的鱼竖放在砧墩上，腹向下，背向上，从鱼背刀口处翻开鱼肉，翻至胸骨的根部露出来为止。刀先从近鱼头处批进，至鱼尾处拉出，慢慢批进，先将鱼尾处的胸骨片离鱼身，再用左手提起近鱼尾处的胸骨，用刀把近鱼头处的胸骨片离鱼身。用同样刀法，将另一面的胸骨片下。至此，鱼脊椎骨和胸骨都已剔出。把翻开的鱼肉合上，从外形看，仍是一条完整的鱼。这种整鱼出骨的方法较简单，但缺点是背部留下长刀口，在制作酿制菜肴时，需把鱼背部"缝合"。

二、鱼的去皮

生拆的方法是：先在鱼鳃盖骨后切下鱼头，随后将刀贴着脊骨向里批进，鱼身肚朝外，背朝里，左手就抓住上半片鱼肚。批下半片鱼肚，鱼翻身，刀仍贴脊骨运行，将另半片也批下，随后鱼皮朝下，肚朝左侧，斜刀将鱼刺批去，如果要去皮，大鱼可从鱼肉中部下刀，切至鱼皮处，刀口贴鱼皮，刀身侧斜向前推进，除去一半鱼皮。接着手抓住鱼皮，批下另一半鱼肉。如果是小鱼，可从尾部皮肉相连处进刀，手指按住鱼皮斜刀向前推批去掉鱼皮。

第四节　猪出肉拆骨

一、猪各部位名称及用途

猪的各部位名称，如图4-3所示。

（一）头

从宰杀刀口的脑顶骨处可将猪头斩下来。猪头肉质脆嫩，肥而不腻，适宜酱、扒、烧、煮等。将猪头对劈开，可取出一对猪脑。猪脑可以炖、蒸或拍粉后炸。猪舌可用于炒、烧、煮、酱等。

（二）尾

从尾根处将尾割下。尾具有多骨节、肉少、胶原蛋白丰富的特点，适宜酱、烧、卤、煮、冻、炖等。如制作"酱猪尾""卤猪尾""白鲞冻猪尾""参炖猪尾"等菜肴。

（三）上脑

俗称"第二刀前槽""肩颈肉"。它位于猪身上方猪头与脊背中间，在扇面骨上面，肉质较嫩，瘦中夹肥，适宜熘、炒、炸、烧、焖等，可制作"咕噜肉""叉烧肉"等菜肴。

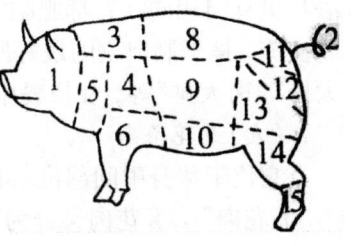

1. 头；2. 尾；3. 上脑；4. 夹心肉；5. 颈肉；
6. 前蹄膀；7. 前脚爪；8. 脊背；
9. 五花条肉；
10. 奶脯；11. 臀尖；12. 坐臀；
13. 外裆；
14. 后蹄膀；15. 后脚爪

图4-3

(四)夹心肉

位于上脑下方和前肘上方。肉质较老，筋膜多，肥瘦相间，吸水性较强，适宜制馅、做丸子等。在夹心肉与扇面骨相连处有一月牙形脆骨，称为小排骨。在斩去前蹄的落刀处，用刀在肋骨下面向上批过去，剔下的胸前排骨，就是小排骨。小排骨上的肉质不老不嫩，适宜制作"糖醋排骨""椒盐排骨"和制汤，也可以用红烧、焖等烹调方法。在小排骨的下面有一条瘦肉，称为梅子肉，适宜制馅、做丸子等。

(五)颈肉

俗称"血脖""槽头肉"，位于前腿的前部与猪头相连处。此处是宰杀猪的刀口，有较多的污血，因而色泽发红，肉老质差，肥瘦混同，适宜制馅或用较低档的菜肴中。

(六)前蹄髈

也称"前肘子"，位于前脚爪膝盖上部与夹心肉下方。其皮厚筋多，胶质重，瘦肉多，肥而不腻，适宜红烧、酱、扒、清炖等烹调方法，如制作"红烧肘子""镇江肴肉"等菜肴。

(七)前脚爪

它向上与前蹄髈相连，可从爪部的骱骨处割下前脚爪。前脚爪只有皮、筋、骨，而没有瘦肉，胶原蛋白丰富，烹制前需剥去蹄壳，刮净余毛和污物，多用于红烧、酱、煮汤、制冻等，可制作"红烧猪爪""东坡猪手""黄豆炖猪爪"等菜肴。从脚爪中可以抽出一根粗筋，干制后即为"蹄筋"。从前脚爪抽出的蹄筋涨发性差，质量不如后脚爪蹄筋好。

(八)脊背

脊背包括大排骨、里脊、通脊(又称硬肋、扁担肉)、肥膘和背皮。大排骨骨大、肉少，一般用于红烧、卤、制汤等。里脊位于通脊内侧，从腰子到分水骨之间，是猪身上最嫩的肉，左右共有两块，呈长扁圆形，肉质细嫩，适宜炸、炒、爆、熘等烹调方法。其用途较广，可以制作"软炸里脊""清炒里脊丝""茄汁里脊片"等菜肴。通脊位于大排骨与背部肥膘之间，处于前后腿中间，肉质细嫩，可代替里脊肉使用，与肥膘相连的一面有板筋，应批去，适用的烹调方法与里脊肉相同。背部肥膘完全是肥肉，可熬油或代替板油使用。背皮皮质厚，胶质重，可制皮冻，是干制肉皮的最好原料。将大排骨与通脊一起横劈成大片，即成大排，可烹制"红烧大排""卤大排"等，在快餐中使用较多。

(九)五花条肉

它位于猪身中间部位，上接大排肉，下连胸脯肉。一般带排骨的称为方肉，不带骨的称为"五花肉"。五花肉又分为硬肋、软肋，亦叫"硬五花""软五花"。硬肋就是与排骨相连的部分，软肋是没有排骨的部分。五花肉的特点是肥瘦分明，一层瘦上层肥，呈"五花三层"的结构。硬五花肉一般多用于煮余、红烧、粉蒸、扣肉等。软五花肉一般用于炖、焖等。软、硬五花肉适用的菜肴较多，如"红烧肉""东坡肉""干菜焖肉""螺丝肉"等。在此部位还有猪板油、网油等，剥下可熬油或另作他用。

(十)奶脯

俗称"拖泥""肚囊子"，位于猪的腹部，连接软五花的下方，为猪肉中的次品，质软而肥韧，食味较差，呈泡泡状，一般用于炼油，皮可制冻。

(十一)臀尖

它位于猪臀部的凸处，尾根的上方部位，是坐臀肉上面的瘦肉。其肉质细嫩，可代替里脊肉，适宜炸、爆、炒、熘等烹调方法，如制作椒盐肉片""滑炒肉丝""酱爆肉丁""熘肉片"等菜肴。

第四章 常用原料的拆骨出肉

(十二) 坐臀

又称"坐板""二刀肉",位于后腿的中部,处于弹子肉、臀尖的中间,一端厚一端薄,肉质较老,丝纹较长,一般用于白切或酱、炒、煮、烧等烹调方法,可制作"回锅肉""蒜泥白肉""五香卤肉"等菜肴。坐臀的内侧上方(即后腿的中部,靠近尾处)和后肘子的上方有一块圆形的瘦肉,称为"磨裆"或"黄瓜条",肉质细嫩,可代替里脊肉使用。

(十三) 外裆

又称"弹子肉""元宝肉",位于分水骨下面,是后腿前部的瘦肉,是一块被薄膜包着的圆形瘦肉。肉质较嫩,可代替里脊肉使用。多用于炸、爆、炒、熘、烹等,可烹制"炒肉片""熘肉片""炸烹肉丝""酱爆三丁"等菜肴。

(十四) 后蹄膀

俗称"后肘子",位于后腿膝盖上面和坐臀、外裆的下方,从骱骨处割下斩去后脚爪即可取下后蹄膀。后蹄膀皮厚筋多,瘦肉也多,肉质坚实,含胶原蛋白质丰富,适宜红烧、清炖、卤等烹调方法,可制作"红烧肘子""走油蹄膀""金银蹄""红焖蹄膀"等菜肴。

(十五) 后脚爪

它与后蹄膀相连,可从膝股骨处割下。从后脚爪中抽得的蹄筋,干制后涨发性较强,较前爪蹄筋好。后脚爪与前爪一样,只有皮、筋、骨,且比前脚爪更差。烹制前也需刮净余毛和污物,剥去蹄壳。多用红烧、酱、煮、卤、制冻等,如制作"红烧猪爪""黄豆炖猪爪""红卤猪爪"等。

二、猪的出肉加工

猪的出肉加工,又称"剔骨"。先将半片猪肉放在案板上(皮朝下)。用砍刀将前腿、腹背、后腿三部分分开,然后依次剔去这三部分的骨骼,取出猪肉。

(一) 剔肋骨

用刀尖划破肋骨上的薄膜,割开排骨下端的软骨,并沿背脊骨方向用刀刮开排骨上的筋膜和肌肉,使排骨与肉分离,把每条肋骨推出肉外,直至背脊骨,然后连同背脊骨一起割下。如果要出"排骨",则需用砍刀把肋骨从背脊骨根部砍断,连同肋骨下的一层五花肉一起片下。

(二) 出前腿肉(夹心肉)

在前腿肉内侧自上而下用刀割开,露出骨头后再割出锨板骨(扇面骨)下关节。出锨板骨时,用刀根或刀尖刮,使锨板骨与肌肉分开,取出锨板骨,再用刀沿前腿骨划开,剔去腿骨。

(三) 剔后腿骨

先用刀刮下髋骨上的部分肌肉,割开髋骨与棒子骨相连的关节,卸下髋骨。再沿棒子骨处下刀,划开棒子骨上面的肌肉,割断关节上的筋,将骨两侧的肌肉刮净,取出棒子骨。再剔小腿骨,划开皮肉后,可以看到在腿骨侧面有并行的一条小细骨,用刀尖沿小细骨和小腿骨将骨上的肌肉刮净,最后割断与骨相连的筋膜,卸下小腿骨。剔棒子骨(大腿骨)与剔小腿骨应交替进行,才能较快地将骨剔出。

牛、羊的出肉加工与猪的出肉加工基本相同。

复习思考题

1. 什么是去骨和分档取料?
2. 简述整鸡去骨的步骤及要求。

3. 鱼是怎么进行去皮的,以及怎么进行整鱼出骨?
4. 简述猪的各部位名称、质地、用途。
5. 简述夹心肉是如何拆骨的。

第五章　干货原料的涨发

> 【学习目的】
> 　　通过本章学习，应该达到以下目标：
> ◆知识目标：1. 通过本章节的学习主要了解干货原料方法和特点，干货涨发的概念及其涨发的目的和意义。
> 2. 理解干货涨发的基本要求，各种干货原料涨发的原理。
> ◆技能目标：1. 掌握干货原料涨发的方法。
> 2. 常用和较高档原料涨发。
> ◆能力目标：1. 掌握干货原料涨发的方法。
> 2. 常用和较高档原料涨发的。

第一节　干货涨发的意义

一、干制原料的方法和特点

烹饪原料不仅包括大量的鲜活的动物性、植物性原料，而且还包括一部分经过脱水干制而成的干货原料，如：鱼翅、海参、燕窝、鱿鱼干、蹄筋、干肉皮、木耳、海带等。所谓干制，也就是脱水处理，其目的是便于保存和运输，有些干料如香菇、葡萄干等，经干制后还可以改善其风味。但它于鲜活原料相比，质地干、硬、老、韧，因而在烹调前往往要经过吸水、膨胀和初步整理的处理过程，这个处理过程称为干货原料的涨发，简称"发料"。

脱水干制的方法有晒干、风干、阴干、烘干、草木灰或石灰炝干等。有的用热空气和真空干燥，也有以盐腌的方法干制或经过盐腌后再晒干的。一般来说，晒干的比风干的硬，风干的脱水率较低，质地松软，鲜味损失少，质量要比晒干的好；盐腌干制品一般具有较重的咸味、苦味，容易改变原料本身的鲜味；石灰炝干的质量最差。

二、干货原料涨发的目的

干货原料涨发可以使脱水干硬的原料重新吸收水分，最大限度地恢复原有的松软、鲜嫩状态，还可以去掉原料中的杂质和腥臊气味。这样还便于烹调，又合乎人们的食用要求，利于人体的消化吸收。

三、干货原料涨发的基本要求

干货原料涨发是一项技术性较强的工作，工艺较为复杂，需要多方面的知识和操作技能，如了解干料的产地，鉴别其质量，控制涨发时水温、油温，确定煮、焖、蒸、漂等涨发时间以及运用火候等，都要熟悉并掌握其技巧。要把干货原料涨发好需做到以下几点：

（一）熟悉干料的产地和性质

干货原料品种繁多，有野生的，也有人工培育的，产地多而分散。因产地气候、土壤、水质等自然条件和生态环境的不同，及原料干制方法的不同，即使同一品种的原料，质量和性质也有很大差异。对此，在干货原料涨发时必须做到心中有数，区别对待。例如同是鱼翅，金山黄、吕宋黄、香港老黄等翅膀较大，翅根厚而坚硬，沙多而质优，在涨发加工时就必须反复进行煮、焖、浸、漂才能将沙褪尽，去腥回软；但像乌勾、乌皮等翅则质软皮薄，而不宜大煮和反复煮焖。再如同是粉丝，安徽产的粉丝因为是用甘薯制成的，色泽较差而且久泡易糊，而河北、山东等地产的粉丝是用绿豆制成，色泽洁白透明，久泡不糊。可见只有熟悉原料的产地和性质，才能在干货原料涨发时采用适当的方法，取得既充分利用原料，又保证菜肴质量的良好效果。

（二）鉴别干料的质量和性能

干货原料因产地、季节、加工方法不同，在质量上有优劣之分，在质地上有干、硬、老、嫩之别。准确判断原料的等级（是否受潮、霉烂变质、有无虫蛀），鉴别原料的质地，并采用相应的涨发方法，是干货原料涨发成功的关键之一。仍以鱼翅为例，由于干制的方法不同，而分为淡水翅和咸水翅。淡水翅是先用清水浸泡，然后再用日光晒干而成的，其质地坚硬干燥，质量好；咸水翅是用盐水浸渍或晒干而成的，因含盐分而质地潮软，质量较差。这两种鱼翅在涨发时就不能用同一种方法。如同是海参，有的嫩，有的老，只有正确鉴别其老嫩，才能适当掌握涨发的方法及时间，以保证涨发的质量。

（三）要认真对待涨发过程中的每一环节

大多数干货原料涨发都要经过几个环节，每一环节又是紧密联系相互影响的，如有某一环节涨发失误，就会降低原料的品质。如油发蹄筋，只有在原料整理、油温控制、涨发时间等方面掌握好，涨发的蹄筋才能符合要求。如在漂去油腻时加碱多少和水温的高低都必须适当，加碱过多或水温太高就会使蹄筋破碎，或者在漂洗碱时挤压过猛而破坏蹄筋的形状。

第二节 干货原料的涨发方法

干货原料涨发主要有水发、油发、碱发、盐发和火发等方法，其中以水发、油发较为常用。

一、水发

水发是一种最基本、最为常见的发料方法，即使主要是用油发、盐发、碱发的原料也要经过水发过程。正因为如此，所以习惯上把"发料"统称为"泡发"。

水发可分为冷水发和热水发两大类。

（一）冷水发的原理和方法

将干货原料放在冷水中，使其自然的吸收水分，尽可能恢复新鲜时的软、嫩状态，或漂去干料中的杂质和异味,这种发料方法就是冷水发。冷水发基本能保持原料的鲜味和香味,并且操作简单方便,主要适用于体小质软的具有空洞形结构的主物干料以及含有碳水化合物较高的藻类、菌类原料,如木耳、香菇等。

1. 基本原理

冷水发的基本,主要是利用渗透作用和毛细管的吸附作用。渗透作用就是溶液与纯溶剂在相同的外压下由半透膜隔开时,纯溶剂透过半透膜使溶液变淡的现象。原料细胞中的细胞膜就是一层半透膜,在原料干制中细胞大量失水,细胞内干物质浓度增大。当重新与水接触时,因细胞外的浓度小于细胞内的浓度,形成内外不同的渗透压,这样就导致水分子通过细胞膜向细胞内渗透,是干料大量吸水,直到内外渗透压达到平衡,外观上表现为吸水膨胀。同时烹饪原料中的糖类及蛋白质分子结构中,含有大量的亲水基团,它们能与水以氢键的形式结合,使大量水分子进入糖及蛋白质分子间隙中,引起原料吸水膨胀,重新变软而有弹性。毛细管的吸附作用是原料干制时由于水分的失去会形成很多孔状,浸泡时水会沿着原来的孔道进入干料体内,这些孔道主要有生物组织的细胞间隙构成,呈毛细管状,具有吸附水和保持水的能力。

2. 涨发方法

冷水发可分为浸发和漂发两种操作方法。

（1）浸发

浸发就是将干货原料进入冷水中,使其自然吸水膨胀。涨发的时间应根据原料的大小、老嫩和松软、坚硬的程度而定。形小质嫩的原料浸发的时间短一些;形大、质硬的原料浸发的时间长一些。有些原料因浸发时间长而水质浑浊,在浸发过程中需多次换水;而有些原料因具有涩味,如黄菇、草菇等,在浸发后要多漂洗几遍(次数不宜过多)。在冬季或急用时可在冷水中适当加些热水。此外在温度较高的环境中,涨发时要勤换水,以免干料腐败变质。

浸发还常用于配合或辅助其他发料方法涨发原料。如质地干老、肉厚皮硬或者夹带沙骨的干料,如海参、鱼翅等,在热水发料前,要先在冷水中浸泡回软后再加热;腥臊气味重或经过碱发、油发、和盐发后的原料,经洗涤后还有腥味或盐、碱等成分,也要再用冷水浸泡,以除尽异味和其他成分,或使其吸水回软。

（2）漂发

漂发就是把干料放在冷水中,不时的挤捏,或者用流水缓缓的冲,让其继续吸水并除去杂质和异味的一种方法。漂发用于整个发料过程的最后,如海参、鱼皮、鱿鱼等涨发的最后一道工序是漂发,目的是除去腥臊气味、杂质和碱味。

（二）热水发的原理和方法

1. 基本原理

热水发与冷水发的原理相同。不同点在于热水发由于温度升高,高分子物质(蛋白质和碳水化合物等)的溶胀性改变,吸水能力增强;同时,由于水分子运动加强,水分子进入干料的速度加快。所以,热水发一般适用于组织较致密、蛋白质含量较高的原料。不过,热水发中可能有少量蛋白质和碳水化合物会被水解,并有部分溶于水中,但这些对涨发的影响不大。

2. 涨发方法

热水发,即使把干料放在热水中,或采用各种加热方法,使干料体内的分子加速运动,加快吸收水分,使之成为松软嫩滑的全熟或半熟的半成品方法。热水发一般使水温保持在

60℃以上。依据加热的形式，热水发又可以分为泡发、煮发、焖发、蒸发。

（1）泡发

就是将干货原料放在热水中浸泡不再加热，使原料慢慢涨发泡大的一种发料方法。泡发适用与体积较小，质地较嫩的干货原料，如粉丝、银鱼、腐竹、发菜等。泡发还可以和其他发料方法配合使用，如猴头菇、海参、莲子、蝎脯、鱼翅等涨发需先泡，以免干料煮焖、蒸后破裂。泡发时应不段更换热水，以保持水温。夏天泡发水温可适当低一些。适用于冷水浸发的原料也可用热水泡发。

（2）煮发

是将干货原料放在水中，在火上加热，使水温保持在沸点状态下（这时水分子热运动速度达到最大值，强力向干料体内渗透），促使原料加速吸水的一种涨发方法。适用与体大厚重和特别坚韧，不容易吸水的原料，如熊掌、海参、大鱼翅等。有的还需适当保持一段时间的微沸状态，时间有10～20分钟不等，甚至还需要反复的煮发，但不能一次性长时间煮发，而产生外部水化过快，内部水化不够的不平衡状态。另外，在煮前最好用冷水或热水浸泡一段时间，以免烧煮时原料表面破裂。

（3）焖发

是将干货原料放入锅中煮发到一定程度时改用微火或将锅端离火源加盖焖一定时间，以达到原料内外同时全部发透的一种方法。焖发实际上是煮发的后续过程，如海参、鱼翅、熊掌等原料都采用煮发到一定程度时，再改用焖发的方法，以防止原料外层皮开肉烂，而内部仍未发透。此法适用于形体大，质地坚实、腥膻臭异味较重的干料，如海参、鱼翅以及鲜味较足的鲍鱼、淡菜等。焖发的温度因物而异，一般为60～85℃不等。传统的方法是用微火保温或将煮发后的原料置于保温设备中，如保温箱或桶等。

（4）蒸发

是将干货原料放入适量的清水或汤水（鸡汤、黄酒等）中，利用蒸气的对流作用使原料涨发回软的一种方法。这种方法适用于形体较小、易碎而不适宜煮、焖的原料，如干贝、莲子、虾干等；或经煮焖后仍不能发透，而再继续煮焖又无法保持原料特定形态和风味的干料。

蒸发能保持原料的特色风味和特定的形态，如在蒸发时加入辅料或调料，还可增进原料的鲜美滋味。

二、碱发

碱发是一种特殊的发料方法，与水发有着密切的联系。碱发是将干货原料先用清水浸泡，然后放入碱溶液中，或沾上碱面，利用碱的脱脂和腐蚀作用，使干货原料吸水膨胀松软的一种发料方法。对吸水性慢的僵硬干料，如鱿鱼、墨鱼等干料最适宜碱发。但因为碱具有较强的腐蚀性，用它发料，或多或少地破坏原料中的部分营养成分，所以除特别僵硬的干料必须碱发外，性质较软的干料为保护营养价值一般忌用碱发。

1. 基本原理

适合碱发的干货原料，多数为海洋软体动物，都含有丰富的胶原蛋白。这些干料的内部结构以蛋白质分子相连接搭成骨架，形成空间网状结构的干胶体，具有较强的吸附水分的能力，但它们的表面有一层为适应海洋生存由内分泌物组成的膜，经干制后变的更加紧密，水分子难以进入。将干料放在碱水中，与膜发生皂化反应，将其"腐蚀"掉，使水能顺利进入原料中。与此同时，原料处在 pH 很高的环境中，蛋白质远离等电点，形成带负电荷的离子，由于水分子也是极性分子，从而增强了蛋白质对水分子的吸附能力，加快了水发的速度，缩短了涨发时间。最后，再进行漂洗，以除去碱味，还能进一步促进原料的涨发。

2. 涨发方法

碱发有碱面发和碱水发两种。

（1）碱面发

碱面发就是在清水中浸泡回软的干货原料剞上花刀，切成块后均匀的沾满碱面，使用前再用开水冲烫，待其成形后再用清水漂洗净的一种发料方法。

碱面发的优点就是沾有碱面的原料可以存放很长时间，涨发方便，可以用多少发多少，随用随发。

（2）碱水发

碱水发是将经过清水浸泡回软的干货原料，放入碱溶液里浸泡一定时间，使其涨发回软，再用清水漂浸，清除体内碱质的一种发料方法。

所用碱性溶液一般为生碱水或熟碱水，其调制方法如下：

生碱水是用 500 克的碱面（又称石碱、碳酸钠）和 9.5 千克的凉水调匀融化，过滤澄清，即为 5% 的纯碱溶液。其特点是腻手感，涨发的原料比较滑腻，涨发速度慢，操作工序复杂，涨发出的原料色暗，而且涨发的原料仅限于烧、炒、烩等烹调方法。

熟碱水是 500 克碱面、生石灰 200 克、沸水 4.5 千克放在一起调匀，再加凉水 4.5 千克，冷却后过滤澄清去渣即成。其特点是溶液汁清而不腻，涨发的原料不黏滑，色泽亮净，涨发力强。对大部分性质坚硬的干料都可应用此溶液涨发。

碱发应注意的几个问题：

①在原料进行碱发前，应先用清水浸泡回软，再放入碱水中，这样可以缓解碱对原料的直接腐蚀。

②应根据原料的性质和季节的变化适当调整碱溶液的浓度和发料的时间。碱溶液的浓度应视原料的老嫩而定：浓度过低，涨发时间长且不容易发透；浓度过大则极易破坏原料的组织成分，造成营养成分的大量损失，且会造成表面破损，影响美观。涨发时间应根据质老、形大的原料长些，质嫩、形小的短些；冬天时间应长些，夏天时间则应缩短。总之，涨发时间应灵活掌握，如看到有的原料已涨大，质地变软，色泽鲜润应及时取出，以免碱发过度。

③认真控制碱水的温度。因在碱发过程中，碱液的温度对涨发的效果影响很大，碱液温度越高，腐蚀性越强，如鱿鱼，碱水温度在 50℃ 左右时，放入后就会卷曲，严重影响质量。所以温度一般控制在 50℃ 以下为宜。

④碱涨发好后的原料必须用清水反复的漂洗，以消除碱分和腥味，同时还可作为涨发的补充，使部分没完全发透的原料继续吸收水分，达到涨发的效果。

三、油发

油发是把干货原料放入多量的油锅中，经过加热使之膨胀松脆，成为全熟半成品的一种方法。此法适用于含胶质丰富，结缔组织多的干料，如蹄筋、干肉皮、鱼肚等。

1. 基本原理

原料经干制后还有一定量的水,这部分水主要是束缚水,是原料涨发的关键。当将干料置于一定的环境中,温度升高到一定程度时,积累的能量大于氢键键能,就可以破坏氢键,使束缚水脱离组织结构,变成游离态的水,这时的水具有一般水的通性,在高温的条件下急剧汽化膨胀,使干料组织形成蜂窝状孔洞结构,为进一步复水创造了条件。膨松的原料经碱水泡、清水漂,形成吸水回软。

2. 涨发方法

油发过程一般分为四个阶段:一是检查原料;二是低温油焐制;三是热油冲发;四是浸泡回软。

(1)检查原料 涨发前应先检查一下原料是否干燥、变质。潮湿的原料应先烘干,变质有异味的除去不用。

(2)低温油焐制 油发原料时一般用凉油或温油下锅,逐渐加热,这样容易发透。如果原料在下锅时油温过高,或在加热时火力过急,则会造成外焦而内部尚未发透的现象,不能涨发的恰到好处。当凉油或温油浸泡至原料收缩时(胶原蛋白受热,而收缩,并脱去部分油脂),可以转入下一步涨发工序。

(3)热油冲发 将油温逐渐升高到120℃左右,原料逐渐由软变硬,开始发生膨化,并慢慢浮到油面。随着温度的升高(一般不超过180℃,可用加凉油或离火的方法控制油温)和时间的延长,膨化越来越明显,直到原料组织从外到内全部膨松,即发透。如果在操作过程中发现油温过低时可先将原料捞起,待温度升到符合要求时再下锅。

(4)浸泡回软 将发好的原料浸泡于清水中回软,再放入到1%的纯碱溶液中轻轻按揉,洗去油污,然后再用清水漂洗,直至去掉碱味。

四、盐发、沙发

盐发、沙发是指用粗盐或沙,经炒烫之后把干料投入,经过反复翻炒和把干料埋进热盐或热沙之中,使之膨胀松脆的方法。

其作用和原理与油发基本相同,所以一般用于油发的干料,也可用于盐发、沙发。油发的色泽油亮,外观较美,而沙发的表皮比较暗淡,有些还夹带少许微沙。盐发与沙发的干料,可少带些湿度,但在烹制菜肴前同样要用热水浸泡回软,去污除杂,洗刷干净。

盐发的方法是先将盐下锅炒热,使盐中的水分蒸发掉,待锅内发出爆炸声时,即将干料放入翻炒,边炒边焖,直至发透为止。

五、火发

这种方法虽不常用,但也应当掌握。所谓火发并不是用火直接涨发干货原料,而是将某些表皮特别坚硬,或有毛、鳞的干货原料用火烧烤,以利于涨发的一种处理方法。凡经过火发的干货原料,都必须用水发使原料涨发,如海参中的优质品乌参、岩参等,外皮坚硬,单采用水发,涨发效果不佳,而且外皮坚硬不能食用,所以在泡发前要先用火将其外表皮烧焦,刮去后,再用热水反复涨发。在火发时,要注意掌握好火候,防止烧过头。将肉质烧坏造成浪费和影响质量。

六、综合发

综合发就是将几种不同的发料方法用于同一种干货原料的涨发方法。如大乌参的涨发，先用火发，再用热水发；蹄筋，先用油发或盐发，再用水煮发和碱发浸渍，最后再经冷水漂涤；等等。

第三节 干货原料涨发实例

干货原料品种繁多，用度很广，性质各异，因而涨发方法也各有不同；而且多数干料需综合运用多种涨发方法，才能达到涨发的目的。可见干料涨发是一个复杂并具有相当难度的加工过程。为此，特将一些常用、较高档的干货原料的涨发方法做简要的介绍，通过实例，对各种涨发方法能进一步理解和运用，掌握常用干料的涨发技能。

一、海参

海参品种较多，不同的品种具有不同的涨发特点。海参主要有三种类型，即皮薄肉嫩类型，如红旗、乌条、花瓶参等；皮薄肉厚类型，如明玉、秃参、黄玉参等；皮坚肉厚类型，如大乌、岩参、灰参等。这三种类型海参的涨发特点是：前者少煮多泡，中者勤煮多泡，后者是火烤而多煮焖。其流程分别是：

(1)皮薄肉厚型：

浸洗 → 泡发 → 煮发 → 浸漂
—整理—

先用冷水浸约 4 小时洗净，再用沸水泡发约 12 小时，中间换 2 次水，至回软涨大 50%，剖腹取出韧带，洗去泥沙，然后微火煮发约 30 分钟后，再用沸水泡发约 12 小时，反复换水 3~4 次，2~3 天，至黏糯取出，浸漂于清水中待用。

(2)皮薄肉厚型：

浸发 →煮发 →泡发 → 煮发 →泡发 → 浸漂
—剖洗—

先用冷水浸发约 4 小时后，换清水加热至沸离火保持恒温 70~80℃ 泡发 6~8 小时，至涨大约 50% 取出，剖腹摘除内脏洗净，再换清水加热至沸离火保持恒温 70~80℃ 泡发约 12 小时，至两头垂下取出，换清水浸漂待用。

(3)皮坚肉厚型：

火发 → 浸发 →煮发 →浸发 →煮焖 →浸漂
—刮洗— —剖洗—

先烤焦外皮，刮洗去焦皮，再用冷水浸发 12 小时回软后，煮沸并用微火保温约 70~80℃ 焖 2 小时，至海参涨发近 50%，剖腹取出韧带，洗去腹中泥沙，然后换冷水浸发约 12 小时继续溶涨，最后换清水反复的煮焖（勤于换水），直至充分涨发，两头垂下取出，换清水浸漂待用。

海参发好后应是饱满、滑嫩、两端完整、肉壁光滑、无异味，每 500 克干品出料 3000 克左右。

涨发海参注意事项：

1. 发海参的容器和水,都不可沾有盐、碱。
2. 宜用铝锅或瓷盆涨发,不宜用铁锅煮泡。
3. 发透的海参应及时取出。
4. 开腹取肠时,要保持海参原有形状。
5. 每次加热都要重新换水。
6. 涨发时少煮多焖,不能大沸。
7. 发好的海参要泡在凉开水内,置0℃左右低温处存放。

二、鱼翅

同海参一样,鱼翅种类繁多。总体来说,将鱼翅分为两种类型:一种为质老厚大的鱼翅,以老黄翅(金山黄、吕宋黄、香港老黄)为最;另一种为质嫩薄小的,以青翅、散翅为主统称为杂翅。两者在质量、加工上皆有很大区别,因此,涨发鱼翅需老嫩有别。传统上发鱼翅忌用铁器,可能是铁的某些化学反应影响鱼翅质量,产生黄色斑痕。鱼翅在涨发过程中,亦不能沾有油类、盐类、酸类物质,因此在加工上需高度的谨慎。涨发流程如下:

(1) 质老厚大的鱼翅

剪边→浸发→煮发→泡发→煤沙→切根

┌分质装篮→焖发┐　┌焖发┐
│　│→去骨除腐肉→│　│→浸漂待用
└分质扣盆→蒸发┘　└蒸发┘

先剪边用常温水浸发10～12小时使之回软后,换清水用小火加热至沸约1小时,焖制沙粒突起,用小刀刮沙洗净,切去翅根,再按老、嫩将鱼翅分别装入竹篮,或扣入汤盆,加清水、姜、葱、酒及花椒少许,将装篮之鱼翅换清水加热至90℃焖发4～6小时,扣汤盆的鱼翅则需蒸1～1.5小时,以能去掉骨为度,然后剔去骨头和腐肉,换水继续焖(蒸)1～2小时,至鱼翅黏糯,分质提取,最后浸漂于0～5℃清水中待用。

(2) 质嫩薄小的鱼翅

剪边→开水浸泡→褪沙→砍根分质装篮→焖制→去除骨、腐肉→浸泡→漂洗

先将鱼翅剪去边梢,放入85～95℃热开水盆内浸泡1～2小时,泡至能褪沙粒时,刮去泥沙洗净,切根,按硬软分质装入竹篮,放入冷水锅中烧开,焖制3～4小时(保持90℃左右的水温),稍凉时除掉骨和腐肉,再用开水浸泡,直至全部发透,浸漂于0～5℃清水中待用。鱼翅的涨发率约为150%～200%。

三、鲍鱼

鲍鱼的涨发形式有三种:清水发、鸡骨汤发、碱溶液发。

1. 清水发

操作过程:浸泡→煮发→焖发。

先将鲍鱼用清水浸泡12小时,刷去污垢洗净,放入盛器中,放入冷水锅中煮沸,再改用小火焖4～5小时,直至内外全部发透(用手捏无硬心为好)。

2. 鸡骨汤发

将鲍鱼用清水浸泡12小时,刷去污垢洗净,再将鲍鱼放在沙锅或铝锅中,加上鸡骨、葱、

姜、料酒和水，用慢火焖制（或蒸制）4～5小时即可。

3. 碱溶液发

将鲍鱼用清水浸泡12小时，刷去污垢洗净后，放入3%碱溶液中浸发8～10小时，再用清水漂洗尽碱液待用。

以第二种方法质量品质最佳也较为常用，鲍鱼的涨发率为200%～400%。

四、燕窝

燕窝实际有两种涨发方法，一种需蒸发，一种需热碱提质，分述如下：

1. 蒸发

工艺流程：浸发→泡发→烫发→蒸发→浸漂

先用50℃开水浸至水凉，换70℃清水泡至松软，再换清水镊净绒毛，漂洗干净后，入100℃沸水中略烫，入碗上笼加清水蒸至软糯，浸漂于凉清水中待用。

2. 热碱提质法

工艺流程：浸泡→摘毛→热碱提质→漂洗

将燕窝放入开水中浸泡至回软，用镊子去除绒毛后漂洗净吸干水后，进行热碱提质（以15克干燕菜为例，可用开水750克加6克食碱调成8‰的碱溶液，然后泡入燕菜）使燕窝体积涨大到3倍左右，提质后的燕菜应立即用清水漂洗净碱分。

五、哈士蟆

哈士蟆学名为"中国林蛙"，两栖动物蛙类，主要产于我国东北长白山区和黑龙江尚志县、内蒙古等地区，主要食用蛙体和哈士蟆油（雌哈士蟆蛙输卵管的干制品，并非脂肪）。所以说涨发时应该分别进行：

1. 将哈士蟆用洗净，再用50℃温水泡软，剖开雌性哈士蟆的腹部，取出哈士蟆油（另行泡发）。然后把去油的哈士蟆放入冷水锅中慢火煮焖几小时，待全部发透，再用温水洗净即可（发好的哈士蟆肉似蟹肉，夏天发好的哈士蟆多用盐腌制一下，以便于保管）。

2. 将取出的哈士蟆油用50℃温水浸泡2小时，使之初步回软，再摘去表面黑筋洗净，上笼加清水蒸透（蒸制时需加葱、姜、料酒，以去除腥味），原汁浸渍待用。

哈士蟆涨发率为400%～500%。

六、鱼肚

鱼肚是鱼鳔（鱼泡，即沉浮器）干制成，有黄鱼肚、鲟鱼肚、鱼回鱼肚等，主要产于我国沿海及南沙群岛等地，以广东所产的"广肚"质量最好，福建、浙江一带所产的"毛常肚"次于"广肚"，但也属佳品。广肚、毛常肚色泽透明，无黑色血印，体大者涨发性强。黄鱼肚分三种，体厚片大者称为提片；体薄片小者称为吊片；提片和吊片以色泽淡黄明亮者为佳，涨发性也好。还有一种搭片，系将几张小鱼肚搭在一起成为大片晒干的，色泽混而不明，质量次，涨发性不足。鱼肚的性质比较坚硬，以色泽淡黄色为佳品，虫蛀的、色灰黑的为次品。

工艺流程：洪干→焐油→炸发→浸漂

先将鱼肚用温水洗净烘干，放入冷油锅中加热至60℃左右，保持油温焐。待鱼肚收缩后，再增大火力，使油温升高到120℃左右，保持油温，是鱼肚在油锅中膨胀，直到没有大泡,用手一掐就断时捞出,沥尽油晾凉后放入温碱水浸泡15分钟去除油腻,然后用清水漂洗干净即为半成品。

发好的鱼肚以色白、松软、柔糯为佳,涨发率为300%~400%。

此外鱼肚开可以采用水发的方法,但小鱼肚不适宜,因其肉质结构松散,水发易糊烂,水发还要注意的是宜选用搪瓷和不锈钢容器,忌用铜、铁器皿。

注意事项:

1. 鱼肚品种多,质地差别大,泡发时应区别对待。
2. 要控制好油温,不能炸的色泽太深,更不能炸焦或外焦里不透。
3. 鱼肚也可采用盐发,但效果不及油发的好。

七、肉皮

干肉皮又名"皮肚",是将鲜猪肉皮晒干而成,用猪后腿皮及背皮制成,皮坚而厚,涨发性好,其他部位的皮质较差。

工艺流程:凉油投料→温油浸泡→热油发起→热碱水浸泡回软→漂洗干净

先将肉皮和冷油一起下锅(油量相当于肉皮的5~7倍),加热时火力不宜太旺,当看到肉皮卷缩、皮上出现粒状小白泡时,立即捞出,晾几分钟,等气泡瘪下去时,增高锅内油温,把肉皮再放回锅中,见肉皮鼓起,即用铁勺按住皮,使之缓缓涨发,待发足捞起。用时再用碱水浸泡回软,温水漂清。也可待肉皮煮烂后切小块晒干,使用时,只要将晒干的肉皮放入油中稍氽就可涨发。另外肉皮还可采用盐发的涨发方法,涨发率约为500%。

八、鱼皮

工艺流程:浸洗发→ 泡烫 → 煮发 →泡发 →浸漂

—褪沙去皮—

先用50℃温水浸发约20分钟,再用85~90℃热水烫泡30~60分钟,然后褪沙,将黑膜洗净,换清水煮发约10分钟,换水恒温80~85℃泡发约10小时,至充分回软,嫩滑时取出(也可采用蒸透的方法),换清水恒温0~5℃浸漂待用。注意鱼唇、裙边、龙肠的涨发方法与其类似,但具体涨发时还应根据各种干料的特点和性质情况,掌握好涨发时间。

九、干贝

工艺流程:浸洗→蒸发→浸渍

将干贝先在冷水中浸泡约五分钟,以洗去表面灰尘,去除筋质,然后放入容器中加清水、料酒、葱、姜蒸1~2小时,以用手能捏成丝状时为好,取出用原糖浸渍待用。

干贝的涨发率约为200%。

不管涨发何种原料,采用什么涨发流程,都应注意尽可能保持原料的完整,防止营养成分流失过多,要除去异味、杂质,勤于观察,分质提取,适可而止,即发即用,防止污染、破损、糜料等不良现象的发生。

第五章 干货原料的涨发

复习思考题
1. 什么叫干货原料涨发？它有哪些目的和基本要求？
2. 干货原料涨发的方法主要有哪些？最基本常用的方法有哪几种？
3. 什么是水发？它有哪些方法？
4. 分类叙述水发的原理的要点有哪些？（冷水发、热水发）
5. 什么叫碱发？有哪些方法？碱发时应注意哪些问题？
6. 什么叫油发？其原理又是什么？
7. 简述海参、鱼翅、燕窝、干肉皮、哈士蟆的涨发工艺流程及要领。

第六章　配菜方法

> 【学习目标】
> 通过本章学习，应该达到以下目标：
> ◆知识目标：1.了解配菜的意义、配菜在烹调中的地位、配菜的作用。
> 2.配菜的基本要求、配菜的基本原则。
> ◆技能目标：1.配菜的基本方法。
> 2.菜肴命名的方法和要求。
> ◆能力目标：1.配菜的基本方法。
> 2.菜肴命名的方法和要求。

第一节　配菜概述

配菜又称配料，是按照菜肴质量的要求，把各种经刀工处理成形后的原料适当配合，烹制出一份完整菜肴的操作过程。配菜是整个烹调工艺中的重要环节，是烹调前必不可少的一道工序，通过配菜基本上确定了菜肴的质、量、形、营养以及成本。

一、配菜的意义

（一）确定菜肴的质和量

组成一份菜肴的原料是确定该菜肴品种、品质的重要因素。原料是构成菜肴的物质基础，原料的不同，决定了菜肴的品种、品质的不同。同一种原料部位不同，质地也有差异；配菜中量是指组成菜肴各原料的数量，即将经刀工及初步熟处理后的原料，按菜肴的要求，按照一定比例来配制。质和量是菜肴构成的两个重要方面，当菜肴的质和量确定之后，便完成这份菜肴的总体设计。

（二）使菜肴的营养搭配合理

各种原料的营养成分含量是不同的，如水产品蛋白质含量较高，猪肉含脂肪、蛋白质丰富，蔬菜含丰富的维生素、无机盐等。在配菜中进行科学、合理的搭配，就能使菜肴的营养更加适合人体的需要，提高菜肴的营养价值。

（三）配菜是形成菜肴多样化的因素

烹调中原料来源极为广泛，从而形成了菜肴的多样化。各种原料采用不同的刀工，相同原料取不同的部位相互配合，不同原料的合理配合，都可形成品种繁多的菜肴。

（四）确定菜肴的成本

菜肴的成本，与菜肴所用原料的粗、精有很大关系。不同原料数量的比例，同一原料不同部位的合理利用与否决定了菜肴成本的高低。所以说,配菜是掌握菜肴成本、加强经济核算的重要环节。

二、配菜在烹调中的地位

原料经过切加工、刀工、初步熟处理等工序,进入配菜阶段,也就是菜肴的设计阶段。它的设计对菜肴的色、味、形、营养成分都起着决定性的作用。

(一)控制成本,提高经济效益的重要措施之一。

各种烹饪原料,有高、中、低档之分。按照菜肴质量的要求,把它们进行合理的配合,组成各种档次的菜肴。这样既能使原料物尽其用,又便于准确地计算出菜肴的成本。

(二)技术性较强的一道工序。

配菜不仅要有娴熟的刀工技术,而且必须了解菜肴的全部烹调过程,原料的性质、特点。因此配菜是一项技术性较强的工作,它反映配菜工作人员的实际工作能力。

三、配菜的作用

(一)为正式烹调作好最后准备

烹饪原料在经过宰杀、整理、洗涤后,必须经过配菜这一过程。按照菜肴的要求,把所需原料配合在一起,为正式烹调做好物质准备。

(二)基本确定菜肴的色、香、味、形等特点

各种烹饪原料都有不同的自然色泽,而菜肴的色是评定菜肴质量的标准之一。配菜要使菜肴颜色搭配合理,色调和谐。菜肴在形上也有特定的要求,决定原料形状的是在配菜阶段的刀工处理,所以行业中往往把刀工与配菜统称为切配。各种原料自身都有特定的香气和口味,经过合理的切配,能扬长避短,又使菜肴的主料、辅料形态搭配协调。

(三)使原料得到合理的利用

烹饪原料品种数量繁多,各种原料品质各不相同。通过配菜,按照菜肴质量要求,进行合理的配合,使原料得到合理使用。

四、配菜的基本要求

(一)了解原料的性质特点

原料的特点由原料品种而定。品种不同其性质特点也不同,即使是同一品种的原料,部位不同,性质、特点也有较大差异。只有了解原料的性质、特点,才能按其特征,正确地加以配合。

(二)熟悉菜肴的名称、制作特点及成菜要求

有些菜肴的名称,可反映主料、烹调方法及主辅料之间的关系。因此,配菜人员必须熟悉菜肴的名称及制作过程,成熟特点,做到心中有数,配菜准确。此外,任何一个名菜都有其相对稳定的原料配比及加工特点,切配人员只有熟悉成菜要求,才能在切配时体现出菜肴的特色。

(三)菜肴的各配料分别置放

原料具有各自的特点和性质,有质地老嫩之分,在加工后有生熟之别。烹调中对火候要求也不尽相同。烹调中必须遵循投料顺序,才能烹出符合质量要求的菜肴。因此配菜时,必

须把不同性质的原料分别置放,便于烹调操作。

(四)精通刀工,懂得烹调

配菜厨师必须熟练地掌握各种刀工技巧和烹调方法,才能把原料加工成符合烹调方法要求的形状,并做到同一规格、大小均匀、厚薄一致、精细整齐。配菜时还需按照菜肴的特点配制,才能更进一步符合烹调的要求。

(五)合理营养,清洁卫生

人们膳食的目的是从食物中摄取人体所需的多种营养素,不同原料含有不同的营养成分,所以在配菜时,应按原料营养成分的含量进行互补的配合。原料因来源广泛,在采购、运输、加工等环节中,都有可能受到不同程度的污染,甚至腐败变质。因此在配菜过程中,必须严格把握好卫生这一关。

(六)掌握菜肴的质量标准及成本核算

配菜通常是按价格的高、中、低三档来确定菜肴的档次。在操作过程中,必须合理地依质划分,做到数量足、价格合理,以保障消费者和饭店的利益不受损害。

(七)了解市场货源情况

许多原料都有季节性和耐贮藏的特点,作为一个优秀的切配厨师,应该了解节假日的品种特点,提前备足紧俏原料。在平时工作中合理安排使用贮藏的备料,防止原料的积压。

第二节 热菜配菜的原则和方法

热菜配菜,是在正式烹调前完成的,是针对消费对象的需要进行的。在配菜过程中,应根据配菜的基本要求,遵循配菜的原则和掌握配菜的方法。

一、配菜的基本原则

(一)数量的配合

数量的配合,是指构成菜肴的各种原料,按适当的数量搭配。菜肴数量的配合,按照主料和辅料的配合比例可分为三类:

(1)单一原料,即菜肴只是由一种原料组成。这种菜肴因原料只有一种,所以按菜肴的规格配足即可,如葱烧蹄筋等。

(2)按主辅料比例配合。这种菜肴在配制时,要突出主料,主料的数量必须多于辅料,在菜肴中起主导作用,辅料只起陪衬作用、次要地位。如火爆腰花中的猪腰是主料,应突出其在菜肴中的主导地位,其他辅料都起衬托辅助作用。

(3)菜肴不分主辅料。即由多种原料配合组成的菜肴,在配菜过程中,各种原料的数量均应相当,如植物四宝。

(二)质地的配合

供烹饪使用的原料品种繁多,因品种、生长环境、生长时间不同,原料的性质特点各异,通常会呈现出老、嫩、硬、软、脆、韧之分,配菜时必须根据原料的质地,按照烹调的要求,进行合理的搭配。在菜肴的组成中常用性质相近的配合,即遵循脆配脆、软配软、嫩配嫩的原则,当然上述的配合原则,并非绝对的。有些菜肴中的原料性质并不相同,甚至相差甚远,通过适当的配合，可烹制出具有特色的菜肴，如宫保鸡丁。

（三）颜色的配合

颜色是菜肴质量的重要组成部分。各种烹饪原料因色泽不同，在配菜中加以巧妙的组合，可使菜肴达到色调和谐、美观的效果。

颜色的配合分为顺色搭配、异色搭配两种。顺色搭配，是要求主料与配料的色泽基本一致或接近。这类菜肴的品种不多，多为白色菜。菜肴色泽洁白，给人以清爽之感。如熘三白的鸡、鱼、冬笋均为白色。异色搭配，这种配菜方式运用范围极广。通常是把几种不同颜色的原料相互搭配。其原则是主料与辅料的色泽差异较大，比例适当，辅料对主料起着点缀衬托作用，使成菜颜色主次分明、美观大方、色调和谐，如五彩鱼丝。

（四）口味的配合

口味也是菜肴质量的重要标志。原料经烹调后，有各种不同的味道。而原料在搭配时有些味浓，有些味淡，有些味需要保留，有些味需要去除，这样就需要把它们适当配合。家禽、猪肉、虾、蟹等原料，味道鲜美可口，在配菜中以突出主料自身本味为主。配以适当的辅料，海参、鱼翅等原料本味淡，鲜味差，在作主料时，应以上汤，配以火腿、鸡肉等使其增味。对于味浓、油腻重的原料，配以清淡的蔬菜，既能达到解腻、提鲜，又能起到平衡膳食营养的目的。

（五）形的配合

菜肴形的搭配，是菜肴主料、辅料的不同形状的适当配合，能使菜肴的外形美观，符合烹调的要求。形的配合原则：丁配丁、条配条、块配块、丝配丝，辅料的形状与主料相近，配合中，为了突出主料，辅料的规格应小于主料，数量也应少于主料。在配合中，还必须注意与烹调方法相结合。加热时间较长的烹调方法，原料规格不宜过小；加热时间短，原料形态不宜过大。

（六）营养成分的配合

人们饮食要从食物中摄入人体所需的营养素，菜肴所含的营养成分，是菜肴质量的重要指标，菜肴中的营养成分要力求全面，不同原料所含营养成分的种类和数量也不相同。因此在配菜时，必须考虑营养成分的恰当配合。

（七）盛器的配合

盛器的配合也必须恰当，在选择器皿时，注意菜肴与盛器的协调。首先盛器的大小要和菜肴的分量相适应；其次盛器的样式要和菜肴特色相适应；最后盛器的色彩要与菜肴的花色相调和，这样盛器能对菜肴起到一定的衬托作用。

二、配菜的基本方法

配菜的方法，可分为普通配菜和筵席配菜，这里着重介绍普通配菜。普通配菜可分为三种：

（一）单一原料菜肴的配制

单一原料菜肴，即是用一种原料制成的菜肴。由于原料单一，在选用时，必须具有特色，新鲜质好，以突出原料本身的鲜味，如白灼基围虾，应选用新鲜基围虾，突出一个"鲜"字。

（二）主辅原料菜肴的配合

由主料、辅料组成的菜肴，在配菜中，主料多为动物性原料，辅料多为植物性原料。配菜时，不管是数量还是质量，均应以主料为主，辅料围绕着主料的特点搭配，对主料的色、香、味、形起衬托作用，使菜肴外观更加美观，滋味更加可口，营养更为全面。

（三）多主料菜肴的配合

这种菜肴在配合上，各种原料数量大致相同，无需区分主料、辅料，但在配菜时各种原料应分别存放，以便于烹调时取用方便。若组成菜肴的原料体积或口味浓淡相差较大时，在搭配时可在数量方面做适当调整，使它们在色、香、味、形各方面配合得当。

第三节　菜肴命名的方法和要求

菜品命名，就是人们给菜品确定一个名称便于大家识记。菜品的名称除了使人们便于认识和选择外，还应注意菜名的艺术性和文化内涵。

一、菜品命名的基本原则和一般规律

（一）菜品命名的基本原则

在给菜品命名时必须遵循一定的原则，使所定菜名既能便于人们识记，又能反映出菜品的主体特色，同时还能给人以美的享受。

1. 力求名副其实

菜品的命名要以菜品的主体特色为依据，要结合实际，认真研究菜品的原料构成、刀工成形、烹调技法、成品特点、盛装器皿以及其它因素，确定出便于识记的名符其实的菜名，使之能充分反映菜品的特色和全貌。要防止哗众取宠，故弄虚玄的错误做法。

2. 力求菜名简明扼要

菜品的名称要做到通俗易懂，简明扼要，力戒文字冗长。中国菜的名称绝大多数为3～5个字，菜名6个字的较少，8个字以上的就极少见了。菜名简明扼要，其目的就是为了便于记忆，若字数太多，读起来费劲，记忆也较难，很容易混淆。所以菜名力求控制在3～5个字，并使其读音能合韵，读起来朗朗上口。

3. 力求菜名雅致得体

烹饪是文化，是艺术，从菜品的名称上也可以反映出来。中国菜品有相当一部分是借助于隽永的诗文名句来命名的，无不充满了诗情画意。如推纱望月、掌上明珠、诗礼银杏、带子上朝、乌龙戏珠等，我们在借用诗文名句给菜品命名时，一定要防止牵强附会、滥用词藻的做法，更不可庸俗无聊，一定要力求雅致得体，朴素大方，给人以美好的联想。

（二）菜品命名的一般规律

菜品的命名没有统一的规定，但是人们在长期的实践中对菜品的命名形成了一定的规律，主要表现在以下两个方面。

1. 先创造出品种再命名

即将菜品创制出来后再根据菜品的原料构成、形态及口味等方面的特点来命名。采用此类方面命名，应使菜品名称与内容大体相同，能基本体现菜品的构成内容或者能突出其某一方法的特征。

2. 先构思菜名，再创制菜品

这类命名方法其步骤与前一种相反。即先起一个雅致的菜名，然后按照菜名的内容要求进行创造制作菜品。创制时要从选料、切配、烹调、定型等一系列工艺综合考虑，使创制出的菜品与名称相符。使用此类方法,主要用于某些特殊的、在特定条件下能突出某一方面特征的菜品(如具有重大意义的事件、活动等,其饮食品应突出反映这方面的内容)。

二、菜品命名的方法

(一)写实性命名法

又称一般菜品的命名方法,就是菜名直接如实地反映菜肴的原材料、成菜烹调法、菜肴的色香味形、菜肴的原产地或创始人等情况,使人一看菜名,就能了解菜肴的概貌及其特点。

1. 烹调方法结合主料定名

这类型命名方法最为普遍,不仅使生产人员易记忆和掌握,更使顾客从菜名中知道菜品的主要用料。此法重点反映出烹调方法,对一些烹调方法有特色的菜品更为适宜。命名时一般烹调法在前、主料在后。如白切鸡、拔丝莲子、清炸赤鳞鱼、盐焗鸡、清蒸鲩鱼等。

2. 调味品或调味方法结合主料命名

此种命名方法主要是突出菜品的口味或调味品,适用于调味有特色的菜肴。一般在主料前冠以味型或调味品,如糖醋鱼、红油鸡、咖喱鸡块、鱼香肉丝、麻酱腰片、果汁鱼甫等。

3. 根据辅料结合主料命名

主要是以菜品所用特殊辅料和主料为依据来命名。特点是明确地表现了菜品的原料构成情况,反映菜品的用料特点,主要适用于那些辅料有特色口味的菜品。如金钩菜心、海米牙白、松子豆腐、糯米羊肉、韭黄鸡丝等。

4. 根据特殊形、色结合主料命名

主要是以菜品某一突出的形态和色彩加上主料命名。多适应于花色菜,菜名要求形象生动,雅致得体,具有一定的艺术性。命名时一般将形、色放在主料的前面。例如:翡翠虾仁、葫芦鸭子、蝴蝶鱿鱼、双色鱼丸、芙蓉鱼片等。也有个别的菜品名称相反,主料在前,如鸡豆花。

5. 主料、辅料结合烹调方法命名

是以菜品所用主、辅料和烹调方法相结合进行命名。以名称中即可反映出菜品的原料构成及烹调全貌,使人们对菜品有比较全面的了解,是一种常用的命名方法。命名时一般辅料在前,烹调方法居中,主料在后。例如,韭黄炒鸡丝、百果煲老鸭、大葱烧海参、莲子炖鸡等。

6. 烹调方法结合原料某方面的特征命名

是以菜品的烹调方法和所用原料某一方面的特征相结合进行命名。命名时要突出烹调方法及菜品原料的数量、形态、色泽、性质等方面的特征,做到名符其实,耐人寻味。例如,油爆双脆、扒三白、清蒸麒麟鱼、余玻璃肚片。

7. 发源地或创始人结合主料命名

以菜品的发源地或创始人与主料相结合进行命名。主要适用于一些具有创造性(其发源地或创始人出处明白),具有较浓厚的地域或个人色彩的菜品,以产地命名的如大良炒牛奶、德州扒鸡、北京烤鸭等。以创始人命名的如东坡肉、麻婆豆腐、宫保鸡丁等。这些菜品大都有其历史沿革或掌故轶闻,并为人们所接受。

8. 特殊器皿结合主料命名

是以菜品所用的特殊盛装器皿与主料相结合进行命名。这类器皿既可做为盛器,又可作为炊具,具有其特殊性。命名时一般器皿在前、主料在后,也有将器皿放在后面,以容易记忆读起来顺口为原则。例如,砂锅鱼翅、汽锅鸡、铁板虾仁、飞龙酒锅等。

一般菜品的命名方法比较多，不限于以上几种，只要熟悉和掌握菜品的制作工艺，了解菜品的基本特征，结合实际，突出重点，就可以给菜品确定一个名副其实的名称。

(二)寓意性命名法

一般又称花色艺术菜命名法，是借用文学手段，采取比拟、象征、借代、想象和讽喻的手法为菜肴定名，具有构思新颖、寄予深情、引人入胜的特点，不仅悦人耳目，投人所好，还可吟咏玩味，陶冶性情，此类菜名多用于名贵菜肴。

1. 表达吉祥祝愿的菜名

(1)表现祝愿主题

全家福(炒杂烩)，龙凤呈祥(鸡球炒明虾球)，红运当头(红烧大鱼头)，祝君进步(竹笋炒猪天梯)，鱼跃龙门(姜葱火㷛鲤鱼)，发财多福(发菜豆腐)。

(2)表现情趣主题

雪夜桃花(茄汁虾球，用旦泡糊垫底围边)，乌龙吐珠(鸽蛋红扒海参)，游龙戏凤(海参炖鸡)，百鸟归巢(丝状菜物造巢形盛放禽类菜肴)，踏雪寻梅、万紫千红(什锦炒火鸭丝)。

(3)表现祝寿主题

松鹤延年(象形冷拼)，福如东海(冬菇炖水鱼)，麻菇献寿(寿桃配芝麻香菇)，八仙贺寿(炒八珍)，神龟千岁(灵芝炖乌龟)。

(4)表现婚庆主题

鸳鸯戏水(冷拼或汤菜上浮蛋泡制鸳鸯)，百年好合(莲子炖百合)，蓝田种玉(草菇余田鸡)，鱼水合欢(鸡丝烩鱼唇)，桃花好运(核桃夜香花炒鸡丁)。

(5)表示欢迎主题

孔雀开屏(冷拼)，春色满园(什锦虾仁扒鸡茸菜心)，鹿鸣贺嘉宾(炝里脊丝、烧鸡热拼)。

(6)表示送行主题

一帆风顺(菠萝雕刻船形拼什锦鲜果)，鹏程万里(烧乳鸽配鱼肚、鱼翅、鹌鹑蛋)，竹报平安(鸡球扒竹笙)，满载而归(竹、木船形器皿盛装三色虾仁拼吉列鱼甫)。

2. 根据象形会意的菜名

花开并蒂(汤泡肚球、肾球)，掌上明珠(鹌鹑蛋、虾胶酿鸭掌)，狮子头(清炖蟹粉大肉丸)，彩蝶迎春(冷拼)，金鸡报晓(冷拼)，五谷丰登(炒松仁、玉米仁、青豆拼玉米形鱼块)，松子鱼(鱼用花刀处理松果形状，脆熘法制成)，菊花鱼(鱼肉切菊花花刀，脆熘法制成)。

3. 根据历史典故、传说的菜名

西施浣纱(上汤余酿竹蒜根据历史典故而制)，佛跳墙(海味、珍禽酒坛煨制菜，传说"坛启荤香飘四邻，佛闻弃禅跳墙来")，黄葵伴雪梅(宫廷菜，根据民间故事而制)，鸿门宴会(蟹黄燕窝，根据楚汉相争历史典故制成)，鱼龙变化(双味鱼，根据黄河鲤鱼跳龙门传说而制)，舌战群儒(榆耳川鸭月利，根据三国故事而制)，三顾隆中(鸡球、虾球、肾球扒白菜胆，根据三国故事而制)。

4. 影射历史上政治斗争、含讽喻意义的菜名

油炸桧(油条)、轰炸东京(锅巴鱿鱼)、红娘自配(宫廷菜)。

5. 赋于原料美称而定的菜名

对烹饪原料赋于美称形容其形状或色泽，使原料显得高贵和具有美感。如烹饪中常称鸡为凤，蛇或虾为龙；菜源美称为玉树、翡翠；蟹黄常称牡丹、红梅、红粉、珊瑚；狗肉称香肉；鹌鹑

蛋、虾丸则称龙珠或明珠；肚仁称珠肌或白梅、肾球称红梅；鱼肚称棉花，根据以上原材料制作的菜肴如龙虎斗（烩蛇肉猫肉），炝虎尾（炝鳝鱼尾），百鸟朝凤（煨全鸟拼凤尾虾造型的小鸟），凤穿牡丹（蟹黄扒鸡球）。

6. 根据同音、谐音寓意的菜名

发财好市（发菜蚝豉），富贵有余（炒麦穗鱿鱼，有余与鱿鱼相谐音），天长地久（鳝鱼烩韭黄，鳝鱼又称长鱼，久与"韭"相谐音），龙凤大会（烩鸡丝蛇肉，会与烩同音），海不扬波（海参鸡片扒菠菜，海参代表海，波与菠同音），聪明伶俐（明虾球川鸭月利，聪以葱球示意同音，明以明虾代表，伶俐以猪月利，表示谐音）。

复习思考题

主要概念和观念

□主要概念

配菜 配菜的基本要求、基本原则及方法

□主要观念

配菜的基本要求、基本原则及方法 菜肴命名的方法及要求

基本训练

□素质题

1. 如何进行合理配菜？
2. 菜肴命名时应注意哪些问题？

□知识题

△概念题

什么叫配菜？

△简答题

1. 为什么说配菜是形成菜肴多样化的重要因素？
2. 简述菜肴命名的方法。
3. 配菜的基本要求是什么？

观念应用

□实训题

将以下原料：鸡、鸭、猪里脊、鸡蛋、虾仁、黄瓜、红萝卜、青椒、西芹、冬笋、红椒等，以常用的菜肴命名方法将原料进行配合命名，并进行相应的刀工处理，看最多能切配出几种菜肴？

第七章 凉菜制作

【学习目标】
　　通过本章学习，应该达到以下目标：
　◆知识目标：1. 了解凉菜制作的概念。
　2. 凉菜制作的特点和要求。
　3. 理解、清楚冷盘的制作步骤。
　◆技能目标：1. 冷盘的制作手法。
　2. 熟练掌握一般冷盘和什锦冷盘的制作。
　◆能力目标：1. 冷盘的制作手法。
　2. 熟练掌握一般冷盘和什锦冷盘的制作。

　　凉菜制作，就是根据食用和装盘的拼摆要求，把经过刀技加工的凉食原料或加工好的凉菜整齐美观地装入盘内，也叫凉菜拼摆。拼摆的质量取决于刀工技术的好坏和拼摆技巧的熟练程度。

　　凉菜，又称冷荤、冷盘、冷菜。是中国菜肴中别具特色的一大类别，是酒席中不可缺少的菜品，是酒席上与使用者接触的第一道菜，素有菜肴"脸面"之称，具有先入为主的作用。因此，凉菜拼摆的好坏直接影响到整个酒席的质量，如果刀工精细，拼摆有富于艺术性，整个冷盘色、香、味、形俱佳，就能引起食用者旺盛的食欲，而对整个酒席留下良好的印象。反之，刀工粗糙，拼摆不当，即使热菜烹制得再好，也会影响人们对整桌酒席的评价。

第一节　凉菜制作的特点和要求

一、凉菜制作的特点

　　凉菜制作的原料大多是已烹制成熟的原料，或者用生料直接加工成可食的原料。因此，凉菜制作与热菜制作有着明显的不同。其主要特点反映在以下几个方面：

（一）原料制作特点

　　热菜必须经过加热才能成为菜肴；而凉菜则不完全需经过加热即可成为菜肴，即使经过加热，一般也要冷却后才食用。凉菜有的是先烹调后切配，而热菜却与其相反。有的凉菜品种可以大量制作，然后分批使用，并且保管时间较长。

（二）刀工特点

　　因凉菜制作的原料多是熟料，而且经刀工处理的原料随即装盘入席，所以，刀工在凉菜中的应用虽与热菜基本相同，但较热菜更为细致、讲究，所加工的原料刀截面要求光滑、整齐。因此，刀工在凉菜中的应用极为重要，要求也非常严格。切配人员不仅要刀法纯熟，而且在切配的过程中要做到对所拼摆的凉盘胸有全局。只有对所加工的原料心中有数，才能刀起刀落得心应手，有条不紊。

(三)口味特点

凉菜的口味特点是干香、脆嫩、爽口、无汤、不腻，凉菜的味道入口后才能逐渐感觉到，而且是味透肌里，越嚼越香，品有余味。

(四)造型特点

凉菜的造型主要靠拼摆形成，而热菜靠刀工和加热后才能形成。凉菜的造型多样，易于变化，与刀工和配色有着密切的关系。

(五)食用特点

原料晾凉后食用是凉菜的一大特点。食用时一般不受时间限制，是酒席上的第一道菜，起先导作用。而且便于携带，食用方便。有的可作为柜台、橱窗的陈列品，起广告作用。

二、凉菜制作的要求

凉菜制作的要求有以下八点：

(一)制作要有益于食用

制作凉菜的目的是食用，拼摆装盘的目的是更好的食用，所以，不管拼摆制作什么样的凉菜，首先都应以食用为前提，同时兼顾色、香、味、形的合理组合。防止拼摆一些华而不实的冷盘(专用于陈列或观赏的看盘例外)。

(二)色彩要协调美观

制作时要注意不同颜色原料间的搭配和映衬。丰富的凉菜原料都有不同的颜色，但因其原料本身的性能、形态和口味的不同，又不能随意搭配调和，这就要在制作时充分利用各种原料本身具有的颜色，合理地进行搭配间隔。一盘凉菜如果把颜色相近的几种原料拼在一起，必然显得单调。反之，在拼摆时有计划地进行选择原料，合理排列使各种色彩浓淡相间，互相映衬，自然显得整个冷盘色彩香艳柔和，给人以美的感受。拼摆中的原料色彩不同于绘画，绘画可以根据需要把几种原色按比例调合成各种需要的颜色，而拼摆却不能把几种颜色搅和在一起，只能是把几种不同颜色的原料拼摆到一只盘子里，所以必须进行合理搭配。例如把熏鱼、松花蛋、酱猪肝拼摆在一只盘里，就显得色彩深暗而单调。如果换上一种或两种白色、黄色、绿色的原料，冷盘就变得鲜艳夺目。

(三)制作时硬面和软面适当结合

所谓硬面，就是用质地较为坚实，经刀工处理后具有特定形状的原料，排列后能成为整齐而具有节奏感的表面。一般烹制后是较大的形状，制作时需要进行刀工处理的原料。所谓软面，是指不能整齐排列的，比较细小的原料，堆砌起来所形成的不规则表面，一般是经刀工处理后再进行烹制的原料，制作时不再进行刀工处理。在各种冷菜拼摆中，硬软面都应当结合使用，以达到互相衬托的作用。

(四)花样手法富于变化

酒席中一般都有几只冷盘，制作时要根据拼摆图形的要求选择软面或硬面原料达到最佳效果。拼摆时不能千篇一律，必须运用多种刀法和手法，拼摆成多种花样图案的冷盘，使之多彩多姿，引人喜爱。但在一桌酒席中也要注意盘与盘之间的形状协调，否则会显得杂乱无序。适当运用食品雕刻技术装饰美化冷盘也很受欢迎，但不可过度摆布，给人以堆砌庸俗的感觉，应特别注意使用的效果。

（五）选用好盛器

俗话说"美食不如美器"，说明盛器的选用对于冷荤拼摆是很重要的。盛器的外形同原料拼摆成的形状、图案要协调，盛器的颜色同原料本身的色彩要和谐，这对于整个冷盘的外观都有很大影响。所以，要很好的选择盛器，该用鱼盘的就用鱼盘，该用圆盘的就用圆盘，用红花盘美观的就不用蓝花盘。特别是某些拼摆成动物、花卉等象形冷盘，盛器的选用更为重要。但在一桌酒席中的器皿还是需求统一，这样才突出凉菜的整体性。

（六）防止菜与菜之间的"串味"

每一种原料都有自己的特点、风味，两种原料共装一盘时要防止菜与菜之间的串味，两菜之间应有一定距离，两种带有汁的原料不要拼在一起，不要拼在一起防止凉汁混合串味，需要装盘时，也应提前调好味，滗去汁，再装入盘中。

（七）注意营养、讲究卫生

凉菜不仅要做到色、香、味、形、器具美，同时还要注意各种原料之间营养成分的搭配和拼摆时的卫生。因为凉菜装盘后就要食用，没有再加工的过程，所以要特别注意卫生，不能使原料在手中长时间地摆弄，更不能生熟不分地拼摆。应该使拼摆后的冷盘完全符合营养卫生的要求。

（八）节约用料

在拼摆的过程中要合理用料，在保证质量、形态的前提下，应尽量减少不必要的损耗，注意处理好下脚料，使原料达到物尽其用。

第二节 冷盘的制作步骤和手法

凉菜按一定的规格要求和形式拼摆在盘内，称为冷盘。冷盘的种类很多，其分类方法也各不相同，冷菜在制作过程中的步骤一般是有规律性的，所使用的拼摆手法也大同小异。为了把冷菜拼盘的制作更加美观、食用，分别叙述冷盘制作步骤和手法：

一、制作步骤

（一）垫底

凉菜原料在装盘时，有些原料需要在装盘前进行加工处理，加工时会有些边角料或不整齐的形状，为了节约原料，降低成本，制作时把一些边角碎料和较次的原料垫在盘底，叫做垫底。垫底是先堆大体形状，为盖面拼摆打好基础。

（二）盖面

就是用质优而形态美观、刀工整齐的原料把垫底原料全部盖住，并排列出整齐的表面。一般采取刀面盘，即把质量最好、刀技加工最整齐、排列最均匀的原料铲在刀面上，然后托着把它盖在垫底的原料上面，使冷盘达到整齐、丰满、美观的效果。

（三）点缀

有些凉菜料装盘后虽然美观，但是色泽清秀、单一，俗话讲红花好看但要绿叶衬托。我们在装盘后可在适当部位放置一点青菜叶、红樱桃、萝卜、雕花等作为装饰品，对整个冷盘加以点缀，使之更为悦目和谐。当然，不是所有的冷盘都需要进行衬托得千篇一律，点缀时切忌用量过大，颜色种类过多，喧宾夺主是极不可取的。

二、凉菜制作的手法

凉菜制作是较复杂的，但各地所采用的手法却大致相同，归纳起来一般有堆、复，排、叠，摆、围三类。

（一）堆、复

堆，就是把加工成形的，一般是指丝或丁类的原料自然堆放在盘内，所堆的形态自然美观。此法多用于一般拼盘的软面，也可以堆出多种形态。有时可利用原料的自然形态堆成假山风景等，如琉璃核桃仁等。

复，就是将加工好的原料先排在碗中，再复扣在盘内或把排列整齐的原料铲在刀面上，再复在盘内垫底的菜面上。原料装碗时应把整齐的好料摆在碗底，一般可摆成鱼鳞状，或摆成一定的图案。次料装在上面，这样扣入盘内后的凉菜，才能整齐美观，突出主料。

（二）排、叠

排，就是将加工好的凉菜摆成行装入盘内。用于排的原料大多是较厚的方片或腰圆形的块。根据原料的色形、盛器的不同，又有多种不同的排法，有的适宜排成锯齿形，有的适宜排成腰圆形，也有的适宜排成整齐的方形，还有的适宜排成其他花样。在一盘原料的加工过程中应该大小厚薄一致。总之，以排成整齐美观的外形为宜。

叠，就是把切好的原料一片片整齐的叠起来装入盘内。一般用于片形，是一种比较精细的操作手法，以叠阶梯形为多。叠时要与刀工密切结合，随切随叠，叠时要求刀工整齐，层次均匀。叠好后铲在刀面上，再盖在已经垫底围边的原料上；另外也有一些将韧性的原料切成薄片折叠成牡丹花、蝴蝶等，其效果也很好，这要根据需要灵活运用。

（三）摆、围

摆，又称贴。就是运用精巧的刀法把多种不同色彩的原料加工成一定形状，在盘内按设计要求摆成各种图形或图案。这种手法难度较大，需要有熟练的技巧和一定的艺术素养，才能将图形或图案摆得生动形象。

围，就是把切好的原料，在盘中排列成环形。具体围法有围边和排围两种。所谓围边是指在中间原料的四周围上一圈另一种不同颜色的原料。所加工的原料要大小均匀，排列间距均匀。如片状原料要层次均匀。所谓排围是将主料层层间隔排围，拼摆成花朵形状或其他象形图案，在中间再点缀上一点原料。

第三节 冷盘的种类

冷盘的种类，按照拼盘的技术要求分为花色冷盘和非花色冷盘两大类。花色拼盘在食品雕刻与盘式设计中详细介绍。本节只讲非花色拼盘。按原料多少分为一般冷盘和什锦冷盘。

一、一般冷盘

在制作过程中,一般冷菜的拼摆是一个基础,最基本的凉菜拼摆在拼摆的过程中,从内容到形式看似简单容易掌握,但是要拼摆好也不容易。需要具备较高的基本功。在拼摆的过程中按凉菜的品种多少分类。常见的有单拼、双拼、三拼、四拼五色冷盘等。

(一)单拼(也叫单盘、独碟)

就是每盘中只装一种凉菜原料。其要求外观整齐美观、色泽清秀。摆盘时可以采用码面或堆砌的手法拼成两头低中间高的马鞍桥形,也可以成正方形,也可以自然堆成馒头形等。

实例:

1. 马鞍桥形拼盘

原料:酱牛肉,先将酱牛肉切成长 6 厘米,宽 3 厘米的薄片。分两排摆在盘内,成两头低中间高的桥形,另外选 10 余片整齐排好。铲倒刀面上再复在中间。呈马鞍桥形状。

2. 馒头形

原料:冻粉拌里脊丝,将水发冻粉、黄瓜丝、滑好的里脊丝、姜末放入碗中调好味,放入盘内,自然堆成馒头装的圆形即可。

3. 花型

原料:炝芸豆,将炝芸豆用斜刀片成长约 5 厘米的斜刀片。以盘子的中心点围排成圆形,共排四至五圈。中间点缀点红辣椒末即可。

(二)双拼

就是把两种不同色泽、不同口味、不同烹调方法,两种不同烹制原料的凉菜装在一个盘内。双拼时要注意原料色彩和口味的合理搭配,在制作过程中,要有机掌握软硬面的结合使用,拼盘的形式多种多样,既可以码面,又可以围边。只要装盘整齐美观、诱人食欲即可。

实例:

1. 荷花边拼盘

荷花边拼盘可采用一种硬面原料,一种软面原料拼摆而成,例如:炝黄瓜拼芥末肚丝,将芥末肚丝入味,装入盘子中间呈圆形,然后把炝黄瓜切成长 4 厘米的菱形块,均匀围在肚丝周围,摆好即成。

2. 日月图拼盘

日月图拼盘可采用两种软面原料拼摆而成。先将原料复在小碗内定成圆形,谓之日,另一种原料围在日的一侧,成为月。例如,靠红果拼清拌鱼丝,将靠红果整齐的摆入碗内用剩余的填平。然后扣入盘内一侧。再把清拌鱼丝顺靠红果的一侧摆成月牙形,即成日月图拼盘,注意两种原料之间留有间隙。

3. 两堵墙拼盘

两堵墙拼盘是采用两种硬面原料拼摆而成,例如酱肘子拼珊瑚莴苣。莴苣制作前先切成粗 1 厘米、长 6 厘米的条再烹制。装盘时,先将莴苣条整齐的叠成长约 12 厘米、宽 6 厘米、高约 4 厘米的长方形,然后将酱肘肉切成长 6 厘米、宽 3 厘米的薄片,同样叠成长约 12 厘米、宽 6 厘米、高 4 厘米的长方形,两者之间留有一定空隙。两堵墙外侧一定要整齐,高低一样。

(三)三拼

就是把三种不同风味的凉菜原料装在一个盘内,这种拼法可以拼成对称的马鞍形也可拼成三对倒三角形等。

实例：马鞍桥形拼盘

马鞍桥形拼盘采用两种硬面原料一种软面原料拼摆而成。实例盐水鸡、姜拌藕、爽口芸豆丝。先将藕切成长约4厘米、宽2厘米的薄片。烹制好，整齐的摆在盘子的一侧摆成宽4厘米、长10厘米、高4厘米的长方形。盐水鸡选鸡脯肉，同样片成长4厘米的薄片摆在盘子的另一侧。中间留有4厘米宽的空隙，将爽口芸豆丝调好味放在两种原料中间，约高5厘米，长12厘米。这样两侧为白色、中间是绿色。色泽清秀、味道清香。

（四）四拼

也和前边所讲一样，选用四种原料组合而成，可以拼制成多种多样的图形。

实例：四平头

四拼头形拼盘是采用四种硬面原料。在盘内摆成四个相同的正方形。要求刀工一致。摆列整齐，例如用珊瑚莴苣、虾子炝蒲菜、葱椒鱼条、叉烧肉。制作时要求将原料均切成长4厘米的段。烹制调味后，在盘内摆成四个长、宽、高各4厘米的正方形，色泽要对角叉开，原料之间留有1厘米的空隙。

另外，五色拼盘属于同一类型。在拼摆这种中要求复杂一些而已。

二、什锦冷盘

什锦冷盘是把6种或6种以上的不同口味，不同色泽，不同原料和不同烹调方法的凉菜原料。经过适当的加工，整齐的拼在一只盘内，要求外形整齐美观，讲究装盘技巧。并且色彩搭配合理。口味多变且不受影响。

实例一：什锦拼盘

原料：海米泡芹菜、珊瑚藕、虾子口蘑、酱牛肉、麻辣鸡、盐水口条、冻粉拌鸡丝

制作时，将酱牛肉、盐水口条均匀切成片状与麻辣鸡、虾子口蘑、珊瑚莴苣、海米泡芹菜按荤素交叉摆在盘子四周。然后把冻粉拌鸡丝装在中间，略加修正，拼摆整齐，这样中间一种原料、四周六种原料，口味丰富。

实例二：什锦拼盘

原料：盐水海虾、凉拌海蜇、萝卜卷、虾油黄瓜、卤香菇、红油鸡胗、炝乌鱼丝、海米云豆、蒜泥白肉

制作时将各种凉菜调好味。先将盐水海虾去头，在盘中间围成一个直径约10厘米的圆圈，然后分别把虾油黄瓜、卤香菇、炝乌鱼丝、海米云豆、蒜泥白肉、虾油鸡胗围着盐水虾摆成梯形。四周成六角形。然后把萝卜卷切成象眼块围在周边。中间放上凉拌海蜇即成。

复习思考题

1. 凉菜制作有何特点？凉菜制作有哪几点要求？
2. 凉菜制作的手法有哪些？
3. 举实例简述冷盘制作的步骤。
4. 一般冷盘有哪些品种？
5. 什么是什锦冷盘？主要由哪些食材组成？

读者反馈意见

亲爱的读者：

感谢您对《中国旅游地理》的学习和热爱！为了今后能给您提供更优质的服务，请您抽出宝贵时间填写下面意见反馈表，以便我们更好地对本教材做进一步的改进。同时如果您在使用本教材的过程中遇到了什么问题，或者有什么好的建议，也请您来信、来电告诉我们。

地址：北京市丰台区科学城南极星大厦 108 室
电话：010-61229894 / 83794403
电子邮箱：2568858787@qq.com   QQ：649319527   1694299827

教材名称：《中国旅游地理》
个人资料：
姓名：_____ 年龄：_____ 所在院校/专业_____
文化程度：_____ 通讯地址：_____
联系电话：_____ 电子信箱：_____
您使用本书是作为：□指定教材、□选用教材、□辅导教材
您对封面设计的满意度：
□很满意、□满意、□一般、□不满意 改进建议_____
您对本书印刷质量的满意度：
□很满意、□满意、□一般、□不满意 改进建议_____
您对本书的总体满意度：
从语言质量角度看：□很满意、□满意、□一般、□不满意
从科技含量角度看：□很满意、□满意、□一般、□不满意
本书最令您满意的是：
□指导明确 □内容充实 □讲解详尽 □实例丰富
您认为本书在哪些地方应进行修改？（可附页）
_____
_____
您希望本书在哪些方面需进行改进？（可附页）
_____
_____